Körper – Ringe – Gleichungen

Mathematische Texte

Studienbücher zur Lehrerausbildung
und zum Studium von Anwendungsgebieten
der Mathematik

Herausgegeben von Prof. Dr. Norbert Knoche,
Universität Essen
und Prof. Dr. Harald Scheid,
Universität Wuppertal

Johann Cigler

Körper – Ringe – Gleichungen

Spektrum Akademischer Verlag Heidelberg · Berlin · Oxford

Autor:
Prof. Dr. Johann Cigler
Institut für Mathematik
Universität Wien

Die Deutsche Bibliothek – CIP-Einheitsaufnahme

Cigler, Johann:
Körper – Ringe – Gleichungen / Johann Cigler. –
Heidelberg ; Berlin ; Oxford : Spektrum, Akad. Verl., 1995
(Mathematische Texte)
ISBN 3-86025-679-3

Titelbild: Maria Prohaska und Peter Radlingmair, Wien

Druck und Verarbeitung: Franz Spiegel Buch GmbH, Ulm

Spektrum Akademischer Verlag GmbH Heidelberg · Berlin · Oxford

EIN VERLAG DER SPEKTRUM FACHVERLAGE GMBH

Vorwort

Die Mathematik hat im 20. Jahrhundert durch die axiomatische Methode mit ihrer Betonung abstrakter Strukturen einen ungeheuren Aufschwung und eine teilweise Neugestaltung erfahren. Das gilt in ganz besonderem Maße für die Algebra.

Für viele Studienanfänger stellt jedoch die damit verbundene ungewohnte Denkweise ein ziemliches Hindernis dar. Der Versuch, mit dieser vertraut zu werden, führt oft zu einer übermäßigen Konzentration auf die rein formalen Aspekte, sodaß die ursprünglichen Probleme und der Sinn und Zweck der Theorie nach und nach in Vergessenheit geraten.

Ich möchte in diesem Buch einige dieser vernachlässigten Aspekte betonen, indem ich den Stoff so weit wie möglich auf typische Resultate und konkrete Beispiele beschränke und das Hauptaugenmerk auf die *Denkweise* der modernen Algebra lege. Der Fortschritt in der Mathematik besteht ja nicht so sehr in einer Anhäufung von neuen Sätzen und Beweismethoden, sondern weit mehr in der Verbesserung und Verfeinerung der Denkweisen, die sich aus den jeweils erzielten Resultaten ergeben.

Die Algebra entwickelte sich ursprünglich aus der Frage nach der Auflösung algebraischer Gleichungen in einer Unbekannten. Ich will daher diesen Problemkreis in den Mittelpunkt meiner Darstellung stellen und versuchen, die daraus hervorgegangenen modernen Begriffsbildungen ausführlich zu motivieren und plausibel zu machen.

An Vorkenntnissen genügen die Anfangsgründe der Analysis und linearen Algebra, so daß das Buch nicht nur als Begleittext für Studienanfänger und als Nachschlagewerk für interessierte Lehrer, sondern auch als Hilfsmittel zum Selbststudium geeignet sein sollte.

Als Einführung in die Ideenwelt der Algebra beginne ich mit dem klassischen Problem der geometrischen Konstruktionen mit Zirkel und Lineal. Ich folge dabei dem Beispiel des schönen Buches von Hadlock [4], das mich vor etwa 15 Jahren zu einer Vorlesung über Galoistheorie inspirierte, aus welcher schließlich das vorliegende Buch entstand.

Den eigentlichen Ausgangspunkt dieses Buches bilden aber der Fundamentalsatz der Algebra und die Lösungsformeln für quadratische und kubische Gleichungen, welche bereits den Keim für die weitere Entwicklung in sich tragen. So führt etwa die Bestimmung der Nullstellen von Polynomen zur Frage der Faktorisierung im Ring der Polynome, welche wiederum Analogien zur Primfaktorzerlegung ganzer Zahlen aufweist. Derartige Analogien und Querverbindungen bilden den Inhalt des zweiten und dritten Kapitels.

Die nächsten Abschnitte stellen einige Hilfsmittel aus der Gruppentheorie zur Verfügung. Zuerst betrachte ich den Fall abelscher Gruppen. Dabei betone ich aus didaktischen Gründen die Analogie zu den entsprechenden Begriffsbildungen aus der Theorie der Vektorräume, bevor ich den umfassenden Begriff des R–Moduls einführe. Im Fall beliebiger Gruppen wird nach den wichtigsten allgemeinen Begriffen und Sätzen die symmetrische Gruppe etwas ausführlicher studiert.

Den endlichen Körpern widme ich ein eigenes Kapitel, weil die entsprechenden Resultate an und für sich interessant sind und überdies ein geschlossenes Ganzes bilden und weil hier bereits viele Aspekte der Galoistheorie an einem einfachen und leicht durchschaubaren Fall erkennbar sind.

Das 7. Kapitel bringt dann einige nützliche Resultate über eindeutige Primfaktorzerlegung in Integritätsbereichen und Irreduzibilitätskriterien.

Im letzten Kapitel werden schließlich mit Hilfe der Galoistheorie die Probleme der Auflösung algebraischer Gleichungen durch Wurzelzeichen und der Konstruierbarkeit regelmäßiger n–Ecke mit Hilfe von Zirkel und Lineal untersucht.

Mein Buch enthält natürlich keinerlei neue Resultate oder Beweise, da sein Inhalt zum mathematischen Standardrepertoire gehört. Ich habe jedoch danach getrachtet, nicht nur die Denkweise der Algebra zu illustrieren, sondern auch auf die psychologischen Bedürfnisse der Leser und Leserinnen Rücksicht zu nehmen. Da ich in den wenigsten Fällen weiß, von wem bestimmte Beweise zuerst gefunden wurden, bringe ich sie meistens ohne Quellenangabe.

Es gibt eine Reihe ausgezeichneter Lehrbücher, die zum Teil ähnliche Intentionen verfolgen und als weiterführende Lektüre dienen können. Ich will hier vor allem die Werke von M. Artin [2], J.R. Bastida [3], E. Kunz [10], F. Lorenz [12], I. R. Shafarevich [16] und I. Stewart [17] erwähnen, welchen ich wertvolle Inspirationen verdanke.

Für die sorgfältige Durchsicht des Manuskripts und wertvolle Hinweise und Bemerkungen möchte ich meinen Kollegen Prof. Gerhard Kowol und Prof. Johannes Schoißengeier sehr herzlich danken. Außerdem möchte ich mich bei allen Mitarbeitern des mathematischen Instituts der Universität Wien bedanken, die mir in der einen oder anderen Weise behilflich waren, insbesondere jedoch beim Sekretariat des Instituts, speziell bei Frau Monika Deutsch, Frau Karin Picek und Herrn Andreas Sevcik für die mühevolle Arbeit bei der Reinschrift des Manuskripts.

Wien, im Juni 1994

Inhaltsverzeichnis

I. Konstruktionen mit Zirkel und Lineal

1. Eine algebraische Charakterisierung der Konstruierbarkeit 1
2. Würfelverdopplung und Winkeldreiteilung 10

II. Algebraische Gleichungen

1. Hilfsmittel aus der reellen Analysis 17
2. Der Fundamentalsatz der Algebra 22
3. Explizit lösbare Gleichungen 29
4. Auflösung von Gleichungen aus der Sicht des modernen Algebraikers . 37
5. Symmetrische Polynome 48

III. Ganze Zahlen und Polynome

1. Eindeutige Primfaktorzerlegung in $\mathbb{Z}$ und $k[X]$ 62
2. Restklassenringe 71
3. Homomorphismen 79
4. Algebraische und transzendente Körpererweiterungen 90
5. Maximale Ideale und Primideale 105

IV. Endlich erzeugte abelsche Gruppen und Moduln

1. Endlich erzeugte abelsche Gruppen 117
2. Moduln 137

V. Einführung in die Gruppentheorie

1. Monoide 149
2. Gruppen 155
3. Homomorphismen und Normalteiler 168
4. Die Gruppen der Ordnung 1 bis 11 178
5. Die symmetrische Gruppe $\mathfrak{S}_n$ 185

VI. Endliche Körper und zyklische Codes

1. Endliche Körper 194
2. Zyklische Codes 207

VII. Teilbarkeit in Integritätsbereichen

1. Faktorielle Ringe 217
2. Faktorisierung von Polynomen 232
3. Separabilität 241

VIII. Galois-Theorie

1. Der Hauptsatz der Galois-Theorie 246
2. Kreisteilungskörper und zyklische Erweiterungen 273
3. Auflösung von Gleichungen durch Radikale 283

Literatur 296

Index 297

I. Konstruktionen mit Zirkel und Lineal

In diesem einführenden Kapitel wird anhand der alten Probleme der Würfelverdoppelung und der Winkeldreiteilung ein kleiner Einblick in die Rolle algebraischer Methoden bei der Lösung geometrischer Probleme gegeben. Es werden vor allem drei Aspekte betont:

1) *Die Übersetzung des geometrischen Problems der Konstruierbarkeit mit Zirkel und Lineal in die weitaus flexiblere Sprache der Algebra.*
2) *Die Charakterisierung des entsprechenden algebraischen Sachverhaltes mit Hilfe des Körperbegriffs.*
3) *Die explizite Lösung der konkreten Probleme der Würfelverdoppelung und der Winkeldreiteilung, die sich aus dieser Charakterisierung ergibt.*

1. Eine algebraische Charakterisierung der Konstruierbarkeit.

Eines der ältesten Probleme der Mathematik ist die Frage, ob es möglich ist, die Zahl $\sqrt[3]{2}$ unter *ausschließlicher Verwendung von Zirkel und Lineal* zu konstruieren.

In seiner ursprünglichen Form soll dieses Problem auf einen Orakelspruch des griechischen Gottes Apollo zurückgehen, worin er die Aufgabe stellte, seinen würfelförmigen Altar im Tempel von Delos durch einen anderen zu ersetzen, dessen Volumen genau doppelt so groß ist.

Um einen ersten Eindruck davon zu bekommen, wie man ein solches Problem anpacken könnte, ist es recht nützlich, zunächst einmal ein *einfacheres Problem ähnlichen Charakters* zu studieren. Hier bietet sich etwa die Frage an, ob man eine gegebene Strecke durch sukzessives Halbieren in drei gleiche Teile teilen kann. In algebraischer Formulierung bedeutet das, ob in der Folge $0, 1, \frac{1}{2}, \frac{1}{4}, \frac{3}{4}, \frac{1}{8}, \frac{3}{8}, \frac{5}{8}, \frac{7}{8}, \dots$ irgendwann einmal die Zahl $\frac{1}{3}$ vorkommt.

Hier sieht man sehr leicht, daß das nicht der Fall ist. Denn wäre $\frac{1}{3}$ von der Form $\frac{1}{3} = \frac{k}{2^n}$ für geeignete Zahlen k und n, so wäre auch $2^n = 3k$ und somit 3 ein Teiler von 2^n. Das widerspricht jedoch dem Fundamentalsatz der Arithmetik, daß jede natürliche Zahl eine eindeutige Primfaktorzerlegung besitzt.

Analog zeigt man, daß man durch sukzessives Halbieren keinen Winkel in drei gleiche Teile teilen kann.

Um das Problem der Konstruierbarkeit mit Zirkel und Lineal in den Griff zu bekommen, wollen wir es ebenfalls in die Sprache der Algebra übersetzen. Dabei spielt der Begriff des *Körpers* eine wesentliche Rolle. Dieser geht auf das Bestreben zurück, den Zahlbegriff so zu erweitern, daß nicht nur die Addition und Multiplikation sondern auch die dazu inversen Operationen Subtraktion und Division unbeschränkt ausführbar werden. Eine explizite Formulierung dieses Begriffes wurde 1871 von R. Dedekind für Teilkörper des Körpers $\mathbb{C}$ der komplexen Zahlen und 1893 von H. Weber für den allgemeinen Fall gegeben.

Der Vollständigkeit halber wollen wir diese Definition in etwas abgewandelter Form explizit erwähnen, obwohl wir sonst Resultate und Methoden aus der linearen Algebra als bekannt voraussetzen.

(1.1) DEFINITION. Eine Menge K bildet einen *Körper*, wenn die folgende Situation vorliegt:

I. *Je zwei Elementen* $a, b \in K$ *ist ein Element* $a+b \in K$, *die Summe der beiden Elemente, zugeordnet.*

II. *Dabei gilt* $a + b = b + a$ *für alle* $a, b \in K$ *(Kommutativität der Addition) und*

III. $(a + b) + c = a + (b + c)$ *für alle* $a, b, c \in K$ *(Assoziativität der Addition).*

IV. *Es existiert ein Element* $0 \in K$ *mit* $a + 0 = a$ *für alle* $a \in K$ *(Neutrales Element der Addition oder Nullelement genannt).*

V. *Für jedes* $a \in K$ *existiert ein Element* $(-a) \in K$ *mit* $a + (-a) = 0$ *(Existenz eines inversen Elements bezüglich der Addition).*

VI. *Je zwei Elementen* $a, b \in K$ *ist ein Element* $ab \in K$, *das Produkt der beiden Elemente, zugeordnet.*

VII. *Dieses erfüllt* $ab = ba$ *für alle* $a, b \in K$ *(Kommutativität der Multiplikation),*

VIII. $(ab)c = a(bc)$ *für alle* $a, b, c \in K$ *(Assoziativität der Multiplikation) und*

IX. $a(b + c) = ab + ac$ *für alle* $a, b, c \in K$ *(Distributivgesetz).*

X. *Es existiert ein Element* $1 \in K$ *mit* $1 \cdot a = a$ *für alle* $a \in K$ *(Existenz eines neutralen Elementes bezüglich der Multiplikation, des sogenannten Einselements).*

XI. $0 \neq 1$.

XII. *Für jedes Element* $a \neq 0$ *existiert ein Element* $a^{-1} \in K$ *mit* $aa^{-1} = 1$ *(Existenz eines inversen Elements bezüglich der Multiplikation).*

(1.2) BEMERKUNG. Die üblichen Folgerungen aus diesen „Axiomen", etwa die Tatsache, daß das Null- und Einselement sowie die inversen Elemente $-a$ bzw. a^{-1} eindeutig bestimmt sind, daß $a \cdot 0 = 0$ ist, usw. wollen wir hier stillschweigend als bekannt voraussetzen, da wir uns zunächst nur auf Teilkörper von $\mathbb{C}$ beschränken und das Rechnen mit komplexen Zahlen als bekannt ansehen. Alle diese Dinge werden jedoch in Kapitel V bei der Einführung des Monoid- und Gruppenbegriffes ausführlich dargestellt.

Es ist klar, daß die Körper $\mathbb{Q}$ der rationalen Zahlen und $\mathbb{R}$ der reellen Zahlen Teilkörper von $\mathbb{C}$ sind. Außerdem gilt für jeden Teilkörper K von $\mathbb{C}$ die Inklusion $\mathbb{Q} \subseteq K \subseteq \mathbb{C}$.

Weitere Beispiele von Teilkörpern von $\mathbb{C}$ ergeben sich aus dem folgenden Lemma.

(1.3) Lemma. *Sei K ein Teilkörper von $\mathbb{C}$ und $c \in K$ ein Element mit $\sqrt{c} \notin K$. Dann bildet die Menge $K(\sqrt{c})$ aller Elemente der Gestalt $a + b\sqrt{c} \in \mathbb{C}$ mit $a, b \in K$ einen Teilkörper von $\mathbb{C}$, der K echt umfaßt. Man sagt dann, $K(\sqrt{c})$ sei ein quadratischer Erweiterungskörper von K, der aus K durch Adjungieren von $\sqrt{c}$ entsteht.*

BEWEIS. Es ist bloß zu zeigen, daß mit $\alpha, \beta \in K(\sqrt{c})$ auch $\alpha - \beta$, $\alpha\beta$ und für $\gamma \neq 0$ auch γ^{-1} in $K(\sqrt{c})$ liegen, d.h. wieder die Gestalt $p + q\sqrt{c}$ mit $p, q \in K$ besitzen.

Alle anderen Körperaxiome sind von selbst erfüllt, da alle Elemente von $K(\sqrt{c})$ komplexe Zahlen sind und daher alle geforderten Rechenregeln erfüllen. Insbesondere ist $0 \in \mathbb{C}$ auch das Nullelement in $K(\sqrt{c})$ und $1 \in \mathbb{C}$ das Einselement von $K(\sqrt{c})$. Anders ausgedrückt: $K(\sqrt{c})$ bildet mit den in $\mathbb{C}$ definierten Rechenoperationen selbst einen Körper.

Sei also $\alpha = a_1 + b_1\sqrt{c}$ und $\beta = a_2 + b_2\sqrt{c}$. Dann ist

$$\alpha - \beta = (a_1 - a_2) + (b_1 - b_2)\sqrt{c}$$

und

$$\alpha\beta = a_1 a_2 + b_1 b_2 c + (b_1 a_2 + a_1 b_2)\sqrt{c},$$

wobei $a_1 \pm a_2$, $b_1 \pm b_2$, $a_1 a_2 + b_1 b_2 c$ und $b_1 a_2 + a_1 b_2$ wieder in K liegen.

Sei nun $\gamma = a + b\sqrt{c} \neq 0$. Dann ist auch $a - b\sqrt{c} \neq 0$.

Denn für $b = 0$ ist das wegen $a = \gamma \neq 0$ klar. Wäre $b \neq 0$ und $a - b\sqrt{c} = 0$, so wäre $\sqrt{c} = \frac{a}{b} \in K$ in Widerspruch zur Voraussetzung.
Es ist also wegen $K \subseteq \mathbb{C}$ auch $(a + b\sqrt{c})(a - b\sqrt{c}) = a^2 - b^2 c \neq 0$ und überdies ein Element aus K.

Somit ergibt sich, daß

$$\gamma^{-1} = \frac{1}{a + b\sqrt{c}} = \frac{a - b\sqrt{c}}{(a + b\sqrt{c})(a - b\sqrt{c})} = \frac{a - b\sqrt{c}}{a^2 - b^2 c} = \frac{a}{a^2 - b^2 c} + \frac{-b}{a^2 - b^2 c}\sqrt{c}$$

ebenfalls ein Element von $K(\sqrt{c})$ ist, da $\frac{a}{a^2 - b^2 c}$ und $\frac{-b}{a^2 - b^2 c}$ in K liegen.

(1.4) Beispiele.

a) Für $K = \mathbb{Q}$ und $c = -1$ ergibt sich der Körper $\mathbb{Q}(i)$ aller komplexen Zahlen der Gestalt $a + bi = a + b\sqrt{-1}$ mit $a, b \in \mathbb{Q}$.

b) Für $K = \mathbb{R}$ und $c = -1$ ergibt sich, daß der Körper $\mathbb{C}$ eine quadratische Erweiterung des Körpers $\mathbb{R}$ der reellen Zahlen ist.

c) Ist $p > 1$ eine Primzahl, so ist $\sqrt{p} \notin \mathbb{Q}$. Denn wäre $\sqrt{p}$ rational, so gäbe es natürliche Zahlen m, n mit

$$\sqrt{p} = \frac{m}{n}.$$

Daraus ergäbe sich durch Quadrieren $n^2 p = m^2$. In der eindeutigen Primfaktorzerlegung von m^2 (vgl. III. (1.23)) müßte daher p mit gerader Vielfachheit auftreten. In $n^2 p$ ist die Vielfachheit jedoch ungerade. Das gibt daher einen Widerspruch.

Insbesondere ist $\mathbb{Q}(\sqrt{p})$ (also speziell $\mathbb{Q}(\sqrt{2})$, $\mathbb{Q}(\sqrt{3})$, $\mathbb{Q}(\sqrt{5})$, etc.) ein quadratischer Erweiterungskörper von $\mathbb{Q}$.

d) Sei $K = (\mathbb{Q}(\sqrt{2}))(\sqrt{3})$. Dann besteht K aus allen Elementen $\alpha + \beta\sqrt{3}$ mit $\alpha, \beta \in \mathbb{Q}(\sqrt{2})$, d.h. aus allen Elementen der Gestalt $a + b\sqrt{2} + (c + d\sqrt{2})\sqrt{3} = a + b\sqrt{2} + c\sqrt{3} + d\sqrt{6}$ mit $a, b, c, d \in \mathbb{Q}$.

e) Sei $K = (\mathbb{Q}(\sqrt{2}))\left(\sqrt{\sqrt{2}}\right) = (\mathbb{Q}(\sqrt{2}))(\sqrt[4]{2})$. Dann besteht K aus allen Elementen der Gestalt $a + b\sqrt{2} + c\sqrt[4]{2} + d\sqrt[4]{8}$, $a, b, c, d \in \mathbb{Q}$.

Diese Beispiele sollen vorerst genügen.

Nun wollen wir *Konstruktionen mit Zirkel und Lineal* mittels eines kartesischen Koordinatensystems in die Sprache der Algebra „übersetzen".

Wir gehen von zwei willkürlich gewählten Punkten O und E der Ebene des Anschauungsraumes aus, deren Abstand als Maßeinheit dienen soll. Diesen ordnen wir die Koordinaten $O = (0, 0)$ und $E = (1, 0)$ zu. Wir interessieren uns nur dafür, welche Punkte der Ebene man daraus mit Hilfe von Lineal und Zirkel konstruieren kann. Ein Punkt heißt dabei konstruierbar, wenn er als Schnittpunkt von Geraden oder Kreisen, die aus konstruierbaren Punkten auf die im Folgenden angegebene Art mit Zirkel und Lineal gezeichnet werden können, darstellbar ist.

Zunächst kann man mit dem Lineal die Gerade durch O und E zeichnen. Dann kann man die Strecke OE mit Zirkel und Lineal sukzessive nach rechts und links abschlagen und somit alle ganzzahligen Punkte $(n, 0)$, $n \in \mathbb{Z} = \{0, \pm 1, \pm 2, \ldots\}$ der Zahlengeraden konstruieren.

Ist der Punkt $(x, 0)$ bereits konstruiert, so kann man die Normale auf die Gerade OE durch diesen Punkt zeichnen. Man braucht ja bloß die Schnittpunkte der Kreise um $(x - 1, 0)$ und $(x + 1, 0)$ vom Radius 2 miteinander verbinden. Ist $(y, 0)$ ein weiterer bereits konstruierter Punkt, so kann man auf der Normalen durch $(x, 0)$ mit dem Zirkel die Länge $|y|$ abschlagen und somit die Punkte $(x, \pm y)$ konstruieren.

Umgekehrt kann man auch von jedem bereits konstruierten Punkt (x, y) mit $y \neq 0$ aus die Normale auf die x–Achse zeichnen und damit den Schnittpunkt $(x, 0)$ konstruieren. Man wähle dazu eine Zahl $r > |y|$, die als Abstand zweier konstruierbarer Punkte darstellbar ist, und schneide den Kreis mit Radius r um (x, y) als Mittelpunkt mit der x–Achse. Man erhält dann zwei Punkte A, B auf der x–Achse. Die Verbindungslinie der beiden Schnittpunkte, die die Kreise vom Radius r mit Mittelpunkt A bzw. B gemeinsam haben, ist die gesuchte Normale.

Ein Punkt (x, y) ist also genau dann konstruierbar, wenn die Punkte $(x, 0)$ und $(y, 0)$ konstruierbar sind.

Wir nennen nun eine reelle Zahl x *konstruierbar*, wenn der Punkt $(x, 0)$ konstruierbar ist.

(1.5) Satz. *Die konstruierbaren reellen Zahlen bilden einen Körper.*

Hier genügt es zu zeigen, daß für $a > 0$ und $b > 0$ mit a und b auch $a \pm b$, ab und $\frac{1}{a}$ konstruierbar sind.

Für Summe und Differenz ist das klar, denn man braucht ja bloß vom Punkt a aus auf der x–Achse mit dem Zirkel die Strecke b beidseitig abschlagen. Daß auch das Produkt ab konstruierbar ist, ergibt sich geometrisch aus dem Strahlensatz: Man schlage auf der y–Achse vom Ursprung aus die Strecken 1 und b ab und auf der x–Achse die Strecke a. Dann lege man durch den Punkt $(0, b)$ die Parallele zur Strecke, die durch $(0, 1)$ und $(a, 0)$ geht. Diese kann — wie wir gleich zeigen werden — wieder mit Zirkel und Lineal gezeichnet werden und schneidet die x–Achse nach dem Strahlensatz im Punkt $(ab, 0)$.

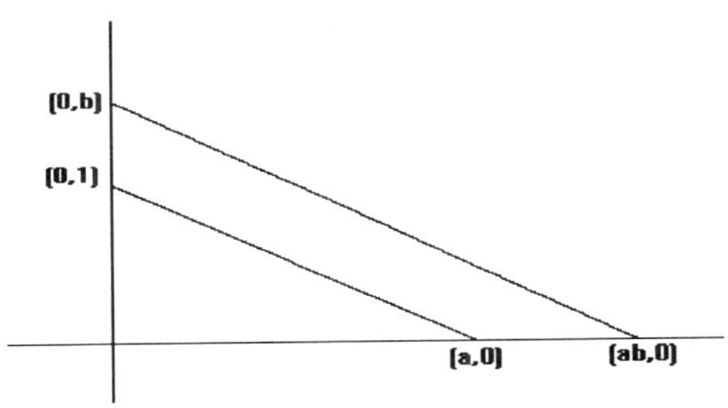

Analog zeigt man, daß $\frac{1}{a}$ konstruierbar ist:

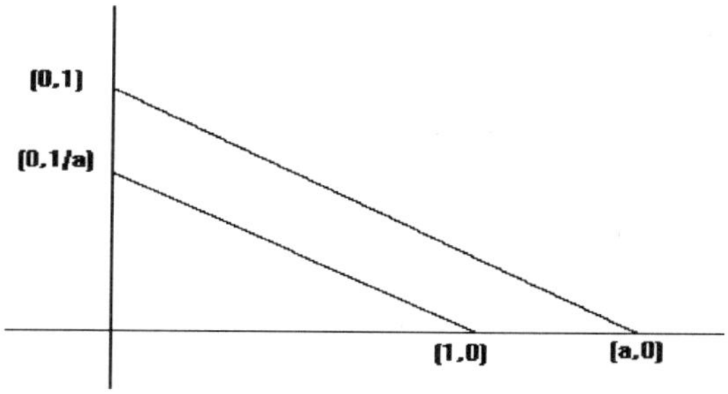

Es bleibt noch zu zeigen, daß man zu jeder Geraden g, die durch zwei Punkte A und B gegeben ist, und jeden Punkt $P \notin g$ mit Zirkel und Lineal die zu g parallele Gerade durch P zeichnen kann. Das folgt aber sofort aus der Tatsache, daß man die durch P gehende Normale n auf die Gerade g und dann die durch P gehende Normale auf die Gerade n zeichnen kann.

(1.6) Bemerkung. Für manche Zwecke ist es eleganter, die obigen elementargeometrischen Überlegungen in die Sprache der komplexen Zahlen zu übersetzen. Zu diesem Zweck „identifizieren" wir den Punkt $P = (x, y)$ der Ebene des Anschauungsraumes mit der komplexen Zahl $z = x + iy$. Diese ist — wie wir gesehen haben — genau dann mit Zirkel und Lineal konstruierbar, wenn ihr Realteil x und ihr Imaginärteil y konstruierbar sind.

Seien $a > 0$ und $b > 0$ konstruierbare reelle Zahlen. Dann sind zunächst die komplexen Zahlen a und i konstruierbar. Die Verbindungsgerade von a und i besteht aus allen Punkten der Gestalt $i + \lambda(a - i)$ mit $\lambda \in \mathbb{R}$, weil sie durch i geht und den Richtungsvektor $a - i$ besitzt.

Die dazu parallele Gerade durch bi besteht daher aus allen Punkten $bi + \lambda(a - i)$ mit $\lambda \in \mathbb{R}$. Da sie den Punkt $bi + (a - i)$ enthält, kann sie mit Zirkel und Lineal gezeichnet werden. Bringen wir sie mit der x–Achse zum Schnitt, d.h. suchen wir jenen Parameterwert λ, für welchen $bi + \lambda(a - i) = \lambda a + i(b - \lambda)$ den Imaginärteil 0 besitzt, so ergibt sich $b - \lambda = 0$, d.h. $\lambda = b$. Der Schnittpunkt mit der x–Achse ist also $bi + b(a - i) = ab$. Daher ist ab konstruierbar.

Die Konstruierbarkeit von $\frac{1}{a}$ ergibt sich daraus, daß die Gerade $1 + \lambda(i - a)$, die durch die konstruierbaren Punkte 1 und $i + 1 - a$ geht, für den Parameterwert $\lambda = \frac{1}{a}$ die y–Achse schneidet und zwar im Punkt $\frac{i}{a}$.

(1.7) Satz. *Die Menge aller konstruierbaren komplexen Zahlen $z = x + iy$ bildet einen Körper, den wir mit Ω bezeichnen wollen.*

Beweis. Seien $z_1 = x_1 + iy_1$ und $z_2 = x_2 + iy_2$ konstruierbare komplexe Zahlen. Dann sind auch

$$z_1 \pm z_2 = (x_1 \pm x_2) + i(y_1 \pm y_2) \text{ und } z_1 z_2 = (x_1 x_2 - y_1 y_2) + i(x_1 y_2 + x_2 y_1)$$

konstruierbar, weil ihre Real- und Imaginärteile es sind.

Ist überdies $z = x + iy \neq 0$, dann ist auch

$$\frac{1}{z} = \frac{x - iy}{x^2 + y^2} = \frac{x}{x^2 + y^2} + \frac{-y}{x^2 + y^2} i$$

konstruierbar.

Aus unseren bisherigen Überlegungen wissen wir, daß Ω jedenfalls den Körper $\mathbb{Q}(i)$ aller komplexen Zahlen der Gestalt $r + is$ mit $r, s \in \mathbb{Q}$ umfaßt, weil das der kleinste Teilkörper von $\mathbb{C}$ ist, der die Zahlen 1 und i enthält. Damit sind jedoch noch nicht alle konstruierbaren Punkte erfaßt, denn der sogenannte Höhensatz der Elementargeometrie liefert z.B., daß für jedes konstruierbare $a > 0$ auch die Quadratwurzel $\sqrt{a}$ konstruierbar ist, wie aus der folgenden Skizze ersichtlich ist.

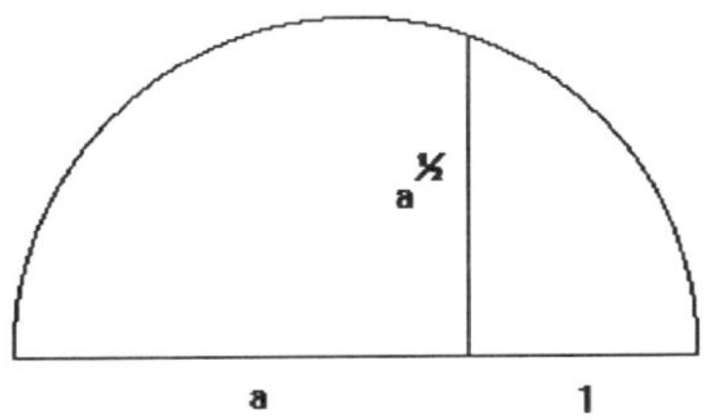

In der Terminologie der komplexen Zahlen bedeutet die obige Konstruktion folgendes: Man schneidet den Kreis $\{z \in \mathbb{C} : |z| = \frac{1+a}{2}\}$ mit der Geraden $x = \frac{a-1}{2}$.

Schreibt man $z = x + iy$, so führt das auf die beiden Gleichungen

$$x^2 + y^2 = \left(\frac{1+a}{2}\right)^2$$
$$x = \frac{a-1}{2}$$

Daraus folgt $y = \pm\sqrt{a}$, wie behauptet.

(1.8) Satz. *Der Körper Ω aller konstruierbaren komplexen Zahlen enthält mit jedem Element $c \in \Omega$ auch die Quadratwurzel $\pm\sqrt{c}$.*

Beweis. Schreibt man c in der Polarform $c = r(\cos\vartheta + i \sin\vartheta)$, so ist $\sqrt{c} = \pm\sqrt{r}(\cos\frac{\vartheta}{2} + i\sin\frac{\vartheta}{2})$.

Ist c konstruierbar, $c = a + ib$, dann sind a und b und daher auch $r = |c| = \sqrt{a^2 + b^2}$ konstruierbare reelle Zahlen und daher auch $\sqrt{r}$.

Die Aussage über die Winkelhalbierung ist geometrisch wieder evident. Sie könnte aber auch folgendermaßen gezeigt werden: Aus $\cos^2\frac{\vartheta}{2} = \frac{1+\cos\vartheta}{2}$ folgt, daß $\cos^2\frac{\vartheta}{2}$ konstruierbar ist. Nach dem eben Bewiesenen sind dann auch $\cos\frac{\vartheta}{2}$ und $\sin\frac{\vartheta}{2} = \sqrt{1 - \cos^2\frac{\vartheta}{2}}$ konstruierbar und somit auch $\cos\frac{\vartheta}{2} + i\sin\frac{\vartheta}{2}$.

Wir wollen nun zeigen, daß Ω der *kleinste* Teilkörper von $\mathbb{C}$ ist, der mit jedem Element c auch die Quadratwurzel $\sqrt{c}$ enthält.

Um das zu zeigen, müssen wir zuerst die *Spielregeln* für Konstruktionen mit Zirkel und Lineal genauer festlegen:

(1.9) SPIELREGELN.

a) Die Punkte O und E sind konstruierbar.

b) Sind A und B konstruierbar, dann kann die Verbindungsgerade mit dem Lineal gezeichnet werden.

c) Ist M konstruierbar und $r > 0$ eine konstruierbare reelle Zahl (d.h. $(r, 0)$ konstruierbar), dann kann der Kreis mit Mittelpunkt M und Radius r mit dem Zirkel gezeichnet werden.

d) Alle Schnittpunkte von Geraden oder Kreisen, die mit Zirkel und Lineal gezeichnet werden können, sind konstruierbar.

e) Durch diese Konstruktion werden alle konstruierbaren Punkte in endlich vielen Schritten erreicht.

Nachdem die Spielregeln festgelegt sind, müssen wir sie in die Sprache der Algebra übersetzen.

Aus der linearen Algebra weiß man, daß die Gerade durch die Punkte (a_1, b_1) und (a_2, b_2) die Gleichung

$$(a_2 - a_1)(y - b_1) - (b_2 - b_1)(x - a_1) = 0$$

besitzt.

Weiters hat der Kreis mit Mittelpunkt (a_1, b_1), der durch den Punkt (a_2, b_2) geht, die Gleichung

$$(x - a_1)^2 + (y - b_1)^2 = (a_2 - a_1)^2 + (b_2 - b_1)^2.$$

Liegen a_1, b_1, a_2, b_2 in einem Teilkörper K von $\mathbb{R}$, dann liegen die Koeffizienten der Geraden — bzw. Kreisgleichung ebenfalls in K.

Schneidet man zwei Geraden

$$\begin{aligned} r_1 x + s_1 y + t_1 &= 0 \\ r_2 x + s_2 y + t_2 &= 0 \ , \end{aligned}$$

deren Koeffizienten in K liegen, so liegen die Koordinaten x, y des Schnittpunkts (x, y) wieder in K. Schneidet man einen Kreis

$$x^2 + y^2 + ux + vy + w = 0 \text{ mit } u\ , v\ , w \in K$$

mit einer Geraden, deren Koeffizienten in K liegen, so muß man eine quadratische Gleichung lösen. Daher liegt jeder Schnittpunkt in einer quadratischen Erweiterung $K(\sqrt{c})$ von K mit $c > 0$ (für $c < 0$ existieren keine Schnittpunkte).

Schneidet man schließlich zwei derartige Kreise

$$x^2 + y^2 + u_1 x + v_1 y + w_1 = 0$$
$$x^2 + y^2 + u_2 x + v_2 y + w_2 = 0\ ,$$

so ergibt sich dasselbe wie beim Schnitt eines dieser Kreise mit der Geraden

$$(u_1 - u_2)x + (v_1 - v_2)y + w_1 - w_2 = 0.$$

Die Schnittpunkte liegen also ebenfalls in einer quadratischen Erweiterung von K.

Daraus ergibt sich sofort der folgende Satz.

(1.10) Satz. *Ein Punkt $A = (a, b)$ ist genau dann mit Zirkel und Lineal konstruierbar, wenn es eine endliche Menge von Körpern K_j gibt mit*

$$\mathbb{Q} = K_0 \subseteq K_1 \subseteq \cdots \subseteq K_N \subseteq \mathbb{R},$$

sodaß jeweils $K_{j+1} = K_j(\sqrt{c_j})$ eine quadratische Erweiterung von K_j ist (mit $0 < c_j \in K_j$) und a und b in K_N liegen.

Denn wenn man endlich viele Konstruktionsschritte durchführt — und mehr lassen unsere Spielregeln nicht zu — so kommt man von rationalen Punkten zu Punkten mit Koeffizienten in einem Körper K_N, der sich aus $\mathbb{Q}$ durch endlich oftmalige quadratische Erweiterung ergibt.

Da wir die Menge aller Punkte (x, y) mit $x, y \in K$ mit der quadratischen Erweiterung $K(i)$ identifizieren können, erhalten wir daraus sofort

(1.11) Korollar. *Eine Zahl $z \in \mathbb{C}$ ist genau dann in Ω, d.h. mit Zirkel und Lineal konstruierbar, wenn es eine Kette*

$$L_0 \subseteq L_1 \subseteq \cdots \subseteq L_M$$

von Teilkörpern von $\mathbb{C}$ gibt mit den folgenden Eigenschaften:

1) *L_0 ist ein beliebiger Körper, der nur aus konstruierbaren Zahlen besteht, z.B. $L_0 = \mathbb{Q}$ oder $L_0 = \mathbb{Q}(i)$.*
2) *jedes $L_{j+1} = L_j(\sqrt{c_j})$ ist eine quadratische Erweiterung von L_j, $0 \leq j < M$.*
3) *$z \in L_M$.*

(1.12) Korollar. *Der Körper Ω der konstruierbaren komplexen Zahlen ist der kleinste Teilkörper von $\mathbb{C}$, der mit jedem Element c auch eine Quadratwurzel $\sqrt{c}$ enthält.*

Diese Aussage ist insofern interessant, weil hier nicht nur — wie bei beliebigen Körpern — die Operationen der Addition und Multiplikation invertierbar sind, sondern auch die Operation des Quadrierens.

2. Würfelverdopplung und Winkeldreiteilung.

Nun sind wir in der Lage zu beweisen, daß das Problem der *Würfelverdopplung* unter ausschließlicher Verwendung von Zirkel und Lineal nicht lösbar ist.

(2.1) Satz. *Die Zahl* $\sqrt[3]{2}$ *ist nicht mit Zirkel und Lineal konstruierbar.*

BEWEIS. Wir zeigen das indirekt. Wäre die Zahl $\alpha = \sqrt[3]{2}$ mit Zirkel und Lineal konstruierbar, dann gäbe es nach (1.11) eine Kette $L_0 \subseteq L_1 \subseteq \cdots \subseteq L_M$ von sukzessiven quadratischen Erweiterungen von $L_0 = \mathbb{Q}$, so daß $\alpha \in L_M$ wäre.

Es genügt nun, folgendes zu zeigen:

1) Gibt es in einem quadratischen Erweiterungskörper $K(\sqrt{c})$ ein Element α mit $\alpha^3 = 2$, dann gibt es auch schon in K ein solches Element.
2) In $\mathbb{Q}$ existiert kein α mit $\alpha^3 = 2$.

Denn gäbe es ein solches α in L_M, dann gäbe es auch eines in L_{M-1} nach 1). Iteriert man dieses Argument, so erhält man die Existenz eines solchen Elements in $\mathbb{Q} = L_0$. Dort gibt es nach 2) kein solches Element. Wir erhalten daher einen Widerspruch.

ad 1): Sei $\alpha \in K(\sqrt{c})$ mit $\alpha^3 = 2$. Dann gibt es $a, b \in K$ mit $(a + b\sqrt{c})^3 = 2$.
Ist hier $b = 0$, so ist $\alpha = a \in K$ und alles gezeigt.
Sei daher $b \neq 0$. Dann ist

$$2 = (a + b\sqrt{c})^3 = a^3 + 3ab^2c + (3a^2b + b^3c)\sqrt{c}.$$

Hier muß der Koeffizient $b(3a^2 + b^2c)$ von $\sqrt{c}$ gleich 0 sein, da sonst

$$\sqrt{c} = \frac{2 - a^3 - 3ab^2c}{3a^2b + b^3c} \in K$$

wäre.

Das bedeutet, daß $3a^2 + b^2c = 0$ ist (und daß $a - b\sqrt{c}$ ebenfalls die Gleichung $(a - b\sqrt{c})^3 = 2$ erfüllt). Jedenfalls gilt

$$3a^2 + b^2c = 0$$

und

$$2 = a^3 + 3ab^2c.$$

Aus der ersten Gleichung folgt $b^2c = -3a^2$. Setzt man das in die zweite Gleichung ein, so erhält man $2 = a^3 + 3a(-3a^2) = -8a^3 = (-2a)^3$. Es gibt also in K ein Element $\gamma = -2a$ mit $\gamma^3 = 2$, wie behauptet.

ad 2): Es gibt kein $\alpha = \frac{m}{n} \in \mathbb{Q}$ mit $\alpha^3 = 2$. Denn sonst wäre $\left(\frac{m}{n}\right)^3 = 2$, d.h. $m^3 = 2n^3$ mit natürlichen Zahlen m, n. In der eindeutigen Primfaktorzerlegung von m^3 müßte daher 2 mit einer Vielfachheit auftreten, die durch 3 teilbar ist, während die Vielfachheit in $2n^3$ von der Form $3k + 1$ wäre. Das ergibt einen Widerspruch.

(2.2) BEMERKUNG. Wie wir in II. (2.4) zeigen werden, besitzt die Gleichung $X^3 - 2 = 0$ in $\mathbb{C}$ drei Lösungen $\alpha_1, \alpha_2, \alpha_3$. Für diese gilt

$$X^3 - 2 = (X - \alpha_1)(X - \alpha_2)(X - \alpha_3) =$$
$$= X^3 - (\alpha_1 + \alpha_2 + \alpha_3)X^2 + (\alpha_1\alpha_2 + \alpha_1\alpha_3 + \alpha_2\alpha_3)X - \alpha_1\alpha_2\alpha_3 \; .$$

Durch Koeffizientenvergleich ergibt sich speziell, daß $\alpha_1 + \alpha_2 + \alpha_3 = 0$ sein muß. (*Vietà'scher Wurzelsatz*). Gibt es einen Körper K, so daß $\alpha_1 \in K(\sqrt{c})$ liegt, so ist $\alpha_1 = a + b\sqrt{c}$ mit $a, b \in K$. Wie wir uns oben überlegt haben, ist dann $\alpha_2 = a - b\sqrt{c}$ und daher $\alpha_3 = -\alpha_2 - \alpha_1 = -2a \in K$. Wir erhalten dieselbe Schlußfolgerung wie oben, aber auf eine weniger gekünstelte Weise.

(2.3) BEMERKUNG. Diese Beweise sind so einfach und durchsichtig, daß wir ein paar Augenblicke innehalten sollten und uns überlegen, warum es so lange gedauert hat, die Unmöglichkeit der Würfelverdoppelung mit Zirkel und Lineal zu beweisen.

Zur Zeit der alten Griechen war die Mathematik noch nicht weit genug entwickelt, um über die Tätigkeit des Konstruierens selbst Aussagen machen zu können. Das begann sich erst allmählich zu ändern seit R. Descartes 1637 in seiner *Géometrie* zeigen konnte, daß man geometrische Probleme durch die Einführung eines kartesischen Koordinatensystems in die Sprache der Algebra übersetzen konnte. Aber obwohl Descartes deutlich sah, daß Konstruktionen mit Zirkel und Lineal auf lineare und quadratische Gleichungen führten und es daher eher unwahrscheinlich ist, damit auch Gleichungen dritten oder höheren Grades lösen zu können, war die Algebra damals noch nicht flexibel genug, um eine solche Vermutung exakt zu beweisen.

Das änderte sich erst im 19. Jahrhundert, als man begann, statt individueller mathematischer Objekte ganze Klassen von Objekten mit bestimmten formalen Eigenschaften zu untersuchen. Damals hat man gesehen, daß die sukzessiven Erweiterungen des Zahlbegriffs von der Menge $\mathbb{N} = \{0, 1, 2, \dots\}$ der natürlichen Zahlen zu den Mengen $\mathbb{Z} = \{0, \pm 1, \pm 2, \dots\}$ der ganzen, $\mathbb{Q}$ der rationalen, $\mathbb{R}$ der reellen und $\mathbb{C}$ der komplexen Zahlen darauf hinausliefen, den Zahlbegriff so zu erweitern, daß die 4 Grundrechnungsarten Addition, Subtraktion, Multiplikation und Division soweit wie möglich ausführbar wurden unter Beibehaltung ihrer gewohnten formalen Eigenschaften. Das führte schließlich zum fundamentalen Begriff des Körpers, mit dessen Hilfe die Situation klar und deutlich durchschaubar wurde.

Ein weiteres berühmtes Problem betrifft die *Winkeldreiteilung:* Kann man jeden Winkel mit Zirkel und Lineal in 3 gleiche Teile teilen?

Bei einigen Winkeln wie etwa $\alpha = 90°$ geht das schon, weil $30°$ konstruierbar ist. Wir wollen jedoch zeigen, daß sich der Winkel $\alpha = 60°$ nicht mit Zirkel und Lineal in 3 gleiche Teile teilen läßt.

Wie in der Mathematik heutzutage üblich ist, wollen wir statt des Winkels $\alpha = 60°$ lieber den dazugehörigen Bogen $\frac{2\pi}{6} = \frac{\pi}{3}$ auf dem Einheitskreis betrachten.
Dann ist unsere Behauptung gleichbedeutend damit, daß die komplexe Zahl $\cos\frac{\pi}{9} + i\sin\frac{\pi}{9}$, welche

$$\left(\cos\frac{\pi}{9} + i\sin\frac{\pi}{9}\right)^3 = \cos\frac{\pi}{3} + i\sin\frac{\pi}{3} = \frac{1+\sqrt{-3}}{2}$$

erfüllt, nicht mit Zirkel und Lineal konstruierbar ist.

Wir verwenden dabei die bekannte *Formel von de Moivre*

$$(\cos x + i\sin x)^n = \cos nx + i\sin nx.$$

Diese läßt sich aus den Additionstheoremen für die trigonometrischen Funktionen

$$\cos(x+y) = \cos x\cos y - \sin x\sin y$$

und

$$\sin(x+y) = \sin x\cos y + \cos x\sin y$$

sehr leicht herleiten, die ihrerseits mit

$$\cos(x+y) + i\sin(x+y) = (\cos x + i\sin x)(\cos y + i\sin y)$$

äquivalent sind.
In der Analysis lernt man den tieferen Grund für diese Formeln kennen, daß nämlich $\cos x + i\sin x = e^{ix}$ gilt. Die Formel von de Moivre läßt sich dann in der Form $e^{inx} = \left(e^{ix}\right)^n$ schreiben, in der sie fast trivial wirkt. Wir werden im Folgenden die Exponentialschreibweise e^{ix} immer wieder als nützliches Symbol für $\cos x + i\sin x$ verwenden. Insbesondere beachte man, daß $e^{2\pi i} = 1$ und $e^{i\pi} = -1$ gilt.

(2.4) Satz. *Die komplexe Zahl* $e^{\frac{i\pi}{9}} = \cos\frac{\pi}{9} + i\sin\frac{\pi}{9}$ *ist nicht mit Zirkel und Lineal konstruierbar.*

BEWEIS. Es genügt zu zeigen, daß es keine Kette

$$L_0 = \mathbb{Q}\left(\sqrt{-3}\right) \subseteq L_1 \subseteq \cdots \subseteq L_M$$

von sukzessiven quadratischen Erweiterungen gibt, so daß $\cos\frac{\pi}{9} + i\sin\frac{\pi}{9} \in L_M$ liegt.

Wir machen das wie in (2.1) in 2 Schritten:

1) Ist K ein Körper mit $\mathbb{Q}(\sqrt{-3}) \subseteq K \subseteq \mathbb{C}$ und ist die Gleichung $X^3 = \frac{1+\sqrt{-3}}{2}$ in einer quadratischen Erweiterung $K(\sqrt{c})$ lösbar, dann bereits in K selbst.

   Der Beweis ist fast wörtlich derselbe wie oben.

   Aus $(a+b\sqrt{c})^3 = \frac{1+\sqrt{-3}}{2}$ folgt, daß auch $(a-b\sqrt{c})^3 = \frac{1+\sqrt{-3}}{2}$ gilt und daß schließlich auch

$$(-2a)^3 = \frac{1+\sqrt{-3}}{2}$$

   ist.

2) Die Gleichung $X^3 = \frac{1+\sqrt{-3}}{2}$ hat in $\mathbb{Q}(\sqrt{-3})$ keine Lösung.

   Denn sonst gäbe es ganze Zahlen a, b, c, die keinen gemeinsamen Teiler besitzen, so daß

$$\left(\frac{a}{c} + \frac{b}{c}\sqrt{-3}\right)^3 = \frac{1+\sqrt{-3}}{2}$$

   gilt. Das bedeutet

$$\left(\frac{a}{c}\right)^3 - 9\frac{ab^2}{c^3} + \left(\frac{3a^2b}{c^3} - \frac{3b^3}{c^3}\right)\sqrt{-3} = \frac{1+\sqrt{-3}}{2}.$$

Es gilt also

$$a^3 - 9ab^2 = \frac{c^3}{2}$$

und

$$3a^2b - 3b^3 = \frac{c^3}{2}.$$

Da a und b ganz sind, muß c^3 und daher auch c gerade sein. Aus der zweiten Gleichung folgt, daß c überdies durch 3 teilbar ist. Subtrahiert man die beiden Gleichungen, so ergibt sich $a^3 - 9ab^2 - 3a^2b + 3b^3 = 0$. Daraus folgt sofort, daß a durch 3 teilbar ist und das impliziert wieder, daß auch b durch 3 teilbar ist. Somit wäre 3 ein gemeinsamer Teiler von a, b, c in Widerspruch zu unserer Annahme.

In diesem Beweis ist der zweite Schritt relativ kompliziert. Daher geht man meistens folgendermaßen vor:

Die Gleichung

$$\begin{aligned}\cos 3\vartheta + i\sin 3\vartheta &= (\cos\vartheta + i\sin\vartheta)^3 = \\ &= \cos^3\vartheta - 3\cos\vartheta\sin^2\vartheta + i(3\cos^2\vartheta\sin\vartheta - \sin^3\vartheta)\end{aligned}$$

impliziert

$$\cos 3\vartheta = \cos^3\vartheta - 3\cos\vartheta(1-\cos^2\vartheta) = 4\cos^3\vartheta - 3\cos\vartheta.$$

Für $\vartheta = \frac{\pi}{9}$ ist $\cos 3\vartheta = \cos\frac{\pi}{3} = \frac{1}{2}$. Daher erfüllt $u = \cos\vartheta$ die Gleichung $\frac{1}{2} = 4u^3 - 3u$ oder $8u^3 - 6u - 1 = 0$. Setzt man $x = 2u$, so gilt also

$$x^3 - 3x - 1 = 0.$$

Es genügt wieder zu zeigen, daß keine Lösung x dieser Gleichung mit Zirkel und Lineal konstruierbar ist. Da der konstante Term jetzt in $\mathbb{Q}$ liegt, reduziert sich der zweite Schritt darauf zu zeigen, daß es keine rationale Lösung $x = \frac{m}{n}$ mit teilerfremden Zahlen m und n gilt.

Wäre $x = \frac{m}{n}$ eine Lösung von $x^3 - 3x - 1 = 0$, so wäre

$$m^3 - 3mn^2 - n^3 = 0.$$

Jede Primzahl p, die m teilt, müßte auch n^3 und daher auch n teilen und umgekehrt. Das ist ein Widerspruch zur Teilerfremdheit. Es könnte also höchstens $x = \pm 1$ eine Lösung sein, was auch nicht der Fall ist.

Jetzt bleibt noch zu zeigen, daß die Gleichung $x^3 - 3x - 1 = 0$ in einer quadratischen Erweiterung $K(\sqrt{c})$ nur dann lösbar ist, wenn sie auch in K selbst lösbar ist. Sei also $x = a + b\sqrt{c}$ mit $a, b \in K$.

Für $b = 0$ ist die Behauptung richtig.

Sei also $b \neq 0$. Dann gilt

$$(a + b\sqrt{c})^3 - 3(a + b\sqrt{c}) - 1 = 0$$

oder

$$a^3 + 3ab^2c - 3a - 1 + b\Big(3a^2 + b^2c - 3\Big)\sqrt{c} = 0.$$

Hier muß wieder $3a^2 + b^2c - 3 = 0$ sein, weil sonst $\sqrt{c} \in K$ wäre.

Dann ist aber auch $a - b\sqrt{c}$ eine Lösung der Gleichung. Setzt man $b^2c = 3 - 3a^2$ in $a^3 + 3ab^2c - 3a - 1 = 0$ ein, so ergibt sich

$$-8a^3 + 6a - 1 = (-2a)^3 - 3(-2a) - 1 = 0.$$

Es ist also $\gamma = -2a \in K$ ebenfalls Lösung der Gleichung $x^3 - 3x - 1 = 0$.

(2.5) Korollar. *Es gibt konstruierbare Winkel, für die die Winkeldreiteilung nicht mit Zirkel und Lineal durchführbar ist.*

(2.6) BEMERKUNG. Auf die Winkeldreiteilungsgleichung $X^3 - 3X - 1 = 0$ trifft dasselbe zu, was in (2.2) für die Gleichung $X^3 - 2 = 0$ gesagt wurde: Sie hat drei Wurzeln $\alpha_1, \alpha_2, \alpha_3$ in $\mathbb{C}$, welche $\alpha_1 + \alpha_2 + \alpha_3 = 0$ erfüllen. Liegt eine Wurzel $\alpha_1 = a + b\sqrt{c}$ in $K(\sqrt{c})$, dann auch eine zweite, die dann die Gestalt $\alpha_2 = a - b\sqrt{c}$ besitzt.
Für die dritte Wurzel α_3 ergibt sich daraus, daß $\alpha_3 = -\alpha_1 - \alpha_2 = -2a \in K$ ist.

Mit derselben Methode zeigt man allgemein folgendes:
Sei $X^3 + aX^2 + bX + c$ ein Polynom mit rationalen Koeffizienten. Dieses läßt sich genau dann in ein Produkt $(X - r)(X^2 + sX + t)$ mit rationalen Koeffizienten r, s, t zerlegen, wenn $x = r = \frac{m}{n}$ eine Wurzel der Gleichung $X^3 + aX^2 + bX + c = 0$ ist. Hat diese Gleichung keine rationale Nullstelle, so nennt man $X^3 + aX^2 + bX + c$ irreduzibel über $\mathbb{Q}$. Ist das der Fall, so ist keine Wurzel α dieser Gleichung mit Zirkel und Lineal konstruierbar.

Als weiteres Beispiel zeigen wir, daß das *regelmäßige 7-Eck* nicht mit Zirkel und Lineal konstruierbar ist.

Es ist klar, daß ein regelmäßiges n-Eck genau dann mit Zirkel und Lineal konstruierbar ist, wenn der Winkel $\frac{360°}{n}$ es ist. Das ist genau dann der Fall, wenn die n-te Einheitswurzel $\zeta = e^{\frac{2\pi i}{n}} = \cos\frac{2\pi}{n} + i\sin\frac{2\pi}{n}$ konstruierbar ist und das ist wieder genau dann der Fall, wenn $\gamma = \zeta + \bar{\zeta} = \zeta + \zeta^{-1} = 2\cos\frac{2\pi}{n}$ konstruierbar ist.

Sei nun $n = 7$ und $\zeta = e^{\frac{2\pi i}{7}}$. Dann gilt $\zeta^7 = e^{2\pi i} = 1$. Die Zahl ζ ist also eine Wurzel der Gleichung $X^7 - 1 = 0$. Wegen $(X-1)(X^6 + X^5 + \cdots + X + 1) = X^7 - 1$ und $\zeta \neq 1$ genügt ζ auch der Gleichung

$$X^6 + X^5 + \cdots + X + 1 = 0.$$

Das ist gleichbedeutend mit

$$\left(X^3 + \frac{1}{X^3}\right) + \left(X^2 + \frac{1}{X^2}\right) + \left(X + \frac{1}{X}\right) + 1 = 0$$

Setzt man $Y = X + \frac{1}{X}$, so ist

$$Y^2 = X^2 + \frac{1}{X^2} + 2 \text{ und } Y^3 = \left(X^3 + \frac{1}{X^3}\right) + 3\left(X + \frac{1}{X}\right)$$

Daher genügt Y der Gleichung

$$\left(Y^3 - 3Y\right) + \left(Y^2 - 2\right) + Y + 1 = Y^3 + Y^2 - 2Y - 1 = 0.$$

Wegen $\zeta + \frac{1}{\zeta} = 2\cos\frac{2\pi}{7}$ ist also $2\cos\frac{2\pi}{7}$ eine Wurzel der Gleichung $Y^3 + Y^2 - 2Y - 1 = 0$.

Diese Gleichung hat keine rationale Lösung $\frac{m}{n}$. Denn sonst könnte man m und n teilerfremd wählen und erhielte

$$m^3 + m^2n - 2mn^2 - n^3 = 0.$$

Das hieße aber wieder, daß jeder Primteiler von m auch n teilt und umgekehrt. Daher kann $\frac{m}{n}$ höchstens ± 1 sein, was aber ebenfalls keine Lösung ist.

Das Polynom $Y^3 + Y^2 - 2Y - 1$ ist daher irreduzibel über $\mathbb{Q}$. Daher ist $2\cos\frac{2\pi}{7}$ und somit auch $e^{\frac{2\pi i}{7}}$ nicht mit Zirkel und Lineal konstruierbar.

Eines der wichtigsten Probleme in diesem Zusammenhang ist die Frage, welche regelmäßigen n–Ecke mit Zirkel und Lineal konstruierbar sind.

Dieses Problem wurde 1796 von C.F. Gauß gelöst: *Das regelmäßige n–Eck ist genau dann mit Zirkel und Lineal konstruierbar, wenn $n = 2^k p_1 \cdots p_r$ ist, wobei p_i verschiedene Primzahlen der Gestalt $2^{2^l} + 1$ sind.*

Dieses Ergebnis ist eines der Hauptresultate dieses Buches und wird in Kapitel VIII mit Hilfe der Galoistheorie bewiesen werden.

Vorläufig können wir die Frage nach der Konstruierbarkeit des regelmäßigen n–Ecks für alle $n \leq 10$ entscheiden.

Da mit Zirkel und Lineal sowohl Winkelverdopplung wie auch Winkelhalbierung möglich sind, sind regelmäßige n–Ecke und $2n$–Ecke entweder beide konstruierbar oder beide nicht konstruierbar. Insbesondere sind Quadrate und regelmäßige 8–Ecke konstruierbar.

Aus der Konstruierbarkeit des Winkels von 60° ergibt sich die Konstruierbarkeit des regelmäßigen 6–Ecks und gleichseitigen Dreiecks. (Das entspricht dem Fall $p_1 = 3 = 2^{2^0} + 1$). Da der Winkel von 60° nicht mit Zirkel und Lineal gedrittelt werden kann, sind die regelmäßigen 18– und 9–Ecke nicht konstruierbar.

Wie wir in II.2. sehen werden, hat die 5. Einheitswurzel $\zeta = e^{\frac{2\pi i}{5}} = \cos\frac{2\pi}{5} + i\sin\frac{2\pi}{5}$ die explizite Gestalt

$$\zeta = \frac{\sqrt{5}-1}{4} + \frac{1}{4}\sqrt{-2\left(5+\sqrt{5}\right)}.$$

Betrachten wir die Körperkette

$$L_0 = \mathbb{Q} \subseteq L_1 = \mathbb{Q}(\sqrt{5}) \subseteq L_2 = L_1\left(\sqrt{-2\left(5+\sqrt{5}\right)}\right),$$

so liegt ζ in L_2 und ist daher konstruierbar. Somit sind das regelmäßige 5– und 10–Eck konstruierbar. (Das entspricht dem Fall $p_1 = 5 = 2^{2^1} + 1$).

Insgesamt sehen wir, daß für $3 \leq n \leq 10$ alle regelmäßigen n–Ecke außer dem 7– und 9–Eck konstruierbar sind.

II. Algebraische Gleichungen

In diesem Abschnitt wenden wir uns der Frage zu, was man heute in der Algebra unter der Auflösung einer Gleichung

$$p(X) = X^n + a_{n-1}X^{n-1} + \cdots + a_0 = 0$$

versteht.

Ein wichtiger Schritt auf dem Wege zur modernen Interpretation ist der „Fundamentalsatz der Algebra". Dieser besagt, daß die Polynomfunktion $p(z)$ im Bereich der komplexen Zahlen genau n komplexe Nullstellen $\alpha_1, \alpha_2, \ldots, \alpha_n$ besitzt und als Produkt

$$p(z) = (z - \alpha_1)(z - \alpha_2)\cdots(z - \alpha_n)$$

darstellbar ist.

Der Algebraiker abstrahiert daraus die Tatsache, daß es einen Oberkörper K des Koeffizientenkörpers k gibt, über welchem $p(X)$ in Linearfaktoren zerfällt. Das führt zur allgemeinen Frage der Zerlegung eines Polynoms $p(X)$ in irreduzible Faktoren.

Um einen Einblick in die Situation zu gewinnen, sammeln wir überdies die wichtigsten konkreten Resultate über die Auflösung algebraischer Gleichungen, die man bis zum Ende des 18. Jahrhunderts gefunden hatte.

1. Hilfsmittel aus der reellen Analysis.

Die Suche nach Lösungen für algebraische Gleichungen bildete den Hauptanreiz für die sukzessive Erweiterung des Zahlbegriffs von den natürlichen Zahlen bis hin zu den komplexen Zahlen. Wir werden daher mit Recht erwarten, daß die komplexen Zahlen diesem Problemkreis am besten angepaßt sind und daher die schönsten Resultate über algebraische Gleichungen ermöglichen.

Doch zunächst wollen wir untersuchen, was die *reelle Analysis zur Auflösung von Gleichungen* beitragen kann.

Sei $p(x) = a_0 + a_1x + \cdots + a_nx^n$ eine Polynomfunktion mit reellen Koeffizienten a_k. Ihre graphische Darstellung, d.h. die Menge aller Punkte $(x, p(x))$ mit $x \in \mathbb{R}$, ist dann eine Kurve im $\mathbb{R}^2$, deren Nullstellen die reellen Lösungen der Gleichung $p(x) = 0$ sind. Die Zahl $n = \max\{k : a_k \neq 0\}$ heißt der Grad $\deg p$ von p. Ein konstantes Polynom $p(x) = a_0 \neq 0$ hat also den Grad 0. Dem Nullpolynom $p(x) \equiv 0$ wollen wir vorerst keinen Grad zuordnen.

Von grundlegender Bedeutung für alles weitere ist die Tatsache, daß eine Zahl α genau dann Nullstelle von $p(x)$ ist, wenn $p(x)$ den Linearfaktor $x - \alpha$ besitzt.

(1.1) Satz. *Sei $p(x)$ eine Polynomfunktion n–ten Grades mit reellen Koeffizienten. Ist $\alpha \in \mathbb{R}$ eine Nullstelle von p, dann gilt*

$$p(x) = (x - \alpha)q(x),$$

wobei $q(x)$ ein Polynom $(n-1)$–ten Grades ist.

BEWEIS. Sei $p(x) = a_0 + a_1 x + \cdots + a_n x^n$. Dann ist

$$p(x) = p(x) - p(\alpha) = a_0 - a_0 + a_1(x - \alpha) + \cdots + a_n(x^n - \alpha^n).$$

Nun gilt $x^k - \alpha^k = (x - \alpha)(x^{k-1} + \alpha x^{k-2} + \cdots + \alpha^{k-1})$ und daher

$$\begin{aligned} p(x) &= (x - \alpha)[a_1 + a_2(x + \alpha) + \cdots + a_n(x^{n-1} + \alpha x^{n-2} + \cdots + \alpha^{n-1}\ ] = \\ &= (x - \alpha)q(x). \end{aligned}$$

mit einem Polynom $q(x)$ vom Grad $n - 1$.

Jeder Nullstelle $\alpha \in \mathbb{R}$ entspricht also ein Faktor $(x - \alpha)$ von $p(x)$. Da ein Polynom 0–ten Grades keine Nullstelle besitzt, hat eine Polynomfunktion n–ten Grades also höchstens n Nullstellen.

Man kann also $p(x)$ in der Form $p(x) = (x - \alpha_1) \cdots (x - \alpha_k)q(x)$ schreiben, wobei $\deg q = n - k$ ist und $q(x)$ keine reelle Nullstelle besitzt. Kommt ein Faktor $x - \alpha$ vor und ist k die größte Zahl, für die $(x - \alpha)^k$ ein Faktor von $p(x)$ ist, so heißt α eine *k-fache Nullstelle* von $p(x)$ und k die *Vielfachheit* von α.

Es gilt also

(1.2) Satz. *Sei $p(x)$ eine Polynomfunktion n–ten Grades mit reellen Koeffizienten. Dann ist die Anzahl der reellen Nullstellen — jede mit ihrer Vielfachheit gezählt — höchstens gleich n.*

Es gibt Polynome geraden Grades, die überhaupt keine (reelle) Nullstelle haben, wie z. B. $p(x) = x^{2n} + 1$.

Dagegen folgt aus dem *Zwischenwertsatz*, daß jedes Polynom ungeraden Grades mindestens eine reelle Nullstelle besitzt.

Denn ist $p(x) = a_0 + a_1 x + \cdots + a_{2n+1}x^{2n+1}$, und o.B.d.A. $a_{2n+1} > 0$, so ist $\lim_{x\to\infty} p(x) = \infty$ und $\lim_{x\to-\infty} p(x) = -\infty$. Es muß also mindestens eine Stelle $x = \alpha$ mit $p(\alpha) = 0$ geben.

Sehr wichtig ist

(1.3) Satz. *Sei $n \geq 1$ und $r > 0$. Dann hat die Gleichung $p(x) = x^n - r = 0$ genau eine positive Lösung $\sqrt[n]{r}$ in $\mathbb{R}$.*

BEWEIS. Aus dem Zwischenwertsatz ergibt sich wegen $p(0) = -r < 0$ und $\lim_{x \to \infty} p(x) = \infty$ die Existenz mindestens einer Lösung. Da die Funktion $x \to x^n$ für $x \geq 0$ monoton wachsend ist, kann es nur eine Lösung geben.

Im Fall $n = 2$ zeigen die Polynome $x^2 + 1$, x^2 und $x^2 - 1$, daß jeder der möglichen Fälle (keine reelle Nullstelle, zweifache Nullstelle, zwei verschiedene Nullstellen) auftreten kann.

Ein Polynom dritten Grades muß mindestens eine reelle Nullstelle α haben. Es gilt dann $p(x) = (x - \alpha)q(x)$, wobei $\deg q = 2$ ist. Also existieren entweder genau eine (einfache) reelle Nullstelle oder 3 reelle Nullstellen (mit ihrer Vielfachheit gezählt).

Z. B. hat das Polynom $p(x) = x^3 + 3x - 1$ genau eine reelle Nullstelle, weil die Ableitung $p'(x) = 3x^2 + 3 > 0$ ist und daher $p(x)$ monoton wächst.

Dagegen hat die Gleichung $p(x) = x^3 - 3x - 1 = 0$ drei verschiedene reelle Lösungen, weil $p(-2) < 0$, $p(-1) > 0$, $p(0) < 0$ und $p(2) > 0$ ist. Wir können diese sogar explizit bestimmen. Denn aus der in I. (2.4) bewiesenen Identität

$$(2\cos\vartheta)^3 - 3(2\cos\vartheta) = 2(4\cos^3\vartheta - 3\cos\vartheta) = 2\cos 3\vartheta$$

folgt, daß $x = 2\cos\vartheta$ für jedes ϑ mit $2\cos 3\vartheta = 1$ eine Lösung der Gleichung $x^3 - 3x - 1 = 0$ ist. Somit ergibt sich $\vartheta = \frac{\pi}{9}$, $\frac{\pi}{9} + \frac{2\pi}{3}$ und $\frac{\pi}{9} - \frac{2\pi}{3}$. Wir erhalten daher

$$(1.4) \qquad x^3 - 3x - 1 = \left(x - 2\cos\frac{\pi}{9}\right)\left(x - 2\cos\frac{7\pi}{9}\right)\left(x - 2\cos\frac{5\pi}{9}\right).$$

Aus der Analysis kennt man ein einfaches Kriterium für die *Einfachheit* einer Nullstelle.

(1.5) Satz. *Sei $p(x)$ eine Polynomfunktion mit Nullstelle α. Genau dann ist α eine einfache Nullstelle, wenn die Ableitung $p'(\alpha) \neq 0$ ist.*

BEWEIS. α ist genau dann einfach, wenn $p(x) = (x - \alpha)q(x)$ ist und $q(\alpha) \neq 0$.
Dagegen ist α mehrfache Nullstelle, wenn $p(x) = (x - \alpha)q(x)$ und $q(\alpha) = 0$ ist, weil dann $q(x) = (x - \alpha)q_1(x)$ gilt und somit $p(x) = (x - \alpha)^2 q_1(x)$ ist.
Daher ist $p'(x) = q(x) + (x - \alpha)q'(x)$ und $p'(\alpha) = 0$ genau dann, wenn $q(\alpha) = 0$ ist.

BEMERKUNG. Geometrisch bedeutet dieser Satz, daß α genau dann eine mehrfache Nullstelle von $p(x)$ ist, wenn die x–Achse Tangente an den Graphen von $p(x)$ im Punkt $(\alpha, 0)$ ist.

Aus (1.2) ergeben sich einige nützliche Folgerungen.

(1.6). *Die Polynomfunktionen p und q sind genau dann gleich (als Funktionen), d.h. $p(x) = \sum a_k x^k = q(x) = \sum b_k x^k$ für alle $x \in \mathbb{R}$, wenn ihre Koeffizienten übereinstimmen, d.h. $a_k = b_k$ für alle $k = 0, 1, 2, \ldots$ gilt.*

BEWEIS. Sei $p(x) = q(x)$ für alle $x \in \mathbb{R}$. Würden nicht alle Koeffizienten übereinstimmen, so wäre

$$r(x) = p(x) - q(x) = c_0 + c_1 x + \cdots + c_s x^s$$

ein Polynom mit einem Grad $s \geq 0$. Es gäbe also höchstens s Nullstellen von $r(x)$. Da aber $r(x) = 0$ für alle $x \in \mathbb{R}$ gilt und $\mathbb{R}$ unendlich viele Elemente besitzt, ist das nicht möglich.

Auf (1.6) beruht das bekannte Prinzip des „*Koeffizientenvergleichs*“.

Als Beispiel betrachten wir die triviale Identität

$$(1+x)^{a+b} = (1+x)^a (1+x)^b \quad \text{für } a, b \geq 0 \text{ ganz.}$$

Nach dem binomischen Lehrsatz ist

$$(1+x)^n = \sum_{k \geq 0} \binom{n}{k} x^k.$$

Vergleicht man in

$$\sum \binom{a+b}{n} x^n = \sum \binom{a}{k} x^k \sum \binom{b}{l} x^l$$

die Koeffizienten von x^n, so ergibt sich die *Vandermonde'sche Formel*

$$\binom{a+b}{n} = \sum_{\substack{k+l=n \\ k,l \geq 0}} \binom{a}{k}\binom{b}{l} = \sum_{0 \leq k \leq n} \binom{a}{k}\binom{b}{n-k}.$$

Nun kann man mit demselben Argument wie im Beweis von (1.6) zeigen, daß sogar

(1.7) $$\binom{x+y}{n} = \sum_{0 \leq k \leq n} \binom{x}{k}\binom{y}{n-k}$$

für beliebige $x, y \in \mathbb{R}$ gilt.

Denn bekanntlich ist $\binom{x}{n} = \frac{x(x-1)\cdots(x-n+1)}{n!}$ eine Polynomfunktion n-ten Grades auf den reellen Zahlen. Betrachten wir nun die Polynome $p_b(x) = \binom{x+b}{n}$ und $q_b(x) = \sum\limits_{0 \le k \le n} \binom{x}{k}\binom{b}{n-k}$ für festes $b \in \mathbb{N}$.
Beide haben den Grad n.
Für $x = a = 0, 1, 2, \ldots$ gilt $p_b(a) = q_b(a)$ nach der Vandermonde'schen Formel. Das heißt, daß das Polynom $r(x) = p_b(x) - q_b(x)$ unendlich viele Nullstellen besitzt und daher das Nullpolynom sein muß. Somit ist $p_b(x) = q_b(x)$ für alle $x \in \mathbb{R}$.

Es ist also

$$\binom{x+b}{n} = \sum_{0 \le k \le n} \binom{x}{k}\binom{b}{n-k}$$

für alle $x \in \mathbb{R}$ und $b \in \mathbb{N}$. Wendet man bei festem $x \in \mathbb{R}$ dieselbe Vorgangsweise auf die Polynome $p_x(y) = \binom{x+y}{n}$ und $q_x(y) = \sum\limits_{0 \le k \le n} \binom{x}{k}\binom{y}{n-k}$ an, so ergibt sich (1.7).

Allgemein gilt

(1.8) Satz. *Sind p und q Polynome höchstens n-ten Grades und gilt $p(a) = q(a)$ für mehr als n Zahlen a, so gilt $p(x) = q(x)$ für alle $x \in \mathbb{R}$.*

Der Beweis ist wohl klar.

Als Anwendung wollen wir die *Lagrange'sche Interpolationsformel* beweisen. Hier geht es darum, durch n Punkte (a_i, b_i) der Ebene $\mathbb{R}^2$ eine möglichst einfache Kurve zu legen. So kann man je zwei Punkte durch eine Gerade verbinden, je drei Punkte durch eine Parabel, usw.

Durch die gegebenen n Punkte (a_i, b_i) geht nun ein Polynom $p(x)$ mit $\deg p < n$, nämlich

$$p(x) = \sum_{k=1}^{n} b_k \prod_{j \ne k} \frac{x - a_j}{a_k - a_j}. \tag{1.9}$$

Denn man verifiziert sofort, daß $p(a_i) = b_i$ gilt und daß jeder Summand den Grad $n-1$ besitzt.

Wir behaupten nun, daß dieses Polynom eindeutig festgelegt ist. Denn gäbe es ein weiteres Polynom $q(x)$ mit $q(a_i) = b_i$ und $\deg q < n$, so wäre $r(x) = p(x) - q(x)$ ebenfalls ein Polynom mit $\deg r < n$, hätte aber mindestens n Nullstellen $a_1, \ldots, a_n$. Das gilt nur, wenn $r \equiv 0$, d.h. $q(x) = p(x)$ ist.

2. Der Fundamentalsatz der Algebra.

Die komplexen Zahlen treten zuerst beim Versuch auf, für beliebige quadratische Gleichungen $ax^2 + bx + c = 0$ Lösungen zu finden. Eine solche Gleichung kann wegen $a \neq 0$ auf die Gestalt $x^2 + px + q = 0$ gebracht werden. Ergänzt man auf ein Quadrat, so ergibt sich

$$\left(x + \frac{p}{2}\right)^2 = \frac{p^2}{4} - q = \frac{p^2 - 4q}{4}.$$

Sind p, $q \in \mathbb{R}$, so besitzt diese Gleichung nur dann eine reelle Lösung, wenn $p^2 - 4q \geq 0$ ist.
Ist $p^2 - 4q > 0$, so besitzt sie zwei verschiedene reelle Lösungen

$$x_{1,2} = -\frac{p}{2} \pm \frac{1}{2}\sqrt{p^2 - 4q}.$$

Im Fall $p^2 - 4q = 0$, also der Gleichung

$$x^2 + px + \frac{p^2}{4} = \left(x + \frac{p}{2}\right)^2 = 0,$$

ist $x_{1,2} = -\frac{p}{2}$ eine zweifache Nullstelle.
Für $p^2 - 4q < 0$ ergeben sich zwei konjugiert komplexe Lösungen

$$x_1 = -\frac{p}{2} + \frac{i}{2}\sqrt{4q - p^2} \text{ und } x_2 = -\frac{p}{2} - \frac{i}{2}\sqrt{4q - p^2}.$$

Analoge Formeln gelten auch im Falle einer Gleichung $x^2 + px + q = 0$ mit komplexen Koeffizienten p, q. Man braucht sich nur zu überlegen, daß jede komplexe Zahl $c = a + ib \neq 0$ genau zwei Quadratwurzeln $\pm\sqrt{c}$ in $\mathbb{C}$ besitzt.
Das sieht man am schnellsten, wenn man die Polardarstellung von c betrachtet und die Formel von de Moivre verwendet, wie das im Beweis von I. (1.8) gemacht wurde.

Die elementarste Art, eine Wurzel von c explizit zu berechnen, besteht darin, einen Ansatz der Form $\sqrt{c} = x + iy$ zu machen.
Dann ist $(x + iy)^2 = c = a + ib$ und somit

$$x^2 - y^2 = a, 2xy = b \text{ und überdies } x^2 + y^2 = \sqrt{a^2 + b^2} = |c|.$$

Daraus ergibt sich

$$2x^2 = |c| + a, 2y^2 = |c| - a$$

und somit

$$x + iy = \sqrt{\frac{|c| + a}{2}} + i\varepsilon\sqrt{\frac{|c| - a}{2}},$$

wobei $\varepsilon = \pm 1$ so gewählt werden muß, daß $2xy = b$ ist, d.h. $\varepsilon = 1$ für $b > 0$ und $\varepsilon = -1$ für $b < 0$.
Setzt man $\operatorname{sgn} b = 1$ für $b > 0$ und $\operatorname{sgn} b = -1$ für $b < 0$, so ist also für $b \neq 0$

$$\sqrt{a+ib} = \sqrt{\frac{\sqrt{a^2+b^2}+a}{2}} + i \operatorname{sgn} b \sqrt{\frac{\sqrt{a^2+b^2}-a}{2}}.$$

Es gibt also immer eine Wurzel $\sqrt{a+ib} = x + iy$ mit $x \geqslant 0$.
Z. B. ergibt die obige Formel $\sqrt{3+4i} = \sqrt{\frac{5+3}{2}} + i\sqrt{\frac{5-3}{2}} = 2 + i$ und $\sqrt{i} = \sqrt{\frac{1+0}{2}} + i\sqrt{\frac{1-0}{2}} = \frac{1+i}{\sqrt{2}}$.

Als nächstes wollen wir zeigen, daß jede komplexe Zahl $c \neq 0$ für jedes $n = 1, 2, 3, \ldots$ mindestens eine n–te Wurzel $\sqrt[n]{c}$ in $\mathbb{C}$ besitzt.

Dazu betrachten wir wieder die Polardarstellung $c = re^{i\vartheta}$. Nach (1.3) gibt es eine positive reelle Zahl $\sqrt[n]{r}$ und nach dem Satz von de Moivre ist $\left(\cos\frac{\vartheta}{n} + i\sin\frac{\vartheta}{n}\right)^n = e^{i\vartheta}$. Also ist

$$\sqrt[n]{r}\left(\cos\frac{\vartheta}{n} + i\sin\frac{\vartheta}{n}\right)$$

eine n–te Wurzel von $c = r(\cos\vartheta + i\sin\vartheta)$ in $\mathbb{C}$.

Hier erhebt sich sofort die Frage, ob man das auch ohne Verwendung trigonometrischer Funktionen beweisen kann.
Es genügt dabei, den Fall $|c| = 1$ zu betrachten.
Außerdem kann man sich auf ungerades n beschränken, da die Existenz von Quadratwurzeln ja bereits gezeigt ist. Schließlich kann man auch die trivialen Fälle $c = \pm 1$ ausschließen.

Wir wollen also die Existenz einer komplexen Zahl z zeigen, welche $z^{2n+1} = c$ erfüllt.

Dazu beachten wir, daß sich jede Zahl $d \neq -1$ auf dem Einheitskreis in der Form

(2.1) $$d = \frac{1+i\lambda}{1-i\lambda}$$

mit einer eindeutig bestimmten reellen Zahl λ darstellen läßt. Denn sei $i\lambda$ der Schnittpunkt der Geraden durch die Punkte -1 und d mit der imaginären Achse.
Dann gilt $d = -1 + t(i\lambda + 1)$ und wegen $|d|^2 = d\bar{d} = 1$ ist also
$(t - 1 + i\lambda t)\,(t - 1 - i\lambda t) = (t-1)^2 + \lambda^2 t^2 = 1$, d.h. $(\lambda^2+1)t^2 - 2t = 0$ oder $t = \frac{2}{1+\lambda^2}$.
Daher ist $d = -1 + \frac{2(1+i\lambda)}{(1+i\lambda)(1-i\lambda)} = \frac{-1+i\lambda+2}{1-i\lambda} = \frac{1+i\lambda}{1-i\lambda}$.

Aus $z^{2n+1} = c$ ergibt sich speziell $|z|^{2n+1} = |c| = 1$, d.h. $|z| = 1$. Wegen $c \neq -1$ ist auch $z \neq -1$.
Schreibt man $z = \frac{1+i\lambda}{1-i\lambda}$, so lautet also unsere Gleichung

$$\left(\frac{1+i\lambda}{1-i\lambda}\right)^{2n+1} = c.$$

Nun wissen wir bereits, daß ein d mit $d^2 = c$ existiert.
Wegen $|d| = 1$ ist $c = d^2 = \frac{d^2}{d\overline{d}} = \frac{d}{\overline{d}}$.
Wir suchen also ein reelles λ mit $\left(\frac{1+i\lambda}{1-i\lambda}\right)^{2n+1} = \frac{d}{\overline{d}}$ oder

$$\overline{d}(1+i\lambda)^{2n+1} = d(1-i\lambda)^{2n+1}.$$

Dieses λ ist Lösung der Gleichung

$$p(x) = i\overline{d}(1+ix)^{2n+1} - id(1-ix)^{2n+1} = 0.$$

Da $\overline{p(x)} = p(x)$ ist, sind alle Koeffizienten von $p(x)$ reell.
Nun ist $\deg p(x) = 2n+1$, weil der höchste Koeffizient
$i\overline{d}i^{2n+1} - id(-i)^{2n+1} = (-1)^{n+1}(\overline{d}+d) \neq 0$ ist (wegen $c \neq -1$). Daher existiert eine reelle Lösung λ dieser Gleichung.

Damit ist also die Existenz von beliebigen n–ten Wurzeln gezeigt.

Diese Ableitung ist insofern interessant, als sie zeigt, daß man nur die Existenz von Quadratwurzeln und den Zwischenwertsatz für reelle Polynomfunktionen benötigt. Die trigonometrische Lösung gibt uns dagegen eine explizite Darstellung der n–ten Wurzel.

Als nächstes wollen wir die Gleichung $z^n - 1 = 0$ studieren.
Schreibt man $1 = e^{2\pi i}$, so sieht man sofort aus der Formel von de Moivre, daß

$$\zeta_n = e^{\frac{2\pi i}{n}} = \cos\frac{2\pi}{n} + i\sin\frac{2\pi}{n}$$

eine Lösung ist. Wegen $(\zeta_n^k)^n = (\zeta_n^n)^k = 1^k = 1$ sind auch alle Zahlen ζ_n^k, $k = 0, 1, \ldots, n-1$, Lösungen der Gleichung $z^n - 1 = 0$.
Da das n verschiedene Zahlen auf dem Einheitskreis sind, gilt also

$$z^n - 1 = (z-1)(z-\zeta_n)(z-\zeta_n^2)\cdots(z-\zeta_n^{n-1}).$$

Man nennt die komplexen Zahlen ζ_n^k *n–te Einheitswurzeln.*

Wir wollen ein paar Beispiele explizit berechnen:

Die zweiten Einheitswurzeln sind 1 und -1.

Die dritten Einheitswurzeln erfüllen $z^3 - 1 = (z-1)(z^2+z+1) = 0$.
Es ergibt sich $1, \rho, \rho^2$ mit $\rho = \zeta_3 = \frac{-1+i\sqrt{3}}{2}$, $\rho^2 = \zeta_3^2 = \frac{-1-i\sqrt{3}}{2}$.

Die vierten Einheitswurzeln sind $1, i, -1, -i$.

Die fünften Einheitswurzeln sind Lösungen der Gleichung

$$z^5 - 1 = (z-1)(z^4+z^3+z^2+z+1) = 0.$$

Dividiert man $z^4+z^3+z^2+z+1$ durch z^2 und setzt für $z+\frac{1}{z} = y$, so ist $y^2 = z^2+2+\frac{1}{z^2}$ und daher

$$z^2+z+1+\frac{1}{z}+\frac{1}{z^2} = \left(z^2+\frac{1}{z^2}\right)+\left(z+\frac{1}{z}\right)+1 =$$
$$= (y^2-2)+y+1 = y^2+y-1.$$

Das ergibt $y_1 = \frac{-1+\sqrt{5}}{2}$ und $y_2 = \frac{-1-\sqrt{5}}{2}$.
Wir suchen $\zeta_5 = \cos\frac{2\pi}{5} + i\sin\frac{2\pi}{5}$.
Hier gilt $\zeta_5 + \frac{1}{\zeta_5} = \zeta_5 + \overline{\zeta}_5 = 2\cos\frac{2\pi}{5} > 0$. Daher ist ζ_5 eine Lösung der Gleichung

$$z + \frac{1}{z} = y_1 = \frac{-1+\sqrt{5}}{2}$$

oder $z^2 - \frac{-1+\sqrt{5}}{2} z + 1 = 0$.
Wir erhalten daher $\zeta_5 = \frac{\sqrt{5}-1}{4} + \frac{i}{4}\sqrt{2(5+\sqrt{5})}$.

Beachtet man, daß mit $a = \sqrt[n]{c}$ auch $\zeta_n^k a$ eine Lösung der Gleichung $z^n - c = 0$ ist und daß diese n Lösungen für alle $a \neq 0$ alle verschieden sind, so ergibt sich

(2.2) Satz. *Für jedes $c \neq 0$ besitzt die Gleichung $z^n - c = 0$ n verschiedene Lösungen $a, \zeta_n a, \ldots, \zeta_n^{n-1} a$. Ist $c = re^{i\vartheta}$, so sind diese Lösungen von der Gestalt*

$$\zeta_n^k a = \sqrt[n]{r}\, e^{\frac{i\vartheta}{n}+\frac{2\pi i k}{n}}, k = 0, 1, \ldots, n-1.$$

Es gilt dann

$$z^n - c = \prod_{k=0}^{n-1} \left(z - \zeta_n^k a\right).$$

Bevor wir weitergehen sei noch bemerkt, daß (1.1), (1.2), (1.5), (1.6), (1.7), (1.8), (1.9) sinngemäß übertragen natürlich auch im Komplexen gelten.

So besagt etwa die Lagrange'sche Interpolationsformel im Komplexen, daß

$$p(z) = \sum_{k=1}^{n} b_k \prod_{j \neq k} \frac{z - a_j}{a_k - a_j}$$

das eindeutig bestimmte Polynom p mit $\deg p < n$ ist, welches $p(a_j) = b_j$ für beliebig gewählte komplexe Zahlen a_j, b_j erfüllt. Es hat natürlich i.a. komplexe Koeffizienten.

Nun kommen wir zum wichtigsten Hilfsmittel aus der Analysis.

(2.3) Fundamentalsatz der Algebra. *Jede nicht-konstante Polynomfunktion $p(z) = a_0 + a_1 z + \cdots + a_n z^n$ mit komplexen Koeffizienten a_j besitzt mindestens eine komplexe Nullstelle.*

Beweis. Wir verwenden aus der reellen Analysis, daß eine stetige reelle Funktion $f(x, y)$ auf einer beschränkten abgeschlossenen Menge ein Minimum besitzt. Schreibt man $z = x + iy$, dann ist

$$f(x, y) = |p(x + iy)|$$

eine stetige reellwertige Funktion auf $\mathbb{R}^2$. Sie nimmt daher auf jeder kompakten, d.h. beschränkten und abgeschlossenen, Menge ein Minimum an. Insbesondere also auf jeder Kreisscheibe $\{z \in \mathbb{C} : |z| \leq r\}$.

Wir wählen r so groß, daß für $|z| > r$ sicher $|p(z)| > |p(0)| = |a_0|$ erfüllt ist. Das geht, weil $\lim_{|z| \to \infty} |p(z)| = \infty$ ist.

Denn $|p(z)| = |a_0 + a_1 z + \cdots + a_n z^n| = |a_n||z|^n |1 + \frac{a_{n-1}}{a_n} \frac{1}{z} + \cdots + \frac{a_0}{a_n} \frac{1}{z^n}|$. Für genügend großes $|z|$ ist also

$$|p(z)| > \frac{|a_n|}{2} |z|^n.$$

Dann ist das Minimum von $|p(z)|$ auf ganz $\mathbb{C}$ dasselbe wie das Minimum auf der Kreisscheibe $|z| \leq r$.

Sei nun $z = a$ ein Punkt, wo das Minimum angenommen wird. Ist $p(a) = 0$, so ist unser Satz gezeigt. Wäre $p(a) \neq 0$, so ergibt sich aus den folgenden Überlegungen ein Widerspruch.

Wir betrachten in diesem Fall die Polynomfunktion $h \to \frac{p(a+h)}{p(a)}$. Es gilt dann

$$\frac{p(a + h)}{p(a)} = 1 + bh^k + \text{ Terme höheren Grades in } h,$$

wobei h^k die kleinste Potenz von h ist, deren Koeffizient $b \neq 0$ ist. Da in $\mathbb{C}$ k–te Wurzeln existieren, können wir c so wählen, daß $bc^k = -1$ ist.

Dann gilt

$$\frac{p(a+ch)}{p(a)} = 1 - h^k + h^{k+1}q(h)$$

mit einem passenden Polynom q.

Daher ist

$$\left|\frac{p(a+ch)}{p(a)}\right| \leq |1 - h^k| + |h^{k+1}q(h)|.$$

Ist $h > 0$ und genügend klein, so folgt $|1 - h^k| = 1 - h^k$ und

$$\left|\frac{p(a+ch)}{p(a)}\right| \leq 1 - h^k + h^{k+1}|q(h)| =$$
$$= 1 - h^k(1 - h|q(h)|) < 1.$$

Daher nimmt die Funktion $|p(z)|$ im Punkt $z = a + ch$ einen kleineren Wert an als im Punkt $z = a$, wo sie den Wert $|p(a)|$ annimmt. Das ist ein Widerspruch zur Tatsache, daß $|p(a)|$ das Minimum von $|p(z)|$ ist.

(2.4) Korollar. *Jede Polynomfunktion n–ten Grades $p(z) = a_0 + a_1 z + \cdots + a_n z^n$, $a_i \in \mathbb{C}$, hat genau n komplexe Nullstellen oder „Wurzeln" $\alpha_1, \ldots, \alpha_n$, wenn man die Vielfachheit der Nullstellen berücksichtigt. Ist $a_n = 1$ (das Polynom heißt dann normiert), so gilt überdies*

$$p(z) = a_0 + a_1 z + \cdots + z^n = (z - \alpha_1)(z - \alpha_2) \cdots (z - \alpha_n).$$

Der Beweis ergibt sich sofort aus der komplexen Version von (1.1) mit Induktion.

BEMERKUNG. Der erste Beweis des Fundamentalsatzes stammt von C.F. Gauß (1799). Der Satz wurde jedoch schon 1629 von A. Girard vermutet. Die schönsten und klarsten Beweise verwenden Hilfsmittel aus der komplexen Funktionentheorie. Bisher hat man keinen rein algebraischen Beweis dieses Satzes finden können. Es ist auch sehr unwahrscheinlich, daß es einen solchen überhaupt geben kann, denn schon bei der Einführung von $\mathbb{R}$ oder $\mathbb{C}$ lassen sich Grenzprozesse nicht vermeiden.

Wie wir gesehen haben, ist die Existenz einer Nullstelle α einer Polynomfunktion $p(z)$ gleichbedeutend mit der Faktorisierung $p(z) = (z - \alpha)q(z)$. Man kann daher $z - \alpha$ als eine Art Primfaktor von $p(z)$ interpretieren, da sich $z - \alpha$ nicht weiter zerlegen läßt. Jede Polynomfunktion $p(z)$ hat dann eine eindeutige *„Primfaktorzerlegung"* der Gestalt

$$p(z) = a(z - c_1)^{n_1}(z - c_2)^{n_2} \cdots (z - c_r)^{n_r},$$

wobei $a \in \mathbb{C}$ und $c_1, \ldots, c_r$ verschiedene komplexe Zahlen sind. Außerdem ist die Summe $n = n_1 + n_2 + \cdots + n_r$ der Vielfachheiten der c_i genau der Grad der Polynomfunktion.

Durch diese Betrachtungsweise erhält das Problem der Auflösung algebraischer Gleichungen einen neuen Aspekt. *Es geht jetzt um die Zerlegung eines Polynoms in unzerlegbare Faktoren, also um ein Analogon zur Primfaktorzerlegung natürlicher Zahlen.* Im komplexen Fall erweisen sich dabei die unzerlegbaren Faktoren als die linearen Polynome $x - c$.

Nun kehren wir noch einmal zum Fall reeller Polynomfunktionen $p(x) = a_0 + a_1x + \cdots + a_nx^n$ mit reellen Koeffizienten a_i zurück. Wir können jede solche Funktion ins Komplexe erweitern, indem wir

$$p(z) = a_0 + a_1z + \cdots + a_nz^n \qquad \text{für } z \in \mathbb{C}$$

bilden.
Dann gilt $\overline{p(z)} = \sum a_k\overline{z}^k = p(\overline{z})$, weil $\overline{a_k} = a_k$ ist. Aus $p(\alpha) = 0$ folgt also auch $p(\overline{\alpha}) = \overline{p(\alpha)} = \overline{0} = 0$. Daher ist mit jeder komplexen Zahl α auch die konjugiert-komplexe Zahl $\overline{\alpha}$ eine Nullstelle von $p(z)$.

Wegen $(z-\alpha)(z-\overline{\alpha}) = z^2 - (\alpha+\overline{\alpha})z + \alpha\overline{\alpha}$ ist $(z-\alpha)(z-\overline{\alpha})$ eine Polynomfunktion mit reellen Koeffizienten.

(2.5) Korollar. *Jede Polynomfunktion mit reellen Koeffizienten läßt sich als Produkt von Linearfaktoren und quadratischen Faktoren mit reellen Koeffizienten darstellen.*

Wir sehen also, daß der Begriff der *Unzerlegbarkeit von Polynomen vom zugrundegelegten Körper abhängt.* Im Fall des Körpers $\mathbb{R}$ der reellen Zahlen sind die unzerlegbaren Polynome von der Gestalt $x - r$, $r \in \mathbb{R}$, und $(x - \alpha)(x - \overline{\alpha})$ mit $\alpha \notin \mathbb{R}$.

Im Beweis von (2.5) spielen die komplexen Zahlen eine wesentliche Hilfsrolle. In der Formulierung des Satzes kommen sie dagegen überhaupt nicht vor.

Als Beispiel betrachten wir das Polynom $x^4 + 1$. Die Nullstellen sind wegen $(x^2)^2 = -1$ die Zahlen $\pm\sqrt{i}$, $\pm\sqrt{-i}$. Das ergibt

$$x^4 + 1 = \left(x - \frac{1+i}{\sqrt{2}}\right)\left(x - \frac{1-i}{\sqrt{2}}\right)\left(x - \frac{-1+i}{\sqrt{2}}\right)\left(x - \frac{-1-i}{\sqrt{2}}\right)$$

als „Primfaktorzerlegung“ im Komplexen.
Faßt man jeweils zwei konjugiert–komplexe Faktoren zusammen, so ergibt sich wegen
$\left(x - \frac{1+i}{\sqrt{2}}\right)\left(x - \frac{1-i}{\sqrt{2}}\right) = \left(x - \frac{1}{\sqrt{2}}\right)^2 + \frac{1}{2} = x^2 - \sqrt{2}x + 1$ und
$\left(x - \frac{-1+i}{\sqrt{2}}\right)\left(x - \frac{-1-i}{\sqrt{2}}\right) = \left(x + \frac{1}{\sqrt{2}}\right)^2 + \frac{1}{2} = x^2 + \sqrt{2}x + 1$ die Zerlegung

$$x^4 + 1 = (x^2 - \sqrt{2}x + 1)(x^2 + \sqrt{2}x + 1)$$

im Reellen.

Über dem Körper $\mathbb{Q}$ der rationalen Zahlen ist dagegen $x^4 + 1$ unzerlegbar, weil $\sqrt{2}$ keine rationale Zahl ist.

Während also die Zerlegbarkeit über $\mathbb{C}$ oder $\mathbb{R}$ sehr einfach ist, ergeben sich im Fall des Körpers $\mathbb{Q}$ der rationalen Zahlen neue Probleme, die uns noch ausführlich beschäftigen werden.

3. Explizit lösbare Gleichungen.

Der Fundamentalsatz der Algebra hat uns gezeigt, daß jede Gleichung
$a_0 + a_1x + \cdots + a_nx^n = 0$ mit rationalen Koeffizienten lösbar wird, wenn man zum Erweiterungskörper $\mathbb{C}$ der komplexen Zahlen übergeht. Wir haben jedoch nur in wenigen Fällen gesehen, wie man solche Lösungen explizit finden kann.

Am einfachsten ist die Situation bei quadratischen Gleichungen $x^2 + px + q = 0$ mit $p, q \in \mathbb{Q}$.
Hier weiß man aus dem Fundamentalsatz, daß es komplexe Zahlen z gibt mit $z^2 + pz + q = 0$. Man kann diese aber auch explizit finden, indem man „auf ein Quadrat ergänzt“:

$$\left(z + \frac{p}{2}\right)^2 = \frac{p^2}{4} - q.$$

Man führt also die Lösung von $z^2 + pz + q = 0$ auf die Lösung von $y^2 - \left(\frac{p^2}{4} - q\right) = 0$ zurück, wobei $y = z + \frac{p}{2}$ gesetzt wurde. Das ergibt schließlich die Lösungsformel

$$z_{1,2} = -\frac{p}{2} \pm \sqrt{\frac{p^2}{4} - q}.$$

Außerdem könnte man diese Lösungen auch geometrisch mit Zirkel und Lineal konstruieren.

Im Fall von Gleichungen dritten Grades $x^3 + ax^2 + bx + c = 0$ mit rationalen Koeffizienten wird die Situation bereits bedeutend schwieriger.

Hier liefert der Fundamentalsatz die Existenz komplexer Zahlen $\alpha_1, \alpha_2, \alpha_3$, sodaß $x^3 + ax^2 + bx + c = (x - \alpha_1)(x - \alpha_2)(x - \alpha_3)$ gilt. Wir wissen bisher aber nur in Ausnahmefällen, wie die α_i explizit aussehen.

So gilt etwa für $a \in \mathbb{Q}$

$$x^3 - a = (x - \sqrt[3]{a})(x - \sqrt[3]{a}\rho)(x - \sqrt[3]{a}\rho^2)$$

mit einer eindeutig bestimmten reellen dritten Wurzel $\sqrt[3]{a}$.

Diese läßt sich — wie wir bereits wissen — im allgemeinen nicht mit Zirkel und Lineal konstruieren. Man kann aber — wie bereits die alten Griechen wußten — $x = \sqrt[3]{a}$ als Schnitt der beiden Parabeln $y = x^2$ und $y^2 = ax$ oder der Parabel $y = x^2$ und der Hyperbel $xy = a$ exakt konstruieren.

Wenn man also nicht nur Zirkel und Lineal als Hilfsmittel zuläßt, sondern auch beliebige Kegelschnitte als konstruierbar ansieht, so läßt sich die reelle Lösung der Gleichung $x^3 - a = 0$ für $a \in \mathbb{Q}$ exakt konstruieren. Aus der reellen Lösung $\sqrt[3]{a}$ lassen sich auch die beiden komplexen Lösungen $\sqrt[3]{a}\rho$ und $\sqrt[3]{a}\rho^2$ (mit Zirkel und Lineal) konstruieren.

Für die Winkeldreiteilungsgleichung $x^3 - 3x - 1 = 0$ kennen wir ebenfalls alle drei (reellen) Lösungen, wenn auch bloß in trigonometrischer Form (vgl. (1.4)).
Auch diese Gleichung läßt sich geometrisch lösen, wie bereits die arabischen Mathematiker im 11. Jahrhundert wußten. So können alle drei Wurzeln als Schnitt der Hyperbel $\left(x + \frac{1}{6}\right)^2 - y^2 = \frac{1}{36}$ und der Parabel $x^2 = \sqrt{3}y$ erhalten werden. Denn die Schnittpunkte erfüllen

$$\left(x + \frac{1}{6}\right)^2 - \left(\frac{x^2}{\sqrt{3}}\right)^2 = \frac{1}{36}, \text{ d.h. } x^2 + \frac{x}{3} - \frac{x^4}{3} = 0.$$

Das ist gleichbedeutend mit $x(x^3 - 3x - 1) = 0$.

Auf analoge Weise sieht man, daß die Gleichung $x^3 + 2x - 4 = 0$ geometrisch als Schnitt des Kreises $(x - 1)^2 + y^2 = 1$ mit der Parabel $x^2 = \sqrt{2}y$ gelöst werden kann. Sie hat daher genau eine reelle Lösung α. Ist diese bekannt, so kann man wegen $x^3 + 2x - 4 = (x - \alpha)(x^2 + \alpha x + \alpha^2 + 2)$ daraus auch die beiden komplexen Lösungen (mit Zirkel und Lineal) konstruieren.

Eine *rein algebraische Lösungsmethode für die Gleichung dritten Grades* fand man jedoch erst zu Beginn des 16. Jahrhunderts. Sei $x^3 + ax^2 + bx + c = 0$ eine solche Gleichung mit rationalen Koeffizienten. Ersetzt man x durch $x - \frac{a}{3}$, so fällt der quadratische Term weg und man erhält eine Gleichung der Gestalt

$$x^3 + px + q = 0 \text{ mit } p, q \in \mathbb{Q}.$$

Man versucht nun, auch den linearen Term zu eliminieren. Denn dann ergäbe sich eine Gleichung der Gestalt $x^3 - A = 0$, die man algebraisch lösen kann.

Historisch gesehen gelang das zum ersten Mal mit einem Trick: Man schreibt x in der Form $x = a + b$ und erhält die Gleichung

$$(a+b)^3 + p(a+b) + q = 0.$$

Das ist gleichbedeutend mit

$$a^3 + b^3 + (a+b)(3ab+p) + q = 0.$$

Nun versucht man, a und b so zu wählen, daß

$$\begin{aligned} 3ab + p &= 0 \\ \text{und daher } a^3 + b^3 + q &= 0 \end{aligned}$$

wird. Wenn das gelingt, dann erfüllt $x = a + b$ die gesuchte Gleichung.

Es ist dann $ab = -\frac{p}{3}$ und $a^3 + b^3 = -q$. Daraus folgt

$$\begin{aligned} (z - a^3)(z - b^3) &= z^2 - (a^3 + b^3)z + (ab)^3 = \\ &= z^2 + qz - \frac{p^3}{27}. \end{aligned}$$

Daher ist a^3 Lösung einer quadratischen Gleichung mit bekannten Koeffizienten und kann daher explizit berechnet werden:

$$a^3 = -\frac{q}{2} + \sqrt{\left(\frac{q}{2}\right)^2 + \left(\frac{p}{3}\right)^3}.$$

Die andere Lösung b^3 hätte eine analoge Gestalt mit dem negativen Vorzeichen der Wurzel. Es genügt jedoch a zu berechnen, da wegen $ab = -\frac{p}{3}$ zu jedem Wert von a das entsprechende b eindeutig bestimmt werden kann.

Kennt man a^3, so erhält man drei Lösungen für a, nämlich

$$a_1 = a, \; a_2 = \rho^2 a \text{ und } a_3 = \rho a.$$

Die entsprechenden Ausdrücke für b sind

$$b = b_1 = -\frac{p}{3a}, \; b_2 = -\frac{p}{3a\rho^2} = b\rho, \; b_3 = -\frac{p}{3a\rho} = b\rho^2.$$

Damit ergeben sich

$$\begin{aligned} x_1 &= a + b \\ x_2 &= \rho^2 a + \rho b \\ x_3 &= \rho a + \rho^2 b \end{aligned}$$

als Lösungen von $x^3 + px + q = 0$. Man rechnet leicht nach, daß dann tatsächlich

$$x^3 + px + q = (x - x_1)(x - x_2)(x - x_3)$$

ist.

Wir erhalten also

(3.1) Satz. *Cardano'sche Formel:*
Die Gleichung $x^3 + px + q = 0$ *mit* $p, q \in \mathbb{Q}$ *hat die drei Lösungen*

$$x_1 = a + b,\ x_2 = \rho^2 a + \rho b,\ x_3 = \rho a + \rho^2 b,$$

wobei a *eine Lösung der Gleichung*

$$a^3 = -\frac{q}{2} + \sqrt{\left(\frac{q}{2}\right)^2 + \left(\frac{p}{3}\right)^3}$$

ist und $b = -\frac{p}{3a}$ *ist.*

Diese Lösung ist nach Geronimo Cardano (1501–1576) benannt, der sie 1545 zum ersten Mal veröffentlichte. Entdeckt wurde sie jedoch schon früher. (Man vgl. die historischen Bemerkungen bei G. Kowol [8].)

Als Beispiel wollen wir die Cardano'sche Formel auf die Winkeldreiteilungsgleichung $x^3 - 3x - 1 = 0$ anwenden. Hier ergibt sich

$$a^3 = \frac{1}{2} + \sqrt{\frac{1}{4} - 1} = \frac{1 + i\sqrt{3}}{2} = \cos\frac{\pi}{3} + i \sin\frac{\pi}{3}.$$

Somit erhalten wir für a die drei Lösungen

$$\begin{aligned} a_1 &= \cos\frac{\pi}{9} + i \sin\frac{\pi}{9} \\ a_2 &= \rho^2 a_1 = \cos\left(\frac{\pi}{9} - \frac{2\pi}{3}\right) + i \sin\left(\frac{\pi}{9} - \frac{2\pi}{3}\right) \\ a_3 &= \rho\ a_1 = \cos\left(\frac{\pi}{9} + \frac{2\pi}{3}\right) + i \sin\left(\frac{\pi}{9} + \frac{2\pi}{3}\right). \end{aligned}$$

Für b_k ergibt sich $b_k = -\frac{p}{3a_k} = \frac{1}{a_k} = \overline{a_k}$, die konjugiert–komplexe Zahl.

Somit sind die Lösungen

$$\begin{aligned} x_k &= a_k + b_k = a_k + \overline{a_k} = \\ &= 2\cos\left(\frac{\pi}{9} - \frac{2\pi(k-1)}{3}\right). \end{aligned}$$

Wir sehen dabei zu unserem Erstaunen, daß der Trick $x = a + b$ zu setzen *nur mit komplexen Zahlen a,b funktioniert*, auch wenn x wie im obigen Fall selbst reell ist.

Dieser Trick führt also eine beliebige Gleichung dritten Grades auf eine reine Gleichung $x^3 - A = 0$ zurück. Das bedeutet im Fall einer reellen Zahl A die Bestimmung der reellen dritten Wurzel, im Fall $|A| = 1$ die Winkeldreiteilung, und im allgemeinen Fall eine Kombination der beiden Aufgaben.

Es stellt sich heraus, daß a und b genau dann nicht reell sind, wenn die Gleichung drei reelle Nullstellen besitzt (vgl. (5.12)). Diese Tatsache liegt nicht etwa darin begründet, daß die Cardano'sche Formel vielleicht nicht ganz optimal formuliert wäre, sondern liegt in der Natur der Sache. Wir werden später sehen (VIII. (2.20)), daß sich im Fall von drei reellen Nullstellen die komplexen Zahlen gar nicht vermeiden lassen, wenn man eine Darstellung durch Wurzelausdrücke sucht. Das ist der sogenannte *Casus irreducibilis*. Hier hat sich — historisch gesehen — zum ersten Mal die wirkliche *Notwendigkeit der komplexen Zahlen* gezeigt. Denn im Fall quadratischer Gleichungen könnte man solche mit komplexen Lösungen von vornherein als „sinnlos" ausscheiden, während man nun die komplexen Zahlen gerade im Fall von lauter reellen Lösungen benötigt.

Die Hilfsgrößen a und b aus der Cardano'schen Formel lassen sich sehr einfach durch die Wurzeln x_i ausdrücken:

$$\begin{aligned} & x_1 + \rho x_2 + \rho^2 x_3 = (a+b) + (a+\rho^2 b) + (a+\rho b) = 3a, \\ \text{und}\quad & x_1 + \rho^2 x_2 + \rho x_3 = (a+b) + (\rho a+b) + (\rho^2 a+b) = 3b, \end{aligned} \tag{3.2}$$

weil $1 + \rho + \rho^2 = 0$ ist.

Da a priori keine der Wurzeln x_i vor den anderen ausgezeichnet ist, kam J. Lagrange 1770 auf die Idee, für jede Reihenfolge π der Zahlen $1, 2, 3$ den Ausdruck

$$t_\pi = t_{\pi(1)\pi(2)\pi(3)} = x_{\pi(1)} + \rho x_{\pi(2)} + \rho^2 x_{\pi(3)}$$

zu betrachten und zu untersuchen, ob diese Zahlen einer einfachen Gleichung genügen.

Er erhielt dann

$$\begin{aligned} t_{123} &= x_1 + x_2\rho + x_3\rho^2 \\ t_{312} &= x_3 + x_1\rho + x_2\rho^2 = \rho\, t_{123} \\ t_{231} &= x_2 + x_3\rho + x_1\rho^2 = \rho^2\, t_{123} \\ t_{132} &= x_1 + x_3\rho + x_2\rho^2 \\ t_{213} &= x_2 + x_1\rho + x_3\rho^2 = \rho\, t_{132} \\ t_{321} &= x_3 + x_2\rho + x_1\rho^2 = \rho^2\, t_{132}. \end{aligned}$$

Setzt man also $t_{123} = 3a$ und $t_{132} = 3b$, so ist

$$\begin{aligned} f(z) := \prod_\pi (z - t_\pi) &= (z-3a)(z-3a\rho)(z-3a\rho^2)(z-3b)(z-3b\rho)(z-3b\rho^2) = \\ &= (z^3 - 27a^3)(z^3 - 27b^3) \\ &= z^6 - 27(a^3+b^3)z^3 + 27^2(ab)^3. \end{aligned}$$

Also ist

$$\frac{f(3z)}{27^2} = (z^3)^2 + qz^3 - \frac{p^3}{27}.$$

Damit ist der Zusammenhang mit der Cardano'schen Formel hergestellt. Der einzige Unterschied ist der, daß an Stelle des unmotivierten Tricks, $x = a + b$ zu setzen, jetzt eine *verallgemeinerungsfähige Methode* vorliegt. Es stellt sich jedoch heraus, daß diese Methode nur bis zur Gleichung 4. Grades nützlich ist.

Nachdem wir wissen, wie sich a und b durch die Wurzeln ausdrücken lassen, wollen wir uns den Fall von drei reellen Wurzeln x_1, x_2, x_3 etwas näher ansehen: In diesem Fall ist

$$3b = x_1 + \rho^2 x_2 + \rho x_3 = \overline{x_1 + \rho x_2 + \rho^2 x_3} = 3\overline{a}$$

d.h. $b = \overline{a}$.

Schreibt man a in der Polarform $a = r(\cos\vartheta + i\sin\vartheta)$, so sind die Lösungen gegeben durch

$$x_k = 2r\cos\left(\vartheta - \frac{2\pi(k-1)}{3}\right), \quad k = 1, 2, 3. \tag{3.3}$$

Die Parameter r und ϑ lassen sich dabei — zumindest prinzipiell — aus der Gleichung

$$a^3 = -\frac{q}{2} + \sqrt{\left(\frac{q}{2}\right)^2 + \left(\frac{p}{3}\right)^3}$$

berechnen.

Z.B. ergibt sich für die Gleichung

$$x^3 - 15x - 4 = 0$$

der Ausdruck

$$a^3 = 2 + \sqrt{4 - 5^3} = 2 + \sqrt{-121} = 2 + 11i.$$

Man kann also $a = 2 + i$ und $b = 2 - i$ wählen, weil $(2+i)^3 = 2 + 11i$ ist.

Hier ist die trigonometrische Form nicht sehr aufschlußreich, da man die x_i direkt berechnen kann.

$x_1 = (2+i) + (2-i) = 4$

$x_2 = (2+i)\rho^2 + (2-i)\rho = -2 + \sqrt{3}$

$x_3 = (2+i)\rho + (2-i)\rho^2 = -2 - \sqrt{3}$.

Die trigonometrische Form ergäbe sich daraus, wenn man

$$a = 2 + i = \sqrt{5}\,(\cos\vartheta + i\sin\vartheta)$$

setzt. Es ergibt sich dann $e^{i\vartheta} = \frac{2}{\sqrt{5}} + \frac{i}{\sqrt{5}}$.

Außer der Tatsache, daß reelle Lösungen in komplexer Verkleidung auftreten, hat die Cardano'sche Formel noch weitere Schönheitsfehler, die ihre Nützlichkeit einschränken. So lassen sich ganzzahlige Lösungen oft nur schwer als solche erkennen:

Z.B. ist $x = 3$ eine Lösung von $x^3 - 8x - 3 = 0$.
Hier ergibt sich $a^3 = \frac{3}{2} + i\sqrt{\frac{1805}{108}}$.
Hier ist es nicht ganz einfach zu sehen, daß $a = \frac{3}{2} + \frac{i}{2}\sqrt{\frac{5}{3}}$ ist, woraus sich $x = a + \overline{a} = 3$ ergibt.

Analog tritt die Wurzel $x = 2$ der Gleichung $x^3 + 6x - 20 = 0$ in der Gestalt

$$x = \sqrt[3]{10 + \sqrt{108}} + \sqrt[3]{10 - \sqrt{108}}$$

auf, was sich schließlich auf $(1 + \sqrt{3}) + (1 - \sqrt{3}) = 2$ reduziert.

(3.4) BEMERKUNG. Wir haben bei der Gleichung 3. Grades besonders deutlich gesehen, daß der Begriff *„Lösung einer Gleichung“* auf unterschiedliche Weise interpretiert werden kann.

Da ist zunächst der *geometrische Zugang*, der von den alten Griechen initiiert und von arabischen Mathematikern im 11. Jahrhundert zur Vollendung gebracht wurde. Diese Methode ist heute eine bloße Kuriosität. Sie scheint eher dort angebracht zu sein, wo man geometrische Figuren in den Sand zeichnet, also in einen flüchtigen Hintergrund, der sich ständig ändert und wo daher nur das gerade Gezeichnete als „existierend“ empfunden wird.

Das genaue Gegenteil davon ist der *Computer-Zugang*, wo vor dem festen Hintergrund der komplexen Zahlen das Auflösen einer Gleichung eine rein numerische Approximationsaufgabe wird. Auf solche Fragen wird hier nicht näher eingegangen.

Bei der Cardano'schen Formel liegt wieder ein völlig anderer Sachverhalt vor. Hier wird die Auflösung einer beliebigen Gleichung dritten Grades auf den einfachsten Spezialfall einer solchen Gleichung, nämlich eine Gleichung der Gestalt $x^3 - A = 0$ zurückgeführt. Die Lösung besteht also darin, eine explizite *„Formel“* für die Nullstellen zu finden.

(3.5). *Die Gleichung 4. Grades*

Bei jeder Gleichung $x^n + a_{n-1}x^{n-1} + \cdots + a_0 = 0$ kann man durch Übergang von x zu $x - \frac{a_{n-1}}{n}$ den Koeffizienten von x^{n-1} zum Verschwinden bringen.
Daher kann eine Gleichung 4. Grades immer auf die Gestalt

$$x^4 + px^2 + qx + r = 0$$

gebracht werden. Dann hilft wieder ein Trick weiter: Wir führen eine Hilfsgröße a ein und bilden

$$(x^2 + a)^2 = x^4 + 2ax^2 + a^2.$$

Dann schreibt sich die Gleichung in der Form

$$(x^2 + a)^2 = (-p + 2a)x^2 - qx + (-r + a^2). \tag{3.6}$$

Nun wähle man a so, daß auf der rechten Seite ein vollständiges Quadrat $A(x+B)^2$ entsteht. Dann ist

$$(x^2 + a)^2 = A(x + B)^2,$$

woraus x leicht berechnet werden kann.

Eine solche Wahl von a ist möglich: Denn es liegt genau dann ein Quadrat vor, wenn die quadratische Gleichung (3.6) eine zweifache Nullstelle besitzt, d.h. wenn

$$q^2 - 4(-p + 2a)(-r + a^2) = 0$$

ist. Das ist eine Gleichung dritten Grades für a, die mit der Cardano'schen Formel auflösbar ist.

Ein anderer Trick wurde 1637 von R. Descartes angegeben: Man zerlege $x^4 + px^2 + qx + r$ über $\mathbb{R}$ in das Produkt von zwei quadratischen Faktoren (vgl. (2.5))

$$(x^2 + kx + l)(x^2 + jx + m). \tag{3.7}$$

Da der Koeffizient von x^3 Null ist, muß $j + k = 0$ sein, d.h. $j = -k$. Es ist also

$$x^4 + px^2 + qx + r = (x^2 + kx + l)(x^2 - kx + m).$$

Wenn wir k, l, m gefunden haben, ergibt sich x aus einer quadratischen Gleichung.

Durch Koeffizientenvergleich erhält man:

$$\begin{aligned} p &= m - k^2 + l \\ q &= km - lk = k(m - l) \\ r &= lm. \end{aligned}$$

Aus den ersten beiden Gleichungen ergibt sich:

$$\begin{aligned} 2m &= k^2 + p + \frac{q}{k} \\ 2l &= k^2 + p - \frac{q}{k}. \end{aligned}$$

Setzt man das in die dritte Gleichung ein, so folgt

$$4lm = \left(k^2 + p + \frac{q}{k}\right)\left(k^2 + p - \frac{q}{k}\right) = 4r$$

oder $(k^2 + p)^2 - \frac{q^2}{k^2} = 4r$, d.h.

$$k^6 + 2k^4p + (p^2 - 4r)k^2 - q^2 = 0. \tag{3.8}$$

Das ist eine Gleichung dritten Grades für k^2, die mittels der Cardano'schen Formel gelöst werden kann.

Auf solche Weise kann man — zumindest rein theoretisch — jede Gleichung 4. Grades mit Hilfe von Wurzelausdrücken, sogenannten Radikalen, auflösen.

Dagegen ist bei Gleichungen 5. und höheren Grades eine Auflösung mittels Radikalen i.a. nicht möglich.

Der Beweis dieser Tatsache ist eines der Hauptresultate des vorliegenden Buches.

4. Auflösung von Gleichungen aus der Sicht des modernen Algebraikers.

Wir haben schon in (3.4) darauf hingewiesen, daß man unter der „Auflösung“ einer Gleichung ganz verschiedene Dinge verstehen kann. Aber alle dort erwähnten Interpretationen haben eines gemeinsam: Die Wurzeln können — mit welcher Methode man auch zu ihnen gelangen möge — als komplexe Zahlen aufgefaßt werden.

So hat etwa die Gleichung $x^2 - 2 = 0$ die Wurzeln $x = \pm\sqrt{2}$, wobei $\sqrt{2} = 1,414\ldots$ einen eindeutig bestimmten numerischen Wert besitzt.

Die Situation wird jedoch ganz anders, wenn man Lösungen außerhalb des Bereiches der komplexen Zahlen sucht. So wäre es sehr naheliegend, 2×2–Matrizen X zu suchen, welche $X^2 = 2I$ erfüllen.

Da die reellen 2×2–Matrizen als Erweiterung des Körpers $\mathbb{Q}$ interpretiert werden können (indem man jeder rationalen Zahl r die Diagonalmatrix $\begin{pmatrix} r & 0 \\ 0 & r \end{pmatrix}$ zuordnet), geht es auch hier darum, außerhalb von $\mathbb{Q}$ geeignete Elemente zu finden, welche die Gleichung $x^2 - 2 = 0$, die nun $X^2 - 2I = 0$ lautet, erfüllen.

Man rechnet leicht nach, daß die Matrix $A = \begin{pmatrix} 0 & 2 \\ 1 & 0 \end{pmatrix}$ diese Gleichung erfüllt:

$$A^2 = \begin{pmatrix} 0 & 2 \\ 1 & 0 \end{pmatrix} \begin{pmatrix} 0 & 2 \\ 1 & 0 \end{pmatrix} = \begin{pmatrix} 2 & 0 \\ 0 & 2 \end{pmatrix} = 2I.$$

Diese Matrix hat aber überhaupt nichts mit der Zahl $\sqrt{2}$ zu tun. Sie hat bloß dieselbe formal–algebraische Beziehung zu den Matrizen rI, $r \in \mathbb{Q}$, wie sie die reelle Zahl $\sqrt{2}$ zu den rationalen Zahlen r besitzt: Sie ergibt, mit sich selbst multipliziert, ein Element, welches der Zahl 2 entspricht.

Während die formale Situation in beiden Fällen gleich ist, ist die inhaltliche Interpretation der Multiplikation total verschieden. Der Algebraiker ist aber vor allem an der formalen Seite interessiert und möchte auch über solche Lösungen Bescheid wissen.

Es wäre naheliegend, gleich allgemein alle Lösungen der Gleichung $X^2 = 2I$ im Bereich der 2×2–Matrizen zu suchen. Das sind aber unendlich viele. Denn für jedes $a \neq 0$ ist etwa

$$X = \begin{pmatrix} 0 & \frac{2}{a} \\ a & 0 \end{pmatrix}$$

eine Lösung.

Das ist eine unbefriedigende Situation. Man möchte, daß eine Gleichung zweiten Grades höchstens zwei Lösungen besitzt.

Als Ausweg aus dieser Situation bietet sich die Möglichkeit an, nicht alle 2×2–Matrizen zuzulassen, sondern nur jene, die wirklich etwas mit der speziell gewählten Lösung X zu tun haben. Das wären — wie sich im Folgenden zeigen wird — in unserem Fall alle Matrizen der Gestalt $aI + bX$ mit $X^2 = 2I$, wobei a und b in $\mathbb{Q}$ liegen.

Man stellt sofort fest, daß die Matrizen dieser Gestalt einen Körper bilden. Denn Summe und Produkt zweier solcher Matrizen haben wieder dieselbe Gestalt:

$$(a_1 I + b_1 X) + (a_2 I + b_2 X) = (a_1 + a_2)I + (b_1 + b_2)X,$$
$$(a_1 I + b_1 X)(a_2 I + b_2 X) = (a_1 a_2 + 2b_1 b_2)I + (a_1 b_2 + a_2 b_1)X.$$

Außerdem ist

$$(aI + bX)\,\frac{aI - bX}{a^2 - 2b^2} = I.$$

Also hat $aI + bX$ ein Inverses, das wieder von dieser Gestalt ist, nämlich $\frac{a}{a^2-2b^2}I + \frac{-b}{a^2-2b^2}X$.

Dabei muß natürlich $a^2 - 2b^2 \neq 0$ sein. Da $\sqrt{2} \notin \mathbb{Q}$ ist, ist $a^2 - 2b^2 = 0$ nur für $a = b = 0$ möglich.

Im Fall $X = \begin{pmatrix} 0 & 2 \\ 1 & 0 \end{pmatrix}$ besteht dieser Körper aus allen Matrizen der Gestalt

$$a\begin{pmatrix} 1 & 0 \\ 0 & 1 \end{pmatrix} + b\begin{pmatrix} 0 & 2 \\ 1 & 0 \end{pmatrix} = \begin{pmatrix} a & 2b \\ b & a \end{pmatrix} \text{ mit } a, b \in \mathbb{Q}.$$

Dieser Körper besteht nicht mehr aus Zahlen, sondern aus Matrizen. Er sieht jedoch — abstrakt betrachtet — genauso aus wie der Körper $\mathbb{Q}(\sqrt{2})$ aller Elemente $a + b\sqrt{2}$ mit $a, b \in \mathbb{Q}$. Die beiden Körper sind, wie man sagt, isomorph.

Der Algebraiker möchte daher eine Sichtweise entwickeln, in der diese Lösungen der Gleichung $x^2 - 2 = 0$ als völlig gleichwertig betrachtet werden können. Eine solche Sichtweise bestünde darin, von der speziellen Natur des Elements x abzusehen und als das Wesentliche die Tatsache anzusehen, daß die Elemente $a + bx$ einen Körper K bilden, der den Ausgangskörper $\mathbb{Q}$ umfaßt.

In diesem Sinne versteht man unter der Auflösung einer Gleichung

$$a_0 + a_1 x + \cdots + a_n x^n = 0,$$

deren Koeffizienten in einem Körper k liegen, die Konstruktion eines Oberkörpers K, in welchem ein Element $x \in K$ existiert, welches diese Gleichung erfüllt. Die spezielle Gestalt des Körpers K ist dabei irrelevant.

Man geht dabei in gewisser Weise auf die *Ursprünge* des Problems zurück. Man versetzt sich sozusagen in die Zeit, bevor man die Körper $\mathbb{R}$ oder $\mathbb{C}$ zur Verfügung hatte. Man war damals gezwungen, den jeweiligen Zahlbegriff in geeigneter Weise zu erweitern. Nun stehen dem modernen Algebraiker viel mehr Auswahlmöglichkeiten zur Verfügung. Er muß nicht darauf achten, eine möglichst „natürliche" Erweiterung zu suchen, deren Elemente man wieder als „Zahlen" interpretieren könnte, sondern kann sich darauf beschränken, daß die gesuchte Erweiterung K wieder einen Körper bildet, damit man mit den hinzukommenden Elementen genauso rechnen kann wie im zugrundeliegenden Körper k. Zwei solche Erweiterungen werden als *„gleich"* angesehen, wenn sie so bijektiv aufeinander abgebildet werden können, daß die Rechenoperationen der Addition und Multiplikation einander entsprechen.

In einer solchen Theorie ist es dann sinnlos, von numerischen Werten wie $x = \sqrt{2} = 1,414\ldots$ zu sprechen, da man etwa mit den Symbolen $a + b\sqrt{2}$ „genauso" rechnet wie mit $a - b\sqrt{2}$ oder mit $\begin{pmatrix} a & 2b \\ b & a \end{pmatrix}$.

Für den Algebraiker haben also numerische Werte von Lösungen nichts mit dem algebraischen Begriff der Lösung zu tun, sondern sind Eigenschaften des speziellen Körpers $\mathbb{R}$ oder $\mathbb{C}$, in welchem diese Lösungen gesucht werden.

Dafür gestattet der algebraische Lösungsbegriff auch die „Auflösung" von Gleichungen, die keine komplexen Koeffizienten haben.

Sei etwa k der Körper, der nur aus den 2 Elementen 0 und 1 besteht mit $1+1 = 0$. Das ist der Körper $\mathbb{F}_2$ der ganzen Zahlen mod 2.

Betrachten wir etwa das Polynom $x^2 + x + 1$ mit Koeffizienten aus $\mathbb{F}_2$. Dieses hat keine Nullstelle in $\mathbb{F}_2$, weil $0^2 + 0 + 1 \neq 0$ und $1^2 + 1 + 1 \neq 0$ ist.

Was bedeutet es nun, eine Lösung dieser Gleichung zu finden?

Es bedeutet einfach, einen Körper $K \supseteq \mathbb{F}_2$ zu finden, in welchem ein Element x existiert, welches $x^2 + x + 1 = 0$ erfüllt.

Wir werden später eine einfache Methode kennenlernen, derartige Körper zu konstruieren. Vorläufig wollen wir einen solchen ad hoc angeben: Wir behaupten, daß die 4 Matrizen

$$I = \begin{pmatrix} 1 & 0 \\ 0 & 1 \end{pmatrix}, \; A = \begin{pmatrix} 0 & 1 \\ 1 & 1 \end{pmatrix}, \; A^2 = \begin{pmatrix} 1 & 1 \\ 1 & 0 \end{pmatrix}, \; 0 = \begin{pmatrix} 0 & 0 \\ 0 & 0 \end{pmatrix}$$

deren Koeffizienten $0, 1$ Elemente von $\mathbb{F}_2$ sein sollen, so einen Körper bilden.

Man rechnet sofort nach, daß sie einen Körper bilden, den wir mit $\mathbb{F}_4$ bezeichnen wollen. Er umfaßt $\mathbb{F}_2$, wenn man diesen Körper mit $\{0, I\}$ identifiziert. Außerdem ist $I + A + A^2 = 0$. Also ist A eine Lösung der Gleichung $x^2 + x + 1 = 0$.

Die zweite Lösung ist A^2. Denn wegen $A^3 = I$ gilt

$$(A^2)^2 + A^2 + I = A + A^2 + I = 0.$$

Wir werden überdies erwarten, daß man in diesem Körper das Polynom $x^2 + x + 1$ in das Produkt der Linearfaktoren $x - A$ und $x - A^2$ zerlegen kann, d.h. daß

$$x^2 + x + 1 = (x - A)(x - A^2) \text{ gilt.}$$

Das wird zwar durch formales Rechnen plausibel, weil $A + A^2 = -I = I$ und $A \cdot A^2 = I$ ist, es ist jedoch unklar, was das Zeichen x dabei bedeuten soll.

Es wäre naheliegend, unter $x^2 + x + 1$ die Polynomfunktion f, definiert durch $f(x) = x^2 + x + 1$ für alle $x \in \mathbb{F}_4$ zu verstehen. Dann durchläuft x die Elemente $1 = I$, A, A^2, 0 und f wäre durch die folgende Tabelle eindeutig festgelegt:

x	0	A	A^2	1
$f(x)$	1	0	0	1

Eine solche Interpretation wäre aus mehreren Gründen unzweckmäßig: Erstens weiß man von vornherein ja gar nicht, in welchem Oberkörper K eine Lösung existiert und zweitens könnte ein und dieselbe Polynomfunktion durch unendlich viele verschiedene Ausdrücke dargestellt werden. Man sieht nämlich sofort, daß für jedes Element $x \in \mathbb{F}_4$ gilt $x^4 = x$. Daher ist für eine beliebige Polynomfunktion $p(x)$ stets $(x^4 - x)p(x)$ die 0–Funktion.

Somit stellen $f(x)$ und $f(x) + (x^4 - x)p(x)$, dieselbe Funktion dar.

Bei einer Gleichung wie $x^2 + x + 1 = 0$ spielt der *„formale Ausdruck"* $x^2 + x + 1$ die wesentliche Rolle. Er kann als Symbol für die Tätigkeit interpretiert werden, mit einem beliebigen Element x aus einem noch nicht festgelegten Körper K, der den Ausgangskörper $k = \mathbb{F}_2$ umfaßt, die Elemente $x^2 + x + 1$ zu berechnen.

Der Algebraiker ist also nicht an Polynomfunktionen und deren Nullstellen interessiert, sondern an *formalen Ausdrücken der Gestalt* $p(X) = a_0 + a_1X + \cdots + a_nX^n$, wo die Koeffizienten in einem festen Körper k liegen und X eine sogenannte *Unbestimmte* ist, die andeuten soll, daß X alle Elemente aller Oberkörper von k „durchlaufen" kann.

Leider hat die Mathematik noch keine brauchbare Sprache gefunden, *Tätigkeiten* adäquat auszudrücken. Man behilft sich damit, die Abstraktionsebene zu ändern: Statt Zeichen oder Buchstaben als Symbole für bestimmte nicht näher spezifizierte Elemente bestimmter Bereiche zu interpretieren, tut man so, als wären sie selbst mathematische Objekte.

Wir gehen von irgendeinem Zeichen X aus, das in keiner Beziehung zu den Elementen des Körpers k stehen soll. Dieses Element X nennen wir eine Unbestimmte. Um Potenzen X^n zu definieren, lassen wir uns von der symbolischen Darstellung von Produkten durch Nebeneinanderstellen der Buchstaben leiten und betrachten einfach „Wörter" $XX \ldots X$, die durch Nebeneinanderstellen der „Buchstaben" X entstehen. Stehen dabei n Symbole X nebeneinander, so schreiben wir dafür als Abkürzung X^n. Wir können dann eine „Multiplikation" einführen durch $X^k \cdot X^l = X^{k+l}$ für $k, l \in \mathbb{N}\backslash\{0\}$. Es erweist sich als nützlich, auch ein uneigentliches Wort, das leere Wort X^0 einzuführen, welches $X^0X^n = X^nX^0 = X^n$ erfüllen soll.

Nun können wir mit demselben Trick auch Produkte der Gestalt aX^k einführen, indem wir einfach die Buchstaben a und X^k nebeneinanderstellen. Damit dieses „Produkt" kommutativ wird, wollen wir die Wörter aX^k und X^ka identifizieren. Außerdem wollen wir unter $1 \cdot X^n$ einfach X^n verstehen und das Einselement $1 \in k$ mit dem leeren Wort X^0 identifizieren. Schließlich soll $0 \cdot X^n = 0$ gelten.

Wir fassen dann je endlich viele derartige Wörter zu „Sätzen" zusammen, indem wir sie durch ein symbolisches $+$–Zeichen miteinander verbinden, wobei die Reihenfolge irrelevant sein soll. Ein derartiger „Satz" hat dann die Gestalt

$$a_0 + a_1X + \cdots + a_nX^n.$$

Nun kann man für solche formalen Ausdrücke auf die übliche Art Addition und Multiplikation definieren und zeigen, daß man damit genauso rechnen kann, wie man es von reellen oder komplexen Polynomfunktionen gewöhnt ist.

Man kann ein Polynom auch als *formal unendliche* Summe $\sum\limits_{k \geq 0} a_k X^k$ schreiben, indem man alle a_k mit $k > n$ gleich 0 setzt.

Ist $a(X) = \sum a_k X^k$ und $b(X) = \sum b_k X^k$, so definiert man $a(X) = b(X)$ genau dann, wenn alle Koeffizienten übereinstimmen, d.h. $a_k = b_k$ für alle $k \geq 0$ gilt.

Die Summe $a(X) + b(X)$ und das Produkt $a(X)b(X)$ werden wie für Polynomfunktionen so definiert, daß man formal addiert und multipliziert und dann gleiche Potenzen von X zusammenfaßt. Das ergibt:

$$a(X) + b(X) := \sum_{k \geq 0} (a_k + b_k) X^k$$

und

$$a(X)b(X) := \sum_{k \geq 0} \left(\sum_{k=0}^{n} a_k b_{n-k} \right) X^n.$$

Denn $(a_0 + a_1 X + a_2 X^2 + \ldots)(b_0 + b_1 X + b_2 X^2 + \ldots) =$
$= a_0 b_0 + (a_0 b_1 + a_1 b_0) X + (a_0 b_2 + a_1 b_1 + a_2 b_0) X^2 + \ldots$ oder unter Verwendung von Summenzeichen

$$\sum a_k X^k \cdot \sum b_l X^l = \sum_{k,l} \sum a_k b_l X^{k+l} =$$
$$= \sum_n \left(\sum_{k+l=n} a_k b_l \right) X^n.$$

Damit das alles hieb- und stichfest wird und allen Anforderungen an „Exaktheit" genügt, geht man meistens noch einen Schritt weiter und läßt die etwas mysteriöse „Unbestimmte" X überhaupt weg, indem man das Polynom $a(X) = \sum a_k X^k$ einfach durch die Folge $a = (a_0, a_1, a_2, \ldots)$ seiner Koeffizienten beschreibt.

Das führt zu der folgenden abstrakten Definition.

(4.1) DEFINITION. Sei k ein Körper. Unter einem *Polynom* a über k versteht man eine Folge $a = (a_0, a_1, a_2, \ldots)$ von Elementen $a_i \in k$, die von einem gewissen Index an identisch 0 ist. Sind $a = (a_i)$ und $b = (b_i)$ Polynome über k, so sollen a und b gleich heißen, $a = b$, genau dann, wenn $a_i = b_i$ für alle $i \geq 0$ gilt.

Unter der Summe $a + b$ versteht man das Polynom

$$a + b := (a_0 + b_0, a_1 + b_1, a_2 + b_2, \ldots)$$

und unter dem Produkt das Polynom

$$ab := (a_0 b_0, a_0 b_1 + a_1 b_0, a_0 b_2 + a_1 b_1 + a_2 b_0, \ldots).$$

Man prüft nun leicht nach, daß alle Körperaxiome I. (1.1) mit Ausnahme von Axiom XII (Existenz eines inversen Elements bezüglich der Multiplikation) erfüllt

sind. Dabei ist $0 = (0, 0, 0, \dots)$ und $1 = (1, 0, 0, \dots)$. Man sieht sofort, daß man mit den Folgen der Gestalt $(a, 0, 0, \dots)$ genauso rechnet wie mit den Elementen $a \in k$. Denn es ist
$(a, 0, 0, \dots) + (b, 0, 0, \dots) = (a + b, 0, 0, \dots)$ und
$(a, 0, 0, \dots) \cdot (b, 0, 0, \dots) = (ab, 0, 0, \dots)$.

Man „identifiziert" daher diese Elemente mit den entsprechenden Elementen $a \in k$. Nennt man weiters die Folge $(0, 1, 0, 0, \dots)$, die dem Polynom X entspricht, ebenfalls X, so sieht man, daß

$$X^2 = (0, 0, 1, 0, 0, \dots), X^3 = (0, 0, 0, 1, \dots), \dots \text{ ist}$$

und daß

$$(a_0, a_1, a_2, \dots) = (a_0, 0, 0, \dots) + (a_1, 0, 0, \dots)(0, 1, 0, \dots)$$
$$+ (a_2, 0, 0, \dots)(0, 0, 1, 0, \dots) + \dots = a_0 + a_1 X + a_2 X^2 + \dots \text{ ist.}$$

Man erhält also eine „exakte" Definition eines „formalen Ausdrucks der Gestalt $\sum a_k X^k$". Man muß dafür allerdings einen gewissen Preis zahlen. Da die „Unbestimmte" X mit der ganz konkreten Folge $(0, 1, 0, \dots)$ identifiziert wird, geht dabei gerade das verloren, was der Name „Unbestimmte" eigentlich symbolisiert.

Das sieht man am deutlichsten bei der Lösung von Gleichungen. Will man etwa die Gleichung $X^2 + 1 = 0$ über $\mathbb{R}$ lösen, so geht man zum Oberkörper $\mathbb{C}$ der komplexen Zahlen über und findet dort die Elemente $\pm i$, welche die Gleichung erfüllen. Man kann also in der Gleichung die Unbestimmte X durch die bestimmten Werte $\pm$ ersetzen und sieht, daß die Gleichung erfüllt ist.

Allgemein kann man in jedes Polynom $a(X) = a_0 + a_1 X + \dots + a_n X^n$ einen Wert α aus einem Oberkörper K von k „einsetzen" und erhält dann ein Element
$a(\alpha) = a_0 + a_1 \alpha + \dots + a_n \alpha^n$ von K. Der Wert $a(\alpha)$ entsteht also aus α durch jene Operation, die durch das Symbol $a(X)$ symbolisiert wird.

Geht man dagegen von der abstrakten Definition (4.1) aus, so wird die *Operation des „Einsetzens"* ein Problem. Es liegt ja gar keine Leerstelle X vor, in die man etwas einsetzen könnte, sondern eine feste Folge $(0, 1, 0, 0, \dots)$. In diesem Fall muß man die Tätigkeit des Einsetzens durch eine Zuordnung, einen sogenannten Homomorphismus beschreiben. Man ordnet dann der Folge

$$a = (a_0, a_1, a_2, \dots) \text{ das Element } a(\alpha) = a_0 + a_1 \alpha + a_2 \alpha^2 + \dots$$

zu und nennt diese Zuordnung „Einsetzhomomorphismus". Man muß sich dann gesondert überlegen, daß für diese Zuordnung $(a + b)(\alpha) = a(\alpha) + b(\alpha)$ und
$(ab)(\alpha) = a(\alpha) \cdot b(\alpha)$ gilt, d.h. daß Summen und Produkte wieder in Summen und Produkte übergehen. Ordnet man der Folge $(0, 1, 0, 0, \dots)$ das Symbol X zu, so ergibt sich $a = a(X)$.

(4.2) DEFINITION. Unter einem *kommutativen Ring mit Einselement* (KRE) versteht man eine Menge von Elementen, welche die Axiome $I - X$ von I. (1.1) erfüllen.

(4.3) Satz. *Die Menge $k[X]$ aller Polynome über einem Körper k bildet einen kommutativen Ring mit Einselement.*

(4.4) BEMERKUNG. Das einfachste Beispiel eines KRE ist die Menge $\mathbb{Z}$ aller ganzen Zahlen bezüglich der üblichen Addition und Multiplikation. Wir werden im nächsten Kapitel sehen, daß die Ringe $\mathbb{Z}$ und $k[X]$ viele gemeinsame Eigenschaften besitzen.

In der Definition eines KRE ist nicht gefordert, daß $0 \neq 1$ ist. Es gibt allerdings nur einen KRE, der $0 = 1$ erfüllt, nämlich den sogenannten *Nullring*, der nur aus einem Element 0 besteht.

(4.5) DEFINITION. Sei R ein KRE. Dann versteht man unter dem *Polynomring* $R[X]$ über R die Menge aller Polynome der Gestalt $a_0 + a_1X + \cdots + a_nX^n$ mit $a_i \in R$.

Es ist klar, daß $R[X]$ wieder ein KRE ist. Das zeigt man am einfachsten, indem man ein Polynom wieder durch eine Folge $(a_0, a_1, a_2, \dots)$ von Elementen aus R beschreibt.

Wegen

$$(a, 0, 0, \dots)(0, 1, 0, \dots) = (0, a, 0, 0, \dots) = (0, 1, 0, \dots) \cdot (a, 0, 0, \dots)$$

gilt immer $aX = Xa$ für alle $a \in R$.

Ist insbesondere $R = k[X]$ und Y eine weitere Unbestimmte, so bezeichnet man

$$R[Y] = (k[X])[Y]$$

als Polynomring über k in zwei kommutierenden Unbestimmten X und Y und schreibt dafür auch $k[X, Y]$.

Die Kommutativität $YX = XY$ ergibt sich daraus, daß nach Definition von $R[Y]$ jedes Element von R mit der Unbestimmten Y vertauschbar ist, also speziell das Element $X \in R$.

Allgemein definiert man induktiv

$$k[X_1, \dots, X_n] := (k[X_1, \dots, X_{n-1}])[X_n]$$

und bezeichnet diesen KRE als Polynomring in n kommutierenden Unbestimmten $X_1, \dots, X_n$ über k.

(4.6) DEFINITION. Sei R ein KRE und $a(X) = a_0 + a_1X + \cdots + a_nX^n$ ein Element von $R[X]$ mit $a_n \neq 0$. Dann heißt $n = \deg a(X)$ der *Grad* von $a(X)$. Ist $a_n = 1$, so heiße $a(X)$ *normiert*.

Dem Nullpolynom wird kein Grad zugeordnet.

(4.7) Satz. *Ist k ein Körper und sind $f, g \in k[X]$ zwei Polynome $\neq 0$, dann gilt*

$$\deg(fg) = \deg f + \deg g.$$

BEWEIS. Sei $f(X) = a_0 + a_1X + \cdots + a_nX^n$, $a_n \neq 0$, und
$g(X) = b_0 + b_1X + \cdots + b_mX^m$, $b_m \neq 0$. Dann ist
$f(X)g(X) = a_nb_mX^{m+n} + (a_nb_{m-1} + a_{n-1}b_m)X^{m+n-1} + \ldots$ mit $a_nb_m \neq 0$.

BEMERKUNG. Damit dieser Satz auch im Fall $f = 0$ oder $g = 0$ richtig bleibt, müßte man $\deg 0 = -\infty$ setzen.

(4.8) Korollar. *Der KRE $k[X]$ ist kein Körper. Ein Polynom $a(X)$ besitzt genau dann ein Inverses bezüglich der Multiplikation, wenn $a(X) = a_0 \neq 0$ ein Polynom 0-ten Grades ist.*

BEWEIS. Gilt $a(X)b(X) = 1$, so ist speziell

$$0 = \deg 1 = \deg a + \deg b$$

und daher $\deg a = \deg b = 0$. Die Umkehrung ist klar, da k ein Körper ist und daher jedes $a_0 \neq 0$ ein Inverses besitzt.

Von grundlegender Bedeutung für alles weitere ist nun:

(4.9) Satz. *Sei R ein KRE, $f(X) \in R[X]$ und $\alpha \in R$. Dann existiert ein eindeutig bestimmtes Polynom $g(X) \in R[X]$, so daß*

$$f(X) - f(\alpha) = (X - \alpha)g(X)$$

gilt.

BEWEIS.

$$\begin{aligned} \text{Sei } f(X) &= a_nX^n + \cdots + a_0. \text{ Dann ist} \\ f(X) - f(\alpha) &= a_n(X^n - \alpha^n) + a_{n-1}(x^{n-1} - \alpha^{n-1}) + \cdots + a_1(X - \alpha) = \\ &= (X - \alpha)[a_n(X^{n-1} + \alpha X^{n-2} + \cdots + \alpha^{n-1}) + \cdots + a_1] \\ &= (X - \alpha)g(X). \end{aligned}$$

Gäbe es noch ein weiteres Polynom $h(X) \neq g(X)$ mit $f(X) - f(\alpha) = (X - \alpha)h(X)$, so wäre

$$0 = (X - \alpha)(g(X) - h(X)) = (X - \alpha)(c_kX^k + \cdots + c_0)$$

mit einem $c_k \neq 0$. Daher wäre der höchste Koeffizient der rechten Seite $c_k \neq 0$, ein Widerspruch.

(4.10) Korollar. *Ein Element* $\alpha \in R$ *ist genau dann „Nullstelle" oder „Wurzel" von* $f(X) \in R[X]$, *d.h.* $f(\alpha) = 0$, *wenn es eine Zerlegung* $f(X) = (X - \alpha)g(X)$ *gibt. Es ist dann* $\deg g = \deg f - 1$.

(4.11) BEMERKUNG. Wenn wir uns noch einmal die Gleichung $X^2 + X + 1 = 0$ über $\mathbb{F}_2$ ansehen, welche die zwei Nullstellen A und A^2 aus $\mathbb{F}_4$ besitzt, so bemerken wir folgendes: Wegen $\mathbb{F}_2 \subseteq \mathbb{F}_4$ ist $\mathbb{F}_2[X] \subseteq \mathbb{F}_4[X]$ und man kann daher das Polynom $X^2 + X + 1$ auch als Polynom mit Koeffizienten in $\mathbb{F}_4$ auffassen. Man schreibt dann besser $I \cdot X^2 + I \cdot X + I$. Da in $\mathbb{F}_4$ zwei Nullstellen existieren, muß daher

$$I \cdot X^2 + I \cdot X + I = (I \cdot X - A)(I \cdot X - A^2)$$

gelten.

Allgemein sehen wir, daß das Problem der Auflösung von Gleichungen über einem Körper k äquivalent ist mit der Frage nach der Existenz von Oberkörpern $K \supseteq k$, in welchem das Gleichungspolynom einen Linearfaktor besitzt. Insbesondere möchte man den „kleinsten" Erweiterungskörper finden, über welchem das Polynom in Linearfaktoren zerfällt.

Das Problem der *Auflösung von Gleichungen* läßt sich somit unter das viel allgemeinere Problem der *Faktorisierung von Polynomen* subsumieren.

(4.12) Korollar. *Ist* k *ein Körper, so hat ein Polynom* $f(X)$ *vom Grad* n *höchstens* n *Nullstellen in* k. *Es läßt sich dann in der Form*

$$f(X) = (X - \alpha_1)^{n_1} \cdots (X - \alpha_s)^{n_s} g(X)$$

schreiben, wobei alle α_i *verschieden sind und* $g(X)$ *in* k *keine Nullstelle besitzt.*

BEWEIS. Ist α_1 Nullstelle, so gilt $f(X) = (X - \alpha_1)g_1(X)$. Ist auch $g_1(\alpha_1) = 0$, so gilt $f(X) = (X - \alpha_1)^2 g_2(X)$. Iteriert man diese Überlegung, so erhält man

$$f(X) = (X - \alpha_1)^{n_1} g(X)$$

mit $g(\alpha_1) \neq 0$.

Ist $\alpha_2 \neq \alpha_1$ eine weitere Nullstelle von $f(X)$, so ist sie wegen
$0 = f(\alpha_2) = (\alpha_2 - \alpha_1)^{n_1} g(\alpha_2)$ und der Tatsache, daß k ein Körper ist, auch Nullstelle von $g(X)$. Denn $g(\alpha_2) = [(\alpha_2 - \alpha_1)^{n_1}]^{-1} f(\alpha_2) = 0$. Der Satz ergibt sich nun mit Induktion.

Im Fall reeller Polynome hatten wir ein einfaches Kriterium für die Einfachheit einer Nullstelle ((1.5)) mit Hilfe der Ableitung. Es stellt sich heraus, daß sich das auf beliebige Polynome über einem Körper verallgemeinern läßt.

Wir wollen zu diesem Zweck einen formalen Begriff der Ableitung für Polynome definieren.

(4.13) DEFINITION. Sei R ein KRE und $f(X) \in R[X]$ ein Polynom der Gestalt $f(X) = \sum a_k X^k$.

Dann versteht man unter der *Ableitung* $f'(X)$ das Polynom

$$f'(X) := \sum k a_k X^{k-1}.$$

(4.14) Lemma. *Die Ableitung* f' *erfüllt*

$$\begin{aligned} (\alpha f + \beta g)' &= \alpha f' + \beta g' \qquad \text{für } a, \beta \in R, \\ (fg)' &= f'g + fg' \\ \text{und } (f^k)' &= k f^{k-1} f'. \end{aligned}$$

BEWEIS. Die erste Aussage ist klar.

Die zweite braucht nur für $f(X) = X^m$ und $g(X) = X^n$ verifiziert zu werden. Dort ist sie aber klar wegen

$$(X^{m+n})' = (m+n)X^{m+n-1}$$

und $(X^m)'X^n + X^m(X^n)' = mX^{m+n-1} + nX^{m+n-1}$.

Die letzte Aussage folgt wieder mit Induktion.

Im allgemeinen gilt nicht, daß $\deg f'(X) = \deg f(X) - 1$ ist, wie das für $k = \mathbb{R}$ der Fall ist.

Z.B. ist für das Polynom $f(X) = X^{2n} \in \mathbb{F}_2[X]$ die Ableitung $f'(X) = 2 \cdot X^{2n-1} = 0$, weil in $\mathbb{F}_2$ gilt $2 = 0$.

Während im Fall $k = \mathbb{R}$, wo Polynome und Polynomfunktionen formal zusammenfallen, die Ableitung eine Eigenschaft der Funktion war, ist das im allgemeinen nicht der Fall. Z.B. stellen die Polynome $f(X) = X + 1$ und $g(X) = X^2 + 1$ aus $\mathbb{F}_2[X]$ dieselbe Polynomfunktion auf $\mathbb{F}_2$ dar, weil $f(0) = g(0) = 1$ und $f(1) = g(1) = 0$ ist.

Für ihre Ableitungen gilt jedoch $f' = 1$ und $g' = 0$. Es wird also nicht die inhaltliche Bedeutung der Ableitung, sondern nur ihre formale Gestalt auf den allgemeinen Fall übertragen.

(4.15) Satz. *Sei k ein Körper. Dann hat $f(X)$ genau dann das Element $\alpha \in k$ als mindestens zweifache Nullstelle, wenn außer $f(\alpha) = 0$ auch $f'(\alpha) = 0$ gilt.*

BEWEIS. Sei $f(\alpha) = 0$. Nach (4.10) gilt

$$f(X) = (X - \alpha)g(X).$$

Daraus folgt $f'(X) = g(X) + (X - \alpha)g'(X)$ und somit $f'(\alpha) = g(\alpha)$.

Es ist also wegen $g(X) - g(\alpha) = (X - \alpha)h(X)$

$$f(X) = (X - \alpha)f'(\alpha) + (X - \alpha)^2 h(X).$$

Daraus folgt alles.

Abschließend seien noch ein paar Bemerkungen über den *Polynomring* $R[X_1, \ldots, X_n]$ angebracht.
Jedes $f(X_1, \ldots, X_n)$ ist eine endliche Summe von Ausdrücken der Gestalt $aX_1^{i_1} X_2^{i_2} \cdots X_n^{i_n}$, die wir *Monome* nennen wollen. Es gilt dann

$$(aX_1^{i_1} \cdots X_n^{i_n})(bX_1^{j_1} \cdots X_n^{j_n}) = ab\, X_1^{i_1+j_1} \cdots X_n^{i_n+j_n}$$

und $\deg(aX_1^{i_1} \cdots X_n^{i_n}) := i_1 + i_2 + \cdots + i_n$ für $a \neq 0$.

Unter dem *Grad* eines Polynoms $f(X_1, \ldots, X_n)$ versteht man den maximalen Grad eines Monoms von f.

Ein Polynom $f(X_1, \ldots, X_n)$ heißt *homogen* vom Grad k, wenn $f(X_1Y, \ldots, X_nY) = Y^k f(X_1, \ldots X_n)$ gilt.
Z.B. ist $3X_1^3X_2X_3^3 - 5X_1X_3^6 + X_2^2X_3^5$ homogen vom Grad 7.
Jedes Polynom kann eindeutig in der Form $f = f_0 + f_1 + \cdots + f_r$ geschrieben werden, wobei f_i homogen vom Grad i ist. (Man beachte, daß nach dieser Definition das Nullpolynom homogen von jedem beliebigen Grad ist.)

(4.16) Als Beispiel eines homogenen Polynoms wollen wir die *Vandermonde-Determinante* $\triangle(X_1, \ldots, X_n)$ in den Unbestimmten $X_1, X_2, \ldots, X_n$ über $\mathbb{Z}$ betrachten. Sie ist definiert durch

$$\triangle(X_1, \ldots, X_n) = \det \begin{pmatrix} 1 & 1 & \ldots & 1 \\ X_1 & X_2 & \ldots & X_n \\ \vdots & \vdots & & \vdots \\ X_1^{n-1} & X_2^{n-1} & \ldots & X_n^{n-1} \end{pmatrix}.$$

Nach Definition einer Determinante gilt

$$\triangle(X_1, \ldots, X_n) = \sum_{\pi \in \mathfrak{S}_n} \operatorname{sgn} \pi\, X_{\pi(1)}^0 X_{\pi(2)}^1 \cdots X_{\pi(n)}^{n-1},$$

wobei π alle Permutationen von $\{1, 2, \ldots, n\}$ durchläuft.
Daraus folgt, daß $\triangle(X_1, \ldots, X_n)$ ein homogenes Polynom vom Grad $0 + 1 + 2 + \cdots + (n-1) = \binom{n}{2}$ ist.
Interpretieren wir $\triangle(X_1, \ldots, X_n)$ als Element von $(\mathbb{Z}[X_2, \ldots, X_n])[X_1]$, dann hat $\triangle(X_1, \ldots, X_n)$ die Nullstellen $X_2, \ldots, X_n$ weil dann 2 Spalten der Determinante gleich sind.
Daher sind nach (4.10) die Terme $X_1 - X_2, X_1 - X_3, \ldots, X_1 - X_n$ Linearfaktoren von $\triangle(X_1, \ldots, X_n)$.
Als Polynom in X_2, d.h. als Element von $(\mathbb{Z}[X_1, X_3, \ldots, X_n])[X_2]$ hat es die Nullstellen $X_1, X_3, \ldots, X_n$. Es kommen also die zusätzlichen Linearfaktoren $X_2 - X_3, \ldots, X_2 - X_n$ dazu.

Daher muß $\triangle(X_1, \ldots, X_n)$ jedenfalls den Faktor $\prod_{i<j}(X_i - X_j)$ besitzen.

Nun hat dieses letzte Polynom genau $(n-1)+(n-2)+\cdots+1 = \binom{n}{2}$ Faktoren. Somit ist

$$\deg \prod_{i<j}(X_i - X_j) = \binom{n}{2}.$$

Setzt man $\triangle(X_1, \ldots, X_n) = g(X_1, \ldots, X_n)\prod_{i<j}(X_i - X_j)$, so ist $\deg g = 0$, d.h. g ist ein Element von $\mathbb{Z}$. Daraus folgt

$$\triangle(X_1, \ldots, X_n) = c\prod_{i<j}(X_j - X_i).$$

Betrachtet man nun den Koeffizienten von $1 \cdot X_2^1 \cdot X_3^2 \ldots X_n^{n-1}$, so ist dieser auf beiden Seiten $= 1$. Also muß $c = 1$ sein.

(4.17) Satz. *Für die Vandermonde–Determinante $\triangle(X_1, \ldots, X_n)$ in den Unbestimmten $X_1, \ldots, X_n$ gilt*

$$\triangle(X_1, \ldots, X_n) = \prod_{i<j}(X_j - X_i).$$

5. Symmetrische Polynome.

(5.1) Definition. Sei R ein KRE und $f(X_1, \ldots, X_n) \in R[X_1, \ldots X_n]$. Das Polynom $f(X_1, \ldots, X_n)$ heißt *symmetrisch*, wenn es bei jeder Permutation der Unbestimmten in sich übergeht.

So sind etwa $f(X_1, \ldots, X_n) = X_1^5 + X_2^5 + \cdots + X_n^5$ oder

$$g(X_1, X_2, X_3) = X_1^2X_2 + X_1^2X_3 + X_2^2X_1 + X_2^2X_3 + X_3^2X_1 + X_3^2X_2$$

symmetrisch.

Sind $X_1, X_2, \ldots, X_n$ und Y Unbestimmte über dem KRE R, dann gilt:

(5.2). $(Y + X_1)(Y + X_2)\cdots(Y + X_n) = Y^n + s_1Y^{n-1} + \cdots + s_n$, *wobei jedes $s_i(X_1, \ldots, X_n)$ symmetrisch in $X_1, \ldots, X_n$ ist. Dabei ist*

$$s_1(X_1, \ldots, X_n) = X_1 + X_2 + \cdots + X_n,$$

$$s_2(X_1, \ldots, X_n) = \sum_{i<j} X_iX_j,$$

$$s_3(X_1, \ldots, X_n) = \sum_{i<j<k} X_iX_jX_k,$$

$$\ldots$$

$$s_n(X_1, \ldots, X_n) = X_1X_2\cdots X_n.$$

(5.3) DEFINITION. Die Polynome $s_k(X_1,\dots,X_n) = \sum\limits_{i_1<i_2<\dots<i_k} X_{i_1}X_{i_2}\cdots X_{i_k}$, $k = 1,2,\dots,n$, heißen die *elementarsymmetrischen Funktionen* (oder *Polynome*) in den Unbestimmten $X_1,\dots,X_n$. Für $k > n$ setzt man $s_k = 0$.

Ist $X^n - c_1X^{n-1} + c_2X^{n-2} - + \dots + (-1)^n c_n$ ein Polynom aus $k[X]$, welches in einem Oberkörper K die Wurzeln $\alpha_1,\dots,\alpha_n$ besitzt, so gilt

$$X^n - c_1X^{n-1} + \dots + (-1)^n c_n = (X-\alpha_1)(X-\alpha_2)\cdots(X-\alpha_n)$$

und daher $s_i(\alpha_1,\dots,\alpha_n) = c_i$ für $i = 1,2,\dots,n$. Die elementarsymmetrischen Funktionen der Wurzeln liegen also im Grundkörper k. Man wird daher erwarten, daß man über die elementarsymmetrischen Funktionen einen Zugang zu den Wurzeln selbst finden oder zumindest wichtige Aussagen über diese Wurzeln machen kann. Dieses Problem wollen wir im Folgenden untersuchen.

Es stellt sich heraus, daß *jedes* symmetrische Polynom als Polynom in den elementarsymmetrischen Funktionen dargestellt werden kann.
Z.B. gilt für die *Potenzsummen*

$$p_k(X_1,\dots,X_n) = \sum_{i=1}^{n} X_i^k$$

die Formel

$$p_k = \det\begin{pmatrix} s_1 & 1 & 0 & \dots & 0 \\ 2s_2 & s_1 & 1 & \dots & 0 \\ & & \dots & & \\ & & \dots & & \\ ks_k & s_{k-1} & s_{k-2} & \dots & s_1 \end{pmatrix}.$$

Also z.B.

$$\begin{aligned} p_1 &= s_1 \\ p_2 &= \det\begin{pmatrix} s_1 & 1 \\ 2s_2 & s_1 \end{pmatrix} = s_1^2 - 2s_2 \\ p_3 &= \det\begin{pmatrix} s_1 & 1 & 0 \\ 2s_2 & s_1 & 1 \\ 3s_3 & s_2 & s_1 \end{pmatrix} = s_1^3 - 3s_1s_2 + 3s_3. \end{aligned}$$

Diese Darstellung gewinnt man am schnellsten aus den sogenannten Newton'schen Formeln.

(5.4) Newton'sche Formeln.
Für $1 \le k$ gilt

$$p_k - p_{k-1}s_1 + p_{k-2}s_2 - \dots + (-1)^{k-1}p_1s_{k-1} + (-1)^k ks_k = 0.$$

Es ist klar, daß man daraus der Reihe nach $p_1, p_2, p_3, \ldots$ berechnen kann:

$$\begin{aligned}
&p_1 - s_1 = 0 \Rightarrow p_1 = s_1\\
&p_2 - p_1 s_1 + 2s_2 = 0 \Rightarrow p_2 = s_1^2 - 2s_2\\
&p_3 - p_2 s_1 + p_1 s_2 - 3s_3 = 0 \Rightarrow\\
&p_3 = (s_1^2 - 2s_2)s_1 - s_1 s_2 + 3s_3 = s_1^3 - 3s_1 s_2 + 3s_3, \ldots
\end{aligned}$$

Die obige Determinantendarstellung gewinnt man auch sofort aus den Newton'schen Formeln, wenn man die *Cramer'sche Regel* für die Auflösung linearer Gleichungssysteme verwendet. Ich will das bloß für $k = 3$ deutlich machen:

$$\begin{array}{ccccccc}
p_1 & & & & & = & s_1\\
s_1 p_1 & - & p_2 & & & = & 2s_2\\
s_2 p_1 & - & s_1 p_2 & + & p_3 & = & 3s_3
\end{array}$$

ergibt

$$p_3 \det \begin{pmatrix} 1 & 0 & 0\\ s_1 & -1 & 0\\ s_2 & -s_1 & 1 \end{pmatrix} = \det \begin{pmatrix} 1 & 0 & s_1\\ s_1 & -1 & 2s_2\\ s_2 & -s_1 & 3s_3 \end{pmatrix}.$$

Multipliziert man die negativen Spalten jeweils mit (-1), so erhält man schließlich

$$p_3 = \det \begin{pmatrix} 1 & 0 & s_1\\ s_1 & 1 & 2s_2\\ s_2 & s_1 & 3s_3 \end{pmatrix} = \det \begin{pmatrix} s_1 & 1 & 0\\ 2s_2 & s_1 & 1\\ 3s_3 & s_2 & s_1 \end{pmatrix}.$$

Um die Newton'schen Formeln abzuleiten, hat man eine große Anzahl von Tricks erfunden. Am naheliegendsten ist es wahrscheinlich, Hilfsmittel aus der Analysis zu verwenden. Rein formal kann man dabei so vorgehen:
Setzt man $s_0 = 1$, so gilt nach (5.2)

$$\prod_{i=1}^{n}(1 + X_i t) = \sum_{k=0}^{n} s_k t^k.$$

Durch Logarithmieren folgt daraus

$$\log\left(\sum_{k=0}^{n} s_k t^k\right) = \log(1 + X_1 t) + \cdots + \log(1 + X_n t).$$

Betrachtet man nun die Reihenentwicklung

$$\log(1 + x) = x - \frac{x^2}{2} + \frac{x^3}{3} - + \ldots,$$

so folgt sofort

$$\log\left(\sum_{k=0}^{n} s_k t^k\right) = p_1 t - p_2 \frac{t^2}{2} + p_3 \frac{t^3}{3} - + \dots \tag{5.5}$$

Durch Differenzieren ergibt sich daraus

$$\frac{s_1 + 2s_2 t + \dots + n s_n t^{n-1}}{1 + s_1 t + \dots + s_n t^n} = p_1 - p_2 t + p_3 t^2 - + \dots$$

und somit

$$s_1 + 2s_2 t + \dots + n s_n t^{n-1} = (1 + s_1 t + \dots + s_n t^n)(p_1 - p_2 t + p_3 t^2 - + \dots).$$

Durch Vergleich der Koeffizienten von t^{k-1} folgt schließlich

$$k s_k = s_{k-1} p_1 - s_{k-2} p_2 + \dots + (-1)^{k-1} p_k.$$

Das sind die gesuchten Formeln.

Beachtet man, daß

$$\log\left(\sum_{k=0}^{n} s_k t^k\right) = \log\left(1 + \sum_{k=1}^{n} s_k t^k\right) =$$
$$= \sum_{i=1}^{\infty} \frac{(-1)^{i-1}}{i} \left(\sum_{k=1}^{n} s_k t^k\right)^i$$

gilt, so folgt aus (5.5) durch Koeffizientenvergleich

$$p_k = \sum_{i=1}^{k} \frac{(-1)^{i+k} k}{i} \sum_{\substack{t_1 + 2t_2 + \dots + n t_n = k \\ t_1 + t_2 + \dots + t_n = i}} s_1^{t_1} \cdots s_n^{t_n}.$$

Das ist die sogenannte *Waring'sche Formel.*

Allerdings sind diese Ableitungen nicht ganz exakt, da wir uns weder um Konvergenzfragen gekümmert haben noch beachtet haben, daß die X_i ja gar keine Zahlen sondern Unbestimmte sein sollen. Man erhält daraus jedoch ein Gefühl dafür, was hinter den Formeln eigentlich steckt und welche explizite Gestalt sie besitzen müssen.

Weiß man einmal, was man überhaupt beweisen muß, dann sind exakte Beweise sehr leicht zu finden. Ich möchte zunächst zwei derartige Beweise angeben.

Aus der Gleichung

$$(Y - X_1)(Y - X_2) \cdots (Y - X_n) = Y^n - s_1 Y^{n-1} + \dots + (-1)^n s_n$$

ergibt sich für $Y = X_i$

$$0 = X_i^n - s_1 X_i^{n-1} + \cdots + (-1)^n s_n.$$

Summiert man über alle i, so ergibt sich

$$p_n - s_1 p_{n-1} + \cdots + (-1)^n n s_n = 0.$$

Das sind die Newton'schen Formeln für $k = n$.

Wir wissen daher, daß

$$p_k - s_1 p_{k-1} + \cdots + (-1)^k k s_k = 0$$

ist, wenn die Polynome von k Unbestimmten $X_1, \ldots, X_k$ abhängen.

Bilden wir nun denselben formalen Ausdruck, jedoch für $k+1$ Unbestimmte $X_1, \ldots, X_{k+1}$, so ist er ein symmetrisches Polynom und wird $= 0$, wenn man $X_{k+1} = 0$ setzt. Daher muß er durch X_{k+1} teilbar sein (da der konstante Term des Ausdrucks, wenn man ihn als Polynom in X_{k+1} betrachtet, gleich 0 ist). Aus der Tatsache, daß ein symmetrisches Polynom vorliegt, folgt aber sofort, daß er sogar durch $X_1 X_2 \cdots X_{k+1}$ teilbar sein muß.

Also gilt:

$$p_k - s_1 p_{k-1} + \cdots + (-1)^k k s_k = (X_1 \cdots X_{k+1}) g(X_1, \ldots, X_{k+1}).$$

Da der Grad der linken Seite $\leq k$ ist, geht das nur, wenn g das Nullpolynom ist.

Somit gilt die Newton'sche Formel bei festem k für $n = k$ und $n = k + 1$.

Nun kann man diese Überlegungen iterieren und erhält die entsprechenden Aussagen für $n = k + 2, k + 3, \ldots$. Der Fall $n < k$ ergibt sich aus dem Fall $n \geqq k$, indem man einige $X_i = 0$ setzt.

Als Beispiel betrachten wir den Fall $k = 2$. Hier ist für $n = 2$ die Newton'sche Formel

$$X_1^2 + X_2^2 - (X_1 + X_2)(X_1 + X_2) + 2X_1 X_2 = 0$$

unmittelbar klar. Man bildet nun wie angegeben:

$$p(X_3) = X_1^2 + X_2^2 + X_3^2 - (X_1 + X_2 + X_3)(X_1 + X_2 + X_3) + 2(X_1 X_2 + X_1 X_3 + X_2 X_3)$$

mit $p(0) = 0$.

Nach obigem Argument muß der gesamte Ausdruck durch $X_1 X_2 X_3$ teilbar sein und weil er bloß ein Polynom 2-ten Grads ist, daher identisch 0 sein.
Nun kann man die Vorgangsweise iterieren.

Als nächstes wollen wir einen rein rechnerischen Beweis angeben. Es gilt:

$$p_k - s_1 p_{k-1} + - \cdots + (-1)^{k-1} s_{k-1} p_1 =$$
$$= \sum_{r=0}^{k-1} (-1)^r \sum_{1 \leq i_1 < \cdots < i_r \leq n} X_{i_1} \cdots X_{i_r} \sum_{j=1}^{n} X_j^{k-r},$$

wobei im Falle $r = 0$ das leere Produkt $s_0 = \prod_{j=1}^{0} X_{i_j} = 1$ zu setzen ist.

Diese Summe kann auch in der Form

$$\sum_{\alpha_1,\ldots,\alpha_n} \sum_j (-1)^{\alpha_1+\cdots+\alpha_n} X_1^{\alpha_1} \cdots X_n^{\alpha_n} X_j^{k-\sum \alpha_i}$$

geschrieben werden.
Dabei wird über alle n-tupel $(\alpha_1, \ldots, \alpha_n)$ von Zahlen $\alpha_i \in \{0, 1\}$ mit $\sum \alpha_i \leq k - 1$ und alle $j \in \{1, \ldots, n\}$ summiert.
Dabei heben sich alle Terme gegenseitig auf, bis auf jene mit $\sum \alpha_i = k-1$ und $\alpha_j = 0$. Denn zu jedem davon verschiedenen $(n+1)$-tupel $(\alpha_1, \ldots, \alpha_n, j)$ bilde man $(\beta_1, \ldots, \beta_n, j)$ mit $\beta_j = 1 - \alpha_j$ und $\beta_i = \alpha_i$ für $i \neq j$.
Dann gilt

$$(-1)^{\alpha_1+\cdots+\alpha_n} X_1^{\alpha_1} \cdots X_n^{\alpha_n} X_j^{k-\sum \alpha_i} +$$
$$+(-1)^{\beta_1+\cdots+\beta_n} X_1^{\beta_1} \cdots X_n^{\beta_n} X_j^{k-\sum \beta_i} = 0.$$

Daher reduziert sich die Summe auf

$$\sum_{\substack{\alpha_1,\ldots,\alpha_n,j \\ \sum \alpha_i = k-1 \\ \alpha_j = 0}} (-1)^{k-1} X_1^{\alpha_1} \cdots X_n^{\alpha_n} X_j = (-1)^{k-1} k s_k \ .$$

Für $k = 2$ bedeutet das, daß sich in der Summe

$$p_2 - s_1 p_1 = (X_1^2 + \cdots + X_n^2) - (X_1 + \cdots + X_n)^2$$

die Quadrate X_j^2 aufheben und $-\sum_{i<j} X_i X_j - \sum_{i>j} X_i X_j = -2 \sum_{i<j} X_i X_j$ übrigbleibt.

Im Fall $k = 3$ handelt es sich um den Ausdruck

$$(X_1^3 + \cdots + X_n^3) - (X_1 + \cdots + X_n)(X_1^2 + \cdots + X_n^2) +$$
$$+(\sum_{i<k} X_i X_k)(\sum X_j).$$

Hier heben sich die Terme X_j^3 aus dem ersten Term und $X_j \cdot X_j^2$ aus dem zweiten weg. Ebenso die Terme $X_i X_j^2$ aus dem zweiten und $X_i X_j \cdot X_j$ aus dem dritten (für $i \neq j$). Folglich bleiben im dritten Term die Ausdrücke

$$\sum_{i<k<j} X_i X_k X_j + \sum_{i<j<k} X_i X_k X_j + \sum_{j<i<k} X_i X_k X_j$$

übrig, die zusammen $3s_3$ ergeben.

Nach diesen Beispielen wollen wir nun den angekündigten Satz über die Darstellung symmetrischer Polynome durch elementarsymmetrische Funktionen beweisen.

(5.6) Hauptsatz über symmetrische Funktionen.

Für jedes symmetrische Polynom $f \in R[X_1, \dots, X_n]$ über einem KRE R existiert ein eindeutig bestimmtes Polynom $h(Y_1, \dots, Y_n) \in R[Y_1, \dots, Y_n]$, so daß

$$f(X_1, \dots, X_n) = h(s_1(X_1, \dots, X_n), \dots, s_n(X_1, \dots, X_n))$$

gilt. Dabei enthält $h(Y_1, \dots, Y_n)$ nur Terme $Y_1^{i_1} \cdots Y_n^{i_n}$ mit einem „Gewicht" $i_1 + 2i_2 + \dots + ni_n \leq \deg f$. Ist f homogen, so hat h nur Terme vom Gewicht $\deg f$.

BEWEIS. Da $f = f_0 + f_1 + \dots + f_m$ mit $m = \deg f$ ist, wobei jedes f_i symmetrisch und homogen von Grad i ist, genügt es, den Fall homogener Polynome zu behandeln.

Wir zeigen zuerst, daß jedes homogene Polynom $f(X_1, \dots, X_n)$ vom Grad m eine Darstellung der Form $h(s_1, \dots, s_n)$ besitzt, in welcher nur Terme vom Gewicht m auftreten, so wie das etwa bei $p_3 = s_1^3 - 3s_1s_2 + 3s_3$ der Fall ist, wo $h(Y_1, Y_2, Y_3) = Y_1^3 - 3Y_1Y_2 + 3Y_3$ ist.

Wir führen den Beweis mit Induktion nach der Anzahl n der Unbestimmten und bei festem n nach dem Grad m des Polynoms.
Im Fall $n = 1$ ist nichts zu zeigen, weil hier $s_1(X) = X$ ist.

Wir können daher annehmen, daß der Satz für weniger als n Unbestimmte und beliebige Grade m bereits bewiesen ist.

Sei nun $f(X_1, \dots, X_n)$ ein homogenes Polynom vom Grad m. Ist $m = 0$ so ist der Satz richtig.

Wir können also annehmen, daß er für einen Grad $\leq m - 1$ schon richtig ist.
Für jedes Monom $X_1^{i_1} \cdots X_n^{i_n}$ existiert ein maximales k, so daß es durch $s_n^k = X_1^k \cdots X_n^k$ teilbar ist. Das ist einfach das kleinste i_j. Daher kann man $f(X_1, \dots, X_n)$ n der Gestalt

$$f(X_1, \dots, X_n) = r_0 + r_1 s_n + r_2 s_n^2 + \dots$$

schreiben, wobei kein Monom in $r_i(X_1, \dots, X_n)$ durch s_n teilbar ist.

Da $\deg r_i < m$ für $i \geq 1$ gilt, ist der Satz für diese r_i bereits bewiesen. Insbesondere enthält $r_i s_n^i$ nur Terme vom Gewicht m.

Wir brauchen daher bloß noch das Polynom $r_0(X_1, \dots, X_n)$ zu betrachten. Es ist symmetrisch und homogen vom Grad m. Da es nicht durch s_n teilbar ist, sind die Monome, die X_n nicht enthalten, ebenfalls vom Grad m. Daher ist $r_0(X_1, \dots, X_{n-1}, 0)$ homogen vom Grad m und symmetrisch in $X_1, X_2, \dots, X_{n-1}$.

Nach Induktionsannahme besitzt $r_0(X_1, \dots, X_{n-1}, 0)$ eine Darstellung der Gestalt $g(t_1, \dots, t_{n-1})$, wobei $t_i = s_i(X_1, \dots, X_{n-1}, 0)$ die elementarsymmetrischen Funktionen in $n - 1$ Unbestimmten sind und nur Terme vom Gewicht m auftreten.

Wir bilden nun den Ausdruck

$$r_0(X_1, \dots, X_n) - g(s_1, \dots, s_{n-1}).$$

Dieser reduziert sich auf 0, wenn man $X_n = 0$ setzt. Er ist daher durch X_n und — weil er symmetrisch ist — sogar durch $s_n = X_1 \cdots X_n$ teilbar.
Daher ist

$$r_0(X_1, \ldots, X_n) = g(s_1, \ldots, s_{n-1}) + s_n g_1(X_1, \ldots, X_n).$$

Da der Satz für g_1 nach Induktionsvoraussetzung bereits gilt, gilt er auch für r_0 und damit ist die Existenz einer Darstellung von f durch elementarsymmetrische Funktionen gezeigt.

Nun bleibt noch zu zeigen, daß $h(Y_1, \ldots, Y_n)$ eindeutig bestimmt ist. Das ist offenbar gleichbedeutend damit, daß das einzige Polynom $g(Y_1, \ldots, Y_n)$ mit $g(s_1, \ldots, s_n) = 0$ das Nullpolynom ist. Sei also

$$g(s_1(X_1, \ldots, X_n), \ldots, s_n(X_1, \ldots, X_n)) = 0.$$

Dann bleibt das auch 0, wenn man $X_n = 0$ setzt. Nach Induktionsvoraussetzung folgt daraus, daß

$$g(Y_1, \ldots, Y_{n-1}, 0) = 0 \text{ ist.}$$

Daher ist $g(Y_1, \ldots, Y_n)$ durch Y_n teilbar und somit $g(Y_1, \ldots, Y_n) = Y_n p(Y_1, \ldots, Y_n)$, d.h. $0 = g(s_1, \ldots, s_n) = s_n\, p(s_1, \ldots, s_n)$ mit einem geeigneten Polynom p. Es muß also auch $p(s_1, \ldots, s_n) = 0$ sein. Nach Induktion ergibt sich daraus $p(Y_1, \ldots, Y_n) = 0$ und daher auch $g(Y_1, \ldots, Y_n) = 0$.

(5.7) Bemerkung. Der Hauptsatz über symmetrische Funktionen kann auch folgendermaßen formuliert werden:

Jedes homogene symmetrische Polynom $f(X_1, \ldots, X_n)$ vom Grad m hat eine eindeutige Darstellung der Gestalt

$$f = \sum a_{\lambda_1, \lambda_2, \ldots} s_{\lambda_1} s_{\lambda_2} s_{\lambda_3} \cdots ,$$

wobei $\lambda_1 \geq \lambda_2 \geq \lambda_3 \geq \ldots$ und $\sum \lambda_i = m$ gilt. Die Koeffizienten $a_{\lambda_1, \lambda_2, \ldots}$ liegen dabei im zugrundeliegenden Ring R.

Denn man kann offenbar jedes Monom $s_1^{i_1} s_2^{i_2} \cdots s_n^{i_n}$ eindeutig in der Form $s_{\lambda_1}\, s_{\lambda_2}\, s_{\lambda_3} \ldots$ mit $\lambda_1 \geq \lambda_2 \geq \lambda_3 \geq \ldots$ schreiben. So ist etwa $s_1^3 s_2 s_3^2 = s_3 s_3 s_2 s_1 s_1 s_1$. Dabei ist überdies $i_1 + 2i_2 + \cdots + n i_n = \lambda_1 + \lambda_2 + \lambda_3 + \ldots$.

Ist $\lambda = (\lambda_1, \lambda_2, \lambda_3, \ldots)$ mit $\lambda_1 \geq \lambda_2 \geq \lambda_3 \geq \ldots$ und $\sum \lambda_i = m$, so nennt man λ eine *Partition von m*.

Z.B. sind alle Partitionen von 4 gegeben durch

$$(1,1,1,1), (2,1,1), (2,2), (3,1), (4).$$

Man kann eine Partition von m immer als geordnetes m–tupel $(\lambda_1, \lambda_2, \dots, \lambda_n)$ schreiben, indem man die fehlenden Terme durch 0 ersetzt. Im obigen Beispiel ergibt das

$$(1,1,1,1),(2,1,1,0),(2,2,0,0),(3,1,0,0),(4,0,0,0).$$

Diese m–tupel kann man — wie hier bereits geschehen — lexikographisch anordnen und erhält somit eine kanonische Reihenfolge, die man für Induktionsbeweise verwenden kann.

Wir ordnen nun jeder Partition λ von m die symmetrische Funktion

$$s_\lambda = s_{(\lambda_1,\dots,\lambda_m)} = s_{\lambda_1} s_{\lambda_2} \cdots s_{\lambda_m}$$

zu. Diese ist wegen $s_0 = 1$ unabhängig von den angefügten Termen $\lambda_i = 0$.

In dieser Notation lautet der Hauptsatz folgendermaßen:

(5.8). *Jedes homogene symmetrische Polynom f vom Grad m hat eine eindeutige Darstellung der Gestalt*

$$f = \sum a_\lambda s_\lambda$$

mit $a_\lambda \in R$, wobei λ alle Partitionen von $m = \deg f$ durchläuft.

Als Beispiel betrachten wir

$$\begin{aligned} p_4 &= s_1^4 - 4s_2 s_1^2 + 2s_2^2 + 4s_3 s_1 - 4s_4 = \\ &= s_{(1,1,1,1)} - 4s_{(2,1,1,0)} + 2s_{(2,2,0,0)} + 4s_{(3,1,0,0)} - 4s_{(4,0,0,0)} \,. \end{aligned}$$

Da für $i > n$ die elementarsymmetrische Funktion $s_i = 0$ ist, kann man sich bei fester Anzahl n von Unbestimmten auf Partitionen $\lambda = (\lambda_1, \lambda_2, \lambda_3, \dots)$ beschränken, für die alle $\lambda_j \le n$ sind. Ist dann

$$s_{\lambda_1} s_{\lambda_2} \cdots s_{\lambda_m} = s_1^{i_1} \cdots s_n^{i_n},$$

so kann man der Partition λ die Partition

$$\mu = (\mu_1, \dots, \mu_n)$$

zuordnen, für die $\mu_j = i_j + i_{j+1} + \dots + i_n$ ist.

Diese erfüllt

$$\mu_1 + \dots + \mu_n = i_1 + 2i_2 + \dots + n i_n = \lambda_1 + \dots + \lambda_m = m,$$

ist also wieder eine Partition von m.

Ist umgekehrt μ gegeben, so ist λ jene Partition von m, welche das Element j genau $(\mu_j - \mu_{j+1})$–mal enthält.

Ist z.B. $n = 3$ und $m = 13$, so entspricht der Partition $\lambda = (3,3,3,2,1,1)$ die Partition $\mu = (6,4,3)$.

Graphisch läßt sich dieser Zusammenhang besonders einfach darstellen. Man repräsentiert λ durch ein Schema von Punkten, wo in der Zeile j genau λ_j Punkte stehen. Der obigen Partition entspricht dann das Schema

λ :

Die Partition $\mu = (6, 4, 3)$ erhält man durch Vertauschung der Zeilen und Spalten.

μ :

Nun wollen wir einen weiteren Beweis des Hauptsatzes über symmetrische Funktionen geben. Dazu betrachten wir die symmetrischen Polynome

$$m_\mu = \sum X_{i_1}^{\mu_1} X_{i_2}^{\mu_2} \cdots X_{i_n}^{\mu_n},$$

wobei die Summe über alle verschiedenen Monome geht, die sich durch Vertauschen der Indizes ergeben.

Beispielsweise ist $m_{(5,1,1,0)}(X_1, X_2, X_3, X_4)=$
$=X_1^5 X_2 X_3 + X_1^5 X_2 X_4 + X_1^5 X_3 X_4 +$
$+X_2^5 X_1 X_3 + X_2^5 X_1 X_4 + X_2^5 X_3 X_4 +$
$+X_3^5 X_1 X_2 + X_3^5 X_1 X_4 + X_3^5 X_2 X_4 +$
$+X_4^5 X_1 X_2 + X_4^5 X_1 X_3 + X_4^5 X_2 X_3.$

Dann ist klar, daß jedes homogene symmetrische Polynom f vom Grad m in den Unbestimmten $X_1, \ldots, X_n$ in der Form

$$f = \sum c_\mu m_\mu$$

mit eindeutig bestimmten Koeffizienten $c_\mu \in R$ zu schreiben ist, wobei μ alle Partitionen $\mu = (\mu_1, \ldots, \mu_n)$ von m durchläuft, die aus höchstens n Teilen μ_i bestehen.

In dieser Notation ist etwa
$s_1 = m_{(1,0,\ldots 0)} \quad = m_{(1)}$
$s_2 = m_{(1,1,0,\ldots 0)} = m_{(1,1)},$
$p_k = m_{(k,0,\ldots 0)} \quad = m_{(k)}.$

Weiters gilt z.B.
$p_{k-1}s_1 = m_{(k-1)}m_{(1)} = m_{(k)} + m_{(k-1,1)}$,
$p_{k-2}s_2 = m_{(k-2)}m_{(1,1)} = m_{(k-1,1)} + m_{(k-2,1,1)}$,
$p_{k-3}s_3 = m_{(k-3)}m_{(1,1,1)} = m_{(k-2,1,1)} + m_{(k-3,1,1,1)}$, usw.

Beachtet man überdies, daß

$$p_1 s_{k-1} = m_{(2,1,\ldots 1)} + ks_k$$

ist, so ergeben sich wieder die Newton'schen Identitäten:

$$\begin{aligned} p_k - s_1 p_{k-1} + s_2 p_{k-2} - + \cdots + (-1)^k k s_k = \\ = m_{(k)} - (m_{(k)} + m_{(k-1,1)}) + (m_{(k-1,1)} + m_{(k-2,1,1)}) - + \ldots \\ +(-1)^{k-1}(m_{(2,1,\ldots,1)} + ks_k) + (-1)^k k s_k = 0. \end{aligned}$$

Bei gegebenen $\mu = (\mu_1, \ldots, \mu_n)$ ist

$$s_1^{\mu_1-\mu_2} s_2^{\mu_2-\mu_3} \cdots s_n^{\mu_n} = m_\mu + \sum c_\alpha m_\alpha,$$

wobei jedes α in der lexikographischen Anordnung kleiner als μ ist. Denn der höchste Term ist offenbar

$$X_1^{\mu_1-\mu_2}(X_1X_2)^{\mu_2-\mu_3} \cdots (X_1 \cdots X_n)^{\mu_n} = X_1^{\mu_1} X_2^{\mu_2} \cdots X_n^{\mu_n}.$$

Daraus folgt sofort mit Induktion nach der lexikographischen Ordnung, daß jedes m_μ eine Darstellung als Linearkombination der s_λ's besitzt und daß diese Darstellung auch eindeutig ist und somit wieder der Hauptsatz über symmetrische Funktionen.

Im folgenden spielt das symmetrische Polynom $\prod_{i<j}(X_j - X_i)^2$ eine große Rolle.

Für $n = 2$ ergibt sich $(X_2 - X_1)^2 = X_1^2 + X_2^2 - 2X_1X_2 = s_1^2 - 4s_2$.

Für $n = 3$ handelt es sich um den Ausdruck

$$(X_2 - X_1)^2(X_3 - X_1)^2(X_3 - X_2)^2.$$

Die Darstellung durch elementarsymmetrische Funktionen ist schon in diesem Fall nicht sehr einfach.

Wir wollen daher eine andere Darstellung geben, die darauf beruht, daß es sich bei diesem Polynom um das Quadrat der Vandermonde–Determinante handelt.

Sei A_n die Matrix

$$A_n = \begin{pmatrix} 1 & 1 & & 1 \\ X_1 & X_2 & \ldots & X_n \\ \vdots & \vdots & & \vdots \\ X_1^{n-1} & X_2^{n-1} & \ldots & X_n^{n-1} \end{pmatrix}.$$

Dann gilt

$$A_n A_n^t = \begin{pmatrix} 1 & & 1 \\ X_1 & & X_n \\ \vdots & \ldots & \vdots \\ X_1^{n-1} & & X_n^{n-1} \end{pmatrix} \begin{pmatrix} 1 & X_1 & & X_1^{n-1} \\ 1 & X_2 & & X_2^{n-1} \\ \vdots & \vdots & \ldots & \vdots \\ 1 & X_n & & X_n^{n-1} \end{pmatrix} =$$

$$= \begin{pmatrix} n & p_1 & p_2 & \ldots & p_{n-1} \\ p_1 & p_2 & p_3 & \ldots & p_n \\ \vdots & & & & \\ p_{n-1} & p_n & p_{n+1} & \ldots & p_{2n-2} \end{pmatrix}.$$

Somit ist

$$\prod_{i<j} (X_j - X_i)^2 = \det(A_n A_n^t) = \det \begin{pmatrix} n & p_1 & \ldots & p_{n-1} \\ & & \vdots & \\ p_{n-1} & p_n & \ldots & p_{2n-2} \end{pmatrix}. \tag{5.9}$$

Speziell ist

$$(X_1 - X_2)^2 (X_2 - X_3)^2 (X_3 - X_1)^2 = \det \begin{pmatrix} 3 & p_1 & p_2 \\ p_1 & p_2 & p_3 \\ p_2 & p_3 & p_4 \end{pmatrix}.$$

Daraus kann man über die Newton'schen Formeln eine Darstellung

$$\prod_{i<j} (X_i - X_j)^2 = D(s_1, \ldots, s_n)$$

durch die elementarsymmetrischen Funktionen ableiten.

Ist $f(X) = \prod (X - \alpha_i) = X^n - a_1 X^{n-1} + a_2 X^{n-2} - \cdots \pm a_n$ ein Polynom n-ten Grades, so ergibt sich

$$\prod_{i<j} (\alpha_i - \alpha_j)^2 = D(a_1, \ldots, a_n). \tag{5.10}$$

Man nennt diesen Ausdruck die *Diskriminante von* $f(X)$.

Als Beispiel berechnen wir die Diskriminante $D(0,p,-q)$ von $f(X) = X^3 + pX + q$ mit $p, q \in \mathbb{R}$. Hier ist
$p_1 = s_1 = 0,$
$p_2 = 0^2 - 2s_2 = -2p,$
$p_3 = 0^3 - 3 \cdot 0 \cdot s_2 + 3s_3 = -3q$
$p_4 = 2s_2^2 - 4s_4 = 2p^2.$

Daher ergibt sich

$$D(0,p,-q) = \det \begin{pmatrix} 3 & 0 & -2p \\ 0 & -2p & -3q \\ -2p & -3q & 2p^2 \end{pmatrix} = -12p^3 + 8p^3 - 27q^2,$$

d.h.

$$D(0,p,-q) = -4p^3 - 27q^2. \tag{5.11}$$

Mit Hilfe der Diskriminante läßt sich leicht feststellen, ob die Gleichung $f(X) = X^3 + pX + q = 0$ drei reelle Nullstellen oder eine reelle und 2 konjugiert komplexe Nullstellen besitzt.

(5.12) Satz. *Die Gleichung $X^3 + pX + q = 0$ mit $p, q \in \mathbb{R}$ hat genau dann 3 reelle Nullstellen, wenn $D(0,p,-q) = -4p^3 - 27q^2 \geq 0$ ist.*

Beweis. Sind x_1, x_2, x_3 reell, so ist klarerweise $\prod(x_i - x_j)^2 \geq 0$. Ist $x_1 = r$, $x_2 = s + it$, $x_3 = s - it$, so ist im Fall $t \neq 0$

$$\begin{aligned} \prod(x_i - x_j)^2 &= (r - s - it)^2(r - s + it)^2(2it)^2 = \\ &= -4t^2((r-s)^2 + t^2)^2 < 0. \end{aligned}$$

Setzt man $d := D(0,p,-q)$, so ergibt sich in der Cardano'schen Formel

$$a = \sqrt[3]{-\frac{q}{2} + i\sqrt{\frac{d}{108}}}.$$

Somit ist a genau dann nicht reell, wenn die Gleichung drei reelle Nullstellen besitzt. Bei der Auflösung mit dieser Formel lassen sich daher die komplexen Zahlen nicht vermeiden.

Als letztes Beispiel wollen wir die Diskriminante des Polynoms $X^n - 1$ berechnen.

(5.13). *Die Diskriminante des Polynoms* $X^n - 1$ *ist* $(-1)^{\frac{(n-1)(n-2)}{2}} n^n$.

BEWEIS. Hier ist $s_i = 0$ für $i < n$ und $s_n = (-1)^{n-1}$. Daher ist $p_i = 0$ für $i < n$ und $p_n + (-1)^n n s_n = p_n + (-1)^n n(-1)^{n-1} = 0$, d.h. $p_n = n$. Wegen $p_{n+i} = p_i$ ist

$$D(0,\dots 0,(-1)^{n-1}) = \begin{vmatrix} n & 0 & \dots & 0 \\ 0 & 0 & \dots & n \\ & \dots & \dots & \\ & \dots & \dots & \\ 0 & n & \dots & 0 \end{vmatrix} = n \begin{vmatrix} 0 & \dots & n \\ \dots & \dots & \\ \dots & \dots & \\ n & \dots & 0 \end{vmatrix} =$$

$$= n^n \begin{vmatrix} 0 & \dots & 1 \\ \vdots & & \\ 1 & \dots & \dots \end{vmatrix} = (-1)^{(n-2)+\dots+1} n^n = (-1)^{\frac{(n-1)(n-2)}{2}} n^n.$$

Z.B. ergibt sich für $n = 3$ mit den Wurzeln $1, \rho, \rho^2$

$$(1-\rho)^2(1-\rho^2)^2(\rho-\rho^2)^2 = \begin{vmatrix} 3 & 0 & 0 \\ 0 & 0 & 3 \\ 0 & 3 & 0 \end{vmatrix} = -27$$

oder für $n = 4$ mit den Wurzeln $1, i, -1, -i$:

$$(1-i)^2(1+i)^2 \cdot 2^2(i+1)^2(2i)^2(-1+i)^2 = -4^4 = -256.$$

(5.14) BEMERKUNG. Nun verstehen wir auch besser, welche Ideen Lagrange hinter dem Cardano'schen Trick gesehen hat: Es ist manchmal leichter, zuerst gewisse Funktionen der Wurzeln x_i, sogenannte Resolventen, zu berechnen, und erst im Nachhinein aus diesen die Wurzeln x_i selbst zu bestimmen.

Aus der Cardano'schen Formel schloß er, daß sich der Ausdruck

$$t = x_1 + \zeta x_2 + \dots + \zeta^{n-1} x_n$$

mit einer primitiven n-ten Einheitswurzel ζ dafür eignen könnte. Man nennt diesen Ausdruck daher auch *Lagrange'sche Resolvente.*

Man muß bloß eine Gleichung finden, der t genügt, die sogenannte *Resolventengleichung.* Hierbei erweist sich der Hauptsatz über symmetrische Funktionen als geeignetes Hilfsmittel: Bildet man für jede Permutation π der Wurzeln die Zahlen

$$t_\pi = x_{\pi(1)} + \zeta x_{\pi(2)} + \dots + \zeta^{n-1} x_{\pi(n)},$$

so ist

$$g(Y) = \prod_\pi (Y - t_\pi)$$

ein Polynom, dessen Koeffizienten offenbar symmetrische Funktionen in den x_i's sind und daher als Polynome in den elementarsymmetrischen Funktionen der x_i's, d.h. der Koeffizienten der Ausgangsgleichung, darstellbar sind.

Die Resolventengleichung kann also — zumindest theoretisch — explizit angegeben werden.

Aus der speziellen Form der Resolvente folgt überdies, daß man alle x_i's aus den t_π's berechnen kann.

Leider funktioniert auch diese Methode nur für $n = 2, 3, 4$.

III. Ganze Zahlen und Polynome

Hier leiten wir die Grundtatsachen der elementaren Zahlentheorie, wie etwa die eindeutige Primfaktorzerlegung, ab und übertragen diese Resultate auf den Polynomring $k[X]$ und allgemeiner auf Euklidische Ringe und Hauptidealringe. Eine wesentliche Rolle spielt dabei der Idealbegriff. Dieser erweist sich auch als unentbehrlich beim Problem, den Gleichheitsbegriff zu relativieren und Restklassenringe einzuführen. Es zeigt sich, daß diese genau dann Körperstruktur haben, wenn das Ideal maximal ist. Das führt einerseits zu den Primkörpern $\mathbb{F}_p$ und andererseits zum Wurzelexistenzsatz von L. Kronecker, der an die Stelle des Fundamentalsatzes der Algebra tritt. Nach einigen allgemeinen Sätzen über Homomorphismen und Isomorphismen von Ringen werden die Eigenschaften algebraischer und transzendenter Elemente studiert, weitere Beispiele von Körpern gegeben, die maximalen Ideale in $\mathbb{C}[X_1, \ldots, X_n]$ bestimmt und der Hilbert'sche Nullstellensatz bewiesen.

1. Eindeutige Primfaktorzerlegung in $\mathbb{Z}$ und k[X].

Wir wollen in diesem Kapitel zeigen, daß die Ringe $\mathbb{Z}$ und $k[X]$ viele analoge Eigenschaften aufweisen.

Da weder $\mathbb{Z}$ noch $k[X]$ Körper sind, ist die Division nicht unbeschränkt ausführbar. In beiden Fällen gibt es jedoch eine *Division mit Rest.* Diese Tatsache erweist sich als sehr wichtig.

(1.1) Satz. *Für je zwei Zahlen $a, b \in \mathbb{Z}$ mit $b \neq 0$ gibt es Zahlen $q, r \in \mathbb{Z}$, so daß*

$$a = qb + r$$

und entweder $r = 0$ oder $0 < r < |b|$ gilt.

Der Beweis ist klar. Ist $r = 0$, so nennt man a ein Vielfaches von b und b einen Teiler von a, in Zeichen $b \mid a$.

(1.2) Satz. *Für je zwei Polynome $a(X)$, $b(X) \in k[X]$, wobei k ein Körper ist und $b(X) \neq 0$, gibt es Polynome $q(X)$, $r(X) \in k[X]$ mit $a(X) = q(X)b(X) + r(X)$. Dabei ist entweder $r(X) = 0$. Dann nennt man $b(X)$ einen Teiler von $a(X)$, in Zeichen $b(X) \mid a(X)$, oder es gilt*

$$0 \leq \deg\, r(X) < \deg\, b(X).$$

BEWEIS. Ist deg $b >$ deg a, so sei $q(X) = 0$ und $r(X) = a(X)$. Ist dagegen deg $a \geq \deg b$, $a(X) = a_n X^n + \cdots + a_0$, $b(X) = b_m X^m + \cdots + b_0$, so ist

$$a(X) - \frac{a_n}{b_m} X^{n-m} b(X)$$

ein Polynom, dessen Grad kleiner als $n =$ deg a ist. Mit Induktion erhalten wir daher eine gewünschte Zerlegung.

(1.3) BEMERKUNG. Diese Darstellung ist sogar wie im Fall von $\mathbb{Z}$ eindeutig bestimmt. Dann wäre

$$a = qb + r = q_1 b + r_1,$$

so wäre $(q - q_1)b = r_1 - r$. Für $q \neq q_1$ ergäbe sich

$$\deg(r_1 - r) = \deg(q - q_1) + \deg b \geq \deg b,$$

ein Widerspruch.

(1.4) BEMERKUNG. Dieser Divisionsalgorithmus läßt sich nicht ohne weiteres auf den Fall von Polynomen über einem KRE R übertragen. Ist jedoch $b(X)$ *normiert*, d.h. $b_m = 1$, dann geht alles analog, weil $\frac{a_n}{b_m}$ definiert ist.

Ist R ein beliebiger KRE und $(a) = \{ra : r \in R\}$ die Menge aller Vielfachen eines festen Elementes $a \in R$, dann ist mit i_1, $i_2 \in (a)$ auch $i_1 \pm i_2 \in (a)$ und mit $i \in (a)$ und $r \in R$ auch $ri \in (a)$. Im Fall von $\mathbb{Z}$ und $k[X]$ lassen sich diejenigen Teilmengen, die als Menge aller Vielfachen eines Elementes darstellbar sind, sogar durch diese Eigenschaften charakterisieren. Um das exakt zu formulieren, benötigen wir ein paar Definitionen.

(1.5) DEFINITION. Sei R ein KRE. Eine Teilmenge $I \subseteq R$ heißt *Ideal*, wenn mit i_1, $i_2 \in I$ auch $i_1 + i_2 \in I$ und mit $i \in I$ und $r \in R$ auch $ri \in I$ ist.

Ein Ideal hat also die Eigenschaft, daß es mit $i_1, i_2, \ldots, i_n$ auch alle Linearkombinationen $r_1 i_1 + r_2 i_2 + \cdots + r_n i_n$ mit Elementen $r_k \in R$ enthält.

Spezielle Beispiele von Idealen sind die Mengen aller Vielfachen eines festen Elementes $a \in R$.

(1.6) DEFINITION. Für $a \in R$ heiße das Ideal

$$(a) = Ra = \{ra : r \in R\}$$

das von a erzeugte *Hauptideal*.

Für $a = 0$ ergibt sich (0) und für $a = 1$ der ganze Ring $R = (1)$. Das sind die trivialen Ideale, die in jedem Ring existieren.

(1.7) Satz. *Ein Ring R ist genau dann ein Körper, wenn er genau zwei verschiedene Ideale besitzt.*

Beweis. Ist $R = k$ ein Körper, so ist $(0) \neq (1) = k$, weil $0 \neq 1$ ist. Ist I ein Ideal in k, welches ein Element $a \neq 0$ enthält, so enthält es auch $1 = a^{-1}a$ und stimmt daher mit $(1) = k$ überein.

Sei umgekehrt R ein Ring, der genau zwei Ideale besitzt. Dann ist $0 \neq 1$, weil sonst R der Nullring wäre. Dieser besitzt nur ein Ideal $(0) = (1)$.

Wir müssen zeigen, daß jedes Element $a \neq 0$ invertierbar ist. Wir betrachten dazu das Hauptideal (a). Wegen $(a) \neq (0)$ muß $(a) = (1)$ sein, d.h. es muß ein Element $r \in R$ existieren mit $ra = 1$. Damit ist alles gezeigt.

(1.8) Satz. *In $\mathbb{Z}$ ist jedes Ideal ein Hauptideal (m).*

Beweis. Sei $I \neq (0)$ ein Ideal in $\mathbb{Z}$. Mit $a \in I$ ist auch $-a = (-1)a \in I$ und daher ist die Menge M aller positiven Elemente von I eine nichtleere Teilmenge von $\mathbb{N}\backslash\{0\}$. Diese enthält ein kleinstes Element m. Dann gilt $m\mathbb{Z} \subseteq I$.

Sei nun $i \in I$. Dann gibt es eine Darstellung

$$i = qm + r \text{ mit } r, q \in \mathbb{Z} \text{ und } 0 \leq r < m.$$

Wegen $r = i - qm \in I$ muß $r = 0$ sein. Somit ist jedes Element $i \in I$ ein Vielfaches von m und daher $I = m\mathbb{Z} = (m)$.

(1.9) Bemerkung. Wegen $(a) = (|a|)$ können wir jedes Ideal in $\mathbb{Z}$ in der Form (m) mit $m \in \mathbb{N}$ schreiben. Mit dieser zusätzlich Bedingung ist m eindeutig bestimmt.

(1.10) Satz. *Ist k ein Körper, dann ist im Ring $k[X]$ jedes Ideal ein Hauptideal $(m(X))$.*

Beweis. Sei $I \neq (0)$ ein Ideal. Dann ist die Menge M aller Grade von Polynomen $f(X) \in I$ mit $f \neq 0$ eine nichtleere Teilmenge von $\mathbb{N}$ und hat daher ein kleinstes Element d. Es gibt also ein $m(X) \in I$ mit $\deg m(X) = d$.

Für beliebiges $f(X) \in I$ gibt es $q(X)$ und $r(X)$ mit $f(X) = q(X)m(X) + r(X)$, wobei entweder $r(X) = 0$ ist oder $r(X) \neq 0$ und $\deg r < d$ ist.

Der zweite Fall kann jedoch nicht eintreten, weil sonst

$$r(X) = f(X) - q(X)m(X) \in I$$

wäre und $0 \leq \deg r < d = \min_{f \in I} \deg f$. Somit ist $I = (m(X))$.

(1.11) Bemerkung. Ist $I \neq (0)$ ein Ideal in $k[X]$, dann gilt $I = (m(X))$ mit einem eindeutig bestimmten normierten Polynom $m(X)$.

Beweis. Wegen $(\lambda a(X)) = (a(X))$ für $\lambda \neq 0$ ist klar, daß man $m(X)$ normiert wählen kann.

Gäbe es zwei verschiedene normierte Polynome $m(X)$ und $m_1(X)$, die dasselbe Ideal erzeugen, so wären ihre Grade gleich. Sie hätten also beide denselben Term X^n höchsten Grades. Daher wäre ihre Differenz $m(X) - m_1(X)$ ein nichttriviales Polynom kleineren Grades als $m(X)$, das ebenfalls in I läge. Das widerspricht jedoch der Wahl von $m(X)$ als Polynom minimalen Grades in I.

Um keine falschen Hoffnungen aufkommen zu lassen, zeigen wir schon jetzt, daß in $\mathbb{Z}[X]$ nicht jedes Ideal ein Hauptideal ist.

(1.12) *Das Ideal I aller Polynome $a(X) \in \mathbb{Z}[X]$, deren konstanter Term $a_0 = a(0)$ gerade ist, ist kein Hauptideal.*

BEWEIS. Es ist klar, daß das konstante Polynom 2 und das Polynom $X = X+0$ in I liegen. Wäre I ein Hauptideal, $I = (m(X))$, so gäbe es Polynome $a(X)$, $b(X) \in \mathbb{Z}[X]$ mit $2 = a(X)m(X)$ und $X = b(X)m(X)$. Aus der ersten Gleichung folgt $m(X) = \pm 2$. Aus der zweiten Gleichung sieht man, daß das nicht möglich ist.

Wie nach unseren motivierenden Überlegungen nicht anders zu erwarten ist, stehen die Ideale in $\mathbb{Z}$ und $k[X]$ in enger Beziehung zur Teilbarkeit.

(1.13) Satz. *In $\mathbb{Z}$ und $k[X]$ gilt $a \mid b$ genau dann, wenn $(b) \subseteq (a)$ ist.*

BEWEIS. $a \mid b$ bedeutet, daß $b = ac$ ist. Das ist gleichbedeutend damit, daß $b \in (a)$ ist. Und das ist wieder gleichbedeutend damit, daß $(b) \subseteq (a)$ gilt.

Beispielsweise ist $2 \mid 6$ gleichbedeutend damit, daß

$$(6) = \{0, \pm 6, \pm 12, \dots\} \subseteq (2) = \{0, \pm 2, \pm 4, \pm 6, \pm 8, \dots\}$$

gilt.

Mit Hilfe dieser Charakterisierung der Teilbarkeit ist es sehr einfach, die Existenz des *größten gemeinsamen Teilers* zweier Zahlen und die eindeutige Primfaktorzerlegung zu beweisen.

(1.14) DEFINITION. Unter der *Summe* $I_1 + I_2$ zweier Ideale I_1 und I_2 von R versteht man die Menge aller Elemente $i_1 + i_2$ mit $i_1 \in I_1$, $i_2 \in I_2$.

Es ist dabei klar, daß $I_1 + I_2$ wieder ein Ideal ist.

Für $a, b \in \mathbb{Z}$ ist daher die Summe $(a) + (b)$ wieder ein Ideal. Da in $\mathbb{Z}$ jedes Ideal ein Hauptideal ist, gibt es eine eindeutig bestimmte Zahl $d \geq 0$, so daß $(a) + (b) = (d)$ ist.

Wegen $(a) + (b) \supseteq (a)$ (für $0 \in (b)$) und $(a) + (b) \supseteq (b)$ gilt $(d) \supseteq (a)$ und $(d) \supseteq (b)$. Das bedeutet $d \mid a$ und $d \mid b$.
Die Zahl d ist also ein gemeinsamer Teiler von a und b. Nach Definition von $(a) + (b)$ existieren ganze Zahlen m_0, n_0 mit $d = am_0 + bn_0$.
Sei nun $c \geq 0$ ein gemeinsamer Teiler von a und b, d.h. $a = ca'$, $b = cb'$.
Dann ist $d = ca'm_0 + cb'n_0 = c(a'm_0 + b'n_0)$. Es ist also $c \mid d$. Das bedeutet, daß d der *größte gemeinsame Teiler* von a und b ist.

(1.15) Satz. *Für je zwei Zahlen* $a, b \in \mathbb{Z}$ *mit* $(a, b) \neq (0, 0)$ *existiert eine eindeutig bestimmte Zahl* $d \in \mathbb{N}$, *die größte natürliche Zahl, die* a *und* b *teilt. Man nennt* d *den größten gemeinsamen Teiler von* a *und* b *und schreibt* $d = \mathrm{ggT}(a, b)$. *Er ist durch* $(a)+(b) = (d)$ *eindeutig festgelegt und läßt sich als Linearkombination* $d = am_0 + bn_0$ *von* a *und* b *darstellen.*

(1.16) BEMERKUNG. Ist $d = 1$, so heißen a und b *relativ prim*, in Zeichen $a \perp b$. Es gibt dann $m, n \in \mathbb{Z}$ mit $am + bn = 1$.

Der obige Satz ist ein reiner Existenzsatz. Wir können daraus jedoch sofort eine explizite Konstruktionsmethode für den größten gemeinsamen Teiler zweier Zahlen a und b ableiten, den *Euklidischen Algorithmus*.

Wir können uns auf $a \geq 0$ und $b > 0$ beschränken.
Ist $a = bq + r$ mit $0 \leq r < b$, so gilt

$$(a) + (b) = (a - bq) + (b) = (b) + (r).$$

Daher ist $\mathrm{ggT}(a, b) = \mathrm{ggT}(b, r)$. Außerdem ist $\mathrm{ggT}(a, 0) = a$. Definiert man also ganze Zahlen q_i und r_i sukzessive durch

$$\begin{aligned}
r_0 &= b \\
a &= q_0 r_0 + r_1, \quad 0 \leq r_1 < r_0 \\
r_0 &= q_1 r_1 + r_2, \quad 0 \leq r_2 < r_1 \\
r_1 &= q_2 r_2 + r_3, \quad 0 \leq r_3 < r_2 \\
&\vdots \\
r_{m-1} &= q_m r_m + 0,
\end{aligned}$$

so ist

$$d = \mathrm{ggT}(a, b) = \mathrm{ggT}(r_0, r_1) = \cdots = \mathrm{ggT}(r_m, 0) = r_m.$$

Z.B. ist $\mathrm{ggT}(14, 6) = 2$. Denn
$14 = 2 \cdot 6 + 2$
$6 = 3 \cdot 2 + 0$.

Die Zahlen 8 und 5 sind offenbar teilerfremd. Wie findet man m und n mit $8m + 5n = 1$?
Man wendet wieder den Euklidischen Algorithmus an:
$8 = 5 \cdot 1 + 3$
$5 = 3 \cdot 1 + 2$
$3 = 2 \cdot 1 + 1$
$2 = 1 \cdot 1 + 0$

Es ergibt sich

$$1 = \underline{3} - \underline{2} \cdot 1 = \underline{3} - (\underline{5} - \underline{3} \cdot 1) \cdot 1 =$$
$$= \underline{3} \cdot 2 - \underline{5} \cdot 1 = (\underline{8} - \underline{5} \cdot 1)2 - \underline{5} \cdot 1 = \underline{8} \cdot 2 - \underline{5} \cdot 3.$$

(1.17) DEFINITION. Ein Element $u \in R$ heißt *invertierbar* oder eine *Einheit*, wenn es ein $v \in R$ gibt mit $uv = 1$.

(1.18) BEISPIEL. In $\mathbb{Z}$ sind nur die Zahlen ± 1 invertierbar.

In $k[X]$ sind genau die konstanten Polynome $p(X) = \lambda \neq 0$ invertierbar. Denn diese Polynome sind invertierbar. Ist andererseits $a(X)b(X) = 1$, so ist wegen $a, b \neq 0$ und $\deg a + \deg b = \deg 1 = 0$ auch $\deg a = \deg b = 0$, d.h. a und b sind konstant und ungleich 0.

(1.19) DEFINITION. Zwei Elemente a und b eines KRE R heißen *assoziiert*, wenn eine Einheit u existiert mit $a = bu$.

In $\mathbb{Z}$ sind nur a und $-a$ assoziiert. In jeder Klasse assoziierter Elemente gibt es also genau ein Element aus $\mathbb{N}$.

In $k[X]$ sind alle Polynome $\lambda p(X)$, $\lambda \neq 0$, assoziiert. Ist also $p(X) \neq 0$, so gibt es genau ein normiertes Polynom, welches zu $p(X)$ assoziiert ist.

(1.20) DEFINITION. Ein Element $p \neq 0$ eines KRE R, das keine Einheit ist, heißt *unzerlegbar* oder ein *Atom*, wenn in jeder Darstellung $p = ab$ mit $a, b \in R$, ein Faktor eine Einheit ist.

Eine natürliche Zahl p, welche ein Atom in $\mathbb{Z}$ ist, heißt *Primzahl.*

(1.21) Satz. *Ist $p \in \mathbb{N}$ eine Primzahl und $a \notin (p)$, dann existieren $m, n \in \mathbb{Z}$ mit $am + pn = 1$.*

BEWEIS. Da $a \notin (p)$ ist, ist $a \perp p$.

(1.22) Satz. *Wenn eine Primzahl p ein Produkt $ab \in \mathbb{Z}$ teilt, dann teilt sie mindestens einen Faktor.*

BEWEIS. Wenn $p \mid a$, ist alles gezeigt. Sei also $a \notin (p)$. Dann existieren m, n mit $am + pn = 1$. Daher ist $b = abm + pbn$. Da p die rechte Seite teilt, gilt auch $p \mid b$.

(1.23) Fundamentalsatz der Arithmetik. *Jede ganze Zahl $a \neq 0$ hat eine Darstellung als Produkt*

$$a = cp_1p_2 \cdots p_k, k \geq 0 ,$$

wobei $c = \pm 1$ und die p_i Primzahlen sind. Die Darstellung ist eindeutig bis auf die Reihenfolge der Primfaktoren p_i.

Beweis. Wir können uns auf den Fall $a \geq 0$ beschränken. Für $a = 1$ ist $a = 1 \cdot 1$ eine solche Darstellung mit $k = 0$. (Ein leeres Produkt bedeute immer die Zahl 1.)

Die Existenz einer Primfaktorzerlegung für $a \in \mathbb{N}$ ergibt sich nun mit Induktion aus der Tatsache, daß bei gegebenem a entweder $a = p$ eine Primzahl ist (und damit eine solche Darstellung hat, nämlich $a = 1 \cdot p$) oder $a = bc$ ist, wobei beide Teiler positiv und $< a$ sind und daher nach Induktionsvoraussetzung eine Primfaktorzerlegung besitzen. Also hat auch a eine.

Nun zur Eindeutigkeit. Angenommen

$$\pm p_1 \cdots p_k = a = \pm q_1 \cdots q_l .$$

Dann müssen zunächst einmal die Vorzeichen übereinstimmen.

Für $a = 1$ muß $k = l = 0$ sein, weil eine Primzahl keine Einheit ist.
Nun können wir (1.22) mit $p = p_k$ anwenden. Da p_k die linke Seite teilt, ist p_k entweder ein Teiler von q_1 oder von $(q_2 \cdots q_l)$. Nach endlich vielen Schritten ergibt sich also, daß p_k ein q_m teilt.
Da q_m prim ist, muß $p_k = q_m$ sein. Man kann also beide Seiten durch p_k dividieren. Nach endlich vielen Schritten ergibt sich $k = l$ und die Behauptung.

Bereits Euklid wußte, daß es unendlich viele Primzahlen $2, 3, 5, 7, \ldots$ gibt. Denn sind $p_1, p_2, \ldots, p_n$ Primzahlen, so bilde man $N = p_1 p_2 \cdots p_n + 1$. Nach dem Fundamentalsatz muß N einen Primteiler p besitzen, der aber mit keinem p_i übereinstimmen kann. Es gibt also keine endliche Menge, die alle Primzahlen enthält.

Rein formal läßt sich jede natürliche Zahl $n \geq 1$ in der Form

$$n = \prod p^{n_p}, n_p \geq 0 \ ,$$

schreiben, wobei das Produkt über alle Primzahlen zu erstrecken ist und jeweils nur endlich viele n_p's von 0 verschieden sind.

Ist $d = \mathrm{ggT}(a, b)$, so ist $d_p = \min(a_p, b_p)$ für jedes p.

Wir können nun die analogen Resultate für den Ring $k[X]$, k Körper, beweisen.

(1.24) Satz. *Für je zwei Polynome $a(X)$, $b(X) \in k[X]$, die nicht beide 0 sind, existiert ein eindeutig bestimmtes normiertes Polynom $d(X)$, der größte gemeinsame Teiler von $a(X)$ und $b(X)$. Dieser erfüllt $(a(X)) + (b(X)) = (d(X))$ und läßt sich daher als Linearkombination*

$$d(X) = a(X) m_0(X) + b(X) n_0(X)$$

darstellen.

Sind k und K Körper mit $k \subseteq K$, dann liegen die Polynome $a(X)$ und $b(X)$ nicht nur in $k[X]$, sondern auch in $K[X]$.

Es wäre a priori denkbar, daß der größte gemeinsame Teiler vom zugrundegelegten Körper abhängig ist. Das ist aber glücklicherweise nicht der Fall.

(1.25) Satz. *Seien* $k \subseteq K$ *Körper und* $a(X), b(X) \in k[X]$. *Sei* $d(X)$ *der* ggT *von* $a(X)$ *und* $b(X)$ *in* $k[X]$ *und* $D(X)$ *der* ggT *von* $a(X)$ *und* $b(X)$ *in* $K[X]$. *Dann gilt* $D(X) = d(X) \in k[X]$.

BEWEIS. $D(X)$ und $d(X)$ sind beide in $K[X]$. Da $d(X)$ ein gemeinsamer Teiler von $a(X)$ und $b(X)$ aus $K[X]$ ist, ist es auch ein Teiler des größten gemeinsamen Teilers $D(X)$.

Es gibt also $g(X) \in K[X]$ mit $D(X) = g(X)d(X)$.

Da $d(X) = a(X)m_0(X) + b(X)n_0(X) \in K[X]$ und $D(X)$ ein gemeinsamer Teiler von $a(X)$ und $b(X)$ ist, gilt auch $D(X) \mid d(X)$ in $K[X]$.
Also ist $d(X) = h(X)D(X)$.

Somit ergibt sich

$$D(X) = g(X)d(X) = g(X)h(X)D(X) \text{ in } K[X].$$

Es muß also $g(X)h(X) = 1$ sein.
Wegen der Normiertheit muß also $g(X) = h(X) = 1$ sein und somit $D(X) = d(X)$.

Zur expliziten Berechnung des ggT dient wieder der Euklidische Algorithmus. Wegen $\mathrm{ggT}(\lambda a(X), b(X)) = \mathrm{ggT}(a(X), b(X))$ kann man sich dabei immer auf normierte Polynome beschränken.

Wir wollen z. B. den ggT der Polynome $a(X) = X^5 - 3X^4 + 4X^2 - 4X + 1$ und $b(X) = X^3 - 8X + 3$ in $\mathbb{Q}[X]$ berechnen.

Der übliche Divisionsalgorithmus liefert

$$X^5 - 3X^4 + 4X^2 - 4X + 1 = (X^3 - 8X + 3)(X^2 - 3X + 8) + (-23X^2 + 69X - 23).$$

Hier ist $r_1 = -23X^2 + 69X - 23$. Das assoziierte normierte Polynom ist $X^2 - 3X + 1$. Aus

$$X^3 - 8X + 3 = (X^2 - 3X + 1)(X + 3)$$

ergibt sich schließlich

$$\mathrm{ggT}(a(X), b(X)) = X^2 - 3X + 1.$$

Ist $\text{ggT}(a(X), b(X)) = 1$, so heißen $a(X)$ und $b(X)$ *relativ prim*, in Zeichen $a(X) \perp b(X)$.

Die Atome in $k[X]$ heißen *irreduzible Polynome*.
Dieser Begriff ist, wie wir bereits wissen, vom Körper k abhängig. So ist z.B. $X^2 + 1 \in \mathbb{R}[X]$ irreduzibel. In $\mathbb{C}[X]$ gilt jedoch $X^2 + 1 = (X + i)(X - i)$.

(1.26) Satz. *Ist $f(X)$ irreduzibel in $k[X]$ und haben $f(X)$ und $g(X) \in k[X]$ in einem Erweiterungskörper $K \supseteq k$ eine gemeinsame Nullstelle $f(\zeta) = g(\zeta) = 0$, dann gilt $f(X) \mid g(X)$.*

BEWEIS. Sei $D(X) = \text{ggT}(f(X), g(X))$ in $K[X]$. Dann ist $D(X) \neq 1$, weil $D(\zeta) = 0$ ist.
Daher ist auch $d(X)$, der ggT von $f(X)$ und $g(X)$ in $k[X]$, nach (1.25) nicht konstant.
Da $f(X)$ irreduzibel ist, gilt $\lambda d(X) = f(X)$, $\lambda \neq 0$.
Somit ist $f(X) = \lambda d(X) \mid g(X)$.

(1.27) Satz. *Wenn ein irreduzibles Polynom $p(X)$ ein Produkt $a(X)b(X)$ aus $k[X]$ teilt, dann teilt es mindestens einen Faktor.*

Der Beweis ist derselbe wie in (1.22).

(1.28) Primfaktorzerlegung in $k[X]$:
Jedes Polynom $f(X) \neq 0$ in $k[X]$ kann als Produkt

$$f(X) = cp_1(X) \cdots p_l(X), l \geq 0 ,$$

geschrieben werden, wobei $c \in k$ und die p_i normierte irreduzible Polynome aus $k[X]$ sind. Die Darstellung ist eindeutig bis auf die Reihenfolge der $p_i(X)$.

Der Beweis verläuft genauso wie in (1.23).
Der Euklidische Beweis zeigt, daß es für jeden Körper k in $k[X]$ unendlich viele normierte irreduzible Polynome gibt.

2. Restklassenringe.

Sei R ein KRE. Der übliche *Gleichheitsbegriff* auf R hat ein paar evidente Eigenschaften:

1) $a = a$ (*Reflexivität*)
2) $a = b \Rightarrow b = a$ (*Symmetrie*)
3) $a = b, b = c \Rightarrow a = c$ (*Transitivität*)
4) $a_1 = b_1, a_2 = b_2 \Rightarrow a_1 + a_2 = b_1 + b_2$ (*Verträglichkeit mit der Addition*)
5) $a_1 = b_1, a_2 = b_2 \Rightarrow a_1 a_2 = b_1 b_2$ (*Verträglichkeit mit der Multiplikation*).

Wir wollen nun *alle* Relationen $a \equiv b$ auf R bestimmen, welche die Eigenschaften 1)–5) besitzen.

Dazu betrachten wir die Menge

$$I = \{i \in R : i \equiv 0\}.$$

Aus 4) und 5) folgt, daß mit $i_1, i_2 \in I$ auch $i_1 + i_2 \in I$ und mit $i \in I$ und $r \in R$ auch $ri \in I$ ist.

Denn es ist z.B. $ri \equiv r \cdot 0 = 0$.

Die Menge I ist also ein Ideal.

Es gilt $a \equiv b$ genau dann, wenn $b - a \in I$ ist.

Denn ist $a \equiv b$, so ist $b - a \equiv a - a = 0$, d.h. $b - a \in I$.

Ist umgekehrt $b - a \in I$, d.h. $b - a \equiv 0$, so ist $b \equiv b - 0 \equiv b - (b - a) = a$.

Ist umgekehrt I ein beliebiges Ideal in R und setzt man $a \equiv b$, wenn $b - a \in I$ ist, so sind 1)–5) erfüllt. Wir zeigen z.B. 5): Ist $a_1 \equiv b_1$ und $a_2 \equiv b_2$, so ist $b_1 - a_1 \in I$ und $b_2 - a_2 \in I$. Daher ist $b_1 b_2 - a_1 a_2 = (b_1 - a_1) b_2 + a_1(b_2 - a_2) \in I$ und somit $a_1 a_2 \equiv b_1 b_2$.

Wir nennen eine Relation $a \equiv b$ auf R, die die Eigenschaften 1)–5) erfüllt, eine *verallgemeinerte Gleichheitsrelation* oder *Kongruenzrelation*.

Sei nun I ein Ideal in R und $a \equiv b \pmod{I}$ die zugehörige Kongruenzrelation. Diese Kongruenzrelation „identifiziert" alle Elemente der Gestalt $a + i$ mit $i \in I$. Wir bezeichnen die Menge $\overline{a} = a + I = \{a + i : i \in I\}$ aller zu einem festen Element a kongruenten Elemente als die *Restklasse von a modulo I* und nennen jedes Element $a + i \in \overline{a}$ einen *Repräsentanten* von $\overline{a}$.

Aus 4) und 5) folgt, daß für $a_1, a_2 \in \overline{a}$ und $b_1, b_2 \in \overline{b}$ gilt $(a_1 + b_1)^- = (a_2 + b_2)^-$ und $(a_1 b_1)^- = (a_2 b_2)^-$. Es liegt daher nahe, auch für Restklassen eine Addition und Multiplikation zu definieren durch

$$\overline{a} + \overline{b} := (a + b)^- \text{ und}$$

$$\overline{a}\,\overline{b} := (ab)^-,$$

wobei $a \in \overline{a}$ und $b \in \overline{b}$ beliebige Repräsentanten sind.

(2.1) Satz. *Sei I ein Ideal im KRE R. Dann bildet die Menge R/I aller Restklassen $\overline{a} = a + I$ modulo I wieder einen KRE, den Restklassenring von R modulo I.*

BEMERKUNG. Der Übergang von R zu R/I besteht genau darin, daß kongruente Elemente zu einer Restklasse zusammengefaßt werden. Die Eigenschaften 1 –5) sind dann notwendig und hinreichend dafür, daß diese Restklassen wieder einen Ring bilden.

Es ist oft vorteilhaft, den Übergang zu den Restklassen nicht explizit durchzuführen, sondern ihn implizit durch die Kongruenzrelation zu charakterisieren. In diesem Sinne läßt sich der Restklassenring R/I auch folgendermaßen beschreiben:

(2.2) ALTERNATIVDEFINITION VON R/I. Die Elemente von R/I stimmen mit den Elementen von R überein. Es ist jedoch ein anderer Gleichheitsbegriff gegeben: Zwei Elemente $a, b \in R$ definieren genau dann das gleiche Element von R/I, wenn $a \equiv b \pmod{I}$ in R erfüllt ist.

BEMERKUNG. Die Alternativdefinition ist vor allem in der konstruktivistischen Mathematik üblich (man vgl. [13]).

Wir wissen bereits, daß im Ring $\mathbb{Z}$ der ganzen Zahlen jedes Ideal ein Hauptideal (m) mit $m \in \mathbb{N}$ ist.

Wir wollen nun die entsprechenden Restklassenringe $\mathbb{Z}/(m)$ explizit bestimmen.

Für $m = 0$ ist $a \equiv b \pmod{(0)}$ gleichbedeutend mit $a = b$. Somit ist $\mathbb{Z}/(0) = \mathbb{Z}$.

Für $m = 1$ ist $(1) = \mathbb{Z}$. Es sind also alle Elemente zueinander kongruent. Daher besteht $\mathbb{Z}/\mathbb{Z}$ aus genau einem Element und ist daher der Nullring.

Sei nun $m \geq 2$.

Nach der Alternativdefinition sind die Elemente von $\mathbb{Z}/(m)$ die ganzen Zahlen, wobei zwei Zahlen a und b genau dann gleich sein sollen, wenn $b - a \in (m)$ ist, d.h. wenn $b - a$ durch m teilbar ist. Wir schreiben dann kürzer $a \equiv b \pmod{m}$.

Die entsprechenden Restklassen $\overline{a}$ sind dann die Mengen

$$\overline{a} = \{a, a \pm m, a \pm 2m, a \pm 3m, \dots\}.$$

Man kann jeder Restklasse $\overline{a}$ das eindeutig bestimmte Element $r = a - km$ mit $0 \leq r < m$ als *kanonischen Repräsentanten* zuordnen. Wir schreiben auch kurz $r = a \bmod m$.

(2.3) Satz. *Der Restklassenring $\mathbb{Z}/(m)$ kann für $m \geq 1$ mit der Menge $\{0, 1, \dots, m - 1\}$ „identifiziert" werden. Die Rechenoperationen sind dabei durch $a + b := (a + b) \bmod m$ und $ab := (ab) \bmod m$ gegeben.*

Sind $a, b \in \mathbb{Z}$, so bedeutet „$a = b$ in $\mathbb{Z}/(m)$", dasselbe wie „$a \equiv b \pmod{m}$". So ist etwa $-1 = 2$ in $\mathbb{Z}/(3)$ und $2^5 = 32 = 2$ in $\mathbb{Z}/(5)$.

Für $m = 6$ ergeben sich die folgenden Additions– und Multiplikationstabellen:

$+$	0	1	2	3	4	5
0	0	1	2	3	4	5
1	1	2	3	4	5	0
2	2	3	4	5	0	1
3	3	4	5	0	1	2
4	4	5	0	1	2	3
5	5	0	1	2	3	4

$\cdot$	0	1	2	3	4	5
0	0	0	0	0	0	0
1	0	1	2	3	4	5
2	0	2	4	0	2	4
3	0	3	0	3	0	3
4	0	4	2	0	4	2
5	0	5	4	3	2	1

Anders als in $\mathbb{Z}$ oder $k[X]$ kann es in $\mathbb{Z}/(m)$ *Nullteiler* geben, also Elemente $a \neq 0$, $b \neq 0$ mit $ab = 0$.

In $\mathbb{Z}/(6)$ ist etwa $\overline{2}$ ein Nullteiler, weil $\overline{2} \cdot \overline{3} = \overline{0}$ ist.

Ist $m = ab$, $a, b \neq \pm 1$, also m keine Primzahl, dann ist $\overline{a}$ ein Nullteiler in $\mathbb{Z}/(m)$.

Ein Nullteiler kann kein inverses Element besitzen. Denn sonst wäre

$$0 = a^{-1} \cdot 0 = a^{-1}(ab) = (a^{-1}a)b = 1 \cdot b = b \neq 0.$$

Speziell kann $\mathbb{Z}/(m)$ für zusammengesetztes m kein Körper sein.

(2.4) Satz. *Der Restklassenring $\mathbb{Z}/(p)$ ist genau dann ein Körper, wenn p eine Primzahl ist.*

BEWEIS. Sei p eine Primzahl und $\overline{a} \neq \overline{0}$ in $\mathbb{Z}/(p)$. Dann ist $a \perp p$ in $\mathbb{Z}$. Es existieren also $k, l \in \mathbb{Z}$ mit $ka + lp = 1$. Daher ist auch $ka \equiv ka + lp \equiv 1 \pmod p$ und daher $\overline{k}\,\overline{a} = \overline{1}$ in $\mathbb{Z}/(p)$. Jedes Element $\overline{a} \neq \overline{0}$ in $\mathbb{Z}/(p)$ hat also ein inverses Element.

Als Beispiel betrachten wir die Multiplikationstabelle im Körper $\mathbb{Z}/(7)$:

a	1	2	3	4	5	6
1	1	2	3	4	5	6
2	2	4	6	1	3	5
3	3	6	2	5	1	4
4	4	1	5	2	6	3
5	5	3	1	6	4	2
6	6	5	4	3	2	1

Hier ist $1^{-1} = 1$, $2^{-1} = 4$, $3^{-1} = 5$, $4^{-1} = 2$, $5^{-1} = 3$, $6^{-1} = 6$. In $\mathbb{Z}/(p)$ sind also alle Elemente $\neq 0$ invertierbar. Im allgemeinen Fall gilt

(2.5) Satz. *Ein Element $i \in \mathbb{Z}/(n)$ ist genau dann invertierbar, wenn $i \perp n$ gilt.*

BEWEIS. $i \in \mathbb{Z}/(n)$ ist genau dann invertierbar, wenn ein $a \in \mathbb{Z}$ existiert, so daß $ai = 1$ in $\mathbb{Z}/(n)$ ist. Das ist genau dann der Fall, wenn $ai \equiv 1 \pmod{n}$ ist, d.h. wenn es ein $b \in \mathbb{Z}$ gibt mit $ai + bn = 1$. Das ist jedoch genau dann der Fall, wenn $i \perp n$ gilt.

Z.B. sind in $\mathbb{Z}/(8)$ genau die Elemente $1, 3, 5, 7$ invertierbar.

Wir interessieren uns nun dafür, wie die Ideale im Restklassenring R/I aussehen.

(2.6) Satz. *Es existiert eine bijektive Zuordnung zwischen allen Idealen $\overline{J}$ von R/I und allen Idealen J von R, welche I umfassen. $\overline{J} := J/I$ besteht dann aus allen Restklassen $\overline{j}$ mod I mit $j \in J$. Weiters gilt $R/J = (R/I)/(J/I)$.*

BEWEIS. Der Beweis ergibt sich sofort aus der Alternativdefinition des Restklassenringes.
Denn ist $\overline{a} \equiv \overline{b}$ eine Kongruenzrelation auf R/I, so induziert diese eine Kongruenzrelation auf R mit der Eigenschaft, daß $J := \{j \in R : \overline{j} \equiv \overline{0}\} \supseteq \overline{0} = I$. Ein Ideal in R/I besteht also aus denselben Elementen von R wie ein Ideal in R, welches I umfaßt.
Die Gleichheit

$$R/J = (R/I)/(J/I)$$

ist nun evident. Denn die Elemente sind links und rechts die Elemente von R. Und Gleichheit bedeutet auf beiden Seiten $a \equiv b \pmod{J}$.

(2.7) Korollar. *Die Ideale von $\mathbb{Z}/(n)$ sind die Hauptideale $d\mathbb{Z}/(n)$ mit $d \mid n$. Es gilt dann*

$$(\mathbb{Z}/(n))/(d\mathbb{Z}/(n)) = \mathbb{Z}/(d).$$

BEWEIS. Nach (2.6) ist jedes Ideal des Restklassenrings $\mathbb{Z}/(n)$ das Bild eines Ideals $(d) = d\mathbb{Z}$ von $\mathbb{Z}$ mit $(d) \supseteq (n)$, d.h. mit $d \mid n$. Die Gleichheit

$$(\mathbb{Z}/(n))/(d\mathbb{Z}/(n)) = \mathbb{Z}/d\mathbb{Z}$$

ist evident, da in beiden Fällen die d-fachen jedes Elementes in 0 übergehen.

(2.8) BEISPIELE.

1) In $\mathbb{Z}/(6)$ gibt es die folgenden Ideale:
$(0) = 0\mathbb{Z}/(6)$, $(1) = 1.\mathbb{Z}/(6) = \{0,1,2,3,4,5\}$, $(2) = 2\mathbb{Z}/(6) = \{0,2,4\}$ und $(3) = 3\mathbb{Z}/(6) = \{0,3\}$.

2) Sei p eine Primzahl. Dann sind alle Ideale von $\mathbb{Z}/(p^n)$ gegeben durch
$$\mathbb{Z}/(p^n) \supset p\mathbb{Z}/(p^n) \supset p^2\mathbb{Z}/(p^n) \supset \cdots \supset p^n\mathbb{Z}/(p^n) = 0.$$

(2.9) Korollar. *Sei $a \in \mathbb{Z}/(n)$. Dann gilt $a\mathbb{Z}/(n) = d\mathbb{Z}(n)$ mit $d = \mathrm{ggT}\,(a,n)$, d.h. $a\mathbb{Z}/(n)$ besteht aus allen Vielfachen von d* (mod n).

BEWEIS. $a\mathbb{Z}/(n)$ ist das Bild der Elemente $ak+ln \in \mathbb{Z}$. Diese bestehen aber gerade aus den Vielfachen von $d = \mathrm{ggT}\,(a,n)$.

(2.10) BEISPIEL. In $\mathbb{Z}/(30)$ gilt $21\mathbb{Z}/(30) = 3\mathbb{Z}/(30)$, weil $\mathrm{ggT}\,(21,30) = 3$ ist. Das sieht man auch aus der Tatsache, daß die Vielfachen von 21 mod 30 die Elemente $21, 42 \equiv 12$, $63 \equiv 3, \ldots$ sind.

(2.11) Korollar. *Sei p eine Primzahl. Dann gilt*
$$(\mathbb{Z}/(n))/(p\mathbb{Z}/(n)) = \begin{cases} \mathbb{Z}/(p) & \text{wenn } p \mid n \\ (0) & \text{sonst.} \end{cases}$$

BEWEIS. Folgt aus (2.7) und (2.9).

Als nächstes wollen wir die *Restklassenringe von* $k[X]$ bestimmen.

Sei $m(X) = m_0 + m_1X + \cdots + m_{n-1}X^{n-1} + X^n$ ein normiertes Polynom. Dann besteht der Restklassenring $k[X]/(m(X))$ aus allen Elementen $f(X) \in k[X]$ mit der Gleichheitsrelation $f(X) \equiv g(X)$ (mod $m(X)$).

Um uns ein anschauliches Bild davon zu machen, können wir jeder Restklasse $\overline{f(X)} = f(X) + (m(X))$ als kanonischen Repräsentanten den Rest mod $m(X)$ zuordnen, der durch
$$f(X) = q(X)m(X) + r(X)$$
mit deg $r <$ deg $m(X) = n$ oder $r = 0$ gegeben ist.

Z.B. können die Elemente von $(\mathbb{Z}/(3))[X]/(X^2 + X + 1)$ durch die Elemente
$$\begin{array}{ccc} 0, & 1, & 2, \\ X, & X+1, & X+2, \\ 2X, & 2X+1, & 2X+2 \end{array}$$
repräsentiert werden.

Hier folgt aus $X^2 + X + 1 = 0$, daß $X^2 = -X - 1 = 2X + 2$ und $X^3 = X \cdot X^2 = X(2X+2) = 2X^2+2X = 2(2X+2)+2X = 4X+4+2X = 6X+4 = 1$ gilt.

Dieser Ring enthält Nullteiler, weil $(X + 2)^2 = X^2 + 4X + 4 = X^2 + X + 1 = 0$ ist.

(2.12) Satz. *Der Restklassenring $k[X]/(p(X))$ ist genau dann ein Körper, wenn $p(X)$ irreduzibel über k ist.*

BEWEIS. Sei $\overline{f(X)} \neq 0$ in $k[X]/(p(X))$ und $p(X)$ irreduzibel. Dann ist $f(X) \notin (p(X))$ und daher $f(X) \perp p(X)$ in $k[X]$. Daher existieren Polynome $a(X), b(X) \in k[X]$ mit

$$a(X)f(X) + b(X)p(X) = 1.$$

Das bedeutet, daß $\overline{a(X)}\ \overline{f(X)} = \overline{1}$ in $k[X]/(p(X))$ gilt.

Daher ist für irreduzibles $p(X)$ der Restklassenring ein Körper.

Ist $p(X) = a(X) \cdot b(X)$, und sind a, b keine Einheiten, so ist $a(X)$ ein Nullteiler im Restklassenring. Dieser kann daher kein Körper sein.

(2.13) BEISPIELE.

1) In $(\mathbb{Z}/(2))[X]$ ist $X^3 + X + 1$ irreduzibel. Denn in jeder Zerlegung müßte ein lineares Polynom $X - a$ vorkommen, d.h. $X^3 + X + 1$ müßte die Nullstelle $a \in \mathbb{Z}/(2)$ besitzen. Es ist jedoch $0 + 0 + 1 \neq 0$ und $1 + 1 + 1 \neq 0$. Daher ist

$$(\mathbb{Z}/(2))[X]/(X^3 + X + 1)$$

ein Körper. Er besteht aus den Elementen

$$0, 1, X, X+1, X^2, X^2+1, X^2+X, X^2+X+1.$$

Das ist ein Körper von 8 Elementen.
Die Multiplikationstabelle sieht dabei folgendermaßen aus:

	X	$X+1$	X^2	X^2+1	X^2+X	X^2+X+1
X	X^2	X^2+X	$X+1$	1	X^2+X+1	X^2+1
$X+1$	X^2+X	X^2+1	X^2+X+1	X^2	1	X
X^2	$X+1$	X^2+X+1	X^2+X	X	X^2+1	1
X^2+1	1	X^2	X	X^2+X+1	$X+1$	X^2+X
X^2+X	X^2+X+1	1	X^2+1	$X+1$	X	X^2
X^2+X+1	X^2+1	X	1	X^2+X	X^2	$X+1$

Es ist also

$$X^{-1} = X^2 + 1, (X+1)^{-1} = X^2 + X, X^{-2} = X^2 + X + 1, (X^2+1)^{-1} = X,$$
$$(X^2 + X)^{-1} = X + 1 \text{ und } (X^2 + X + 1)^{-1} = X^2.$$

2) In $\mathbb{Q}[X]$ ist $X^2 + 1$ irreduzibel. Jedes Element des Körpers $\mathbb{Q}[X]/(X^2 + 1)$ hat einen eindeutig bestimmten Repräsentanten der Gestalt $a + bX$, $a, b \in \mathbb{Q}$, mit $X^2 = -1$.

Jetzt sind wir in der Lage, das algebraische Analogon zum Fundamentalsatz der Algebra zu beweisen.

(2.14) Wurzelexistenzsatz von L. Kronecker. *Ist $f(X) \in k[X]$ ein nichtkonstantes Polynom, dann existiert ein Oberkörper $K \supseteq k$, in welchem $f(X)$ eine Nullstelle besitzt.*

BEWEIS. Wenn $f(X)$ schon in k selbst eine Nullstelle besitzt, ist nichts zu zeigen. Wenn das nicht der Fall ist, hat jeder irreduzible Faktor $p(X)$ von $f(X)$ einen Grad > 1.

Dann ist $K = k[X]/(p(X))$ ein Körper, der die Menge k aller konstanten Polynome umfaßt.

In K gilt $p(X) = 0$ und daher auch $f(X) = 0$. Das Element $\overline{X} \in k[X]/(p(X)) = K$ ist also eine Wurzel von $f(X)$.

Besitzt $f(X)$ auch in $K[X]$ noch irreduzible Faktoren, die nicht linear sind, so kann man das Verfahren wiederholen. Nach endlich vielen Schritten erhält man einen Erweiterungskörper $L \supseteq k$, in welchem $f(X)$ vollständig in Linearfaktoren zerfällt.

(2.15) BEISPIEL. Das Polynom $X^3 + X + 1$ ist irreduzibel in $(\mathbb{Z}/(2))[X]$. Daher ist $K = (\mathbb{Z}/(2))[X]/(X^3 + X + 1)$ ein Körper, in welchem $X^3 + X + 1$ eine Nullstelle α besitzt. Man kann für α die Restklasse $\alpha = \overline{X} \bmod (X^3 + X + 1)$ wählen.
Nun ist $(X^3 + X + 1) : (X - \alpha) = X^2 + \alpha X + (\alpha^2 + 1)$ und $(X - \alpha^2)(X - \alpha^2 - \alpha) = X^2 - (\alpha^2 + \alpha^2 + \alpha)X + \alpha^4 + \alpha^3 = X^2 + \alpha X + \alpha^3 + \alpha^2 + \alpha = X^2 + \alpha X + \alpha^2 + 1$.

Daher zerfällt $X^3 + X + 1$ über K und es gilt

$$X^3 + X + 1 = (X - \alpha)(X - \alpha^2)(X - \alpha^2 - \alpha).$$

(2.16) BEMERKUNG. Wie schon erwähnt, ist dieser Satz im Unterschied zum Fundamentalsatz der Algebra fast trivial: Ist $p(X) = X^n + a_{n-1}X^{n-1} + \cdots + a_0$, so besteht der Restklassenkörper K aus allen Ausdrücken der Gestalt $c_0 + c_1\xi + \cdots + c_{n-1}\xi^{n-1}$, wobei $c_i \in k$ und ξ die Restklasse $X \mod p(X)$ bezeichnet.

Es gilt dann nach Konstruktion $p(\xi) = 0$. Man sieht also, daß sich alle Potenzen ξ^i für $i \geq n$ durch sukzessive Anwendung der Gleichung

$$\xi^n = -a_0 - a_1\xi - \cdots - a_{n-1}\xi^{n-1}$$

durch $1, \xi, \ldots, \xi^{n-1}$ ausdrücken lassen.

Es kommt also im wesentlichen darauf hinaus, daß man die Existenz einer Lösung ξ dadurch erreicht, daß man ein neues Element ξ zum Körper k *adjungiert*, welches alle Eigenschaften der gesuchten Lösung besitzt. Das einzig Nichttriviale daran ist, daß der so erhaltene Ring K wieder ein Körper ist.

Die Situation kommt noch klarer zum Ausdruck, wenn man den Körper K als Vektorraum über k interpretiert. Dieser besitzt dann $\{1, \xi, \xi^2, \ldots, \xi^{n-1}\}$ als Basis und der Multiplikationsoperator mit ξ, der also $\xi \cdot \xi^i = \xi^{i+1}$ für $i < n - 1$ und

$$\xi \cdot \xi^{n-1} = \xi^n = -a_0 - a_1\xi - \cdots - a_{n-1}\xi^{n-1}$$

erfüllt, hat bezüglich dieser Basis die Matrixdarstellung

$$(2.17)\qquad A = \begin{pmatrix} 0 & 0 & \dots & 0 & -a_0 \\ 1 & 0 & \dots & 0 & -a_1 \\ 0 & 1 & \dots & 0 & -a_2 \\ \dots & \dots & \dots & \dots & \\ \dots & \dots & \dots & \dots & \\ 0 & 0 & \dots & 1 & -a_{n-1} \end{pmatrix}.$$

Wegen $A^i 1 = \xi^i$ ist $p(A)1 = 0$ und damit auch $p(A)\xi^i = 0$ für alle i, d.h. es gilt

$$p(A) = a_0 I + a_1 A + \dots + a_{n-1} A^{n-1} + A^n = 0.$$

Um $p(A)$ zu bilden, ersetzt man im Polynom $p(X)$ die Unbestimmte X durch A und den konstanten Term a_0 durch $a_0 I$.

Der Kronecker'sche Wurzelexistenzsatz könnte also auch folgendermaßen formuliert werden:

(2.18) Satz. *Ist $f(X) \in k[X]$ nicht konstant und $p(X) = X^n + \dots + a_0$ ein irreduzibler Faktor von $f(X)$, dann bildet die Menge aller $n \times n$–Matrizen über k der Gestalt*

$$c_0 I + c_1 A + \dots + c_{n-1} A^{n-1}$$

einen Körper K, in welchem $f(A) = 0$ erfüllt ist. Dabei ist A durch (2.17) gegeben.

Ist z.B. $f(X) = X^2 + 1 \in \mathbb{Q}[X]$, so ist $f(X)$ irreduzibel und $A = \begin{pmatrix} 0 & -1 \\ 1 & 0 \end{pmatrix}$.
Daher hat $f(X)$ im Körper aller 2×2–Matrizen der Gestalt $aI + bA = \begin{pmatrix} a & -b \\ b & a \end{pmatrix}$ die Nullstelle $X = A$. Es gilt dann

$$X^2 + I = \left(X - \begin{pmatrix} 0 & -1 \\ 1 & 0 \end{pmatrix}\right)\left(X + \begin{pmatrix} 0 & -1 \\ 1 & 0 \end{pmatrix}\right).$$

Wir haben natürlich den Eindruck, daß dieser Körper mit dem Körper $\mathbb{Q}[X]/(X^2+1)$ oder dem quadratischen Erweiterungskörper $\mathbb{Q}(i) \subseteq \mathbb{C}$ im wesentlichen „identisch" ist.

Um diesen Eindruck exakt zu fassen, benötigen wir den Begriff des $K \supseteq E$–Homomorphismus.

3. Homomorphismen.

(3.1) DEFINITION. Seien R und S kommutative Ringe mit Einselement. Eine Abbildung $\varphi : R \to S$ heißt *(KRE-) Homomorphismus* von R in S, wenn gilt:

1) $\varphi(a+b) = \varphi(a) + \varphi(b)$ für $a, b \in R$
2) $\varphi(ab) = \varphi(a)\varphi(b)$ für $a, b \in R$
3) $\varphi(1_R) = 1_S$, wenn 1_R das Einselement von R und 1_S das Einselement von S bezeichnet.

Ein Homomorphismus φ führt also Summen wieder in Summen, Produkte wieder in Produkte und das Einselement von R in das von S über. Wir schreiben statt 3) meistens $\varphi(1) = 1$, um unnötige Indizes zu sparen.

Ein Homomorphismus ist also eine „strukturbewahrende" Abbildung.

Die Eigenschaft 3) ist wesentlich. So erfüllt etwa die Nullabbildung $\varphi(n) = 0$ für alle $n \in \mathbb{Z}$ die ersten 2 Bedingungen, nicht jedoch die dritte, wenn φ als Abbildung von $\mathbb{Z}$ nach $\mathbb{Z}$ interpretiert wird. Sie ist also kein KRE–Homomorphismus.

Der einzige KRE–Homomorphismus $\varphi : \mathbb{Z} \to \mathbb{Z}$ ist die identische Abbildung. Denn $\varphi(1) = 1$ nach 3). Nach 2) ist daher

$$\varphi(1 + \cdots + 1) = \varphi(1) + \cdots + \varphi(1), \text{ d.h. } \varphi(n) = n \text{ für } n \in \mathbb{N}\backslash\{0\}.$$

Wegen $\varphi(0+0) = \varphi(0) + \varphi(0)$ ist $\varphi(0) = 0$.
Aus $0 = \varphi(0) = \varphi(n + (-n)) = \varphi(n) + \varphi(-n) = n + \varphi(-n)$ folgt schließlich $\varphi(-n) = -n$.

(3.2) Sei R ein KRE, $R[X]$ der Polynomring über R und S ein Oberring von R, $S \supseteq R$. Dann ist für jedes $\alpha \in S$ die Abbildung $\sigma : R[X] \to S$, definiert durch

$$\sigma(\sum a_k X^k) = \sum a_k \alpha^k ,$$

ein Homomorphismus, der sogenannte *Einsetzungs–* oder *Auswertungshomomorphismus* in α.

Man vergleiche dazu die Bemerkungen von II. (4.1).

Ist speziell $S = R[X]$ und $\alpha = X + a \in R[X]$, so sieht man, daß auch die Abbildung, welche $p(X) = \sum a_k X^k$ in $p(X+a) = \sum a_k (X+a)^k$ überführt, ein Homomorphismus ist. Das läßt sich natürlich auch direkt verifizieren, weil

$$(f+g)(X+a) = f(X+a) + g(X+a) \text{ und } (fg)(X+a) = f(X+a)g(X+a)$$

gilt und aus $p(X) = 1$ auch $p(X+a) = 1$ folgt.

(3.3) Jeder Ringhomomorphismus $\varphi : R \to S$ läßt sich zu einem Homomorphismus von $R[X]$ in $S[X]$ fortsetzen, den wir wieder mit φ bezeichnen wollen und der durch

$$\varphi(\sum a_k X^k) = \sum \varphi(a_k) X^k$$

gegeben ist.

Es ist klar, daß die Eigenschaften 1)–3) erfüllt sind. Wir wollen z.B. 2) überprüfen:

$$\begin{aligned}
\varphi\left(\left(\sum a_k X^k\right)\left(\sum b_l X^l\right)\right) &= \varphi\left(\sum_{k,l} a_k b_l X^{k+l}\right) = \\
&= \sum_{k,l} \varphi(a_k b_l) X^{k+l} = \sum_{k,l} \varphi(a_k)\varphi(b_l) X^{k+l} = \\
&= \left(\sum_k \varphi(a_k) X^k\right)\left(\sum_l \varphi(b_l) X^l\right) = \\
&= \varphi\left(\sum a_k X^k\right) \cdot \varphi\left(\sum b_l X^l\right).
\end{aligned}$$

Wir bezeichnen $\varphi : R[X] \to S[X]$ als die *Erweiterung von* $\varphi : R \to S$ *auf* $R[X]$. Sie ist eindeutig bestimmt durch die Eigenschaft, daß sie auf den konstanten Polynomen mit φ übereinstimmt und X festläßt.

(3.4) Die Abbildung $\pi : R \to R/I$, die jedem Element $x \in R$ die Restklasse $\overline{x} \in R/I$ zuordnet, ist wegen $\overline{x} + \overline{y} = \overline{x + y}$ und $\overline{x}\,\overline{y} = \overline{xy}$ ein Homomorphismus.

Wir nennen π die *kanonische Projektion* von R auf R/I. In der Alternativdefinition ist π einfach die „identische" Abbildung, die jedem $x \in R$ dasselbe Element $\pi(r) = r$ zuordnet, jetzt aber interpretiert als Element von R/I, d.h. mit einer anderen Gleichheitsrelation für diese Elemente.

(3.5) Besonders wichtig ist im Folgenden die Erweiterung der kanonischen Projektion $\pi : \mathbb{Z} \to \mathbb{Z}/(p)$ auf den Polynomring $\mathbb{Z}[X]$.
Sie ordnet also jedem Polynom $\sum a_k X^k \in \mathbb{Z}[X]$ das Polynom $\sum \overline{a_k} X^k \in (\mathbb{Z}/(p))[X]$ zu.

(3.6) Durch Kombination von (3.2) und (3.3) erhält man allgemein das sogenannte *Substitutionsprinzip:* Sei $\varphi : R \to S$ ein KRE–Homomorphismus. Dann existiert zu jedem $s \in S$ ein eindeutig festgelegter Homomorphismus $\varphi_s : R[X] \to S$, der auf den konstanten Polynomen mit φ übereinstimmt und X in s überführt. Er ist gegeben durch

$$\varphi_s\left(\sum a_i X^i\right) = \sum \varphi(a_i) s^i.$$

Ist $\varphi : R \to S$ ein (KRE)-Homomorphismus, so gilt natürlich $\varphi(0) = 0$, $\varphi(-a) = -\varphi(a)$ und $\varphi(a-b) = \varphi(a) - \varphi(b)$. Wenn a^{-1} in R existiert, dann existiert auch $\varphi(a)^{-1}$ in S und es gilt

$$\varphi(a^{-1}) = \varphi(a)^{-1}.$$

Das folgt aus

$$1 = \varphi(1) = \varphi(a^{-1}a) = \varphi(a^{-1})\varphi(a).$$

Sind $\varphi : R \to S$ und $\psi : S \to T$ Homomorphismen, dann ist auch die zusammengesetzte Abbildung $\psi \circ \varphi : R \to T$ einer.

(3.7) Ist $\varphi : R \to S$ ein bijektiver KRE-Homomorphismus, dann ist $\varphi^{-1} : S \to R$ ebenfalls ein KRE-Homomorphismus. φ heißt dann ein *KRE-Isomorphismus*. Wir nennen die Ringe R und S *isomorph*, wenn ein KRE-Isomorphismus $\varphi : R \to S$ existiert.
Vom abstrakten Standpunkt aus sind dann R und S „identisch". Man schreibt $R \cong S$.

(3.8) BEISPIEL. Der Ring $\mathbb{Z}[\sqrt{2}] := \{a + b\sqrt{2}, a, b \in \mathbb{Z}\}$ ist isomorph zum Ring aller ganzzahligen Matrizen der Gestalt $\begin{pmatrix} a & 2b \\ b & a \end{pmatrix}$.
Ein Isomorphismus φ ist gegeben durch

$$\varphi(a + b\sqrt{2}) = \begin{pmatrix} a & 2b \\ b & a \end{pmatrix}.$$

BEWEIS. φ ist klarerweise bijektiv und erfüllt

$$\varphi(1) = \begin{pmatrix} 1 & 0 \\ 0 & 1 \end{pmatrix} \text{ und } \varphi(\alpha + \beta) = \varphi(\alpha) + \varphi(\beta).$$

Es bleibt zu zeigen, daß auch $\varphi(\alpha\beta) = \varphi(\alpha)\varphi(\beta)$ gilt. Das ergibt sich aus

$$\varphi((a_1 + b_1\sqrt{2})(a_2 + b_2\sqrt{2})) = \varphi(a_1a_2 + 2b_1b_2 + (b_1a_2 + a_1b_2)\sqrt{2}) =$$
$$= \begin{pmatrix} a_1a_2 + 2b_1b_2, & 2b_1a_2 + 2a_1b_2 \\ b_1a_2 + a_1b_2, & a_1a_2 + 2b_1b_2 \end{pmatrix} = \begin{pmatrix} a_1 & 2b_1 \\ b_1 & a_1 \end{pmatrix} \begin{pmatrix} a_2 & 2b_2 \\ b_2 & a_2 \end{pmatrix}.$$

(3.9) BEISPIEL. Der Ring $\mathbb{C}[X]$ aller Polynome über $\mathbb{C}$ ist isomorph zum Ring aller Polynomfunktionen auf $\mathbb{R}$ mit komplexen Koeffizienten.

BEWEIS. Sei $p(X) \in \mathbb{C}[X]$ ein Polynom und $x \to p(x)$ die entsprechende Polynomfunktion p.
Dann ist die Abbildung $\varphi : p(X) \to p$ klarerweise eine surjektiver Homomorphismus.
Die Injektivität folgt wie in II. (1.6).

Für den Ring $(\mathbb{Z}/(p))[X]$, p eine Primzahl, gilt die analoge Behauptung nicht. Denn dort gilt z.B. $x^p - x = 0$ für alle $x \in \mathbb{Z}/(p)$. Ist also $f(X) = X^p - X$ so ist die entsprechende Polynomfunktion f auf $\mathbb{Z}/(p)$ identisch 0. Die Abbildung $\varphi : f(X) \to f$ von $(\mathbb{Z}/(p))[X]$ auf die Menge aller Polynomfunktionen auf $\mathbb{Z}/(p)$ ist ein surjektiver Homomorphismus, der jedoch nicht injektiv ist.

Wir haben dabei den folgenden Satz verwendet.

(3.10) Kleiner Fermat'scher Satz. *Sei p eine Primzahl. Für alle $x \in \mathbb{Z}/(p)$ gilt $x^p = x$. Ist $x \neq 0$, so gilt auch $x^{p-1} = 1$.*

BEWEIS. Für $a, b \in \mathbb{Z}/(p)$ gilt $(a+b)^p = a^p + b^p$. Denn es ist

$$(a+b)^p = a^p + \binom{p}{1} a^{p-1} b + \cdots + \binom{p}{p-1} a b^{p-1} + b^p.$$

Nun ist $\binom{p}{k} = \frac{p!}{k!(p-k)!}$ und für $1 \leq k \leq p-1$ kürzt sich die Primzahl p im Zähler nicht weg. Da in $\mathbb{Z}/(p)$ gilt $p = 0$ sind also alle diese $\binom{p}{k} = 0$ in $\mathbb{Z}/(p)$.
Aus $(a+b)^p = a^p + b^p$ in $\mathbb{Z}/(p)$ folgt mit Induktion sofort
$(a_1 + a_2 + \cdots + a_k)^p = a_1^p + \cdots + a_k^p$ in $\mathbb{Z}/(p)$. Sind alle $a_i = 1$, so ergibt sich daraus

$$k^p = (1 + \cdots + 1)^p = 1^p + \cdots + 1^p = k \text{ in } \mathbb{Z}/(p),$$

wie behauptet.
Nach (2.4) ist jedes $x \neq 0$ in $\mathbb{Z}/(p)$ invertierbar. Daher ist $x^{p-1} = x^{-1} x^p = x^{-1} \cdot x = 1$ in $\mathbb{Z}/(p)$.

(3.11) DEFINITION. Ein Homomorphismus $\varphi : R \to S$ heißt *Monomorphismus*, wenn φ injektiv ist.

(3.12) Sei R ein Teilring von S, d.h. eine Teilmenge $R \subseteq S$, die mit den in S definierten Operationen selbst einen KRE bildet, wobei auch das Einselement von R mit dem von S übereinstimmt.
Dann ist die „identische" Abbildung $\iota : R \to S$, die jedem $r \in R$ dasselbe Element $\iota(r) = r$, jetzt aber interpretiert als Element von S, zuordnet, ein Monomorphismus. Man nennt ι die *kanonische Einbettung* von R in S.

Z.B. ist die Abbildung $R \to R[X]$, die jedem Element $r \in R$ das konstante Polynom $r \in R[X]$ zuordnet, eine kanonische Einbettung.

(3.13) DEFINITION. Unter dem *Kern* eines Homomorphismus $\varphi : R \to S$ versteht man die Menge

$$\operatorname{Ker} \varphi = \varphi^{-1}(0) = \{r \in R : \varphi(r) = 0\}.$$

(3.14) Satz. *Der Kern eines Homomorphismus $\varphi : R \to S$ ist ein Ideal in R.*

BEWEIS.

1) Sind i_1, i_2 in $\operatorname{Ker}\varphi$, so ist $\varphi(i_1) = \varphi(i_2) = 0$. Daher ist auch $\varphi(i_1 + i_2) = \varphi(i_1) + \varphi(i_2) = 0$. Also ist $i_1 + i_2 \in \operatorname{Ker}\varphi$.
2) Für $i \in \operatorname{Ker}\varphi$ und $r \in R$ ist $\varphi(ri) = \varphi(r)\varphi(i) = \varphi(r) \cdot 0 = 0$, d.h. $ri \in \operatorname{Ker}\varphi$.

(3.15) Satz. *Der Homomorphismus $\varphi : R \to S$ ist genau dann injektiv, wenn $\operatorname{Ker}\varphi = (0)$ ist.*

BEWEIS. $\varphi(a) = \varphi(b) \Leftrightarrow \varphi(a - b) = 0 \Leftrightarrow a - b \in \operatorname{Ker}\varphi$.

(3.16) Satz. *Sei k ein Körper und $S \neq (0)$ ein KRE. Dann ist jeder Homomorphismus $\varphi : k \to S$ monomorph.*

BEWEIS. Da $\operatorname{Ker}\varphi$ ein Ideal in k ist und es in k nur die beiden Ideale (0) und k gibt, gilt entweder $\operatorname{Ker}\varphi = k$ oder $\operatorname{Ker}\varphi = (0)$.
Im ersten Fall wäre $1 \in \operatorname{Ker}\varphi$ und daher $1 = \varphi(1) = 0$, ein Widerspruch. Daher muß $\operatorname{Ker}\varphi = (0)$ sein und daher φ ein Monomorphismus.

(3.17) DEFINITION. Unter dem *Bild* $\operatorname{Im}\varphi$ eines Homomorphismus $\varphi : R \to S$ versteht man die Menge aller Elemente $s \in S$, die sich in der Form $s = \varphi(r)$ für ein $r \in R$ darstellen lassen.

(3.18) Satz. $\operatorname{Im}\varphi$ *ist ein Teilring von S.*

BEWEIS. Wegen $\varphi(1) = 1$ ist $1 \in \operatorname{Im}\varphi$. Sind $s_1 = \varphi(r_1)$ und $s_2 = \varphi(r_2)$ Elemente von $\operatorname{Im}\varphi$, dann sind auch $s_1 + s_2 = \varphi(r_1) + \varphi(r_2) = \varphi(r_1 + r_2)$ und $s_1 s_2 = \varphi(r_1)\varphi(r_2) = \varphi(r_1 r_2) \in \operatorname{Im}\varphi$.

(3.19) DEFINITION. Ein Homomorphismus $\varphi : R \to S$ heißt *Epimorphismus*, wenn $\operatorname{Im}\varphi = S$ ist, d.h. wenn φ surjektiv ist.

Es zeigt sich nun, daß sich jeder Homomorphismus φ in der Gestalt $\varphi = \iota\hat{\varphi}\pi$ darstellen läßt, wobei $\hat{\varphi}$ ein Isomorphismus und ι, π kanonische Einbettungen bzw. Projektionen sind.

(3.20) Kanonische Zerlegung eines Homomorphismus.
Ein Homomorphismus $\varphi : R \to S$ läßt sich in folgender Weise kanonisch zerlegen:

$$\begin{array}{ccc} R & \xrightarrow{\varphi} & S \\ {\scriptstyle\pi}\big\downarrow & & \big\uparrow{\scriptstyle\iota} \\ R/\operatorname{Ker}\varphi & \xrightarrow[\hat{\varphi}]{} & \operatorname{Im}\varphi \end{array}$$

Hier ist $\pi : R \to R/\operatorname{Ker}\varphi$ die kanonische Projektion, $\iota : \operatorname{Im}\varphi \to S$ die kanonische Einbettung und $\hat{\varphi}$ ein Isomorphismus.
Insbesondere sind $R/\operatorname{Ker}\varphi$ und $\operatorname{Im}\varphi$ isomorph:

$$R/\operatorname{Ker}\varphi \cong \operatorname{Im}\varphi.$$

BEWEIS. Definiert man auf R eine Kongruenzrelation $a \equiv b$ durch $\varphi(a) = \varphi(b)$, d.h. durch $a - b \in \operatorname{Ker}\varphi$, so induziert φ eine Abbildung $\hat{\varphi}$ von $R/\operatorname{Ker}\varphi$ auf $\operatorname{Im}\varphi$, die sowohl injektiv als auch surjektiv ist. Es ist dann offenbar $\varphi = \iota\hat{\varphi}\pi$, wie behauptet.

Z.B. läßt sich der Homomorphismus $p(X) \to p(\sqrt{2})$ von $\mathbb{Z}[X]$ in die reellen Zahlen folgendermaßen zerlegen: π ist die kanonische Projektion von $\mathbb{Z}[X]$ auf $\mathbb{Z}[X]/(X^2-2)$, $\hat{\varphi}$ der Isomorphismus von $\mathbb{Z}[X]/(X^2-2)$ mit $\mathbb{Z}[\sqrt{2}]$, der jeder Restklasse $a + b\overline{X}$ das Element $a + b\sqrt{2}$ zuordnet und ι die kanonische Einbettung von $\mathbb{Z}[\sqrt{2}]$ in die reellen Zahlen.

Während die kanonische Zerlegung eines Homomorphismus von der abstrakten Theorie aus gesehen sehr einfach ist, kann die explizite Berechnung oft sehr kompliziert werden.

(3.21) Satz. *Für jeden KRE R gibt es einen eindeutig bestimmten Homomorphismus $\rho : \mathbb{Z} \to R$, den sogenannten kanonischen Homomorphismus von $\mathbb{Z}$ in R.*

BEWEIS. Wegen $\rho(1) = 1_R$ muß $\rho(n) = n \cdot 1_R$ für alle $n \in \mathbb{Z}$ gelten. Es ist klar, daß die so definierte Abbildung wirklich ein Homomorphismus ist.

Der Unterring $\operatorname{Im}\rho \subseteq R$ heißt der *Primring* von R. Der Kern $\operatorname{Ker}\rho$ ist ein Ideal in $\mathbb{Z}$ und daher von der Form $\operatorname{Ker}\rho = (n)$ mit $n \in \mathbb{N}$. Nach (3.20) gilt

$$\operatorname{Im}\rho \cong \mathbb{Z}/(n).$$

Ist ρ injektiv, so ist $n = 0$ und $\operatorname{Im}\rho \cong \mathbb{Z}$. Andernfalls ist n die kleinste positive ganze Zahl mit $n \cdot 1_R = 0$.

(3.22) DEFINITION. Sei R ein *KRE* und $\rho : \mathbb{Z} \to R$ der kanonische Homomorphismus. Dann nennt man die Zahl $n \in \mathbb{N}$ mit $\operatorname{Ker}\rho = (n)$ die *Charakteristik* char R von R.

(3.23) Satz. *Die Charakteristik eines Körpers K ist entweder 0 oder eine Primzahl p.*

BEWEIS. Wäre char $K = n = ab$ mit $1 < a, b < n$, so wäre $ab = n = 0$ in K und sowohl $a \neq 0$ als auch $b \neq 0$. Das ist unmöglich, weil K keine Nullteiler besitzt.

Für char $K = 0$ gilt $\mathbb{Z} \subseteq K$ und daher auch $\mathbb{Q} \subseteq K$. Man nennt $\mathbb{Q}$ den *Primkörper* von K.

Für char $K = p$ ist $\operatorname{Im}\rho \cong \mathbb{Z}/(p)$ selbst ein Körper, der wieder als *Primkörper* von K bezeichnet wird.

(3.24) Als Beispiel wollen wir die kanonische Zerlegung des kanonischen Homomorphismus ρ für den Ring $\mathbb{Z}[i]/(1+2i)$ betrachten.

$\mathbb{Z}[i]$ besteht aus allen komplexen Zahlen $a + bi$ mit $a, b \in \mathbb{Z}$. In $R = \mathbb{Z}[i]/(1+2i)$ ist $1 + 2i = 0$ und daher auch $0 = (1-2i)(1+2i) = 1 + 4 = 5$.
Da 5 eine Primzahl ist, ist entweder char $R = 5$ oder $\rho(1) = 0$. Im zweiten Fall gäbe es $a, b \in \mathbb{Z}$ mit $(a+ib)(1+2i) = 1$, d.h. $a - 2b + i(b+2a) = 1$. Es müßte also $a - 2b = 1$ und $b + 2a = 0$ sein, d.h. $a = \frac{1}{5}$, $b = \frac{-2}{5}$. Das sind aber keine ganzen Zahlen.
Daher ist char $R = 5$ und

$$\operatorname{Im}\rho \cong \mathbb{Z}/(5).$$

In R gilt $1 + 2i = 0$. Multipliziert man mit i, so ergibt sich $i - 2 = 0$ oder $i = 2$ in R. Das sieht man auch aus $i = 2 + i(1+2i) \equiv 2 \bmod (1+2i)$.
Nun ist jedes Element von R eine Restklasse der Gestalt $\overline{a} + \overline{b}\,\overline{i} = \overline{a} + \overline{b} \cdot \overline{2} = \overline{a+2b}$. Das heißt, daß jedes Element von R auch als Bild eines Elementes von $\mathbb{Z}$ darstellbar ist, d.h. in $\operatorname{Im}\rho$ liegt. Somit ist ρ surjektiv und die kanonische Zerlegung gegeben durch

$$\begin{array}{ccc}
\mathbb{Z} & \xrightarrow{\ \rho\ } & \mathbb{Z}[i]/(1+2i) \\
{\scriptstyle \pi}\downarrow & & \uparrow{\scriptstyle id} \\
\mathbb{Z}/(5) & \xrightarrow{\ \hat\rho\ } & \mathbb{Z}[i]/(1+2i)
\end{array}$$

wobei id die identische Abbildung bedeutet.

Insbesondere ist also $\mathbb{Z}[i]/(1+2i) \cong \mathbb{Z}/(5)$.

Um dieses Ergebnis besser zu verstehen, beachte man, daß das Ideal $(1+2i)$ aus allen Elementen

$$(m+ni)(1+2i) = m(1+2i) + n(-2+i), m, n \in \mathbb{Z} ,$$

besteht. Da die Vektoren $1+2i$ und $-2+i = i(1+2i)$ aufeinander normal stehen und die gleiche Länge $\sqrt{5}$ besitzen, bilden die Vielfachen der Vektoren ein quadratisches Gitter in $\mathbb{Z}[i]$. Jedes $a+bi \in \mathbb{Z}[i]$ ist somit zu einem Element kongruent, welches in einem „Fundamentalquadrat" liegt, z.B. in dem mit den Eckpunkten $0, 1+2i, -2+i$ und $-1+3i = (1+2i)+(-2+i)$. Das sind die Elemente $0, i, 2i, -1+i$ und $-1+2i$, die natürlich alle im Restklassenring R voneinander verschieden sind. Faßt man diese 5 Elemente als kanonische Repräsentanten des Restklassenringes R auf, so ist $\hat{\rho}$ gegeben durch

$$\hat{\rho}(0) = 0, \hat{\rho}(1) = -1+i, \hat{\rho}(2) = i, \hat{\rho}(3) = -1+2i \text{ und } \hat{\rho}(4) = 2i.$$

(3.25) Satz. *Sei p eine Primzahl und K ein Körper mit p Elementen. Dann gilt $K \cong \mathbb{Z}/(p)$.*

Wir wollen den bis auf Isomorphie eindeutig bestimmten Körper mit p Elementen mit $\mathbb{F}_p$ bezeichnen.

BEWEIS. Sei $\mathbb{Z}/(q)$ isomorph zum Primkörper von K. Dann kann K als Vektorraum über $\mathbb{Z}/(q)$ aufgefaßt werden. Es gibt also eine Basis $\{e_1, \ldots, e_n\}$ von K über $\mathbb{Z}/(q)$.

Jedes Element von K hat dann eine eindeutige Darstellung $x = a_1e_1 + \cdots + a_ne_n$ mit $a_i \in \mathbb{Z}/(q)$. Somit hat K genau q^n Elemente.

Da $|K| = p$ eine Primzahl ist, ist das nur möglich, wenn $n = 1$ und $p = q$ ist.

Derselbe Beweis liefert uns sogar

3.26 Satz. *Sei K ein endlicher Körper und $p = char\ K$. Dann ist die Anzahl $|K|$ der Elemente von K eine Potenz p^n.*

Wir werden später sehen, daß es zu jeder Primzahlpotenz p^n auch wirklich einen Körper K mit $|K| = p^n$ Elementen gibt und daß dieser bis auf Isomorphie eindeutig bestimmt ist.

(3.27) Satz. *Das kartesische Produkt* $R = R_1 \times R_2 \times \cdots \times R_n$ *von* KRE*'s* R_i*, d.h. die Menge aller geordneten* n*–tupel* $r = (r_1, \ldots, r_n)$ *von Elementen* $r_i \in R_i$ *wird ein* KRE*, wenn man*

$$\begin{aligned} r + s &:= (r_1 + s_1, r_2 + s_2, \ldots, r_n + s_n) \\ rs &:= (r_1 s_1, r_2 s_2, \ldots, r_n s_n) \\ 1 &:= (1_{R_1}, 1_{R_2}, \ldots, 1_{R_n}) \end{aligned}$$

setzt.

Der Beweis ist unmittelbar klar.

Ist $n = ab$, so ist durch

$$\varphi(i) = (i \bmod a, i \bmod b)$$

für alle $i \in \mathbb{Z}/(ab)$ ein Homomorphismus von $\mathbb{Z}/(ab)$ in das kartesische Produkt $\mathbb{Z}/(a) \times \mathbb{Z}/(b)$ gegeben.

Denn $\varphi(i)$ ist wohldefiniert. Ist nämlich $i \equiv j \pmod{ab}$, so heißt das $ab \mid (i-j)$ und daher gilt auch $a \mid (i-j)$ und $b \mid (i-j)$, d.h. $i \bmod a = j \bmod a$ und $i \bmod b = j \bmod b$.

Außerdem gilt offenbar $\varphi(i+j) = \varphi(i) + \varphi(j)$ und $\varphi(ij) = \varphi(i)\varphi(j)$, weil $i \bmod a$ und $i \bmod b$ diese Eigenschaft haben.

Z.B. ist für $n = 4 = 2 \cdot 2$ die Abbildung $\varphi : \mathbb{Z}/(4) \to \mathbb{Z}/(2) \times \mathbb{Z}/(2)$ gegeben durch

$$\begin{aligned} 0 &\to (0,0) \\ 1 &\to (1,1) \\ 2 &\to (0,0) \\ 3 &\to (1,1). \end{aligned}$$

Für $n = 6 = 2 \cdot 3$ ist die Abbildung $\varphi : \mathbb{Z}/(6) \to \mathbb{Z}/(2) \times \mathbb{Z}/(3)$ gegeben durch:

$$\begin{aligned} 0 &\to (0,0) \\ 1 &\to (1,1) \\ 2 &\to (0,2) \\ 3 &\to (1,0) \\ 4 &\to (0,1) \\ 5 &\to (1,2). \end{aligned}$$

Im zweiten Fall erhalten wir sogar einen Isomorphismus von $\mathbb{Z}/(6)$ mit $\mathbb{Z}/(2 \times \mathbb{Z}/(3)$. Das beruht auf der Tatsache, daß $2 \perp 3$ ist.

Allgemein gilt: *Die Abbildung $\varphi : \mathbb{Z}/(ab) \to \mathbb{Z}/(a) \times \mathbb{Z}/(b)$ ist genau dann ein Isomorphismus, wenn $a \perp b$ ist.*

Wenn a und b nicht teilerfremd sind, sei $d = \mathrm{ggT}(a, b)$. Dann ist

$$\varphi\left(\frac{ab}{d}\right) = \left(a \cdot \frac{b}{d} \bmod a,\ b \cdot \frac{a}{d} \bmod b\right) = (0, 0) = \varphi(0).$$

Die Abbildung φ ist also nicht injektiv.

Sind umgekehrt a und b teilerfremd, dann ist $\operatorname{Ker}\varphi = (0)$, d.h. φ injektiv. Denn $i \bmod a = 0$ bedeutet $a \mid i$, $i \bmod b = 0$ bedeutet $b \mid i$. Da $a \perp b$ ist, muß nach der eindeutigen Primfaktorzerlegung auch $ab \mid i$ gelten. Es ist also $i \equiv 0 \pmod{ab}$, d.h. $i = 0$ in $\mathbb{Z}/(ab)$. Da φ injektiv ist und $|\mathbb{Z}/(ab)| = |\mathbb{Z}/(a) \times \mathbb{Z}/(b)| = ab$ gilt, muß die Abbildung sogar bijektiv sein.

Dieselbe Überlegung liefert allgemeiner das folgende Resultat:

(3.28) Chinesischer Restsatz. *Seien $m_1, m_2, \ldots, m_s$ paarweise teilerfremde natürliche Zahlen und $\varphi : \mathbb{Z}/(m_1 m_2 \cdots m_s) \to \mathbb{Z}/(m_1) \times \cdots \times \mathbb{Z}/(m_s)$ definiert durch*

$$\varphi(i) = (i \bmod m_1, i \bmod m_2, \ldots, i \bmod m_s).$$

Dann ist φ ein Isomorphismus von $\mathbb{Z}/(m_1 \cdots m_s)$ auf das kartesische Produkt $\prod_{i=1}^{s} \mathbb{Z}/(m_i)$.

BEWEIS. Da φ offenbar wohldefiniert und ein Homomorphismus ist und außerdem $\mathbb{Z}/(m_1 \cdots m_s)$ und das kartesische Produkt dieselbe Anzahl von Elementen, nämlich $m_1 \cdots m_s$, besitzen, genügt es wieder zu zeigen, daß φ injektiv ist.

Nun ist $\varphi(i) = (0, \ldots, 0)$ gleichbedeutend mit $m_k \mid i$ für alle k. Da die m_k paarweise teilerfremd sind, gilt auch $m_1 \cdots m_s \mid i$, d.h. $i = 0$ in $\mathbb{Z}/(m_1 \cdots m_s)$, womit die Injektivität bereits gezeigt ist.

Der chinesische Restsatz kann auch folgendermaßen formuliert werden:

Sind $m_1, \ldots, m_s$ paarweise relativ prim und $c_1, \ldots, c_s \in \mathbb{Z}$, dann ist das System der Kongruenzen

$$\begin{aligned} x &\equiv c_1 \pmod{m_1} \\ x &\equiv c_2 \pmod{m_2} \\ &\ \vdots \\ x &\equiv c_s \pmod{m_s} \end{aligned}$$

in $\mathbb{Z}/(m_1 \cdots m_s)$ eindeutig lösbar.

Die bisherigen Überlegungen liefern einen reinen Existenzsatz. Man kann jedoch die Lösung x sogar explizit angeben:
Setzt man $M_i = \frac{m_1 \cdots m_s}{m_i}$, so ist $m_i \perp M_i$.

Daher gibt es nach (2.5) ein y_i mit $M_i y_i \equiv 1 \pmod{m_i}$ für jedes i.
Dann ist $x \equiv \sum_{i=1}^{s} c_i M_i y_i \pmod{m_1 \cdots m_s}$ die gesuchte Lösung.
Denn für $j \neq i$ ist $M_j \equiv 0 \pmod{m_i}$. Daher ist

$$x \equiv c_i M_i y_i \equiv c_i \cdot 1 \equiv c_i \pmod{m_i}.$$

Ist z.B. $m_1 = 3$, $m_2 = 5$, $m_3 = 7$, so ist $M_1 = 35$, $M_2 = 21$, $M_3 = 15$ und $y_1 = -1$, $y_2 = 1$, $y_3 = 1$.

Daher ist $x \equiv -35c_1 + 21c_2 + 15c_3 \pmod{105}$.
Ist also z.B. $c_1 = 1$, $c_2 = 2$, $c_3 = -1$, so ist

$$x \equiv -35 + 42 - 15 \equiv -8 \equiv 97 \pmod{105}.$$

Eine andere äquivalente Formulierung ist die sogenannte *Partialbruchzerlegung für ganze Zahlen:*
Sind $m_i \perp m_j$ paarweise relativ prime Zahlen, so läßt sich jeder Bruch mit Nenner $m_1 \cdots m_s$ folgendermaßen darstellen:

$$\frac{x}{m_1 \cdots m_s} = \frac{a_1}{m_1} + \frac{a_2}{m_2} + \cdots + \frac{a_s}{m_s} \text{ mit } a_i \in \mathbb{Z}.$$

Z.B. ist

$$\begin{aligned}\frac{97}{105} &= \frac{105-8}{105} = 1 + \left(\frac{-35}{105} + \frac{42}{105} - \frac{15}{105}\right) = 1 + \frac{-1}{3} + \frac{2}{5} - \frac{1}{7} = \\ &= \frac{2}{3} + \frac{2}{5} - \frac{1}{7} = \frac{-1}{3} + \frac{2}{5} + \frac{6}{7} = \frac{-1}{3} + \frac{7}{5} + \frac{-1}{7}.\end{aligned}$$

(3.29) Korollar. *Sei $n = p_1^{k_1} p_2^{k_2} \cdots p_s^{k_s}$ die Primfaktorzerlegung von n. Dann gilt*

$$\mathbb{Z}/(n) \cong \mathbb{Z}/(p_1^{k_1}) \times \mathbb{Z}/(p_2^{k_2}) \times \cdots \times \mathbb{Z}/(p_s^{k_s}).$$

Man kann also jeden Restklassenring $\mathbb{Z}/(n)$ abstrakt gesprochen als kartesisches Produkt von Restklassenringen modulo Primzahlpotenzen darstellen.

4. Algebraische und transzendente Körpererweiterungen.

Da die Auflösung von Gleichungen sehr eng mit dem Begriff der Körpererweiterung verknüpft ist, wollen wir diesen systematischer studieren.

Sei also k ein Körper und $K \supseteq k$ ein Oberkörper. Wir nennen dann K einen *Erweiterungskörper von* k oder sagen, daß eine *Körpererweiterung* K/k vorliegt.

Man kann dann K als Vektorraum über k interpretieren.

Sei nun $\alpha \in K$. Dann sind zwei Fälle denkbar.

1) Die Menge $\{1, \alpha, \alpha^2, \dots\}$ der Potenzen von α ist linear unabhängig (l.u.a.) über k. Dann ist K als Vektorraum über k unendlich-dimensional. Man nennt dann α *transzendent über* k.
2) Die Menge der Potenzen von α ist linear abhängig (l.a.) über k. Es gibt also Elemente $c_i \in k$, so daß

$$c_0 + c_1\alpha + \cdots + c_n\alpha^n = 0$$

ist, wobei $c_n \neq 0$ ist.

Anders ausgedrückt: Es gibt ein Polynom $f(X) = \sum\limits_{i=0}^{n} c_i X^i \in k[X]$ mit $f \neq 0$, welches α als Nullstelle besitzt.

Das Element α heißt dann *algebraisch über* k.

Um diese Fälle genauer zu studieren, betrachten wir den Einsetzungshomomorphismus $\sigma : k[X] \to K$, der durch

$$\sigma\left(\sum c_i X^i\right) = \sum c_i \alpha^i$$

definiert ist.

Das Bild $\operatorname{Im}\sigma$ dieses Homomorphismus besteht aus dem Teilring $k[\alpha]$ aller Elemente der Gestalt

$$\sum c_i\alpha^i, c_i \in k, \text{ von } K.$$

(4.1) Das Element $\alpha \in K$ ist genau dann transzendent über k, wenn $\operatorname{Ker}\sigma = (0)$ ist.

In diesem Fall ist $k[\alpha] = \operatorname{Im}\sigma \cong k[X]/(0) = k[X]$.

Ein transzendentes Element α verhält sich also vom algebraischen Standpunkt aus wie eine Unbestimmte X. Die Bezeichnung transzendent rührt von den transzendenten Zahlen her, die transzendent über $\mathbb{Q}$ sind.

Sei nun α algebraisch über k. Dann ist

$$k[\alpha] = \operatorname{Im}\sigma \cong k[X]/\operatorname{Ker}\sigma = k[X]/(p(X))$$

für ein eindeutig bestimmtes normiertes Polynom $p(X) \in k[X]$, weil $\operatorname{Ker}\sigma$ als Hauptideal von dieser Gestalt ist ((1.11)). Da $k[\alpha]$ als Teilmenge des Körpers K keine Nullteiler haben kann, muß $p(X)$ irreduzibel über k sein. Dann ist aber $k[X]/(p(X))$ sogar ein Körper ((2.12)).

Daher ist $k[\alpha]$ ein Körper und stimmt daher mit dem kleinsten Teilkörper $k(\alpha)$ von K, der k und α enthält, überein.

Das Polynom $p(X)$ ist irreduzibel und erfüllt $p(\alpha) = 0$. Ist $f(X) \in k[X]$ irgendein Polynom mit $f(\alpha) = 0$, so gilt nach (1.26) $p(X) \mid f(X)$. Insbesondere ist also $\deg p \leq \deg f$, falls $f \neq 0$ ist.
Man nennt daher $p(X)$ das *Minimalpolynom von α über k.*

Die Elemente $1, \alpha, \alpha^2, \ldots, \alpha^{n-1}$ sind für $n = \deg p(X)$ l.u.a. über k. Denn sonst gäbe es ein Polynom $f(X) = \sum c_i X^i$ mit $\deg f < n$ und $f(\alpha) = 0$, was unmöglich ist. Jedes Element β von $k(\alpha) = k[\alpha]$ hat also eine eindeutige Darstellung

$$\beta = c_0 + c_1\alpha + \cdots + c_{n-1}\alpha^{n-1}$$

mit $c_i \in k$. Denn wegen der linearen Unabhängigkeit der α^i, $0 \leq i < n$, sind die c_i eindeutig bestimmt. Andererseits läßt sich wegen $p(\alpha) = 0$ das Element α^n in dieser Form darstellen und daher mit Induktion auch $\alpha^{n+1}, \alpha^{n+2}, \ldots$.

Insgesamt gilt also

(4.2) Satz. *Sei K/k eine Körpererweiterung und $\alpha \in K$ algebraisch über k. Dann existiert ein eindeutig bestimmtes normiertes Polynom $p(X)$ minimalen Grades n über k mit $p(\alpha) = 0$. Dieses Polynom ist irreduzibel über k und für jedes andere $f(X) \in k[X]$ mit $f(\alpha) = 0$ gilt $p(X) \mid f(X)$. Jedes Element $\beta \in k(\alpha) = k[\alpha]$ hat eine eindeutige Darstellung der Gestalt $\beta = c_0 + c_1\alpha + \cdots + c_{n-1}\alpha^{n-1}$ mit $c_i \in k$. Der von α erzeugte Körper $k(\alpha)$ über k ist also ein n-dimensionaler Vektorraum über k, der die Elemente $1, \alpha, \ldots, \alpha^{n-1}$ als Basis besitzt. Die Zahl n heißt auch der Grad $[\alpha : k]$ von α über k. Es gilt überdies $k(\alpha) = k[\alpha] \cong k[X]/(p(X))$.*

(4.3) DEFINITION. Sei K/k eine Körpererweiterung, die als Vektorraum über k endlich-dimensional ist. Dann wird die Dimension $[K : k]$ des Vektorraumes K über k als *Grad der Körpererweiterung* K/k bezeichnet. Eine Körpererweiterung K/k heißt *endlich*, wenn $[K : k] < \infty$ ist.

(4.4) DEFINITION. Eine Körpererweiterung K/k heißt *algebraisch*, wenn jedes Element $\alpha \in K$ algebraisch über k ist.

(4.5) Satz. *Jede endliche Körpererweiterung K/k ist algebraisch.*

BEWEIS. Sei $\alpha \in K$. Dann sind die Elemente $1, \alpha, \ldots, \alpha^n$ für $n = [K : k]$ l.a. über k, genügen also einer Gleichung $f(\alpha) = 0$ mit $f(X) \in k[X]$.

(4.6) Satz. *Sei K eine endliche Erweiterung von k und L ein Zwischenkörper, d.h. $k \subseteq L \subseteq K$. Dann ist auch L/k endlich und es gilt*

$$[K : k] = [K : L] \cdot [L : k].$$

BEWEIS. Da K ein endlich–dimensionaler Vektorraum über k ist, ist auch der Teilraum L endlich–dimensional über k.
Sei $[K : L] = m$, $[L : k] = p$.
Sei $\{\alpha_1, \ldots, \alpha_m\}$ eine Basis von K über L und $\{\beta_1, \ldots, \beta_p\}$ eine Basis von L über k.
Dann bilden die mp Elemente $\alpha_i\beta_j$, $1 \leq i \leq m$, $1 \leq j \leq p$, eine Basis von K über k.
Denn ist $\alpha \in K$, so gibt es $\mu_i \in L$ mit $\alpha = \sum \mu_i\alpha_i$, weil $\{\alpha_1, \ldots, \alpha_m\}$ eine Basis von K über L ist.
Jedes μ_i hat andererseits eine Darstellung $\mu_i = \sum b_{ij}\beta_j$ mit $b_{ij} \in k$, weil $\{\beta_1, \ldots, \beta_p\}$ eine Basis von L über k ist. Daher ist

$$\alpha = \sum_i \mu_i\alpha_i = \sum_i \left(\sum_j b_{ij}\beta_j\right) \alpha_i = \sum_{i,j} b_{ij}(\alpha_i\beta_j).$$

Mit einer analogen Überlegung ergibt sich auch die Eindeutigkeit der Darstellung.

Als Verschärfung von (4.5) ergibt sich nun

(4.7) Korollar. *Sei K/k endlich mit $[K : k] = n$. Ist $\alpha \in K$, dann ist α algebraisch über k und $[\alpha : k] = [k(\alpha) : k]$ ein Teiler von n.*

BEWEIS.
$$[K : k] = [K : k(\alpha)] \cdot [k(\alpha) : k].$$

(4.8) Satz. *Sei L/k eine Körpererweiterung. Sind $\alpha_1, \ldots, \alpha_n \in L$ algebraisch über k und ist $K := k(\alpha_1, \ldots, \alpha_n)$ der kleinste Teilkörper von L, der $\alpha_1, \ldots, \alpha_n$ enthält, so ist K/k eine endliche Körpererweiterung.*

BEWEIS.
$$[k(\alpha_1, \ldots, \alpha_i) : k(\alpha_1, \ldots, \alpha_{i-1})] = m_i < \infty.$$
Daher ist $[k(\alpha_1, \ldots, \alpha_n) : k] = m_1 \cdot m_2 \cdots m_n < \infty$.

(4.9) Satz. *Sei K/k eine Körpererweiterung. Die Elemente von K, die algebraisch über k sind, bilden einen Teilkörper von K, den algebraischen Abschluß $\overline{k}$ von k in K.*

BEWEIS. Seien α, β algebraisch über k. Nach (4.8) ist $k(\alpha, \beta)/k$ endlich und daher wieder algebraisch. Also sind speziell $\alpha + \beta$, $\alpha\beta$, $-\alpha$ und $\frac{1}{\alpha}$ algebraisch über k.

Für $k = \mathbb{Q}$ und $K = \mathbb{C}$ ergibt sich die Menge $\overline{\mathbb{Q}}$ der algebraischen Zahlen. Es ist klar, daß $\overline{\mathbb{Q}}/\mathbb{Q}$ algebraisch, jedoch nicht endlich ist.

(4.10) Satz. *Seien $k \subseteq L \subseteq K$ Körper. Ist K algebraisch über L und L algebraisch über k, dann ist auch K algebraisch über k.*

Beweis. Sei $\alpha \in K$. Da K/L algebraisch ist, genügt α einer Gleichung

$$\alpha^n + a_{n-1}\alpha^{n-1} + \cdots + a_0 = 0$$

mit $a_0, a_1, \ldots, a_{n-1} \in L$.
Daher ist α algebraisch über $k(a_0, \ldots, a_{n-1})$. Nach (4.8) ist $[k(a_0, \ldots, a_{n-1}) : k] < \infty$.
Daher ist auch $[k(a_0, \ldots, a_{n-1}, \alpha) : k] < \infty$ nach (4.6).
Schließlich ist nach (4.7) auch $[\alpha : k] < \infty$.
Da das für jedes $\alpha \in K$ gilt, ist K algebraisch über k.

(4.11) Ein Körper K heißt *algebraisch abgeschlossen*, wenn jedes $f(X) \in K[X]$ mit $\deg f \geq 1$ eine Nullstelle in K hat.
Es ist dann jede Nullstelle von $f(X)$ in K.

(4.12) Der Körper $\mathbb{C}$ der komplexen Zahlen ist algebraisch abgeschlossen.

Beweis. Das ist die Aussage des Fundamentalsatzes der Algebra.

Bemerkung. Sei A der Körper aller algebraischen Zahlen in $\mathbb{C}$. Dann ist A ebenfalls algebraisch abgeschlossen und überdies algebraisch über $\mathbb{Q}$. Man nennt A die algebraische Abschließung von $\mathbb{Q}$.
Man kann nun zeigen, daß es zu jedem Körper k eine algebraische Abschließung mit derselben Eigenschaft wie A gibt. Dazu benötigt man jedoch das Zorn'sche Lemma, das wir in diesem Buch nicht verwenden wollen.

Diese Sätze werfen auch neues Licht auf das Problem der Konstruierbarkeit mit Zirkel und Lineal.

(4.13) Satz. *Ist α eine mit Zirkel und Lineal konstruierbare Zahl, dann ist α algebraisch über $\mathbb{Q}$ und ihr Grad $[\alpha : \mathbb{Q}]$ eine Potenz von 2.*

Beweis. Nach I. (1.11) gibt es eine Kette

$$\mathbb{Q} = L_0 \subset L_1 \subset \cdots \subset L_N$$

von Teilkörpern von $\mathbb{C}$ mit $\alpha \in L_N$, so daß jedes L_{i+1} eine quadratische Erweiterung von L_i ist, d.h. $[L_{i+1} : L_i] = 2$ erfüllt. Daher ist $[L_N : \mathbb{Q}] = 2^N$ und somit

$$2^N = [L_N : \mathbb{Q}] = [L_N : \mathbb{Q}(\alpha)] \cdot [\mathbb{Q}(\alpha) : \mathbb{Q}].$$

Also ist auch $[\mathbb{Q}(\alpha) : \mathbb{Q}] = 2^n$ eine Potenz von 2. Die Zahl α genügt also einer irreduziblen Gleichung über $\mathbb{Q}$, deren Grad eine Potenz von 2 ist.

(4.14) Korollar. *Genügt die Zahl α einer irreduziblen Gleichung dritten Grades über $\mathbb{Q}$, so ist α sicher nicht mit Zirkel und Lineal konstruierbar. Insbesondere sind die Probleme der Würfelverdoppelung und der Winkeldreiteilung nicht mit Zirkel und Lineal lösbar.*

BEWEIS. $[\mathbb{Q}(\alpha) : \mathbb{Q}] = 3$ und daher keine Potenz von 2.

BEMERKUNG. Dieser Beweis ist wesentlich einfacher als die elementaren Beweise von I. (2.1) oder I. (2.4). Er zeigt, daß die einfache Idee, einer algebraischen Zahl ihren Grad über $\mathbb{Q}$ zuzuordnen, verbunden mit der wichtigen Beziehung (4.[illegible]), starke Konsequenzen besitzt.

Ein einfaches Gegenbeispiel zeigt, daß (4.13) nur notwendig, jedoch nicht hinreichend für die Konstruierbarkeit einer Zahl $\alpha \in \mathbb{C}$ ist. Denn betrachten wir die Gleichung $X^4 + X + 1 = 0$ über $\mathbb{Q}[X]$. Diese hat keine reellen Wurzeln. Denn für die Polynomfunktion $f(x) = x^4 + x + 1$ auf $\mathbb{R}$ gilt $f'(x) = 4x^3 + 1$. Sie hat an der Stelle $x_0 = -\sqrt[3]{\frac{1}{4}}$ ein Minimum $f(x_0) > 0$. Sei $\alpha = a + ib$ eine der 4 komplexen Nullstellen von $f(X)$. Dann ist $(X - a - ib)(X - a + ib) = X^2 - 2aX + a^2 + b^2$ ein reeller Faktor von $X^4 + X + 1$.
Nach II.(3.8) genügt $k = -2a$ der Gleichung

$$k^6 - 4k^2 - 1 = 0.$$

Somit erfüllt $Y = 4a^2$ die Gleichung $Y^3 - 4Y - 1 = 0$. Diese ist irreduzibel über $\mathbb{Q}$. Daher ist $y = 4a^2$ nicht mit Zirkel und Lineal konstruierbar. Daher kann auch weder a, noch $\alpha = a + ib$ mit Zirkel und Lineal konstruierbar sein.

An dieser Stelle sei auch erwähnt, daß das Problem der Quadratur des Kreises, d.h. der Konstruktion eines flächengleichen Quadrates mit Zirkel und Lineal unlösbar ist. Denn dazu müßte man die Zahl $\sqrt{\pi}$ konstruieren. Man kann jedoch mit Hilfsmitteln aus der Analysis zeigen, daß π und daher auch $\sqrt{\pi}$ transzendent ist und daher nicht einmal algebraisch. Der erste Beweis stammt von F. Lindemann 1882.

Wir wollen uns nun für beliebige Körper k die Erweiterungen K/k vom Grad $[K : k] = 2$ anschauen.

(4.15) Satz. *Ist char $k \neq 2$, dann ist jede Erweiterung K/k vom Grad $[K : k] = 2$ eine quadratische Erweiterung $K = k(\delta)$ mit einem Element $\delta \in K$, für das $\delta^2 \in k$ ist.*

BEWEIS. Sei $\alpha \in K \backslash k$. Da $[K : k] = 2$ ist, sind die Elemente $1, \alpha, \alpha^2$ l.a. über k. Wegen $\alpha \notin k$ sind $1, \alpha$ l.u.a. über k.
Daher ist $\alpha^2 = -b\alpha - c$ mit $b, c \in k$ oder α Nullstelle der quadratischen Gleichung $f(X) = X^2 + bX + c = 0$. Da $2 = 1 + 1 \neq 0$ ist, folgt aus $\alpha^2 + b\alpha + c = 0$, daß $(\alpha + \frac{b}{2})^2 + c - \frac{b^2}{4} = 0$ oder $\alpha + \frac{b}{2} = \frac{1}{2}\sqrt{b^2 - 4c}$ ist. Etwas präziser ausgedrückt heißt das:

Sei $\delta = 2\alpha + b \in K$. Dann gilt

$$\delta^2 = 4\alpha^2 + 4\alpha b + b^2 = -4\alpha b - 4c + 4\alpha b + b^2 = b^2 - 4c.$$

Die Gleichung $X^2-(b^2-4c)=0$ hat daher in K eine Lösung δ (die wir der Einfachheit halber mit $\sqrt{b^2-4c}$ bezeichnen) und wegen $\alpha=\frac{\delta-b}{2}$ gilt $k(\alpha)=k(\delta)$.

Da $k \subseteq k(\alpha) \subseteq K$ und

$$2=[K:k]=[K:k(\alpha)]\cdot[k(\alpha):k]=[K:k(\alpha)]\cdot 2$$

gilt, ist $[K:k(\alpha)]=1$, d.h. $K=k(\alpha)=k(\delta)$.

Bemerkung. Im Fall der Charakteristik 2 versagt nicht nur der Beweis, sondern auch der Satz selbst. Denn sei $k=\mathbb{F}_2$ und $K=\mathbb{F}_2[X]/(X^2+X+1)$.
Da X^2+X+1 weder 0 noch 1 als Nullstelle hat, ist es irreduzibel in $\mathbb{F}_2[X]$ und daher K ein Körper. Sei $\alpha=\overline{X} \bmod (X^2+X+1)$. Dann ist $\alpha^2=\alpha+1$ und die Elemente von K sind $0,1,\alpha,\alpha^2=\alpha+1$. Wegen $(\alpha^2)^2=(\alpha+1)^2=\alpha^2+1=\alpha$ liegen die Quadrate der beiden Elemente $\alpha,\alpha^2 \in K\backslash k$ nicht in k. Es gibt also gar kein $\delta \in K\backslash k$, für das $\delta^2 \in k$ ist.

Nun wollen wir uns mit der Frage beschäftigen, *wann zwei Körpererweiterungen isomorph* sind.

Von grundlegender Bedeutung ist dabei der folgende einfache Satz, der fast selbstverständlich ist, wenn man bedenkt, daß ein Isomorphismus im Grunde nur eine Änderung der Bezeichnungsweise ist.

(4.16) Satz. *Sei $\sigma: k \to k^\sigma$ ein Isomorphismus der Körper k und k^σ. Sei $f(X) \in k[X]$ irreduzibel und $f^\sigma(X)=\sigma(f(X)) \in k^\sigma[X]$ das Bildpolynom von $f(X)$ unter der Erweiterung von σ auf $k[X]$ (vgl. (3.3)). Dann existiert ein eindeutig bestimmter Isomorphismus der Körper*

$$k[X]/(f(X)) \text{ und } k^\sigma[X]/(f^\sigma(X)) ,$$

der auf k mit σ übereinstimmt und die Restklasse $X+(f(X))$ in die Restklasse $X+(f^\sigma(X))$ überführt.

Beweis. Wenn so ein Isomorphismus existiert, so muß er

$$\sum c_i\overline{X}^i \text{ in } \sum \sigma(c_i)\overline{X}^i$$

überführen und ist daher eindeutig bestimmt. Um die Existenz zu zeigen, betrachten wir zunächst die Erweiterung von σ auf $k[X]$. Diese ist ein Isomorphismus von $k[X]$ auf $k^\sigma[X]$. Wendet man darauf den kanonischen Epimorphismus

$$\pi: k^\sigma[X] \to k^\sigma[X]/(f^\sigma(X))$$

an, so erhält man einen Epimorphismus

$$k[X] \xrightarrow{\sigma} k^\sigma[X] \xrightarrow{\pi} k^\sigma[X]/(f^\sigma(X)) ,$$

dessen Kern das Ideal $(f(X))$ ist.

Nach (3.20) wird dadurch ein Isomorphismus

$$\hat{\sigma}: k[X]/(f(X)) \to k^\sigma[X]/(f^\sigma(X))$$

definiert, welcher die geforderten Eigenschaften besitzt.

(4.17) Satz. *Seien k und L zwei Körper und $\sigma : k \to L$ ein Monomorphismus. Sei ferner $K = k[\alpha]$ eine algebraische Erweiterung von k mit Minimalpolynom $f(X) = \sum c_i X^i \in k[X]$. Das Bildpolynom $f^\sigma(X) \in L[X]$ habe genau m verschiedene Nullstellen in L. Dann läßt sich σ auf genau m verschiedene Arten zu einem Monomorphismus $\hat{\sigma} : K \to L$ fortsetzen.*

BEWEIS. Jede Fortsetzung $\hat{\sigma}$ von σ auf $k[\alpha]$ ist durch die Angabe von $\hat{\sigma}(\alpha)$ eindeutig festgelegt. Das Element $\hat{\sigma}(\alpha)$ kann jedoch nicht willkürlich gewählt werden, sondern muß zu den Elementen von $\sigma(k)$ in derselben Beziehung stehen, wie α zu den Elementen von k: Aus $f(\alpha) = 0$ folgt $f^\sigma(\hat{\sigma}(\alpha)) = \hat{\sigma}(f(\alpha)) = \hat{\sigma}(0) = 0$. Daher muß $\hat{\sigma}(\alpha)$ eine der m Nullstellen von f^σ in L sein. Daher gibt es höchstens m Fortsetzungen von σ auf K.

Sei nun β eine beliebige Nullstelle von f^σ in L. Dann bilden wir analog wie oben den Homomorphismus

$$\varphi : k[X] \xrightarrow{\sigma} L[X] \xrightarrow{\tau} L[\beta] = L$$

wobei $\tau(X) = \beta$ ist.

Dann ist $\varphi(f(X)) = f^\sigma(\tau(X)) = f^\sigma(\beta) = 0$.

Daher induziert φ einen Homomorphismus von

$$k[X]/(f(X)) \text{ in } L[\beta] = L.$$

Da $K = k[\alpha]$ isomorph zu $k[X]/(f(X))$ ist, induziert φ auch einen Homomorphismus von K in L, der auf k mit σ übereinstimmt und α in β überführt. Nach (3.16) ist das sogar ein Monomorphismus.

Wir hätten bei gegebenem β den Homomorphismus $\hat{\sigma}$ auch direkt angeben können: Sei $\deg f = n$. Dann läßt sich jedes $x \in k[\alpha] = K$ eindeutig in der Form

$$x = a_0 + a_1\alpha + \cdots + a_{n-1}\alpha^{n-1} = a(\alpha) \text{ mit } \deg a(X) < n$$

darstellen. Wir definieren dann $\hat{\sigma}$ durch

$$\hat{\sigma}(x) = \sigma(a_0) + \sigma(a_1)\beta + \cdots + \sigma(a_{n-1})\beta^{n-1} = a^\sigma(\beta).$$

Wir wollen zeigen, daß $\hat{\sigma} : k[\alpha] \to L$ ein Homomorphismus ist. Trivialerweise gilt $\hat{\sigma}(x + y) = \hat{\sigma}(x) + \hat{\sigma}(y)$. Wir müssen bloß zeigen, daß auch $\hat{\sigma}(xy) = \hat{\sigma}(x)\hat{\sigma}(y)$ gilt. Dazu stellen wir $x = a(\alpha)$, $y = b(\alpha)$ und $xy = c(\alpha)$ in der obigen Form dar.

Dann ist $a(\alpha)b(\alpha) - c(\alpha) = 0$. Das bedeutet, daß

$$a(X)b(X) - c(X)$$

ein Vielfaches des Minimalpolynoms $f(X)$ von α ist. Es existiert also $d(X)$ mit

$$a(X)b(X) - c(X) = d(X)f(X).$$

Da $\deg c < n$ ist, ist $c(X)$ der Rest, der bei der Division von $a(X)b(X)$ durch $f(X)$ entsteht.

Wendet man darauf σ an, so ergibt sich, daß $c^\sigma(X)$ der Rest von $a^\sigma(X)b^\sigma(X)$ bei der Division durch $f^\sigma(X)$ ist.
Daher ist $a^\sigma(\beta)b^\sigma(\beta) - c^\sigma(\beta) = 0$ und das bedeutet gerade

$$\hat{\sigma}(xy) = \hat{\sigma}(x)\hat{\sigma}(y).$$

(4.18) BEISPIEL. Sei $\sigma : \mathbb{Q} \to \mathbb{C}$ die Einbettung von $\mathbb{Q}$ in $\mathbb{C}$. Sei $K = \mathbb{Q}(i)$ die quadratische Erweiterung von $\mathbb{Q}$ mit Minimalpolynom $X^2 + 1$. Dann hat das Bildpolynom $X^2 + 1$ in $\mathbb{C}$ die zwei Wurzeln $\pm i$. Es existieren also genau 2 Homomorphismen von $\mathbb{Q}(i)$ in $\mathbb{C}$, nämlich
$a + bi \to a + bi$
und $a + bi \to a - bi$.

Man hätte statt $\mathbb{Q}(i)$ natürlich auch $\mathbb{Q}[X]/(X^2 + 1)$ oder die Menge aller Matrizen der Gestalt $\begin{pmatrix} a & -b \\ b & a \end{pmatrix}$ nehmen können.

Aus dem Kronecker'schen Wurzelexistenzsatz (2.14) wissen wir, daß es für jedes normierte Polynom $f(X) \in k[X]$ einen Erweiterungskörper K gibt, wo $f(X)$ in Linearfaktoren zerfällt. Ist $\deg f(X) = n$, so gilt also in $K[X]$

$$f(X) = (X - \alpha_1)(X - \alpha_2) \cdots (X - \alpha_n).$$

Dann ist $L = k(\alpha_1, \ldots, \alpha_n)$ der kleinste Teilkörper von K, in welchem $f(X)$ in Linearfaktoren zerfällt.

Wir nennen L einen Zerfällungskörper von $f(X)$ über k. Wir erhalten also die folgende

(4.19) DEFINITION. Ein Körper L heißt *Zerfällungskörper* des Polynoms $f(X) \in k[X]$, wenn $k \subseteq L$ ist und

1) $f(X)$ in $L[X]$ in Linearfaktoren zerfällt und weiters gilt:
2) Wenn $k \subseteq L' \subseteq L$ ein Zwischenkörper ist, so daß $f(X)$ in $L'[X]$ in Linearfaktoren zerfällt, dann ist $L' = L$. Oder anders ausgedrückt:
$L = k(\alpha_1, \ldots, \alpha_n)$, wobei $\alpha_1, \ldots, \alpha_n$ die Nullstellen von $f(X)$ in L sind.

Wir werden erwarten, daß je zwei Zerfällungskörper vom abstrakten Standpunkt aus identisch sind. Das ist tatsächlich der Fall.
Um das zu beweisen, benötigen wir ein Lemma.

(4.20) Lemma. *Sei $\sigma : k \to k^\sigma$ ein Isomorphismus der Körper k und k^σ. Sei $f(X) \in k[X]$ und L ein Zerfällungskörper von $f(X)$ über k. Sei L' irgendein Erweiterungskörper von k^σ, in welchem $f^\sigma(X)$ in Linearfaktoren zerfällt. Dann existiert ein Monomorphismus $\hat{\sigma} : L \to L'$, der auf k mit σ übereinstimmt.*

BEWEIS. Wenn $f(X)$ bereits in $k[X]$ in Linearfaktoren zerfällt, dann zerfällt $f^\sigma(X)$ in $k^\sigma[X]$ in Linearfaktoren und es gilt $L = k$ und $L' \supseteq k^\sigma$ und $\hat{\sigma}$ ist einfach σ, aufgefaßt als Abbildung von k in L'.

Wenn das nicht der Fall ist, gibt es einen irreduziblen Faktor $p(X)$ von $f(X)$ mit $\deg p > 1$. Dann ist $p^\sigma(X)$ ein irreduzibler Faktor desselben Grades von $f^\sigma(X)$.

Sei α_1 eine Wurzel von $p(X)$ in L und β_1 eine von $p^\sigma(X)$ in L'.

Da nach (4.2) $k[\alpha_1] \cong k[X]/(p(X))$ und $k^\sigma[\beta_1] \cong k^\sigma[X]/(p^\sigma(X))$ gilt, folgt aus (4.16) die Existenz eines Isomorphismus $\sigma_1 : k[\alpha_1] \to k^\sigma[\beta_1]$, der σ fortsetzt.

Dann ist L Zerfällungskörper von $f(X) \in (k[\alpha_1])[X]$ und L' ein Erweiterungskörper von $k^\sigma[\beta_1]$, in welchem $f^{\sigma_1}(X)$ in Linearfaktoren zerfällt.

Ist $L = k[\alpha_1]$, so sind wir fertig, weil σ_1 wie oben einen Monomorphismus von L in L' definiert. Ist $L \neq k[\alpha_1]$, so wiederholen wir das Verfahren. Nach endlich vielen Schritten stimmt L mit $k[\alpha_1, \alpha_2, \ldots, \alpha_n]$ überein und der Satz ist bewiesen.

Nun können wir die Eindeutigkeit des Zerfällungskörpers beweisen.

(4.21) Satz. *Sei $\sigma : k \to k^\sigma$ ein Isomorphismus der Körper k und k^σ.*
Sei $f(X) \in k[X]$ und L ein Zerfällungskörper von $f(X)$ über k, L' ein Zerfällungskörper von $f^\sigma(X)$ über k^σ.

Dann existiert ein Isomorphismus $\hat{\sigma} : L \to L'$, der auf k mit σ übereinstimmt.

Ist insbesondere $k = k^\sigma$ und σ die Identität, so ergibt sich, daß je zwei Zerfällungskörper eines Polynoms $f(X) \in k[X]$ isomorph sind.

Beweis. Nach (4.20) existiert ein Monomorphismus $\hat{\sigma} : L \to L'$, der auf k mit σ übereinstimmt. Nun ist $\operatorname{Im}\hat{\sigma}$ ein Zerfällungskörper von $f^\sigma(X)$ mit $\operatorname{Im}\hat{\sigma} \subseteq L'$. Da L' ebenfalls Zerfällungskörper von $f^\sigma(X)$ über k^σ ist, muß $\operatorname{Im}\hat{\sigma} = L'$ sein, d.h. $\hat{\sigma}$ ist surjektiv und somit ein Isomorphismus.

Bemerkung. Da je zwei Zerfällungskörper eines Polynoms $f(X) \in k[X]$ isomorph sind, ist also vom abstrakten Standpunkt aus der Zerfällungskörper eines Polynoms eindeutig bestimmt. Damit sind wir auf dem Weg zur Lösung algebraischer Gleichungen über einem Körper k einen wichtigen Schritt vorwärts gelangt. Gleichgültig, mit welchen Tricks man zu Lösungen gelangt, sie haben immer dieselbe „Struktur“.

Der Fundamentalsatz der Algebra besagt in diesem Zusammenhang, daß der Zerfällungskörper eines Polynoms $f(X) \in k[X]$ mit $k \subseteq \mathbb{C}$ wieder als Teilkörper von $\mathbb{C}$ realisiert werden kann.

Für rein algebraische Aussagen, die sich nur auf die allgemeine Struktur und die gegenseitigen Beziehungen der Lösungen beschränken, ist er jedoch entbehrlich. Daher sprechen die meisten Algebraiker nur vom „*sogenannten* Fundamentalsatz der Algebra“.

(4.22) Beispiel. Als Beispiel zu den vorangegangenen Überlegungen wollen wir den Zerfällungskörper von $X^3 - 2 \in \mathbb{Q}[X]$ bestimmen.
Wegen $X^3 - 2 = (X - \sqrt[3]{2})(X - \rho\sqrt[3]{2})(X - \rho^2\sqrt[3]{2})$ mit $\rho = \frac{-1+i\sqrt{3}}{2}$ ist der Zerfällungskörper $K = \mathbb{Q}(\sqrt[3]{2}, \rho\sqrt[3]{2}, \rho^2\sqrt[3]{2}) = \mathbb{Q}(\rho, \sqrt[3]{2})$.
Er ist vom Grad 6 über $\mathbb{Q}$.

Denn $[\mathbb{Q}(\rho, \sqrt[3]{2}) : \mathbb{Q}] = [\mathbb{Q}(\rho, \sqrt[3]{2}) : \mathbb{Q}(\sqrt[3]{2})] \cdot [\mathbb{Q}(\sqrt[3]{2}) : \mathbb{Q}] = 2 \cdot 3 = 6$.

Denn ρ genügt der irreduziblen Gleichung $X^2 + X + 1 = 0$ über $\mathbb{Q}$ und diese ist auch irreduzibel über $\mathbb{Q}(\sqrt[3]{2})$, weil $\mathbb{Q}(\sqrt[3]{2})$ nur aus reellen Zahlen besteht und ρ komplex, aber nicht reell ist.

Eine Basis von $\mathbb{Q}(\rho, \sqrt[3]{2})$ über $\mathbb{Q}(\sqrt[3]{2})$ ist $\{1, \rho\}$.

Wegen

$$\mathbb{Q}(\sqrt[3]{2}) = \mathbb{Q}[\sqrt[3]{2}] \cong \mathbb{Q}[X]/(X^3 - 2)$$

ist jedes Element von $\mathbb{Q}(\sqrt[3]{2})$ von der Gestalt

$$a + b\sqrt[3]{2} + c\sqrt[3]{4} \text{ mit } a, b, c \in \mathbb{Q} \,.$$

Eine Basis von $\mathbb{Q}(\sqrt[3]{2})$ über $\mathbb{Q}$ ist $\{1, \sqrt[3]{2}, \sqrt[3]{4}\}$.

Nach (4.6) ist eine Basis von $\mathbb{Q}(\sqrt[3]{2}, \rho)$ über $\mathbb{Q}$ gegeben durch die Menge der Produkte

$$\{1, \sqrt[3]{2}, \sqrt[3]{4}, \rho, \sqrt[3]{2}\rho, \sqrt[3]{4}\rho\}.$$

Der Zerfällungskörper K war hier sehr einfach zu bestimmen, weil wir die explizite Gestalt der Wurzeln von $X^3 - 2 = 0$ in $\mathbb{C}$ kennen. Wir hätten aber auch ganz abstrakt argumentieren können: Da $X^3 - 2$ irreduzibel über $\mathbb{Q}$ ist, brauchen wir nur die Polynome über $\mathbb{Q}$ modulo $(X^3 - 2)$ reduzieren, d.h. den Restklassenkörper $\mathbb{Q}[X]/(X^3-2)$ zu bilden. Dann erfüllt die Restklasse $\vartheta := \overline{X}$ die Gleichung $\vartheta^3 - 2 = 0$. Jedes Element von $\mathbb{Q}(\vartheta) = \mathbb{Q}[\vartheta]$ läßt sich eindeutig in der Gestalt $a + b\vartheta + c\vartheta^2$ mit $a, b, c \in \mathbb{Q}$ schreiben. Daß es in $\mathbb{Q}[\vartheta]$ keine weitere Lösung ϑ_1 von $X^3 - 2 = 0$ gibt, sieht man folgendermaßen ein: Gäbe es so ein ϑ_1, so wäre $\rho := \frac{\vartheta_1}{\vartheta}$ ein Element von $\mathbb{Q}(\vartheta)$ mit $0 = \rho^3 - 1 = (\rho - 1)(\rho^2 + \rho + 1)$. Da $\rho \neq 1$ ist, müßte also $\rho^2 + \rho + 1 = 0$ sein. Dann wäre aber $[\mathbb{Q}(\rho) : \mathbb{Q}] = 2$ und gleichzeitig ein Teiler von $[\mathbb{Q}(\vartheta) : \mathbb{Q}] = 3$ nach (4.7), was unmöglich ist. Daher ist das Polynom $X^2 + X + 1$ irreduzibel über $\mathbb{Q}(\vartheta)$. Bezeichnet man mit ρ die Restklasse von $\overline{X}$ in $\mathbb{Q}(\vartheta)[X]/(X^2 + X + 1)$, dann ist offenbar $\mathbb{Q}[\vartheta, \rho]$ ein Zerfällungskörper von $X^3 - 2 \in \mathbb{Q}[X]$.

Man sieht hier deutlich, daß dieser abstrakte Körper $\mathbb{Q}(\vartheta)$ wesentlich weniger Information enthält als etwa der konkrete Körper $\mathbb{Q}(\sqrt[3]{2}) \subseteq \mathbb{C}$. Denn ϑ ist bloß ein Symbol, welches $\vartheta^3 = 2$ erfüllt. Es könnte in $\mathbb{C}$ genausogut durch $\rho\sqrt[3]{2}$ oder $\rho^2\sqrt[3]{2}$ realisiert werden. Genau das wird auch durch den Satz (4.17) ausgedrückt. Dieser besagt hier, daß es genau drei konkrete Interpretationen von $\mathbb{Q}(\vartheta)$ in $\mathbb{C}$ gibt. Die drei Körper $\mathbb{Q}(\sqrt[3]{2})$, $\mathbb{Q}(\rho\sqrt[3]{2})$ und $\mathbb{Q}(\rho^2\sqrt[3]{2})$ sind abstrakt betrachtet identisch, weil sie nämlich isomorph zu $\mathbb{Q}(\vartheta)$ sind, als Teilkörper von $\mathbb{C}$ jedoch deutlich verschieden. Alle drei sind aber im Zerfällungskörper $\mathbb{Q}(\sqrt[3]{2}, \rho)$ enthalten. Vom algebraischen Standpunkt aus ist keine der Wurzeln $\sqrt[3]{2}$, $\rho\sqrt[3]{2}$ oder $\rho^2\sqrt[3]{2}$ vor den anderen ausgezeichnet: Alle drei erfüllen $\vartheta^3 = 2$ und haben die Eigenschaft, daß $\mathbb{Q}(\vartheta)$ ein Körper ist, der als Vektorraum dreidimensional über $\mathbb{Q}$ ist. Alles andere hängt mit der Einbettung in $\mathbb{C}$ zusammen.

Wir werden im Folgenden oft stillschweigend in $\mathbb{C}$ rechnen, wenn wir Wurzeln oder Zerfällungskörper von Gleichungen $f(X) = 0$ mit $f(X) \in \mathbb{C}[X]$ untersuchen. Man muß dabei aber immer beachten, daß durch die Einbettung in die komplexen Zahlen manchmal Sachverhalte suggeriert werden, die die rein algebraische Theorie nicht liefern kann.

Als weiteres Beispiel betrachten wir die Gleichung über $\mathbb{C}$

$$X^n - 1 = (X-1)(X-\zeta)(X-\zeta^2)\cdots(X-\zeta^{n-1}) ,$$

wobei $\zeta = e^{\frac{2\pi i}{n}}$ ist.

Das ist eine Identität im Bereich der komplexen Zahlen.

Vom rein algebraischen Standpunkt aus wissen wir nur, daß es einen Körper $K = \mathbb{Q}(\zeta_n)$ gibt, in welchem ein Element ζ_n existiert mit $\zeta_n^n = 1$ und $\zeta_n^k \neq 1$ für $1 \leq k \leq n-1$.

Mehr läßt sich algebraisch nicht sagen.

Wir bezeichnen ein solches ζ_n als eine *primitive n-te Einheitswurzel.*
Ist z.B. $n = 8$ und $\zeta = e^{\frac{2\pi i}{8}} = \sqrt{i} = \frac{1+i}{\sqrt{2}}$, so sind $\zeta, \zeta^3, \zeta^5, \zeta^7$ primitive 8-te Einheitswurzeln, während $\zeta^2 = i$, $\zeta^4 = -1$, $\zeta^6 = -i$ und $\zeta^8 = 1$ zwar ebenfalls 8-te Einheitswurzeln sind, die jedoch nicht primitiv sind, da sie z.B. $X^4 = 1$ erfüllen.
Die algebraische Theorie liefert uns also nur Aussagen, die für alle Körper $\mathbb{Q}(\zeta)$, $\mathbb{Q}(\zeta^3)$, $\mathbb{Q}(\zeta^5)$ und $\mathbb{Q}(\zeta^7)$ gelten, was ihnen allen also gemeinsam ist.
Alles andere sind spezielle Eigenschaften des konkreten Modells für den abstrakten Körper $\mathbb{Q}(\zeta_8)$.

So gilt z.B. in $\mathbb{C}$, daß $\operatorname{Re}\zeta = \frac{\sqrt{2}}{2}$ ist. Eine solche Aussage ist in $\mathbb{Q}(\zeta_8)$ sinnlos, da ζ_8 ja keine komplexe Zahl ist und der Begriff Realteil von ζ_8 daher sinnlos. Außerdem ist auch ζ^3 eine primitive 8-te Einheitswurzel und erfüllt $\operatorname{Re}\zeta^3 = -\frac{\sqrt{2}}{2}$.

Dagegen hat der Ausdruck $\zeta_8 + \zeta_8^{-1}$ einen wohlbestimmten Sinn als Element von $\mathbb{Q}(\zeta_8)$. Im konkreten Modell ergibt sich dafür entweder $\sqrt{2}$ oder $-\sqrt{2}$, jedenfalls aber $(\zeta_8 + \zeta_8^{-1})^2 = 2$. Das kann aber auch abstrakt bewiesen werden. Denn $\zeta_8^2 = \zeta_4$ ist eine primitive 4-te Einheitswurzel.
Wegen $X^4 - 1 = (X-1)(X+1)(X^2+1)$ gilt also $\zeta_4^2 = -1$ und die beiden Wurzeln unterscheiden sich nur im Vorzeichen. Somit ist $(\zeta_8 + \zeta_8^{-1})^2 = \zeta_8^2 + 2 + \zeta_8^{-2} = 2$.

Was den Zerfällungskörper von $X^3 - 2$ betrifft, so wollen wir zeigen, daß $\mathbb{Q}(\vartheta, \rho)$ auch in der Gestalt $\mathbb{Q}(\alpha)$ für ein geeignetes α geschrieben werden kann.

Um uns besser ausdrücken zu können, geben wir folgende Definition.

(4.23) DEFINITION. Eine *Körpererweiterung K/k heißt einfach*, wenn sie durch Adjunktion eines Elementes α aus K entsteht, wenn also $K = k(\alpha)$ ist für ein geeignetes $\alpha \in K$. Jedes solche α heißt *primitives Element von K/k.*

(4.24) BEISPIEL. $\mathbb{Q}(\rho, \sqrt[3]{2})$ kann als einfache Erweiterung von $\mathbb{Q}$ dargestellt werden. Ein primitives Element ist z.B. $\alpha = \sqrt[3]{2}\,\sqrt{-3}$.
Denn $\alpha = \sqrt[3]{2}\sqrt{-3} = \sqrt[3]{2}(1+2\rho) \in \mathbb{Q}(\sqrt[3]{2}, \rho)$ und daher ist $\mathbb{Q}(\alpha) \subseteq \mathbb{Q}(\sqrt[3]{2}, \rho)$
Andererseits ist wegen $\alpha^3 = -6\sqrt{-3}$ und $\alpha^2 = \frac{-3\cdot 2}{\sqrt[3]{2}}$ auch $\rho = \frac{-1+\sqrt{-3}}{2} \in \mathbb{Q}(\alpha)$ und $\sqrt[3]{2} \in \mathbb{Q}(\alpha)$, d.h. $\mathbb{Q}(\sqrt[3]{2}, \rho) \subseteq \mathbb{Q}(\alpha)$.

Das Minimalpolynom von α ist $X^6 - \alpha^6 = X^6 + 108$.

Es ist klar, daß die Existenz eines primitiven Elements eine algebraische Aussage ist, die bei jedem Isomorphismus, der k festläßt, erhalten bleibt. Wir haben also in unserem Beispiel gezeigt, daß $\mathbb{Q}(\rho, \vartheta)$ als einfache Erweiterung von $\mathbb{Q}$ dargestellt werden kann. Als primitives Element kann eine Wurzel α von $X^6 + 108 = 0$ gewählt werden.

Bisher kennen wir nur relativ wenige Beispiele von Körpern. Um weitere Beispiele zu finden, wollen wir die Methode, wie man von den ganzen Zahlen zum Körper der rationalen Zahlen kommt, verallgemeinern.

Ist K ein Körper und $R \subseteq K$ ein Teilring, so kann R keine Nullteiler besitzen, d.h. keine Elemente $a \neq 0$, für die es ein $b \in R$ gibt mit $b \neq 0$ und $ab = 0$.
Denn sonst wäre auch $ab = 0$ in K und es ergäbe sich
$0 = a^{-1} \cdot 0 = a^{-1}(ab) = (a^{-1}a)b = 1 \cdot b = b$ im Widerspruch zu $b \neq 0$.

(4.25) DEFINITION. Ein nullteilerfreier KRE $R \neq (0)$ heißt *Integritätsbereich* (oder Integritätsring).

(4.26) In einem Integritätsbereich gilt die *Kürzungsregel*:
Aus $ax = ay$ und $a \neq 0$ folgt $x = y$.

BEWEIS. $ax = ay \Leftrightarrow a(x - y) = 0$. Da R keine Nullteiler besitzt, muß $x - y = 0$, d.h. $x = y$ sein.

Von fundamentaler Bedeutung ist

(4.27) Satz. *Jeder Integritätsbereich R läßt sich zu einem Körper K, dem Quotientenkörper von R, erweitern.*

BEWEIS. Es ist naheliegend, einfach alle formalen Ausdrücke der Gestalt $\frac{a}{b}$ mit $a, b \in R$ und $b \neq 0$ zu betrachten und so vorzugehen wie bei der Erweiterung des Integritätsbereiches $\mathbb{Z}$ zum Körper $\mathbb{Q}$. D.h. man nennt zwei formale Ausdrücke $\frac{a}{b}$ und $\frac{c}{d}$ gleich, wenn sie durch Erweitern bzw. Kürzen von Zähler und Nenner auseinander hervorgehen. Das ist gleichbedeutend mit der in R sinnvollen Gleichung $ad = bc$. Man muß sich natürlich überlegen, daß diese Gleichheitsrelation eine Äquivalenzrelation ist, d.h. reflexiv, symmetrisch und transitiv ist. Die Transitivität ergibt sich folgendermaßen: Sei $\frac{a}{b} = \frac{c}{d}$ und $\frac{c}{d} = \frac{e}{f}$. Das bedeutet $ad - bc = 0$ und $cf - de = 0$. Daher ist auch $(fa - be)d = f(ad - bc) + b(cf - de) = 0$. Da R ein Integritätsbereich ist, ist auch $fa - be = 0$, d.h. $\frac{a}{b} = \frac{e}{f}$.
Weiters definiert man Summe und Produkt durch

$$\frac{a}{b} + \frac{c}{d} := \frac{ad + bc}{bd} \text{ und } \frac{a}{b} \cdot \frac{c}{d} := \frac{ac}{bd} \text{ und}$$

identifiziert die Elemente $\frac{a}{1} \in K$ mit den Elementen $a \in R$.

Damit man durch die starke Analogie zum üblichen Bruchrechnen nicht zu voreiligen Schlüssen gelangt, ersetzt man für die logische Herleitung der Rechenregeln die formalen Brüche $\frac{a}{b}$ durch (weitaus weniger suggestive) geordnete Zahlenpaare (a, b) mit $a \in R$ und $b \in R\backslash\{0\}$ und definiert

$(a, b) = (c, d)$ genau dann, wenn $ad = bc$,

$(a, b) + (c, d) = (ad + bc, bd)$

$(a, b) \cdot (c, d) = (ac, bd)$.

Man verifiziert anschließend, daß diese Operationen von der speziellen Wahl des jeweiligen Repräsentanten unabhängig sind und daß damit ein KRE definiert ist, dessen Nullelement $(0, 1)$ und dessen Einselement $(1, 1) \neq (0, 1)$ ist.

Ist $(a, b) \neq (0, 1)$, d.h. $a = a \cdot 1 \neq b \cdot 0 = 0$, so ist auch $(b, a) \in K$ und $(a, b)(b, a) = (1, 1)$. Ist umgekehrt $(a, b)(c, d) = (1, 1)$, so ist $ac = bd \neq 0$ und daher $a \neq 0$, also $(b, a) \in K$. Daher ist K ein Körper mit $(b, a)^{-1} = (a, b)$ für alle $(a, b) \neq (0, 1)$.

Die Abbildung $a \to (a, 1)$ ist klarerweise ein injektiver Homomorphismus von R in K. Wir können daher a mit $(a, 1) = \frac{a}{1}$ identifizieren und allgemeiner $\frac{a}{b}$ an Stelle von $(a, b) = (a, 1)(1, b) = \frac{a}{1} \cdot \frac{1}{b}$ schreiben.

(4.28) Beispiel. Für jeden Körper k ist $k[X]$ ein Integritätsbereich, weil aus $f \neq 0$ und $g \neq 0$ folgt $\deg fg = \deg f + \deg g \geq 0$, d.h. $fg \neq 0$. Der Quotientenkörper $k(X)$ besteht aus allen Ausdrücken der Gestalt $\frac{p(X)}{q(X)}$ mit $p(X)$ und $q(X) \neq 0$ aus $k[X]$.

Wir nennen ihn den *Körper der rationalen Ausdrücke (oder Funktionen) über k*.

Analog ist $k(X_1, \ldots, X_n)$ als Quotientenkörper von $k[X_1, \ldots, X_n]$ definiert.

(4.29) Satz. *Jeder endliche Integritätsbereich ist bereits ein Körper.*

Beweis. Sind $1 = a_1, a_2, \ldots, a_n$ die von 0 verschiedenen Elemente von R und ist $a \neq 0$, dann sind wegen der Kürzungsregel alle Elemente $aa_i \neq 0$ und voneinander verschieden. Es muß also speziell ein i geben mit $aa_i = 1$. Das heißt aber, daß jedes $a \neq 0$ in R ein inverses Element besitzt.

Der Quotientenkörper K eines Integritätsbereiches R besitzt die folgende *„universelle"* Eigenschaft:

(4.30) Satz. *Sei R ein Integritätsbereich mit Quotientenkörper K und $\varphi : R \to L$ ein injektiver Homomorphismus von R in einen Körper L (sodaß also $\varphi(b) \neq 0$ für $b \neq 0$ gilt). Dann besitzt φ eine eindeutig bestimmte Erweiterung zu einem Homomorphismus $\Phi : K \to L$.*

Diese ist durch $\Phi\left(\frac{a}{b}\right) = \varphi(a)\varphi(b)^{-1}$ gegeben.

Beweis. Es ist bloß zu zeigen, daß Φ wohldefiniert ist, d.h. von der Wahl des Repräsentanten $\frac{a}{b}$ unabhängig ist. Alles andere ist klar.

Ist aber $\frac{a}{b} = \frac{c}{d} \Rightarrow ad = bc \Rightarrow \varphi(a)\varphi(d) = \varphi(b)\varphi(c) \Rightarrow \varphi(a)\varphi(b)^{-1} = \varphi(c)\varphi(d)^{-1}$.

Von großem Interesse sind auch die Teilringe A des Quotientenkörpers K, welche R umfassen, d.h. $R \subseteq A \subseteq K$ erfüllen.
Sind $\frac{a}{s}$ und $\frac{b}{t}$ aus einem solchen Teilring, dann auch $\frac{ab}{st}$ und $\frac{at+sb}{st}$.
Die Menge N der Nenner muß also mit je zwei Elementen s und t auch deren Produkt st enthalten. Da auch jedes Element $r = \frac{r}{1} \in A$ ist, muß auch $1 \in N$ gelten.

(4.31) DEFINITION. Eine Teilmenge N eines Integritätsbereiches R heißt *multiplikativ abgeschlossen*, wenn gilt:

1) $1 \in N$, $0 \notin N$
2) $s \in N$ und $t \in N$ impliziert $st \in N$.

(4.32) Beispiele multiplikativ abgeschlossener Teilmengen von R sind

a) die Menge aller invertierbaren Elemente
b) die Menge $R \backslash \{0\}$
c) die Menge der Potenzen $s^n (n \in \mathbb{N})$ eines Elementes $s \in R$
d) für $R = \mathbb{Z}$ die Menge aller $n \in \mathbb{Z}$, die nicht durch eine feste Primzahl p teilbar sind.

(4.33) DEFINITION. Sei N eine multiplikativ abgeschlossene Teilmenge des Integritätsbereiches R. Unter dem *Quotientenring von R zur Nennermenge N* versteht man den Teilring des Quotientenkörpers K, der aus allen Elementen $\frac{a}{s}$ mit $a \in R$ und $s \in N$ besteht.

Für $R = \mathbb{Z}$, $p = 3$ und $N = \{b \in \mathbb{Z} : 3 \text{ teilt nicht } b\}$ besteht $\mathbb{Z}_N$ aus allen Brüchen $\frac{a}{b} \in \mathbb{Q}$ mit $a \perp b$ und $b \perp 3$.

Für $R = \mathbb{Z}$ und $N = \{2^k 3^l : k, l \in \mathbb{N}\}$ besteht $\mathbb{Z}_N$ aus allen Brüchen der Gestalt $\frac{a}{2^k 3^l}$ mit $a \in \mathbb{Z}$.

(4.34) Satz. *Sei R ein Integritätsbereich und N eine multiplikativ abgeschlossene Teilmenge. Sei $\varphi : R \to S$ ein Homomorphismus von R in einen KRE S mit der Eigenschaft, daß $\varphi(r)$ in S invertierbar ist für jedes $r \in N$. Dann läßt sich φ zu einem eindeutig bestimmten Homomorphismus $\Phi : R_N \to S$ erweitern.*

Der Beweis ist wieder klar, weil $\Phi\left(\frac{a}{r}\right) = \varphi(a)\varphi(r)^{-1}$ sein muß und dieser Ausdruck wohldefiniert ist.

(4.35) Beispiel. Sei

$$R := \mathbb{Q}[X,Y]/(X^2+Y^2-1) = (\mathbb{Q}[X][Y])/(Y^2+X^2-1).$$

Dann besteht R aus allen Elementen der Gestalt $a(X) + b(X)Y$, mit $a(X)$, $b(X) \in \mathbb{Q}[X]$, wobei Y ein Element ist mit $Y^2 = 1 - X^2$. Wir wollen zeigen, daß R ein Integritätsbereich ist, d.h. daß R keine Nullteiler besitzt.

Wäre $(a(X) + b(X)Y)(c(X) + d(X)Y) = 0$, so wäre
$a(X)c(X) + b(X)d(X)(1 - X^2) = 0$ und $b(X)c(X) + a(X)d(X) = 0$.

Multipliziert man die erste Gleichung mit $a(X)$ und beachtet, daß aus der zweiten Gleichung $a(X)d(X) = -b(X)c(X)$ ist, so folgt

$$a^2(X)c(X) - b^2(X)c(X)(1 - X^2) = 0.$$

Wäre $a(X) = 0$, so wäre entweder $b(X) = 0$ und daher ein Faktor 0, oder $b(X) \neq 0$ und dann wäre $c(X) = d(X) = 0$, d.h. der andere Faktor $= 0$.

Wir können daher annehmen, daß $a(X) \neq 0$ ist. Dann ist entweder $c(X) = 0$ und damit auch $d(X)$ oder $c(X) \neq 0$. Dann folgt aber

$$a^2(X) - b^2(X)(1 - X^2) = 0; \text{ d.h.}$$
$$a^2(X) = b^2(X)(1 - X)(1 + X).$$

Da $\mathbb{Q}[X]$ eine eindeutige Primfaktorzerlegung besitzt, käme $1 + X$ links in gerader Vielfachheit und rechts in ungerader Vielfachheit vor, was nicht geht.

Der Integritätsbereich R ist isomorph mit der Menge aller Polynomfunktionen $f(x,y) = \sum c_{i,k}x^iy^k$ mit $c_{i,k} \in \mathbb{Q}$ auf dem Einheitskreis $C = \{(x,y) \in \mathbb{R}^2 : x^2 + y^2 = 1\}$.
Denn sei φ die Abbildung, die jedem $f(X,Y) \in \mathbb{Q}[X,Y]$ die Abbildung

$$\varphi(f(X,Y)) : (x,y) \to f(x,y)$$

von C in die reellen Zahlen zuordnet.

Wir wollen φ als den Auswertungshomomorphismus der Kurve C bezeichnen.

Dann müssen wir zeigen, daß nur die Vielfachen von $X^2 + Y^2 - 1$ auf die Nullfunktion abgebildet werden.

Das ist gleichbedeutend damit, daß für jedes Element $a(X) + b(X)Y \in R$, das ungleich 0 ist, auch die Funktion $a(x) + b(x)y \neq 0$ ist.

Wäre das nicht der Fall, so wäre $a(x) = -b(x)y$ oder $a(x)^2 = b(x)^2(1 - x^2)$, was wie oben unmöglich ist.

Sei nun K der Quotientenkörper des Integritätsbereichs aller Polynomfunktionen auf dem Kreis C. Er besteht aus allen Ausdrücken der Gestalt

$$\frac{a(x,y)}{b(x,y)},$$

wobei $b(X,Y)$ nicht im Ideal (X^2+Y^2-1) liegt. Denn genau die Elemente dieses Ideals werden auf 0 abgebildet.

Wir bezeichnen K als den Körper der *rationalen Funktionen auf* C.

Bezeichnet man mit N die Menge aller Polynome $b(X,Y)$ aus $\mathbb{Q}[X,Y]$, die nicht im Ideal (X^2+Y^2-1) liegen, so ist N multiplikativ abgeschlossen, weil R ein Integritätsbereich ist.

Daher hat der Integritätsbereich $\mathbb{Q}[X,Y]_N$ die Eigenschaft, daß er beim Auswertungshomomorphismus auf die Kurve C surjektiv auf den Körper K abgebildet wird.

Wir wissen aus II. (2.1), daß für jeden Punkt $(x,y) \neq (-1,0)$ aus C eine eindeutig bestimmte reelle Zahl λ existiert mit

$$x+iy = \frac{1+i\lambda}{1-i\lambda} = \frac{1-\lambda^2+2\lambda i}{1+\lambda^2}.$$

Daher gilt

$$(x,y) = \left(\frac{1-\lambda^2}{1+\lambda^2}, \frac{2\lambda}{1+\lambda^2}\right) \text{ mit } -\infty < \lambda < \infty.$$

Da x und y rationale Funktionen in λ sind und umgekehrt $\lambda = \frac{y}{x+1}$ eine rationale Funktion von x und y ist, läßt sich jedes Element von K als rationale Funktion in λ schreiben und umgekehrt.

Somit ist K isomorph zum Körper der rationalen Funktionen auf $\mathbb{Q}$, d.h.

$$K \cong \mathbb{Q}(T)$$

mit einer Unbestimmten T.

5. Maximale Ideale und Primideale.

Wir wollen nun die bisherigen Ergebnisse in einen etwas größeren Rahmen stellen. Dazu untersuchen wir zunächst, welche Eigenschaft ein Ideal I besitzen muß, damit der Restklassenring R/I ein Körper ist.

Nehmen wir an, daß M ein Ideal ist, so daß der Restklassenring R/M ein Körper ist. Da es in einem Körper nur die trivialen Ideale (0) und (1) gibt, kann es zwischen M und R kein weiteres Ideal geben, da ein solches bei der kanonischen Projektion $\pi : R \to R/M$ auf ein Ideal zwischen (0) und (1) abgebildet würde.

Daher ist M ein maximales Ideal im Sinne der folgenden Definition.

(5.1) DEFINITION. Ein Ideal M in einem KRE R heißt *maximal*, wenn jedes Ideal J mit $M \subseteq J \subseteq R$ entweder mit M oder mit R zusammenfällt.

Es gilt dann

(5.2) Satz. *Ein Ideal M in einem KRE R ist genau dann maximal, wenn R/M ein Körper ist.*

BEWEIS. Wir brauchen nur mehr nachzuweisen, daß für maximales M der Restklassenring R/M ein Körper ist.
Wir müssen zeigen, daß für jedes $\overline{x} \neq \overline{0}$ aus R/M ein Element $\overline{y}$ mit $\overline{y}\,\overline{x} = \overline{1}$ existiert. Sei $x \in \overline{x}$ ein beliebiger Repräsentant. Dann ist $x \notin M$, weil sonst $\overline{x} = \overline{0}$ wäre. Die Menge der Elemente $m+rx$ mit $m \in M$ und $r \in R$ bildet ein Ideal, das M umfaßt und $x \notin M$ enthält. Es muß daher mit R zusammenfallen und insbesondere das Element 1 enthalten. Es gibt also $y \in R$ und $m \in M$, so daß $m + yx = 1$ ist. Dann ist aber $\overline{y}\,\overline{x} = \overline{1}$ und unsere Behauptung bewiesen.

(5.3) Ein Ring R ist genau dann ein Körper, wenn das Nullideal (0) maximal ist.

(5.4) In $\mathbb{Z}$ sind die maximalen Ideale die von einer Primzahl (p) erzeugten Hauptideale $(p) = p\mathbb{Z}$. Denn $\mathbb{Z}/(p)$ ist genau dann ein Körper, wenn p eine Primzahl ist.

Das sieht man aber auch direkt: Sei $(p) \subseteq (a) \subseteq \mathbb{Z}$. Dann heißt das $a \mid p$. Wenn p prim ist, ist a entweder $\pm p$ oder ± 1, d.h. $(a) = (p)$ oder $(a) = \mathbb{Z}$. Daher ist (p) maximal.

Ist p nicht prim, dann gilt $p = ab$ mit $1 < a,\ b < p$. Dann ist aber $(p) \subseteq (a) \subseteq \mathbb{Z}$ und (a) fällt weder mit (p) noch mit $\mathbb{Z}$ zusammen.

(5.5) Sei k ein Körper. In $k[X]$ sind die maximalen Ideale genau jene von der Form $(f(X))$, wobei $f(X)$ ein nichtkonstantes irreduzibles Polynom ist (vgl. (2.12)).

(5.6) Da in $\mathbb{C}[X]$ die irreduziblen Polynome genau die linearen Polynome $X - c$ sind, ist ein Ideal M in $\mathbb{C}[X]$ genau dann maximal, wenn es die Gestalt

$$M = M_c = (X - c) = \{p(X) \in \mathbb{C}[X] : p(c) = 0\}$$

besitzt.

Diese Aussage ist übrigens „äquivalent" zum Fundamentalsatz der Algebra, welcher besagt, daß für jedes nichtkonstante $p(X) \in \mathbb{C}[X]$ ein $c \in \mathbb{C}$ existiert mit $p(c) = 0$.

Denn man kann folgendermaßen argumentieren:

Sei M ein maximales Ideal in $\mathbb{C}[X]$. Dann ist nach (1.10) $M = (p(X))$ für ein Polynom $p(X)$. Wäre $p(X) = a \neq 0$ konstant, so wäre $M = (a) = \mathbb{C}[X]$, also nicht maximal. Daher hat $p(X)$ nach dem Fundamentalsatz eine Nullstelle c. Somit gilt $M \subseteq M_c$. Da M maximal ist, muß $M = M_c$ sein.

Sei umgekehrt jedes maximale Ideal M von der Gestalt $M = M_c$ und $p(X)$ ein nichtkonstantes Polynom. Dieses besitzt nach (1.28) eine eindeutige Zerlegung in irreduzible Polynome. Sei $p_1(X)$ ein irreduzibler Faktor. Dann ist $(p_1(X))$ maximal und $(p(X)) \subseteq (p_1(X))$. Nach Voraussetzung ist $(p_1(X)) = M_c$. Also gilt speziell $p(c) = 0$ und $p(X)$ hat eine Nullstelle in $\mathbb{C}$.

Wir wollen nun zeigen, daß sich der Fundamentalsatz der Algebra in dieser Form auf den Ring $\mathbb{C}[X_1, \ldots, X_n]$ verallgemeinern läßt.

(5.7) Hilbert'scher Nullstellensatz für maximale Ideale.
Jedes maximale Ideal M in $\mathbb{C}[X_1, \ldots, X_n]$ hat die Gestalt

$$M_{c_1,\ldots,c_n} = \{p(X_1, \ldots, X_n) \in \mathbb{C}[X_1, \ldots, X_n] : p(c_1, \ldots, c_n) = 0\}$$

mit einem eindeutig bestimmten Element $(c_1, \ldots, c_n) \in \mathbb{C}^n$.

BEWEIS. Zunächst ist jedes $M_{c_1,\ldots,c_n}$ wirklich ein maximales Ideal. Denn es ist der Kern des Auswertungshomomorphismus φ, der jedes $p(X_1, \ldots, X_n)$ in das Element $p(c_1, \ldots, c_n) \in \mathbb{C}$ überführt. Da φ surjektiv ist, ist

$$\mathbb{C}[X_1, \ldots, X_n]/M_{c_1,\ldots,c_n} \cong \mathbb{C}, \text{ ein Körper.}$$

Nach (5.2) ist daher $M_{c_1,\ldots,c_n}$ maximal.

Sei umgekehrt M ein maximales Ideal in $\mathbb{C}[X_1, \ldots, X_n]$. Wir zeigen zuerst, daß es ein $c_1 \in \mathbb{C}$ gibt, sodaß $X_1 - c_1 \in M$ ist.

Angenommen, das wäre nicht der Fall. Dann wäre $X_1 - c$ für kein c in M. Das von M und $X_1 - c$ erzeugte Ideal, wäre also ganz $\mathbb{C}[X_1, \ldots, X_n]$. Es gäbe also für jedes $c \in \mathbb{C}$ ein Element $m_c \in M$ und ein Polynom $g_c(X_1, \ldots, X_n)$, so daß

$$1 = m_c + g_c(X_1, \ldots, X_n)(X_1 - c)$$

wäre.

Da $\mathbb{C}$ nicht abzählbar ist, muß es eine natürliche Zahl d geben, so daß

$$A_d := \{c \in \mathbb{C} : \deg g_c = d\}$$

unendlich ist. Denn sonst wäre $\mathbb{C} = \bigcup_{d=0}^{\infty} A_d$ als abzählbare Vereinigung endlicher Mengen abzählbar.

Da es nur endlich viele Monome mit einem Grad $\leq d$ gibt, ist die Menge aller Polynome g_c mit $\deg g_c = d$ linear abhängig. Es gibt also endlich viele verschiedene komplexe Zahlen $c_1, \ldots, c_r$, für welche $\deg g_{c_i} = d$ ist, und $\lambda_1, \ldots, \lambda_r \in \mathbb{C}\backslash\{0\}$, so daß

$$\sum_{j=1}^{r} \lambda_j g_{c_j} = 0 \text{ ist.}$$

Wir bilden nun das Polynom

$$g(X_1) := \left(\sum_{j=1}^{r} \frac{\lambda_j}{X_1 - c_j} \right) \prod_{k=1}^{r} (X_1 - c_k) \in \mathbb{C}[X_1].$$

Wir behaupten, daß $g(X_1)$ in M liegt.
Dazu schreiben wir λ_j in der Form

$$\lambda_j = \lambda_j \cdot 1 = \lambda_j(m_{c_j} + g_{c_j}(X_1, \ldots, X_n)(X_1 - c_j)).$$

Dann ist

$$\begin{aligned} g(X_1) &= \sum_{j=1}^{r} \frac{\lambda_j(m_{c_j} + g_{c_j}(X_1, \ldots, X_n)(X_1 - c_j))}{X_1 - c_j} \prod_{k=1}^{r}(X_1 - c_k) = \\ &= \sum_{j=1}^{r} \frac{\lambda_j m_{c_j}}{X_1 - c_j} \prod_{k=1}^{r}(X_1 - c_k) + \left(\sum_{j=1}^{r} \lambda_j g_{c_j}\right) \prod_{k=1}^{r}(X_1 - c_k) = \\ &= \sum_{j=1}^{r} \lambda_j \prod_{k \neq j}(X_1 - c_k) \cdot m_{c_j} \in M. \end{aligned}$$

Weil alle c_i verschieden sind, folgt aus der Definition von g, daß
$g(c_1) = \lambda_1 \prod\limits_{k>1} (c_1 - c_k) \neq 0$ ist.

Daher ist g nicht das Nullpolynom.
Nun hat jedes Element von $\mathbb{C}[X_1]$ eine eindeutige Zerlegung in ein Produkt von Linearfaktoren. Es ist also

$$g(X_1) = a(X_1 - a_1) \cdots (X_1 - a_s) \text{ mit } a \neq 0 \text{ und } a_i \in \mathbb{C}\ .$$

Da $g(X_1) \in M$ ist und $(X_1 - a_j) \notin M$ für jedes j, ginge die linke Seite beim Homomorphismus auf den Körper $\mathbb{C}[X_1, \ldots, X_n]/M$ in $\overline{0}$ über und die rechte Seite wegen des Fehlens von Nullteilern in ein Element $\neq \overline{0}$. Das ist offenbar ein Widerspruch.

Es gibt also $c_1 \in \mathbb{C}$ mit $X_1 - c_1 \in M$. Derselbe Schluß zeigt, daß es für jedes j ein c_j gibt mit $X_j - c_j \in M$. Dabei ist $(c_1, c_2, \ldots, c_n)$ eindeutig festgelegt.
Denn gäbe es $X_j - c_j \in M$ und $X_j - d_j \in M$ mit $c_j \neq d_j$, so wäre auch
$c_j - d_j = (X_j - d_j) - (X_j - c_j) \in M$ und $M = \mathbb{C}[X_1, \ldots, X_n]$.

Nun läßt sich jedes Polynom $p(X_1, \ldots, X_n)$ in der Form

$$\begin{aligned} p(X_1, \ldots, X_n) = p(c_1, \ldots, c_n) + (X_1 - c_1)p_1(X_1, \ldots, X_n) + \\ (X_2 - c_2)p_2(X_1, \ldots, X_n) + \cdots + (X_n - c_n)p_n(X_1, \ldots, X_n) \end{aligned}$$

schreiben. Denn faßt man $p(X_1, \ldots, X_n)$ als Polynom in X_1 auf, so gilt
$p(X_1, \ldots, X_n) = p(c_1, X_2, \ldots, X_n) + (X_1 - c_1)p_1(X_1, \ldots, X_n)$.

Faßt man $p(c_1, X_2, \ldots, X_n)$ als Polynom in X_2 auf, so erhält man
$p(c_1, X_2, \ldots, X_n) = p(c_1, c_2, X_3, \ldots, X_n) + (X_2 - c_2)p_2(X_1, \ldots, X_n)$, usw.

Also liegt $p(X_1, \ldots, X_n) - p(c_1, \ldots, c_n)$ in M. Ist also $p(X_1, \ldots, X_n) \in M_{c_1, \ldots, c_n}$, d.h. ist $p(c_1, \ldots, c_n) = 0$, so liegt es auch in M.

Das heißt $M_{c_1, \ldots, c_n} \subseteq M$.
Da $M_{c_1, \ldots, c_n}$ maximal ist, gilt sogar $M = M_{c_1, \ldots, c_n}$.

(5.8) BEMERKUNG. Wie der Beweis zeigt, wird $M_{c_1,\dots,c_n}$ von den Elementen $X_1 - c_1$, $X_2 - c_2, \dots, X_n - c_n$ in dem Sinne erzeugt, daß jedes Element von $M_{c_1,\dots,c_n}$ die Gestalt

$$(X_1 - c_1)p_1(X_1, \dots, X_n) + \dots + (X_n - c_n)p_n(X_1, \dots, X_n)$$

hat.

Es gilt also

$$M_{c_1,\dots,c_n} = (X_1 - c_1) + (X_2 - c_2) + \dots + (X_n - c_n),$$

was wir kurz in der Form

$$M_{c_1,\dots,c_n} = (X_1 - c_1, X_2 - c_2, \dots, X_n - c_n)$$

schreiben.

Man kann sich leicht davon überzeugen, daß $M_{c_1,\dots,c_n}$ für $n > 1$ kein Hauptideal mehr ist, d.h. sich nicht von *einem* Element $f(X_1, \dots, X_n)$ erzeugen läßt. Denn dann müßte jedes $X_i - c_i$ ein Vielfaches von $f(X_1, \dots, X_n)$ sein, was offenbar nicht möglich ist.

Die Tatsache, daß $M_{c_1,\dots,c_n}$ von endlich vielen Elementen erzeugt wird, vereinfacht viele Überlegungen.

Wir wollen daher Ringe, wo jedes Ideal ein Hauptideal ist, d.h. von einem Element erzeugt wird und solche, wo jedes Ideal von endlich vielen Elementen erzeugt wird, besonders hervorheben.

(5.9) DEFINITION. Ein *KRE R* heißt *Hauptidealring*, wenn jedes Ideal von *einem* Element erzeugt wird. *R* heißt *noetherscher Ring*, wenn jedes Ideal von *endlich vielen* Elementen erzeugt wird.

Wir wissen bereits, daß $\mathbb{Z}$ und $k[X]$ für einen Körper k Hauptidealringe sind.

Dagegen sind weder $\mathbb{Z}[X]$ noch $k[X,Y]$ Hauptidealringe. Sie sind jedoch noethersch, wie der folgende grundlegende Satz zeigt.

(5.10) Hilbert'scher Basissatz. *Ist R ein noether'scher Ring, dann auch der Polynomring $R[X]$.*

BEWEIS. Wir nehmen an, $R[X]$ wäre nicht noethersch und zeigen, daß dann auch R selbst nicht noethersch sein kann.

Da $R[X]$ nicht noethersch ist, gibt es ein Ideal I in $R[X]$, das nicht von endlich vielen Elementen erzeugt werden kann. Wir wählen ein Polynom kleinsten Grades in I und nennen es f_1. Dann wählen wir aus $I \backslash (f_1)$ wieder ein Polynom kleinsten Grades und nennen es f_2. Sind $f_1, \dots, f_k$ schon gewählt, so sei f_{k+1} ein Polynom minimalen Grades in $I \backslash (f_1, \dots, f_k)$. Da I nicht endlich erzeugt werden kann, existiert so ein f_k für jedes k.

Sei $n_k := \deg f_k$ und $a_k \in R$ der höchste Koeffizient von f_k. Dann ist $f_k(X) = a_k X^{n_k} + \ldots$ und außerdem $n_1 \leq n_2 \leq n_3 \leq \ldots$.
Klarerweise gilt $(a_1) \subseteq (a_1, a_2) \subseteq (a_1, a_2, a_3) \subseteq \ldots$.

Wäre R noethersch, so wäre die Vereinigung $J = \bigcup\limits_{n=1}^{\infty} (a_1, \ldots, a_n)$ aller dieser Ideale wieder ein Ideal, das endlich erzeugt wäre. Sei $\{b_1, \ldots, b_m\}$ ein Erzeugendensystem von J. Dann müßte jedes b_i in einem der Ideale $(a_1, \ldots, a_{r_i})$ liegen. Ist $r = \max(r_1, \ldots, r_m)$, so liegen alle b_i in $(a_1, \ldots, a_r)$.
Somit wäre $J = \bigcup\limits_{n}(a_1, \ldots, a_n) = (a_1, \ldots, a_r)$. Das heißt, die Folge $(a_1, \ldots, a_n)_{n \geq 1}$ wird ab $n = r$ stationär:

$$(a_1, \ldots, a_n) = (a_1, \ldots, a_r) \text{ für } n \geq r.$$

Wir zeigen nun, daß das in unserem Fall nicht möglich ist. Denn wäre $(a_1, \ldots, a_{r+1}) = (a_1, \ldots, a_r)$, so könnte man a_{r+1} in der Form $a_{r+1} = \sum\limits_{i=1} c_i a_i$ mit $c_i \in R$ darstellen. Dann wäre aber

$$g := f_{r+1} - \sum_{i=1}^{r} c_i X^{n_{r+1} - n_i} f_i \in I \backslash (f_1, \ldots, f_r),$$

hätte aber einen kleineren Grad als f_{r+1}, in Widerspruch zur Wahl von f_{r+1}.

(5.11) Korollar. *Die Polynomringe $\mathbb{Z}[X_1, \ldots, X_n]$ und für einen Körper k auch $k[X_1, \ldots, X_n]$ sind noethersch.*

(5.12) In einem noether'schen Ring R läßt sich jedes Ideal $I \neq R$ zu einem maximalen Ideal erweitern.

BEWEIS. Wäre das nicht der Fall, so könnte man zu jedem Ideal $J \supseteq I$ ein größeres Ideal $J' \supseteq J$ finden, das von J verschieden ist. Es gäbe also insbesondere eine unendliche Kette

$$I = I_0 \subset I_1 \subset I_2 \subset \ldots$$

von lauter verschiedenen Idealen. Wie im vorigen Beweis wäre dann $\bigcup I_n$ wieder ein Ideal und würde, weil R noethersch ist, von endlich vielen Elementen erzeugt. Dann gäbe es aber ein kleinstes I_n, wo alle diese Elemente enthalten sind. Es wäre dann $I_{n+1} = I_n$, im Widerspruch zur Annahme.

BEMERKUNG. (5.12) gilt sogar für beliebige Ringe $R \neq (0)$. Die Beweisidee ist genau dieselbe. Man benötigt jedoch das Zorn'sche Lemma, um den Beweis zu Ende zu führen. Daher wollen wir hier nicht darauf eingehen.

Als nächstes wollen wir jene Ideale P untersuchen, für welche der Restklassenring R/P ein Integritätsbereich ist.

R/P ist genau dann ein Integritätsbereich, wenn $R/P \neq (\overline{0})$, d.h. $P \neq R$ ist und R/P keine Nullteiler enthält, wenn also aus $\overline{x}\,\overline{y} = \overline{0}$ folgt, daß entweder $\overline{x} = \overline{0}$ oder $\overline{y} = \overline{0}$ ist. Das bedeutet: Aus $xy \in P$ folgt entweder $x \in P$ oder $y \in P$.

(5.13) DEFINITION. Ein Ideal P in einem KRE R heißt *Primideal*, wenn $P \neq R$ ist und aus $xy \in P$ folgt, daß $x \in P$ oder $y \in P$ gilt.

(5.14) Satz. *R/P ist genau dann ein Integritätsbereich, wenn P ein Primideal ist.*

Als Folgerung ergibt sich, daß jedes maximale Ideal auch prim ist.

(5.15) BEISPIELE.

1) R ist genau dann ein Integritätsbereich, wenn das Nullideal (0) ein Primideal ist.

2) In $\mathbb{Z}$ und $k[X]$ fallen die Primideale $P \neq (0)$ mit den maximalen Idealen zusammen.
In $\mathbb{Z}$ bedeutet $xy \in (p)$, daß p ein Teiler von xy ist. Die Eigenschaft, Primideal zu sein, bedeutet also:

$$\text{Aus } p \mid xy \text{ folgt } p \mid x \text{ oder } p \mid y.$$

Das ist eine charakteristische Eigenschaft der Primzahlen.
Daher rührt auch die Bezeichnung Primideal.
Analog verläuft der Beweis für $k[X]$.

3) In $\mathbb{Z}[X]$ ist das Hauptideal $P = (2) = 2\,\mathbb{Z}[X]$ prim, weil

$$\mathbb{Z}[X]/2\mathbb{Z}[X] \cong (\mathbb{Z}/2\mathbb{Z})[X] = \mathbb{F}_2[X]$$

ein Integritätsbereich ist. Da $\mathbb{F}_2[X]$ kein Körper ist, ist P nicht maximal.
Ist $M = \{f(X) \in \mathbb{Z}[X] : f(0) \text{ ist gerade }\}$, so ist

$$\mathbb{Z}[X]/M \cong \mathbb{F}_2.$$

Daher ist M prim und sogar maximal.
Insbesondere ist $(0) \subsetneqq P \subsetneqq M$.
Das Ideal P ist also ein nichttriviales Primideal, das nicht maximal ist.

4) In $\mathbb{C}[X_1, \ldots, X_n]$ ist $(X_1, \ldots, X_k)$ für jedes k mit $1 \leq k \leq n$, ein Primideal. Denn

$$\mathbb{C}[X_1, \ldots, X_n]/(X_1, \ldots, X_k) \cong \mathbb{C}[X_{k+1}, \ldots, X_n]$$

ist ein Integritätsbereich.
Hier gibt es also eine Kette von $n+1$ Primidealen, die alle verschieden sind:

$$(0) \subset (X_1) \subset (X_1, X_2) \subset \cdots \subset (X_1, \ldots, X_n).$$

(5.16) BEMERKUNG. Ein Ideal P ist genau dann ein Primideal in einem Integritätsbereich R, wenn das Komplement $S = R \backslash P$ multiplikativ abgeschlossen ist. Man kann daher den Quotientenring R_S zur Nennermenge S bilden. Dieser besitzt ein einziges maximales Ideal, nämlich die Menge aller Elemente $\frac{p}{s}$ mit $p \in P$ und $s \in S$. Diese Menge ist klarerweise ein Ideal und jedes Element außerhalb dieser Menge ist invertierbar, kann daher in keinem Ideal liegen.

Diese Situation liegt dem Beispiel (4.35) zugrunde.

In $\mathbb{Z}$ und $k[X]$ spielen die Division mit Rest und der damit verbundene Euklidische Algorithmus eine große Rolle. Um diese Situation zu verallgemeinern, betrachten wir Ringe, wo es ein vernünftiges Maß $\delta(a)$ für die „Größe" eines Elements a gibt.

(5.17) DEFINITION. Ein Integritätsbereich R heißt *Euklidischer Ring*, wenn man jedem $a \neq 0$ aus R eine natürliche Zahl $\delta(a)$ so zuordnen kann, daß gilt:
Für jedes a und $b \neq 0$ aus R gibt es $q, r \in R$ mit $a = bq + r$, wobei entweder $r = 0$ oder $\delta(r) < \delta(b)$ erfüllt ist.

(5.18) BEISPIELE.

1) Für $R = \mathbb{Z}$ kann $\delta(a) = |a|$ gewählt werden. Denn sind a und $b \neq 0$ gegeben, so gibt es stets ein Vielfaches qb mit

$$|a - qb| \leq \frac{|b|}{2} < |b|.$$

(Division mit absolut kleinstem Rest.)

2) Für $R = k[X]$ erfüllt $\delta(f) = \deg f$ die Rolle einer solchen Größenfunktion.

3) Sei $\mathbb{Z}[i]$ die Menge aller sogenannten Gauß'schen ganzen Zahlen d.h. aller Zahlen $a + bi$ mit $a, b \in \mathbb{Z}$. Sie bilden einen Teilring des Körpers $\mathbb{Q}(i)$ und sind daher ein Integritätsbereich. Wegen $\mathbb{Z}[i] \cong \mathbb{Z}[X]/(X^2 + 1)$ ist daher $(X^2 + 1)$ ein Primideal in $\mathbb{Z}[X]$.
Für $\alpha = a + bi \in \mathbb{Q}[i]$ sei $\delta(\alpha) = \alpha\overline{\alpha} = |\alpha|^2 = a^2 + b^2$. Dann gilt $\delta(\alpha\beta) = \delta(\alpha) \cdot \delta(\beta)$. Sind α und $\beta \neq 0$ gegeben, so ist $\frac{\alpha}{\beta} \in \mathbb{Q}(i)$ von der Gestalt $\lambda + i\mu$ mit $\lambda, \mu \in \mathbb{Q}$.
Wir wählen $m, n \in \mathbb{Z}$ mit $|\lambda - m| \leq 1/2$ und $|\mu - n| \leq 1/2$. Dann ist

$$\delta\left(\frac{\alpha}{\beta} - (m + in)\right) = \delta(\lambda - m + i(\mu - n)) =$$
$$= (\lambda - m)^2 + (\mu - n)^2 \leq \frac{1}{4} + \frac{1}{4} < 1.$$

Ist also $\kappa = m + in \in \mathbb{Z}[i]$, so gilt

$$\delta(\alpha - \kappa\beta) = \delta\left(\beta\left(\frac{\alpha}{\beta} - \kappa\right)\right) = \delta(\beta)\delta\left(\frac{\alpha}{\beta} - \kappa\right) < \delta(\beta).$$

4) Analog können wir ganze Zahlen in $\mathbb{Q}(i\sqrt{2})$ einführen. Das seien die Zahlen der Gestalt $a + ib\sqrt{2}$ und $a, b \in \mathbb{Z}$. Sie bilden einen Integritätsbereich $\mathbb{Z}[i\sqrt{2}]$ und man zeigt genauso wie oben, daß $\delta(a + ib\sqrt{2}) = a^2 + 2b^2$ eine Größenfunktion ist, mit der $\mathbb{Z}[i\sqrt{2}]$ ein Euklidischer Ring wird.

(5.19) Satz. *Jeder Euklidischer Ring ist ein Hauptidealring.*

BEWEIS. Sei $I \neq (0)$ ein Ideal in R.
Sei $M := \{\delta(a) : a \in I, a \neq 0\} \subseteq \mathbb{N}$.
Dann ist M eine nichtleere Teilmenge von $\mathbb{N}$ und hat daher ein minimales Element d.
Zu diesem gibt es $b \in I$ mit $\delta(b) = d$.
Für beliebige $a \in I$ existieren $q, r \in R$ mit $a = bq + r$ und $\delta(r) < \delta(b)$, falls $r \neq 0$ ist.
Wegen $r = a - bq \in I$ und der Definition von b kann daher $r \neq 0$ gar nicht auftreten.
Daher ist $a = bq$ und somit $(b) \subseteq I \subseteq (b)$, d.h. $I = (b)$ ein Hauptideal.

Nun kann man ganz analog wie im Fall $\mathbb{Z}$ oder $k[X]$ zeigen, daß jeder nullteilerfreie Hauptidealring und daher speziell jeder Euklidische Ring eine eindeutige Primfaktorzerlegung besitzt. Die Rolle der Primelemente spielen dabei die Atome.

(5.20) In einem nullteilerfreien Hauptidealring R hat jedes Element $a \neq 0$, das nicht invertierbar ist, eine Darstellung der Gestalt $a = p_1 p_2 \cdots p_k$ als Produkt von Atomen. Für jede andere Darstellung $a = q_1 \cdots q_l$ gilt $k = l$ und man kann die Reihenfolge so abändern, daß p_i mit q_i assoziiert ist.

BEMERKUNG. Für beliebige Hauptidealringe ist diese Aussage falsch. Z.B. gibt es in $\mathbb{Z}/(6)$ keine Atome. Denn 1 und $5 = -1$ sind invertierbar und $2 = 2 \cdot 2 \cdot 2$, $3 = 3 \cdot 3$ und $4 = 2 \cdot 2$ haben eine nichttriviale Zerlegung.

Eine Verschärfung des Begriffs Nullteiler ist der Begriff nilpotent.

(5.21) DEFINITION. Ein Element x aus einem *KRE* R heißt *nilpotent*, wenn $x^n = 0$ ist für ein $n > 0$.

Z.B. sind in $\mathbb{Z}/(24)$ die Elemente 6 und 12 nilpotent, weil $6^3 = 2^3 \cdot 3 \cdot 3^2 = 0$ und $12^3 = 2^3 \cdot 3 \cdot 2^3 \cdot 3^2 = 0$ ist.

Ist x nilpotent, dann liegt x in jedem Primideal P von R.

Denn $x^n = x \cdot x^{n-1} = 0$ impliziert $x \cdot x^{n-1} \in P$ und daher $x \in P$ oder $x^{n-1} \in P$. Nach endlich vielen Schnitten folgt dann jedenfalls $x \in P$.

Man kann sogar zeigen, daß auch die Umkehrung gilt: Ein Element x ist genau dann nilpotent, wenn es in jedem Primideal von R liegt. Wir wollen das hier nicht beweisen, weil man dafür wieder das Zorn'sche Lemma benötigt.
Wir begnügen uns mit

(5.22) Satz. *Die Menge $r(0)$ aller nilpotenten Elemente eines KRE R ist ein Ideal und $R/r(0)$ besitzt keine nilpotenten Elemente $\neq 0$.*

BEWEIS. Ist $x \in r(0)$, dann auch ax für $a \in R$, weil $(ax)^n = a^n x^n = a^n \cdot 0 = 0$ ist. Es ist bloß noch zu zeigen, daß mit x und y auch $x + y$ in $r(0)$ liegt.
Sei $x^m = 0$ und $y^n = 0$. Dann ist nach dem binomischen Lehrsatz

$$(x+y)^{m+n-1} = x^{m+n-1} + \binom{m+n-1}{1} x^{m+n-2} y + \cdots +$$

$$+ \binom{m+n-1}{n-1} x^m y^{n-1} + \binom{m+n-1}{n} x^{m-1} y^n + \cdots + y^{m+n-1} = 0,$$

weil jeder Term ein Vielfaches von x^m oder y^n ist.

Ist nun $\overline{x} \in R/r(0)$ nilpotent, d.h. $\overline{x}^n = \overline{0}$, so folgt für jeden Repräsentanten $x \in \overline{x}$, daß $x^n \in r(0)$ ist und somit $(x^n)^k = 0$ für ein $k > 0$. Dann ist aber auch $x \in r(0)$ und somit $\overline{x} = \overline{0}$.

(5.23) BEISPIEL. Sei $R = \mathbb{Z}/(n)$ und $n = p_1^{k_1} \cdots p_s^{k_s}$ die Primfaktorzerlegung von n. Dann ist $r(0) = (p_1 p_2 \cdots p_s)$ und $R/r(0) \cong \mathbb{Z}/(p_1 \cdots p_s)$.

BEWEIS. Sei $a \in R$. Dann ist $\bar{a}^k = 0$ nur dann möglich, wenn jedes p_i ein Teiler von a ist.

(5.24) DEFINITION. Unter dem *Radikal* $r(I)$ eines Ideals I eines KRE R versteht man die Menge aller $x \in R$, für welche eine geeignete Potenz x^n, $n > 0$, in I liegt. Speziell nennt man $r(0)$ das *Nilradikal* von R.

(5.25) Satz. *Das Radikal $r(I)$ ist ein Ideal, welches I umfaßt.*

BEWEIS. Sei $\pi : R \to R/I$ der kanonische Epimorphismus. Dann ist $\pi(r(I))$ die Menge aller nilpotenten Elemente von R/I und daher ein Ideal. Daher ist das Urbild $r(I)$ ein Ideal in R, welches I umfaßt.

(5.26) DEFINITION. Sei $I \neq (1)$ ein Ideal in $\mathbb{C}[X_1, \ldots, X_n]$. Dann nennt man die Menge $\underline{V}(I)$ aller Elemente $c = (c_1, \ldots, c_n) \in \mathbb{C}^n$ mit $f(c) = 0$ für alle $f \in I$, die *Nullstellenmenge* des Ideals I.

(5.27) Hilbert'scher Nullstellensatz für Ideale. *Für jedes Ideal $I \neq (1)$ von $\mathbb{C}[X_1, \ldots, X_n]$ ist die Nullstellenmenge $\underline{V}(I) \neq \emptyset$.*

BEWEIS. Jedes Ideal $I \neq (1)$ liegt in mindestens einem maximalen Ideal M_c. Nach (5.7) ist $\underline{V}(M_c) = \{c\} \neq \emptyset$. Daher ist $c \in \underline{V}(I)$ und $\underline{V}(I) \neq \emptyset$.

(5.28) DEFINITION. Sei S eine Teilmenge von $\mathbb{C}^n$. Dann heißt die Menge $\underline{I}(S)$ aller $F \in \mathbb{C}[X_1, \ldots, X_n]$ mit $F(x_1, \ldots, x_n) = 0$ für alle $x = (x_1, \ldots, x_n) \in S$ das *Verschwindungsideal von S*.

(5.29) Satz. *Für jedes echte Ideal I in $\mathbb{C}[X_1, \ldots, X_n]$ ist das Radikal $r(I)$ gegeben durch*

$$r(I) = \underline{I}(\underline{V}(I)).$$

BEWEIS. Sei $f \in r(I)$. Dann ist $f^n \in I$ für ein $n > 0$ und daher $f^n = 0$ auf $\underline{V}(I)$. Dann ist aber auch $f = 0$ auf $\underline{V}(I)$ und somit $f \in \underline{I}(\underline{V}(I))$. Also gilt $r(I) \subseteq \underline{I}(\underline{V}(I))$.

Sei umgekehrt $F \in \underline{I}(\underline{V}(I))$ und $F \neq 0$. Wir wollen zeigen, daß $F \in r(I)$ ist. Das geschieht mit einem Trick:

Wir betrachten den Polynomring $\mathbb{C}[X_1, \ldots, X_n, T]$ mit einer zusätzlichen Unbestimmten T.

Sei J das von I und $FT - 1$ erzeugte Ideal. Wäre $(x_1, \ldots, x_n, t) \in \mathbb{C}^{n+1}$ Nullstelle von J, so wäre $(x_1, \ldots, x_n) \in \underline{V}(I)$ und daher

$$F(x_1, \ldots, x_n)t - 1 = 0 - 1 = -1.$$

Da $(x_1, \ldots, x_n, t)$ auch Nullstelle von $FT - 1$ ist, wäre das ein Widerspruch.

Das Ideal J kann also keine Nullstellen in $\mathbb{C}^{n+1}$ haben. Nach dem Hilbert'schen Nullstellensatz (5.27) ist das nur möglich, wenn $J = \mathbb{C}[X_1, \ldots, X_n, T]$ ist. Da I endlich erzeugt ist, gibt es eine Darstellung

$$1 = \sum_{i=1}^{s} R_i F_i + S(FT - 1)$$

mit R_i, $S \in \mathbb{C}[X_1, \ldots, X_n, T]$ und $F_i \in I$.

Sei nun $\varphi : \mathbb{C}[X_1, \ldots, X_n, T] \to \mathbb{C}(X_1, \ldots, X_n)$ der Homomorphismus, der alle X_i und alle Elemente von $\mathbb{C}$ festläßt und T in $\frac{1}{F}$ überführt.
Dann ist

$$1 = \varphi(1) = \sum_{i=1}^{s} \varphi(R_i) F_i.$$

Nun ist $\varphi(R_i) = \frac{A_i}{F^{\rho_i}}$ mit $A_i \in \mathbb{C}[X_1, \ldots, X_n]$ und $\rho_i \in \mathbb{N}$, wenn man auf gemeinsamen Nenner bringt.

Sei $\rho = \max \rho_i$.

Dann ist $F^\rho = \sum_{i=1}^{s} (\varphi(R_i) F^\rho) F_i = \sum_{i=1}^{s} A_i F^{\rho - \rho_i} F_i \in (F_1, \ldots, F_s) \subseteq I$ und das bedeutet $F \in r(I)$.

(5.30) Klassische Version des Hilbert'schen Nullstellensatzes. *Seien $f_1, \ldots, f_r$ und g Polynome in $\mathbb{C}[X_1, \ldots, X_n]$. Sei V die gemeinsame Nullstellenmenge von $f_1, \ldots, f_r$ und sei $I = (f_1, \ldots, f_r)$ das von diesen Polynomen erzeugte Ideal.*

Ist $g = 0$ auf V, dann liegt eine geeignete Potenz von g im Ideal I.

BEWEIS. Es ist $V = \underline{V}(I)$ und $g \in \underline{I}(\underline{V}(I)) = r(I)$. Daher existiert $n > 0$ mit $g^n \in I$.

(5.31) Ein triviales Beispiel bilden $f(X,Y) = (X^2 + Y^2 - 1)^3$ und $g(X,Y) = X^2 + Y^2 - 1$ aus $\mathbb{C}[X,Y]$.

Dann ist $V = \underline{V}((f))$ der Einheitskreis $x^2 + y^2 = 1$ in $\mathbb{C}^2$ und $g(x,y) = 0$ auf V. Es liegt z.B. $g^3 \in I = (f)$.

Als weiteres Beispiel sei $f_1(X,Y) = X^3$, $f_2(X,Y) = Y^3$, $f_3(X,Y) = X^2Y^2$ und $g(X,Y) = X + 2Y$ aus $\mathbb{C}[X,Y]$.

Dann ist $V = \{0\}$ und $g(0,0) = 0$. Es gibt also eine Potenz $g^n \in I = (X^3, Y^3, X^2Y^2)$.

Man kann hier $n = 4$ wählen. Denn

$$\begin{aligned}(X+2Y)^4 &= X^4 + 4X^3(2Y) + 6X^2(2Y)^2 + 4X(2Y)^3 + (2Y)^4 \\ &= X \cdot X^3 + 8Y \cdot X^3 + 24X^2Y^2 + 32X \cdot Y^3 + 16Y \cdot Y^3\end{aligned}$$

(5.32) BEISPIEL. Zum Abschluß wollen wir ein Beispiel eines Rings angeben, der *nicht noethersch ist.*

Sei R die Menge aller Folgen $x = (x_0, x_1, x_2, \dots)$ von Elementen $x_i \in \mathbb{Q}$, die ab einem gewissen (von x abhängigen) Index konstant sind, d.h. $x_{n+1} = x_n$ für alle $n \geq n_0$ erfüllen.

R wird ein KRE mit koordinatenweiser Addition und Multiplikation.

Sei M_∞ die Menge der Folgen x, die schließlich 0 sind. Dann ist M_∞ klarerweise ein Ideal. Ist $y \notin M_\infty$, dann ist $y_n = a \neq 0$ für alle $n \geq n_1$. Sei $m = (1, 1, \dots, 1, 0, 0, \dots)$ mit $m_i = 1$ für $i < n_1$ und $m_i = 0$ für $i \geq n_1$. Dann ist $m \in M_\infty$ und $m\left(1 - \frac{y}{a}\right) + \frac{y}{a} = 1$. Daher ist $(M_\infty, y) = R$. Da das für jedes $y \notin M_\infty$ gilt, ist M_∞ maximal.

M_∞ ist nicht endlich erzeugt. Denn wäre $M_\infty = (x^{(1)}, \dots, x^{(k)})$, so gäbe es n_0 mit $x_n^{(j)} = 0$ für $n \geq n_0$ und $j = 1, 2, \dots k$. Dann wäre etwa e_{n_0} mit $e_{n_0 i} = 1$ für $i = n_0$ und 0 sonst, nicht in M_∞, ein Widerspruch.

Alle anderen maximalen Ideale sind gegeben durch M_i, $i = 0, 1, 2, \dots$ bestehend aus allen $x = (x_n) \in R$ mit $x_i = 0$.

IV. Endlich erzeugte abelsche Gruppen und Moduln

Nun machen wir einen Abstecher in die Gruppentheorie und studieren endliche und etwas allgemeiner endlich erzeugte abelsche Gruppen. Wir lassen uns dabei von der Analogie zu endlich-dimensionalen Vektorräumen leiten. Wir zeigen, daß jede solche Gruppe als direktes Produkt zyklischer Gruppen darstellbar ist und überlegen uns, unter welchen Bedingungen eine solche Darstellung eindeutig bestimmt ist. Dann studieren wir als gemeinsame Verallgemeinerung von Vektorräumen und abelschen Gruppen den Begriff des Moduls über einem KRE R. Dies gestattet uns auch, den Ring aller ganzen Elemente eines Oberrings $S \supseteq R$ zu charakterisieren und einige wichtige Eigenschaften abzuleiten.

1. Endlich erzeugte abelsche Gruppen.

Wir haben uns bis jetzt mit Ringen und Körpern beschäftigt, wo die Operationen der Addition und Multiplikation auf mehr oder weniger „natürliche“ Weise definiert waren. Nun wollen wir den zugrunde liegenden Sachverhalt etwas abstrakter fassen. Wir können die Zuordnung, die je zwei Elementen x und y aus X die Summe $x + y$ oder das Produkt xy zuordnet, als eine Abbildung vom kartesischen Produkt $X \times X$ in X auffassen. Wir wollen nun solche Abbildungen studieren, die analoge Eigenschaften wie die übliche Addition und Multiplikation besitzen. Wir schreiben dabei vorläufig das Bild von $(x, y) \in X \times X$ unter dieser Abbildung als $x \circ y$ und bezeichnen es als Verknüpfung von x und y.

(1.1) Definition. Unter einer *Gruppe* G versteht man eine nicht leere Menge, auf welcher eine Verknüpfung $x \circ y$ für alle $x, y \in G$ definiert ist, welche assoziativ ist, d.h.

$$(x \circ y) \circ z = x \circ (y \circ z) \text{ für alle } x, y, z \in G$$

erfüllt, ein neutrales Element e besitzt mit

$$e \circ x = x \circ e = x \text{ für alle } x \in G$$

und für jedes $x \in G$ ein zu x inverses Element x^{-1} besitzt mit

$$x^{-1} \circ x = x \circ x^{-1} = e.$$

Die Gruppe G heißt *abelsch* oder *kommutativ*, wenn überdies

$$x \circ y = y \circ x \text{ für alle } x, y \in G$$

erfüllt ist.

Das neutrale Element e ist dabei eindeutig bestimmt.
Denn ist $\overline{e}$ ein beliebiges neutrales Element, d.h. $\overline{e} \circ x = x \circ \overline{e} = x$ für alle $x \in G$, so gilt das speziell für $x = e$ und liefert $\overline{e} \circ e = e \circ \overline{e} = e$. Die linke Seite ist aber, weil e neutral ist, gleich $\overline{e}$. Somit ist $\overline{e} = e$.

Außerdem ist x^{-1} eindeutig bestimmt. Denn ist $\overline{x}$ ebenfalls inverses Element von x, d.h. $\overline{x} \circ x = x \circ \overline{x} = e$, so folgt

$$\overline{x} = e \circ \overline{x} = (x^{-1} \circ x) \circ \overline{x} = x^{-1} \circ (x \circ \overline{x}) = x^{-1} \circ e = x^{-1}.$$

Beispiele für abelsche Gruppen sind die Menge aller Elemente $x \neq 0$ eines Körpers bezüglich der Multiplikation als Verknüpfung oder die Menge aller Elemente eines Ringes bezüglich der Addition als Verknüpfung.

Wir wollen in diesem Kapitel ausschließlich *abelsche Gruppen* untersuchen. Während man bei beliebigen Gruppen die Verknüpfung üblicherweise als Multiplikation bezeichnet und die oben eingeführte multiplikative Schreibweise wählt, ist es für unsere Zwecke vorteilhafter, die Verknüpfung $x \circ y$ als Addition zu schreiben, d.h. $x \circ y = x + y$ zu setzen, das neutrale Element als 0 und das inverse Element als $(-x)$ zu bezeichnen. Das ändert natürlich nichts am abstrakten Charakter der Verknüpfung, suggeriert jedoch eine Analogie zum Begriff des Vektorraumes, die sich als sehr nützlich erweist. Ist nämlich x ein Element einer abelschen Gruppe G, wo die Verknüpfung als Addition geschrieben wird, so liegen auch die Elemente $x + x, x + x + x, \ldots$ in G. Es ist zweckmäßig, diese Elemente als $2x, 3x, \ldots$ zu bezeichnen. Setzt man $1 \cdot x = x$ und $0 \cdot x = 0$, so liegen also alle Elemente nx in G mit $n \in \mathbb{N}$. Wegen $x + (-x) = 0$ ist auch $x + x + (-x) + (-x) = 2x + 2(-x) = 0$, d.h. $2(-x) = -2x$, $3(-x) = -3x$, usw. Wir definieren daher $(-n)x = -(nx)$ und haben somit für jedes $n \in \mathbb{Z}$ und $x \in G$ ein „Produkt" $nx \in G$ definiert.

Wir können dann abelsche Gruppen auch folgendermaßen beschreiben:

(1.2) Alternativdefinition für abelsche Gruppen. Unter einer *abelschen Gruppe G (in additiver Schreibweise)* versteht man eine Menge G mit folgenden Eigenschaften:

(1) Für je zwei Elemente $x, y \in G$ ist eine Verknüpfung $x + y$ definiert.
(2) $x + y = y + x$ für alle x, y.
(3) $x + (y + z) = (x + y) + z$ für alle x, y, z.
(4) Es existiert ein Element 0 mit $x + 0 = x$ für alle x.
(5) Zu jedem x existiert $(-x)$ mit $x + (-x) = 0$.
(6) Für alle $n \in \mathbb{Z}$ und $x \in G$ ist ein Element $nx \in G$ definiert.
(7) $n_1(n_2x) = (n_1n_2)x$.
(8) $(n_1 + n_2)x = n_1x + n_2x$.
(9) $n(x_1 + x_2) = nx_1 + nx_2$.
(10) $1 \cdot x = x$.

Ersetzt man in 6) – 10) den Ring $\mathbb{Z}$ durch einen Körper K, so sind das genau die Vektorraum–Axiome.

Wir werden daher vermuten, daß die *Theorie der abelschen Gruppen viele Analogien zur Theorie der Vektorräume* aufweisen wird. Wir wollen nun diese Analogien genauer studieren.

Zunächst aber einige Beispiele:

Wir wissen, daß jeder Ring eine abelsche Gruppe bildet, wenn man nur die Addition betrachtet und die Multiplikation sozusagen vergißt.

Daher sind insbesondere $\mathbb{Z}, (0)$ und $\mathbb{Z}/n\mathbb{Z}$ für $n \geqslant 2$ abelsche Gruppen.

Weitere Beispiele ergeben sich aus

(1.3) Satz. *Seien $G_1, \ldots, G_s$ abelsche Gruppen. Dann bildet auch das kartesische Produkt $G_1 \times \cdots \times G_s$ eine abelsche Gruppe, wenn man für $x = (x_1, \ldots, x_s)$ und $y = (y_1, \ldots, y_s)$ die Addition durch*

$$x + y = (x_1 + y_1, \ldots, x_s + y_s),$$

also koordinatenweise definiert.

Beweis. Das ist klar. Es ist dann $0 = (0, \ldots, 0)$ und $-x = (-x_1, \ldots, -x_s)$.

Somit ist jedes kartesische Produkt $G = G_1 \times \cdots \times G_n$, wobei $G_i = \mathbb{Z}$ oder $\mathbb{Z}/n\mathbb{Z}$ ist, eine abelsche Gruppe.

Es wird sich zeigen, daß alle endlich–erzeugten abelschen Gruppen, die das Analogon der endlich–dimensionalen Vektorräume bilden, von dieser Gestalt sind.

Besonders wichtig sind die Gruppen der Gestalt $\mathbb{Z}^n = \mathbb{Z} \times \cdots \times \mathbb{Z}$, also das n–fache kartesische Produkt von $\mathbb{Z}$ mit sich selbst. Es ist dann $\mathbb{Z}^1 = \mathbb{Z}$ und unter $\mathbb{Z}^0$ verstehen wir die Gruppe (0), die nur aus dem neutralen Element besteht.

Bei Vektorräumen spielt der Begriff der *linearen Abbildung* eine große Rolle. Eine Abbildung $\varphi : V \to W$ heißt linear, wenn $\varphi(x + y) = \varphi(x) + \varphi(y)$ und $\varphi(\lambda x) = \lambda\varphi(x)$ für alle $x, y \in V$ und $\lambda \in K$ erfüllt ist.

Für abelsche Gruppen hat man stattdessen den Begriff des *(Gruppen–) Homomorphismus.*

(1.4) Definition. Seien G_1 und G_2 abelsche Gruppen. Eine Abbildung $\varphi : G_1 \to G_2$ heißt *Homomorphismus*, wenn $\varphi(x + y) = \varphi(x) + \varphi(y)$ für alle $x, y \in G_1$ erfüllt ist.

Das Analogon zur zweiten Bedingung bei Vektorraumhomomorphismen, nämlich $\varphi(nx) = n\varphi(x)$ für $n \in \mathbb{Z}$, braucht dabei nicht extra gefordert zu werden, weil es von selbst erfüllt ist.

Es ist nämlich $\varphi(0) = \varphi(0 + 0) = \varphi(0) + \varphi(0)$.
Addiert man rechts und links $-\varphi(0)$, so folgt $0 = \varphi(0)$.
Daher ist $\varphi(0 \cdot x) = \varphi(0) = 0 = 0 \cdot \varphi(x)$.

Für $n > 0$ ist

$$\varphi(nx) = \varphi(x + \cdots + x) = \varphi(x) + \cdots + \varphi(x) = n\varphi(x).$$

Schließlich folgt aus

$$\varphi(-x) + \varphi(x) = \varphi(-x + x) = \varphi(0) = 0,$$

daß $\varphi(-x) = -\varphi(x)$ ist.

(1.5) BEMERKUNG. Wir sprechen kurz von Homomorphismus, Isomorphismus und dgl., wenn es genauer Ringhomomorphismus, Gruppenhomomorphismus etc. heißen sollte.

Ist allgemeiner irgendeine algebraische „Struktur" gegeben, so nennt man die „strukturbewahrenden" Abbildungen Homomorphismen bezüglich dieser Struktur.

Aus dem Zusammenhang ist immer klar, welche Art von Homomorphismus jeweils gemeint wird.

(1.6) BEISPIEL. Jeder Homomorphismus $\varphi : \mathbb{Z} \to \mathbb{Z}$ der abelschen Gruppe $\mathbb{Z}$ hat die Gestalt $\varphi(n) = an$, wobei $a = \varphi(1) \in \mathbb{Z}$ ist.

Der Beweis ist klar, weil $\varphi(n) = \varphi(1 + \cdots + 1) = n\varphi(1)$ gilt.

(1.7) BEMERKUNG. Wegen $\varphi(1) = 1$ ist die identische Abbildung der einzige Ring-Homomorphismus von $\mathbb{Z}$ in sich. Es gibt daher, wegen der einfacheren Struktur, wesentlich mehr Gruppenhomomorphismen von $\mathbb{Z}$ in sich als Ringhomomorphismen.

(1.8) BEISPIEL. Jeder Homomorphismus $\varphi : \mathbb{Z}^m \to \mathbb{Z}^n$ der Gruppe $\mathbb{Z}^m$ in die Gruppe $\mathbb{Z}^n$ hat die Gestalt $\varphi(x) = Ax$, wobei $A = (a_{ij})$ eine ganzzahlige $(n \times m)$-Matrix ist. Umgekehrt definiert jede solche Matrix einen Gruppenhomomorphismus.

BEWEIS. Wir schreiben jedes Element $x \in \mathbb{Z}^m$ als $(m \times 1)$-Matrix, d.h. als Spaltenvektor $x = \begin{pmatrix} x_1 \\ \vdots \\ x_m \end{pmatrix}$ mit $x_i \in \mathbb{Z}$.

Dann ist $x = x_1 \begin{pmatrix} 1 \\ 0 \\ \vdots \\ 0 \end{pmatrix} + \cdots + x_m \begin{pmatrix} 0 \\ 0 \\ \vdots \\ 1 \end{pmatrix} = x_1 e_1 + \cdots + x_m e_m$, weil die Addition in $\mathbb{Z}^m$ koordinatenweise definiert ist. Daher ist

$$\varphi(x) = x_1\ \varphi(e_1) + \cdots + x_m\ \varphi(e_m).$$

Setzt man $\varphi(e_j) = \begin{pmatrix} a_{1j} \\ \vdots \\ a_{nj} \end{pmatrix} \in \mathbb{Z}^n$, so ist $\varphi(x) = Ax$ mit $A = (a_{ij})$.

Die Umkehrung ist klar.

Eine Teilmenge M eines Vektorraumes V heißt *linearer Teilraum*, wenn sie mit den algebraischen Operationen von V selbst einen Vektorraum bildet, wenn also mit $m_1, m_2 \in M$ auch $m_1 + m_2 \in M$ und mit $m \in M$ und $\lambda \in K$ auch $\lambda m \in M$ ist. Analog dazu definieren wir:

(1.9) DEFINITION. Eine nicht leere Teilmenge H einer abelschen Gruppe G heißt *Untergruppe von G*, in Zeichen $H \leq G$, wenn sie mit den Operationen von G selbst eine (abelsche) Gruppe bildet.

Das bedeutet, daß mit $a, b \in H$ auch $a + b \in H$ und mit $a \in H$ und $n \in \mathbb{Z}$ auch $na \in H$ ist.

Die zweite Eigenschaft ist bereits erfüllt, wenn sie für $n = -1$ gilt. Beide Eigenschaften zusammen können kurz durch "$a, b \in H$ impliziert $a - b \in H$" beschrieben werden.

Denn ist diese Bedingung erfüllt, so ist $0 = a - a \in H$ und mit jedem $b \in H$ auch $-b = 0 - b \in H$. Somit ist auch $a + b = a - (-b) \in H$ und $na \in H$ für alle $n \in \mathbb{Z}$.

(1.10) Satz. *Eine nicht leere Teilmenge $H \subseteq G$ ist genau dann eine Untergruppe der abelschen Gruppe G, wenn mit $a, b \in H$ auch $a - b \in H$ ist.*

(1.11) BEISPIEL. Die Untergruppen von $\mathbb{Z}$ sind die Mengen

$$H = a\mathbb{Z} = \{an : n \in \mathbb{Z}\} \text{ mit } a \in \mathbb{N}.$$

BEWEIS. Da mit jedem $a \in H$ auch $na \in H$ ist, ist jede Untergruppe H sogar ein Ideal im Ring $\mathbb{Z}$ und die Ideale haben die obige Gestalt.

Mit einem analogen Beweis folgt

(1.12) Satz. *Die Untergruppen von $\mathbb{Z}/n\mathbb{Z}$ sind die Mengen $d\mathbb{Z}/n\mathbb{Z}$ mit $d \mid n$.*
Jede abelsche Gruppe hat die trivialen Untergruppen (0) und G selbst.
Ist p eine Primzahl, dann hat $\mathbb{Z}/p\mathbb{Z}$ nur die trivialen Untergruppen.

(1.13) Satz. *Ist $H \leq G$, so ist die Abbildung $\iota : H \to G$, die jedem $h \in H$ dasselbe Element $\iota(h) = h$ zuordnet, jedoch aufgefaßt als Element von G, ein Homomorphismus, der klarerweise injektiv ist. Er heißt die kanonische Einbettung von H in G.*

Als nächstes wollen wir die *Kongruenzrelationen* $a \equiv b$ auf G untersuchen, d.h. diejenigen Äquivalenzrelationen auf G, die mit den Gruppenoperationen verträglich sind, d.h. mit $a_1 \equiv b_1$ und $a_2 \equiv b_2$ auch $a_1 + a_2 \equiv b_1 + b_2$ und $-a_1 \equiv -b_1$ erfüllen.

Ist so eine Kongruenzrelation gegeben, so können wir sie (wie im Fall von Ringen) als *neuen Gleichheitsbegriff* auf G interpretieren, bezüglich dessen G wieder eine Gruppe bildet. Wir können dann die „gleichen“ Elemente jeweils zu Klassen zusammenfassen, die wir auch als *Restklassen* oder *Nebenklassen* bezeichnen wollen.

Ist $a \equiv b$ eine Kongruenzrelation auf G und H die Menge aller Elemente $h \in G$ mit $h \equiv 0$, dann ist mit $h_1, h_2 \in H$ auch $h_1 - h_2 \in H$. Daher ist H eine Untergruppe.

Ist umgekehrt H eine Untergruppe und setzt man $a \equiv b$, wenn $b - a \in H$ ist, so ist das eine Kongruenzrelation. Die Nebenklasse aller Elemente x, die zu einem festen Element a kongruent sind, hat die Gestalt $\overline{a} = a + H = \{a + h : h \in H\}$.

Es ist klar, daß zwei Nebenklassen entweder identisch oder disjunkt sind. Denn ist $x \in (a + H) \cap (b + H)$, dann ist $x = a + h_1 = b + h_2$ und somit

$$a + h = a + h_1 + (h - h_1) = b + h_2 + (h - h_1),$$

d.h. $a + H \subseteq b + H$. Vertauscht man die Rollen von a und b, so folgt $a + H = b + H$.

Es ist klar, daß für $a \in \overline{a}$ und $b \in \overline{b}$ gilt $a + b \ \in \overline{a + b}$.

Es gilt aber sogar $(a + H) + (b + H) = (a + b + H)$, wenn man unter $A + B$ für zwei Teilmengen $A, B \subseteq G$ die Menge $A + B = \{a + b : a \in A, b \in B\}$ versteht.
Denn jedes Element $a + b + h$ kann als Summe dargestellt werden, z. B. als $(a + 0) + (b + h)$.

Genauso gilt $-(a + H) = \{-a - h, h \in H\} = (-a + H)$.

(1.14) Satz. *Ist $a \equiv b$ eine Kongruenzrelation auf der abelschen Gruppe G, so gibt es eine eindeutig bestimmte Untergruppe H, so daß $a \equiv b$ gleichbedeutend mit $b - a \in H$ ist. Umgekehrt definiert jede Untergruppe H auf diese Weise eine Kongruenzrelation auf G. Die Menge der Nebenklassen $x + H$ bildet selbst eine Gruppe, die Faktorgruppe G/H.*

Die Abbildung $\pi : G \to G/H$, die jedem Element $x \in G$ die Nebenklasse $x + H$ zuordnet, ist ein surjektiver Homomorphismus, die kanonische Projektion von G auf G/H. Sie kann auch interpretiert werden als „identische" Abbildung $\pi(g) = g$, wobei das Bildelement mit der Gleichheitsrelation von G/H versehen ist.

(1.15) Beispiel. Für $G = \mathbb{Z}, H = m\mathbb{Z}$ erhalten wir als Faktorgruppe wieder $\mathbb{Z}/m\mathbb{Z}$, aufgefaßt als abelsche Gruppe bezüglich der Addition.

(1.16) Definition. Sei $\varphi : G_1 \to G_2$ ein Homomorphismus. Unter dem *Kern von* φ versteht man die Untergruppe $\operatorname{Ker}\varphi = \varphi^{-1}(0)$ von G_1. Unter dem *Bild von* φ versteht man die Untergruppe $\operatorname{Im}\varphi$ von G_2, die aus allen Elementen $y \in G_2$ besteht, für die ein $x \in G_1$ existiert mit $y = \varphi(x)$.

Dabei ist klar, daß $\operatorname{Im}\varphi$ eine Untergruppe ist. Denn ist $y_1 = \varphi(x_1)$, $y_2 = \varphi(x_2)$, so ist $y_1 - y_2 = \varphi(x_1 - x_2)$.

(1.17) Definition. Ist $\varphi : G_1 \to G_2$ ein bijektiver Homomorphismus, d.h. ist $\operatorname{Ker}\varphi = (0)$ und $\operatorname{Im}\varphi = G_2$, so ist $\varphi^{-1} : G_2 \to G_1$ wieder ein Homomorphismus. Wir nennen φ dann einen *(Gruppen-)Isomorphismus* und sagen, daß G_1 und G_2 (als abelsche Gruppen) isomorph sind, in Zeichen $G_1 \cong G_2$.

Vom abstrakten Standpunkt aus sind G_1 und G_2 als abelsche Gruppen „identisch".

(1.18) Satz. *Jeder Homomorphismus $\varphi : G_1 \to G_2$ besitzt eine kanonische Zerlegung der Gestalt*

$$\begin{array}{ccc} G_1 & \xrightarrow{\varphi} & G_2 \\ {\scriptstyle\pi}\downarrow & & \uparrow{\scriptstyle\iota} \\ G_1/\operatorname{Ker}\varphi & \xrightarrow[\hat{\varphi}]{} & \operatorname{Im}\varphi \end{array}$$

Dabei ist π die kanonische Projektion, ι die kanonische Einbettung und $\hat{\varphi}$ ein Isomorphismus. Insbesondere gilt

$$G_1/\operatorname{Ker}\varphi \cong \operatorname{Im}\varphi.$$

BEWEIS. Wir können φ als surjektive Abbildung von G_1 auf $\operatorname{Im}\varphi$ interpretieren. Durch $\varphi(x_1) = \varphi(x_2)$ wird dann eine Kongruenzrelation $x_1 \equiv x_2$ auf G_1 definiert, die mit der Nebenklassenbildung modulo $\operatorname{Ker}\varphi$ übereinstimmt. Sie induziert daher eine Bijektion von $G_1/\operatorname{Ker}\varphi$ mit $\operatorname{Im}\varphi$.

(1.19) BEISPIEL. Sei $\varphi : \mathbb{Z}^2 \to \mathbb{Z}$ definiert durch $\varphi(x, y) = x$.
Dann ist $\operatorname{Ker}\varphi = H = \{(0, y) : y \in \mathbb{Z}\}$.
Jede Nebenklasse hat die Gestalt $(x, 0) + H$.
Die Zuordnung $(x, 0) + H \to x$ ist ein Isomorphismus von $\mathbb{Z}^2/H$ mit $\mathbb{Z}$.

(1.20) DEFINITION. Ist G eine endliche Gruppe, so nennt man die Anzahl $|G|$ der Elemente von G die *Ordnung* $(G : 1)$ von G. Ist H eine Untergruppe der abelschen Gruppe G, so bezeichnet man die Ordnung der Faktorgruppe G/H mit $|G/H| = (G : H)$.

(1.21) Satz. *Für jede endliche abelsche Gruppe G und jede Untergruppe H von G gilt $(G : 1) = (G : H)(H : 1)$.*

BEWEIS. Jede Nebenklasse $x + H$ besitzt genau $|H| = (H : 1)$ Elemente. Da es $(G : H)$ Nebenklassen gibt und alle disjunkt sind, ist $(G : H)(H : 1) = (G : 1)$, wie behauptet.

Eine unmittelbare Folgerung ist

(1.22) Satz von Lagrange. *Sei G eine endliche abelsche Gruppe. Dann ist die Ordnung jeder Untergruppe H von G ein Teiler der Gruppenordnung.*

(1.23) Satz. *Sei $\varphi : \mathbb{Z}^n \to \mathbb{Z}^n$ ein Homomorphismus, der durch die $(n \times n)$-Matrix A gegeben ist. Er ist genau dann ein Isomorphismus, wenn $\det A = \pm 1$ ist.*

BEWEIS. Sei φ ein Isomorphismus und $\varphi(x) = Ax$ und $\varphi^{-1}(y) = By$. Wegen $\varphi\varphi^{-1} = \varphi^{-1}\varphi = id$ ist $BA = AB = I_n$ die Einheitsmatrix in $\mathbb{Z}^n$.
Daher gilt $\det A \cdot \det B = \det(AB) = \det I_n = 1$.
Da $\det A \in \mathbb{Z}$ und $\det B \in \mathbb{Z}$, ist das nur für $\det A = \pm 1$ möglich.

Ist umgekehrt $\det A = \pm 1$, dann ist A^{-1} eine ganzzahlige Matrix.
Denn ist A_{ij} die Matrix, die aus A durch Streichung der i-ten Zeile und j-ten Spalte entsteht und $adj A$ die Adjungierte von A, deren (i,j)-tes Element $(-1)^{i+j} \det A_{ji}$ ist, so ist bekanntlich

$$A^{-1} = \frac{1}{\det A}(adj A).$$

Da $adj A$ ganzzahlige Elemente hat und $\det A = \pm 1$ ist, hat A^{-1} ganze Zahlen als Elemente und definiert daher einen Automorphismus von $\mathbb{Z}^n$.

(1.24) Satz. *Die abelschen Gruppen $\mathbb{Z}^m$ und $\mathbb{Z}^n$ sind genau dann isomorph, wenn $m = n$ ist.*

BEWEIS. Sei $\varphi : \mathbb{Z}^m \to \mathbb{Z}^n$ ein Isomorphismus und sei o. B. d. A. $m > n$. Dann gibt es eine $(n \times m)$-Matrix A und eine $(m \times n)$-Matrix B mit ganzzahligen Elementen, so daß $\varphi(x) = Ax$ und $\varphi^{-1}(y) = By$ gilt.
Dabei ist $BA = I_m$ und $AB = I_n$.
Wir ergänzen A zu einer $(m \times m)$-Matrix A' durch Anfügen von $m - n$ Nullzeilen und ebenso B zu B' durch Einfügen von $m - n$ Nullspalten. Dann ist

$$B'A' = \begin{pmatrix} b_{11} \dots b_{1n} & 0 \cdots 0 \\ & \vdots \\ b_{m1} \cdots b_{mn} & 0 \cdots 0 \end{pmatrix} \begin{pmatrix} a_{11} & \cdots & a_{1m} \\ \cdots & & \\ a_{n1} & \cdots & a_{nm} \\ 0 & \cdots & 0 \\ 0 & \cdots & 0 \end{pmatrix} = I_m.$$

Wegen $\det A' = \det B' = 0$ würde daraus folgen

$$0 = \det(B'A') = \det I_m = 1.$$

Dieser Widerspruch zeigt, daß $m = n$ sein muß.

(1.25) BEMERKUNG. Man hätte dieses Resultat auch folgendermaßen erhalten können:

Sei $\varphi : \mathbb{Z}^m \to \mathbb{Z}^n$ ein Isomorphismus.

Sei $H = 2\mathbb{Z}^m$ die Untergruppe von $\mathbb{Z}^m$, die aus allen Vektoren mit geradzahligen Elementen besteht. Dann ist $\varphi(H) = 2\mathbb{Z}^n$.

Denn $\varphi(2x) = \varphi(x + x) = \varphi(x) + \varphi(x) = 2\varphi(x) \in 2\mathbb{Z}^n$. Ist $y \in 2\mathbb{Z}^n$ beliebig, so ist $y = 2y_1$ mit $y_1 \in \mathbb{Z}^n$. Da φ surjektiv ist, ist $y_1 = \varphi(x_1)$ für ein $x_1 \in \mathbb{Z}^m$. Daher gilt $y = y_1 + y_1 = \varphi(x_1) + \varphi(x_1) = \varphi(x_1 + x_1) = \varphi(2x_1) \in \varphi(H)$.

Nun ist $\mathbb{Z}^n/2\mathbb{Z}^n \cong (\mathbb{Z}/2\mathbb{Z})^n$, da jede Restklasse $\bmod 2\mathbb{Z}^n$ einen Repräsentanten enthält, dessen Elemente 0 und 1 sind.
Der Kern der Abbildung $\mathbb{Z}^m \underset{\varphi}{\to} \mathbb{Z}^n \to \mathbb{Z}^n/2\mathbb{Z}^n$ ist $2\mathbb{Z}^m$.
Somit gibt es einen Isomorphismus

$$\varphi : \mathbb{Z}^m/2\mathbb{Z}^m \to \mathbb{Z}^n/2\mathbb{Z}^n.$$

Die beiden Gruppen müssen daher insbesondere gleich viele Elemente besitzen. Es muß also $2^m = 2^n$ sein und daher auch $m = n$.

(1.26) DEFINITION. Die abelsche Gruppe $\mathbb{Z}^n$ (und natürlich auch jede dazu isomorphe Gruppe G) heißt *freie abelsche Gruppe vom Rang n.*

Nach diesen Überlegungen wollen wir uns nun der Frage zuwenden, wie abelsche Gruppen *explizit* aussehen können.

Im Fall von Vektorräumen wissen wir folgendes:

Ist V ein Vektorraum über dem Körper K und $X \subseteq V$ eine beliebige Teilmenge, so gibt es einen kleinsten Vektorraum $\langle X \rangle \subseteq V$, der X umfaßt. Er besteht aus allen endlichen Linearkombinationen $\sum \lambda_i x_i$ mit $\lambda_i \in K$ und $x_i \in X$. Für $X = \emptyset$ reduziert sich diese Menge auf das Nullelement 0.

Ist $\langle X \rangle = V$, so heißt X ein *Erzeugendensystem* für V. Ist $|X| < \infty$, so heißt X endlichdimensional. Es gilt dann $V \cong K^n$ für ein eindeutig bestimmtes $n \in \mathbb{N}$. Die Dimension n von V fällt mit der Anzahl der Elemente einer Basis von V zusammen. Eine Basis ist ein linear unabhängiges Erzeugendensystem.

(1.27) Satz. *Für jede Teilmenge X einer abelschen Gruppe G gibt es eine kleinste Untergruppe $\langle X \rangle$ von G, welche alle Elemente $x \in X$ enthält. Man nennt sie die von X erzeugte Untergruppe.*

BEWEIS. Ein reiner Existenzbeweis kann folgendermaßen geführt werden: Man betrachte die Menge S aller Untergruppen H von G, die X enthalten. Diese Menge ist nicht leer, weil jedenfalls $G \in S$ ist. Nun ist der Durchschnitt beliebig vieler Untergruppen wieder eine Untergruppe.

Daher ist $\bigcap_{H \in S} H$ eine Untergruppe und offenbar die kleinste Untergruppe, die X umfaßt. Sie ist also unsere gesuchte Untergruppe $\langle X \rangle$.

Das ist die sogenannte *Bildhauermethode.* Aus ihr ist nicht unmittelbar ersichtlich, wie $\langle X \rangle$ konkret aussieht.

(1.28) Satz. *Die von X erzeugte Untergruppe $\langle X \rangle$ besteht aus allen endlichen Linearkombinationen*

$$\sum n_i x_i, \quad n_i \in \mathbb{Z}, \quad x_i \in X.$$

Sie reduziert sich auf das neutrale Element 0, falls $X = \emptyset$ ist.

BEWEIS. Es ist klar, daß $\langle X \rangle$ jede solche endliche Linearkombination enthalten muß. Andererseits bildet die Menge aller solchen Linearkombinationen aber bereits eine Gruppe, die also mit $\langle X \rangle$ übereinstimmen muß.

(1.29) DEFINITION. Sei $X \subseteq G$. Ist $\langle X \rangle = G$, so heißt X ein *Erzeugendensystem* für G. Ist $|X| < \infty$, so heißt G *endlich erzeugt.*

(1.30) Satz. *Jede endlich erzeugte abelsche Gruppe G läßt sich als homomorphes Bild einer freien abelschen Gruppe $\mathbb{Z}^n$ darstellen.*

BEWEIS. Sei $X = \{a_1, \ldots, a_n\}$ ein endliches Erzeugendensystem für G und $\{e_1, \ldots, e_n\}$ die kanonische Basis von $\mathbb{Z}^n$. Dann ist die Abbildung $\varphi : \mathbb{Z}^n \to G$ durch $\varphi(e_i) = a_i, i = 1, \ldots, n$, eindeutig festgelegt und ein Homomorphismus, der wegen $\langle X \rangle = G$ surjektiv ist. Daher gilt

$$G \cong \mathbb{Z}^n / \operatorname{Ker} \varphi.$$

Dieser Satz ist der Ausgangspunkt für eine konkrete Darstellung der endlich-erzeugten Gruppen.

Zunächst wollen wir jedoch eine Charakterisierung der freien Gruppen geben.

(1.31) DEFINITION. Eine Menge $X = \{a_1, \ldots, a_s\} \subseteq G$ heißt *unabhängig*, wenn es keine nichttriviale Linearkombination $\sum_{i=1}^{s} n_i a_i$ mit $n_i \in \mathbb{Z}$ gibt, die 0 ist.

Anders ausgedrückt: X ist unabhängig, wenn aus $\sum_{i=1}^{s} n_i a_i = 0$ folgt $n_i = 0$, $i = 1, 2, \ldots, s$.

Die Menge X heißt *Basis* von G, wenn sie G erzeugt und unabhängig ist.

(1.32) Satz. *Eine abelsche Gruppe G ist genau dann frei und isomorph zu $\mathbb{Z}^n$, wenn sie eine Basis $\{a_1, \ldots, a_n\}$ besitzt.*

BEWEIS. $\mathbb{Z}^n$ besitzt $\{e_1, \ldots, e_n\}$ als Basis. Ist $\varphi : \mathbb{Z}^n \to G$ ein Isomorphismus, dann ist auch $\{\varphi(e_1), \ldots, \varphi(e_n)\}$ eine Basis, weil

$$\Sigma n_i \varphi(e_i) = 0 \text{ gleichbedeutend mit } \Sigma n_i e_i = 0,$$

d.h. mit $n_i = 0$ ist.

Ist umgekehrt $\{a_1, \ldots, a_n\}$ eine Basis, so ist der in (1.30) definierte Homomorphismus injektiv und daher ein Isomorphismus. Denn ist $\Sigma n_i e_i \in \operatorname{Ker} \varphi$, so ist $\Sigma n_i a_i = 0$ und daher alle $n_i = 0$, d.h. $\Sigma n_i e_i = 0$.

(1.33) Satz. *Jede Untergruppe H einer freien Gruppe $\mathbb{Z}^s$ ist wieder frei und ihr Rang ist höchstens gleich s.*

BEWEIS. Für $s = 1$ ist das trivialerweise richtig, weil jede Untergruppe H von $\mathbb{Z}$ die Gestalt $H = a\mathbb{Z}$ hat.
Ist $a = 0$, so ist $H = \mathbb{Z}^0$ und daher frei.
Ist $a \neq 0$, so ist $an = 0$ nur für $n = 0$ möglich und daher ist $a\mathbb{Z}$ frei.

Wir können annehmen, daß der Satz bereits für $\mathbb{Z}^{s-1}$ bewiesen ist. Sei nun H eine Untergruppe von $\mathbb{Z}^s$. Jedes Element $h \in H$ hat die Gestalt

$$h = (h_1, \ldots, h_{s-1}, h_s) = (h_1, \ldots, h_{s-1}, 0) + (0, \ldots, h_s) = k + l.$$

Dabei bilden die Elemente k eine Untergruppe von $\mathbb{Z}^{s-1} \times (0) \cong \mathbb{Z}^{s-1}$ und die Elemente l eine Untergruppe von $(0)^{s-1} \times \mathbb{Z} \cong \mathbb{Z}$.

Nach Voraussetzung gibt es unabhängige Elemente $a_1, \ldots, a_{t-1}$ mit $1 \leq t \leq s$, die die erste Untergruppe erzeugen und ein Element a_t, welches die zweite Untergruppe erzeugt, falls diese $\neq (0)$ ist. Ist sie (0), so kann man die leere Menge als Erzeugendensystem wählen.

Es ist klar, daß im ersten Fall $\{a_1, \ldots, a_{t-1}, a_t\}$ und im zweiten Fall $\{a_1, \ldots, a_{t-1}\}$ unabhängig sind.

Damit ist der Satz bewiesen.

Dieser Satz ist ein Analogon zur Tatsache, daß jeder lineare Teilraum eines n-dimensionalen Vektorraumes ein m-dimensionaler Teilraum mit $m \leq n$ ist.

Nachdem wir einen Überblick über die freien endlich-erzeugten abelschen Gruppen gewonnen haben, wollen wir einen anderen Extremfall untersuchen, nämlich die von einem Element x erzeugten abelschen Gruppen $\langle x \rangle$.

(1.34) DEFINITION. Eine von *einem* Element erzeugte Gruppe $\langle x \rangle$ heißt *zyklische Gruppe.*

(1.35) Satz. *Die einzigen zyklischen Gruppen sind bis auf Isomorphie* (0), $\mathbb{Z}$ *und* $\mathbb{Z}/n\mathbb{Z}$ *für* $n \geq 2$.

BEWEIS. Wir betrachten die Abbildung $\varphi : \mathbb{Z} \to \langle x \rangle$, definiert durch $\varphi(n) = nx$. Dann ist $\langle x \rangle = \operatorname{Im} \varphi \cong \mathbb{Z}/\operatorname{Ker} \varphi \cong \mathbb{Z}/m\mathbb{Z}$ für ein $m \geq 0$.

Sei G eine endliche abelsche Gruppe und $x \in G$. Dann ist auch die von x erzeugte zyklische Gruppe $\langle x \rangle$ endlich. Ihre Ordnung bezeichnet man auch als Ordnung von x. Sie ist die kleinste natürliche Zahl $n \geq 1$ mit $nx = 0$, da die verschiedenen Elemente von $\mathbb{Z}/n\mathbb{Z}$ die Elemente $\overline{1}, \overline{2}, \ldots, \overline{n} = \overline{0}$ sind.

(1.36) Korollar. *Die Ordnung* $\operatorname{ord} x$ *jedes Elements* x *ist ein Teiler der Gruppenordnung.*

BEWEIS. Das folgt aus dem Satz von Lagrange für $H = \langle x \rangle$.

(1.37) Satz. *Die erzeugenden Elemente* $k \in \mathbb{Z}/n\mathbb{Z}$, *d.h. die Elemente* k *mit* $1 \leq k \leq n$ *und* $\langle k \rangle = \mathbb{Z}/n\mathbb{Z}$, *sind genau jene, die relativ prim zu* n *sind.*

BEWEIS. k ist genau dann eine Erzeugende, wenn unter den Elementen $k, 2k, 3k, \ldots$ das Element 1 vorkommt. Denn dann kommen auch alle anderen Elemente vor. Das ist genau dann der Fall, wenn ein i existiert mit $ik = 1$ in $\mathbb{Z}/n\mathbb{Z}$, d.h. wenn i und l existieren mit $ik + ln = 1$ und das wieder bedeutet $k \perp n$.

Wir wollen nun zeigen, daß jede endlich-erzeugte abelsche Gruppe G als kartesisches Produkt von zyklischen Gruppen darstellbar ist.

Das ist dann das genaue Analogon zum Darstellungssatz für endlich-dimensionale Vektorräume V in der Form $V \cong K^n = K \times \cdots \times K$. Denn jeder Faktor K kann als „zyklischer" Vektorraum interpretiert werden, weil $\langle x \rangle := Kx \cong K$ für $x \neq 0$ ist.

Dazu benötigen wir noch den Begriff der Summe von Untergruppen.

Ist V ein Vektorraum und sind M_1 und M_2 lineare Teilräume, so versteht man unter der *Summe* $M_1 + M_2$ den von M_1 und M_2 erzeugten Teilraum $\langle M_1 \cup M_2 \rangle$. Sie besteht aus allen Elementen $m_1 + m_2$ mit $m_i \in M_i$. Die Darstellung $m = m_1 + m_2$ ist genau dann eindeutig, wenn $M_1 \cap M_2 = (0)$ ist. Man nennt dann $M_1 + M_2$ eine *direkte Summe* und deutet das durch die Schreibweise $M_1 \oplus M_2$ an.

Analoges gilt für abelsche Gruppen.

(1.38) Satz. *Seien H_1 und H_2 Untergruppen von G. Dann ist die Summe $H = H_1 + H_2$ die Untergruppe $\langle H_1 \cup H_2 \rangle$, die von $H_1 \cup H_2$ erzeugt wird. Jedes $h \in H$ ist dann von der Gestalt $h = h_1 + h_2$ mit $h_i \in H_i$. Diese Darstellung ist genau dann eindeutig, wenn $H_1 \cap H_2 = (0)$ ist. Wir nennen dann $H_1 + H_2$ eine direkte Summe und deuten das durch die Schreibweise $H_1 \oplus H_2$ an.*

Es ist dann $H_1 \oplus H_2 \cong H_1 \times H_2$.

Beweis. Jedes $h \in H$ hat eine Darstellung $h = h_1 + h_2$ mit $h_1 \in H_1$ und $h_2 \in H_2$, weil Linearkombinationen von Elementen aus H_i wieder in H_i liegen.
Ist $h_1 + h_2 = h_1' + h_2'$, so ist $h_1 - h_1' = h_2' - h_2 \in H_1 \cap H_2$.
Ist $H_1 \cap H_2 = (0)$, so folgt $h_1 = h_1'$ und $h_2 = h_2'$.
Ist $H_1 \cap H_2 \neq (0)$ und $h_0 \neq 0$ aus $H_1 \cap H_2$, so sind $(h_1 + h_0) + h_2 = h_1 + (h_2 + h_0)$ zwei verschiedene Darstellungen desselben Elements.

Sei nun $H_1 \cap H_2 = (0)$ und $\varphi : H_1 \oplus H_2$ in $H_1 \times H_2$ gegeben durch $\varphi(h) = \varphi(h_1 + h_2) = (h_1, h_2)$.

Diese Abbildung ist wegen der Eindeutigkeit der Darstellung wohldefiniert und ein Homomorphismus, der injektiv und surjektiv ist.

(1.39) Beispiele für direkte Summen liefert der chinesische Restsatz III. (3.28).

Sei z. B. $a \perp b$ und $n = ab$.

Dann ist die Zuordnung $i \to (i \mod a, i \mod b)$ ein Ring - und daher umso mehr ein Gruppenisomorphismus von $\mathbb{Z}/n\mathbb{Z}$ auf das kartesische Produkt $\mathbb{Z}/a\mathbb{Z} \times \mathbb{Z}/b\mathbb{Z}$. Entspricht $y_1 \in \mathbb{Z}/n\mathbb{Z}$ dem Paar $(1,0)$ und y_2 dem Element $(0,1)$, so ist die Untergruppe $H_1 : \langle y_1 \rangle$ isomorph zu $\mathbb{Z}/a\mathbb{Z}$ und $H_2 := \langle y_2 \rangle$ isomorph zu $\mathbb{Z}/b\mathbb{Z}$ und $\mathbb{Z}/n\mathbb{Z} \cong H_1 \oplus H_2$.

Es ist klar, daß die Untergruppen von $\mathbb{Z}/n\mathbb{Z}$ mit den Idealen des Rings $\mathbb{Z}/n\mathbb{Z}$ „identisch" sind, weil die Multiplikation hier eine iterierte Addition ist. Man beachte jedoch, daß das Ideal $d(\mathbb{Z}/n\mathbb{Z})$ für $d > 1$ kein KRE ist (weil es kein Einselement besitzt), wohl aber eine Untergruppe von $\mathbb{Z}/n\mathbb{Z}$, die überdies wieder zyklisch ist.

(1.40) Satz. *Sei $d \mid n$. Die Untergruppe $d(\mathbb{Z}/n\mathbb{Z})$ von $\mathbb{Z}/n\mathbb{Z}$ ist isomorph zu $\mathbb{Z}/\frac{n}{d}\mathbb{Z}$.*

Das ist klar. Denn die Vielfachen $d, 2d, \ldots, (\frac{n}{d}-1)d = n-d, \frac{n}{d}d = n = 0$ spannen $d(\mathbb{Z}/n\mathbb{Z})$ auf und die Zuordnung $id \to i$ ist offenbar ein Isomorphismus.

(1.41) Korollar. *Sei $k \in \mathbb{Z}/n\mathbb{Z}$ und $d = \mathrm{ggT}(n,k)$. Dann gilt*

$$k(\mathbb{Z}/n\mathbb{Z}) \cong \mathbb{Z}/\frac{n}{d}\mathbb{Z}.$$

Das folgt sofort aus III.(2.9).

Wir könnten (1.41) auch folgendermaßen formulieren:
Die n Elemente
$0 \bmod n, k \bmod n, 2k \bmod n, \ldots, \ (n-1)k \bmod n$
bestehen aus d Kopien der $\frac{n}{d}$ Elemente
$0, d, 2d, \ldots, (\frac{n}{d}-1)d = n-d$ aus $d\mathbb{Z}/n\mathbb{Z}$,
die eine zyklische Gruppe der Ordnung $\frac{n}{d}$ bilden.

(1.42) Korollar. *Sei $k \in \mathbb{Z}/n\mathbb{Z}$ und $d = \mathrm{ggT}(n,k)$. Dann gilt*

$$(\mathbb{Z}/n\mathbb{Z})/k(\mathbb{Z}/n\mathbb{Z}) \cong (\mathbb{Z}/n\mathbb{Z})/d(\mathbb{Z}/n\mathbb{Z}) \cong \mathbb{Z}/d\mathbb{Z}.$$

Ist speziell p eine Primzahl, dann gilt

$$(\mathbb{Z}/n\mathbb{Z})/p(\mathbb{Z}/n\mathbb{Z}) = \begin{cases} \mathbb{Z}/p\mathbb{Z} & , \text{ wenn } p \mid n \\ (0) & , \text{ wenn } p \nmid n \end{cases}.$$

Um zu dem Darstellungssatz für endlich-erzeugte abelsche Gruppen zu kommen, sehen wir uns noch einmal die Situation bei Vektorräumen an.

Wird V von einer endlichen Menge X erzeugt, dann gibt es auch eine erzeugende Menge B mit minimaler Anzahl $|B|$ von Elementen. Eine solche Menge B ist l.u.a. und daher eine Basis.

Denn gäbe es eine nichttriviale lineare Relation, etwa $\Sigma\lambda_i b_i = 0$ mit $\lambda_1 \neq 0$, so wäre

$$b_1 = -\sum_{i\neq 1} \frac{\lambda_i}{\lambda_1} b_i$$

und daher bereits die kleinere Menge $B \setminus \{b_1\}$ ein Erzeugendensystem.

Bei einer Gruppe ist die Situation nicht so einfach, weil man nicht durch λ_1 dividieren kann. So wird etwa die zyklische Gruppe $\mathbb{Z}/n\mathbb{Z}$ von einem Element 1 erzeugt und trotzdem gibt es die nichttriviale Relation $n \cdot 1 = 0$. Wir müssen daher ein wenig anders vorgehen:

Wir betrachten für eine endlich-erzeugte abelsche Gruppe G alle Erzeugendensysteme mit der Minimalzahl s von Elementen. Gibt es darunter ein unabhängiges Erzeugendensystem, also eine Basis $\{b_1, \ldots, b_s\}$, dann ist nach (1.32) $G \cong \mathbb{Z}$ und wir haben eine Darstellung.

Wenn dieser Fall nicht eintritt, gibt es für jedes Erzeugendensystem F mit (der Minimalzahl von) s Elementen eine nichttriviale Relation

$$n_1 x_1 + \cdots + n_s x_s = 0.$$

Da dann auch $-n_1 x_1 - \cdots - n_s x_s = 0$ ist und man die Reihenfolge der Elemente $x_i \in F$ beliebig abändern kann, muß es mindestens ein $F = \{x_1, \ldots, x_s\}$ geben mit $\langle F \rangle = G$, bei welchem $n_1 > 0$ die kleinste positive Zahl n_i ist, die in irgendeiner nichttrivialen Relation auftritt.

Wir behaupten, daß dann jedes n_i ein Vielfaches von n_1 ist.

Es genügt, das für n_2 zu zeigen.
Sei $n_2 = qn_1 + r$ mit $0 \leq r < n_1$.
Dann ist

$$\langle x_1 + qx_2, x_2, \ldots, x_s \rangle = G$$

und $n_1(x_1 + qx_2) + rx_2 + \cdots + n_s x_s = 0$
eine nichttriviale Relation.
Wäre $0 < r < n_1$, so wäre das ein Widerspruch zur Definition von n_1. Es ist also $r = 0$ und n_2 ein Vielfaches von n_1.
Ist $m_1 x_1 + \cdots + m_s x_s = 0$ eine andere nichttriviale Relation für F, dann ist auch m_1 ein Vielfaches von n_1.
Denn sei $m_1 = qn_1 + r$ mit $0 \leq r < n_1$.
Dann ist

$$\begin{aligned}(m_1 - qn_1)x_1 + (m_2 - qn_2)x_2 + \cdots + (m_s - qn_s)x_s &= \\ = m_1 x_1 + \cdots + m_s x_s - q(n_1 x_1 + \cdots + n_s x_s) &= 0.\end{aligned}$$

Wäre $0 < r = m_1 - qn_1 < n_1$, so ergäbe sich wieder ein Widerspruch zur Wahl von n_1.
Sei also $n_1 x_1 + \cdots + n_s x_s = 0$ die oben gewählte Relation mit minimalem $n_1 > 0$.
Dann gilt also $n_i = n_1 p_i$ für $i > 1$.
Sei $y = x_1 + p_2 x_2 + \cdots + p_s x_s$.
Dann ist $n_1 y = 0$ und $\langle y, x_2, \ldots, x_s \rangle = G$.
Wegen der Minimalität von s ist $y \neq 0$.
Außerdem ist

$$\langle y \rangle \cap \langle x_2, \ldots, x_n \rangle = (0).$$

Denn wäre $t_1 y = t_2 x_2 + \cdots + t_s x_s \neq 0$. Dann wäre

$$t_1 x_1 + (t_1 p_2 - t_2)x_2 + \cdots + (t_1 p_s - t_s)x_s = 0.$$

Für $t_1 \neq 0$ wäre das eine nichttriviale Relation und daher müßte t_1 ein Vielfaches von n_1 sein, $t_1 = qn_1$.
Dann würde aber folgen
$t_1 y = (qn_1)y = q(n_1 y) = q0 = 0$, ein Widerspruch.

Nun können wir die gesuchte Darstellung ableiten.

(1.43) Satz. *Sei G eine endlich-erzeugte abelsche Gruppe und s die Minimalanzahl von Erzeugenden. Dann ist G isomorph zu einem kartesischen Produkt von s zyklischen Gruppen der Gestalt*

$$(\mathbb{Z}/m_1\mathbb{Z}) \times (\mathbb{Z}/m_2\mathbb{Z}) \times \cdots \times (\mathbb{Z}/m_s\mathbb{Z}),$$

wobei $m_1 \mid m_2 \mid \cdots \mid m_s$ gilt.

BEWEIS. Für $s = 1$ stimmt das nach (1.35).

Wir können daher annehmen, daß der Satz für $t < s$ bereits gezeigt ist. Nun ist entweder $G \cong \mathbb{Z}^s$ oder es existiert eine nichttriviale Relation. Dann ist nach obiger Überlegung

$$G = \langle y \rangle \oplus \langle x_2, \ldots, x_s \rangle,$$

wobei $\langle y \rangle \cong \mathbb{Z}/n_1\mathbb{Z}$ ist, weil n_1 die kleinste natürliche Zahl mit $n_1 y = 0$ ist.
Nach Induktionsvoraussetzung ist $H := \langle x_2, \ldots, x_s \rangle \cong (\mathbb{Z}/n_2\mathbb{Z}) \times \cdots \times (\mathbb{Z}/n_s\mathbb{Z})$ mit $n_2 \mid n_3 \mid \cdots \mid n_s$.
Daher ist

$$G \cong (\mathbb{Z}/n_1\mathbb{Z}) \times (\mathbb{Z}/n_2\mathbb{Z}) \times \cdots \times (\mathbb{Z}/n_s\mathbb{Z}),$$

d.h. $G = \langle z_1 \rangle \oplus \langle z_2 \rangle \oplus \cdots \oplus \langle z_s \rangle$ mit $\langle z_i \rangle \cong \mathbb{Z}/n_i\mathbb{Z}$.
Somit ist $n_i z_i = 0$ für jedes i und daher auch

$$n_1 z_1 + n_2 z_2 + \cdots + +n_s z_s = 0.$$

Nach der obigen Überlegung gilt $n_1 \mid n_2$ und daher auch $n_1 \mid n_2 \mid \cdots \mid n_s$.

(1.44) BEISPIEL. Sei $G = (\mathbb{Z}/2\mathbb{Z}) \times (\mathbb{Z}/3\mathbb{Z}) \times \mathbb{Z}^2$.

Dann ist G endlich erzeugt. Um G in die angegebene Gestalt zu bringen, beachten wir, daß $\mathbb{Z}/2\mathbb{Z} \times \mathbb{Z}/3\mathbb{Z} \cong \mathbb{Z}/6\mathbb{Z}$ gilt.
Daher ist

$$G \cong \mathbb{Z}/6\mathbb{Z} \times \mathbb{Z}/0\mathbb{Z} \times \mathbb{Z}/0\mathbb{Z}$$

mit $6 \mid 0 \mid 0$.
Man sieht hier, daß $n_1 = 6$ ist. Wählt man in G die erzeugenden Elemente $y_1 = (1,0,0,0)$, $y_2 = (0,1,0,0)$, $y_3 = (0,0,1,0)$ und $y_4 = (0,0,0,1)$, so ist $2y_1 = 0$ eine nichttriviale Relation mit $0 < 2 < 6 = n_1$.

Das ist kein Widerspruch, weil hier nicht die Minimalzahl von $s = 3$ Erzeugenden verwendet wurde.

Wir wollen nun zeigen, daß die in (1.43) gegebene Darstellung sogar eindeutig bestimmt ist. Wir wollen dabei im Folgenden für die zyklische Gruppe der Ordnung $n > 0$ auch kurz C_n statt $\mathbb{Z}/n\mathbb{Z}$ schreiben. Unter C_0 wollen wir $\mathbb{Z}/0\mathbb{Z} = \mathbb{Z}$ verstehen. Dazu verwenden wir das folgende Lemma.

(1.45) Lemma. *Sei* $G \cong C_{m_1} \times \cdots \times C_{m_s} \cong C_{n_1} \times \cdots \times C_{n_t}$ *mit* $s < t$ *und* $m_1 \mid m_2 \mid \cdots \mid m_s$, $n_1 \mid n_2 \mid \cdots \mid n_t$.
Dann ist $n_1 = 1$, *d.h.* $C_{n_1} = C_1 = (0)$.

BEWEIS. Zunächst ist $n_1 = 0$ unmöglich. Denn sonst wären wegen $n_1 \mid n_2 \mid \cdots$ alle $n_i = 0$ und daher $G \cong \mathbb{Z}^t$.
In $\mathbb{Z}^t$ gibt es kein Element endlicher Ordnung $\neq (0,0,\ldots,0)$, weil aus $n(k_1,\ldots,k_t) = (0,0,\ldots 0)$ folgt $nk_i = 0$. Ist ein $k_i \neq 0$, so muß also $n = 0$ sein.
Somit ist jedes $C_{m_i} = \mathbb{Z}$ und $G \cong \mathbb{Z}^s \cong \mathbb{Z}^t$.
Nach (1.24) oder (1.25) ist das nur möglich, wenn $s = t$ ist.

Wir zeigen nun, daß auch $n_1 > 1$ unmöglich ist.
Denn dann gäbe es eine Primzahl p, die n_1 teilt. Beachtet man, daß nach (1.42) gilt

$$C_n/pC_n \cong \begin{cases} C_p & \text{falls } p \mid n \\ (0) & \text{falls } p \nmid n \end{cases}$$

und daß die Menge pG aller Elemente pg mit $g \in G$ eine Untergruppe von G ist, so folgt aus

$$G \cong C_{m_1} \times \cdots \times C_{m_s} \cong C_{n_1} \times \cdots \times C_{n_t},$$

daß $pG \cong pC_{m_1} \times \cdots \times pC_{m_s} \cong pC_{n_1} \times \cdots \times pC_{n_t}$
und daher

$$G/pG \cong \bigoplus_{i=1}^{t} C_{n_i}/pC_{n_i} \cong \bigoplus_{i=1}^{t} C_p \cong C_p^t$$

gilt.
Andererseits ist

$$G/pG \cong \bigoplus_{j=1}^{s} C_{m_i}/pC_{m_i} \cong C_p^{s'},$$

wobei s' die Anzahl der m_i mit $p \mid m_i$ ist.
Wegen $s' \leq s < t$ ist das ein Widerspruch zu

$$p^t = |C_p^t| = |G/pG| = |C_p^{s'}| = p^{s'}.$$

Als einzige Möglichkeit bleibt daher nur noch der Fall $n_1 = 1$, d.h. $C_{n_1} = C_1 = (0)$ übrig.

Aus dem Lemma ergibt sich, daß für $m_1 > 1$ und $n_1 > 1$ je zwei Darstellungen

$$G \cong C_{m_1} \times \cdots \times C_{m_s} \cong C_{n_1} \times \cdots \times C_{n_t}$$

mit $m_1|m_2|\cdots$ und $n_1|n_2|\cdots$ dieselbe Anzahl $s = t$ von Faktoren besitzen.
Wir wollen weiter zeigen, daß sogar $m_i = n_i$ für alle i gilt.
Dazu betrachten wir die Untergruppe n_1G.
Wegen $n_1C_{n_1} = (0)$ ist

$$n_1G \cong (0) \times C_{\frac{n_2}{n_1}} \times \cdots \times C_{\frac{n_s}{n_1}}$$

und andererseits

$$n_1 G \cong C_{\frac{m_1}{d_1}} \times \cdots \times C_{\frac{m_s}{d_s}} \text{ mit } d_i = \mathrm{ggT}(n_1, m_i)$$

nach (1.42). Aus (1.45) folgt $C_{\frac{m_1}{d_1}} = (0)$, d.h. $\frac{m_1}{d_1} = 1$ oder $d_1 = \mathrm{ggT}(n_1, m_1) = m_1$.
Es gilt also $m_1 \mid n_1$.
Analog gilt $n_1 \mid m_1$ und daher ist $m_1 = n_1$.
Es gilt also

$$G \cong C_{n_1} \times C_{m_2} \times \cdots \times C_{m_s} \cong C_{n_1} \times C_{n_2} \times \cdots \times C_{n_s}$$

mit $n_1 \mid m_2$ und $n_1 \mid n_2$.
Bildet man nun $n_2 G$, so fällt der erste Faktor weg und es ergibt sich wie oben $m_2 = n_2$, usw.
Ist ein $n_i = 0$, so können wir wie im ersten Teil von (1.45) vorgehen.
Es ergibt sich $G \cong C_{n_1} \times \cdots \times C_{n_k} \times \mathbb{Z}^{s-k}$, wenn n_k das größte der n_i ist.

(1.46) Hauptsatz über endlich–erzeugte abelsche Gruppen. *Jede endlich-erzeugte abelsche Gruppe G ist isomorph zu einem direkten Produkt zyklischer Gruppen*

$$G \cong C_{n_1} \times C_{n_2} \times \cdots \times C_{n_s}$$

mit $n_1 | n_2 | \ldots$ *und* $n_1 \neq 1$. *Diese Darstellung ist eindeutig bestimmt. Die Anzahl* r *der* $n_i = 0$ *heißt der Rang von* G.

(1.47) Korollar. *Jede endliche abelsche Gruppe G ist isomorph zu einem direkten Produkt* $C_{m_1} \times \cdots \times C_{m_s}$ *endlicher zyklischer Gruppen mit* $m_1 | m_2 | \cdots$, *wobei alle* $m_i > 1$ *sind. Die* m_i *sind eindeutig bestimmt. Es gilt* $|G| = m_1 \cdots m_s$.

(1.48) Korollar. *Sei G eine endliche abelsche Gruppe in der Darstellung von (1.47). Nennt man* $m_s = exp\ G$ *den Exponent von G, so ist* $\exp G$ *die maximale Ordnung eines Elements von G. Die Gruppe G ist genau dann zyklisch, wenn* $\exp G = |G|$. *Im allgemeinen Fall ist die Ordnung jedes Elements* $x \in G$ *ein Teiler von* $\exp G$.

BEWEIS. G ist genau dann zyklisch, wenn $s = 1$ ist. Denn ist $G = C_n$ zyklisch, so ist das eine Darstellung der in (1.47) angegebenen Art und wegen der Eindeutigkeit gibt es keine andere.
Für jedes $x \in G$ gilt klarerweise $m_s x = 0$. Die Ordnung von x ist daher ein Teiler von $m_s = \exp G$.

(1.49) BEISPIEL. Wie sehen alle abelschen Gruppen der Ordnung 16 aus?
Hier muß $m_1 \cdots m_s = 16$ sein und jedes m_i eine Potenz von 2.
Das gibt die folgenden Möglichkeiten:
C_{16}, $C_2 \times C_8$, $C_4 \times C_4$, $C_2 \times C_2 \times C_4$, $C_2 \times C_2 \times C_2 \times C_2$.

Analog sind alle Gruppen der Ordnung $36 = 2^2 \cdot 3^2$ gegeben durch:
C_{36}, $C_2 \times C_{18}$, $C_3 \times C_{12}$ und $C_6 \times C_6$.

Z. B. ist $C_4 \times C_3 \times C_3 \cong C_3 \times C_{12}$, weil $C_3 \times C_4 \cong C_{12}$ ist.

(1.50) Die Gruppen $C_{72} \times C_{84}$ und $C_{36} \times C_{168}$ sind isomorph.
Um das zu zeigen, zerlegen wir jedes C_n nach dem chinesischen Restsatz in ein kartesisches Produkt von C_{p^i} mit Primzahlpotenzen p^i.

Das ergibt
$C_{72} \cong C_8 \times C_9$, $C_{84} \cong C_4 \times C_3 \times C_7$, $C_{36} \cong C_4 \times C_9$, $C_{168} \cong C_8 \times C_3 \times C_7$.
Daher ist

$$\begin{aligned} C_{72} \times C_{84} &\cong C_4 \times C_8 \times C_3 \times C_9 \times C_7 \\ \text{und } C_{36} \times C_{168} &\cong C_4 \times C_8 \times C_3 \times C_9 \times C_7. \end{aligned}$$

Sie sind also isomorph. Um die kanonische Darstellung (1.47) zu finden, nehmen wir für jede Primzahl p den zyklischen Faktor der höchsten Ordnung und fassen das kartesische Produkt dieser Faktoren nach dem chinesischen Restsatz zu einer zyklischen Gruppe C_{m_s} zusammen. Das iterieren wir solange, bis alle Faktoren aufgebraucht sind. In unserem Fall erhalten wir
$C_{72} \times C_{84} \cong (C_8 \times C_9 \times C_7) \times (C_4 \times C_3) \cong C_{504} \times C_{12}$.
Die kanonische Darstellung ist somit $C_{12} \times C_{504}$ mit $12 \mid 504$.

(1.51) Satz. *Sei G eine endliche abelsche Gruppe. Dann gibt es zu jedem Teiler d der Gruppenordnung $|G|$ eine Untergruppe H der Ordnung $|H| = d$ in G.*

BEWEIS. Sei $G \cong C_{n_1} \times C_{n_2} \times \cdots \times C_{n_s}$.
Dann ist $|G| = n_1 n_2 \cdots n_s$. Nun zerlege man d in der Form $d = d_1 d_2 \cdots d_s$ mit $d_i \mid n_i$ und wähle in C_{n_i} eine Untergruppe H_i der Ordnung d_i. (Das geht nach (1.40)). Dann ist $H := H_1 \times \cdots \times H_s$ eine Untergruppe der gesuchten Ordnung.

Abschließend wollen wir die Struktur der multiplikativen abelschen Gruppe $(\mathbb{Z}/n\mathbb{Z})^\times$ aller invertierbaren Elemente von $\mathbb{Z}/n\mathbb{Z}$ bestimmen.

Wir wissen bereits, daß $i \in \mathbb{Z}/n\mathbb{Z}$ genau dann invertierbar ist, wenn $ai = 1$ für ein $a \in \mathbb{Z}/n\mathbb{Z}$ gilt, d.h. wenn $ai + ln = 1$ in $\mathbb{Z}$ gilt, d.h. wenn $i \perp n$ ist. Die invertierbaren Elemente von $\mathbb{Z}/n\mathbb{Z}$ fallen also mit den erzeugenden Elementen der additiven Gruppe $\mathbb{Z}/n\mathbb{Z} = C_n$ zusammen.

Aus dem chinesischen Restsatz folgt, daß für paarweise teilerfremde $m_1, \ldots, m_s$ gilt

$$(\mathbb{Z}/m_1 \cdots m_s\mathbb{Z})^\times \cong (\mathbb{Z}/m_1\mathbb{Z})^\times \times \cdots \times (\mathbb{Z}/m_s\mathbb{Z})^\times.$$

Denn $i \perp m_1 \cdots m_s$ ist gleichbedeutend mit $i \perp m_j$ für alle j.
Ist also $n = p_1^{k_1} \cdots p_s^{k_s}$, so gilt

$$(\mathbb{Z}/n\mathbb{Z})^\times \cong (\mathbb{Z}/p_1^{k_1}\mathbb{Z})^\times \times \cdots \times (\mathbb{Z}/p_s^{k_s}\mathbb{Z})^\times.$$

Wir bezeichnen die Anzahl $|(\mathbb{Z}/n\mathbb{Z})^\times|$ der invertierbaren Elemente von $\mathbb{Z}/n\mathbb{Z}$ mit $\varphi(n)$ und nennen φ die *Euler'sche φ-Funktion.*

Dann gilt also

$$\varphi(n) = \varphi(p_1^{k_1})\varphi(p_2^{k_2})\cdots\varphi(p_s^{k_s}).$$

Für eine Primzahlpotenz p^k sind alle Elemente von $\mathbb{Z}/p^k\mathbb{Z}$ invertierbar außer den Vielfachen $0, p, 2p, \ldots, (p^{k-1}-1)p$ von p.
Es ist also $\varphi(p^k) = p^k - p^{k-1} = p^k(1-\frac{1}{p})$.
Somit ist

$$\varphi(n) = \prod_{i=1}^{s} p_i^{k_i}(1-\frac{1}{p_i}) = n\prod_{i=1}^{s}(1-\frac{1}{p_i}) = n\prod_{p|n}(1-\frac{1}{p}).$$

Außerdem ist $\sum_{d|n}\varphi(d) = n$.
Denn sei für $d \mid n$

$$S_d = \{i : 1 \leq i \leq n, \mathrm{ggT}(i,n) = \frac{n}{d}\}.$$

Dann sind die S_d paarweise disjunkt und ihre Vereinigung ist $\{1,\ldots,n\}$. Weiters ist $|S_d| = \varphi(d)$, weil $\mathrm{ggT}(i,n) = \frac{n}{d}$ genau dann gilt, wenn $i = \frac{n}{d}j$ mit $j \perp d$ ist.
Insgesamt ergibt sich

(1.52) Satz. *Sei $\varphi(n)$ die Ordnung der multiplikativen abelschen Gruppe $(\mathbb{Z}/n\mathbb{Z})^\times$. Dann ist $\varphi(n)$ die Anzahl der zu n teilerfremden Zahlen i mit $1 \leq i \leq n$ und es gilt:*

$$\varphi(n) = n\prod_{p|n}(1-\frac{1}{p})$$

und $\sum_{d|n}\varphi(d) = n$.

Nun wollen wir noch ein nützliches Kriterium dafür ableiten, daß eine endliche abelsche Gruppe G zyklisch ist.

(1.53) Satz. *Sei G eine endliche abelsche multiplikativ geschriebene Gruppe mit Einselement 1. Hat die Gleichung $x^d = 1$ für jeden Teiler d der Gruppenordnung $\mid G \mid$ höchstens d Lösungen in G, dann ist G zyklisch.*

Beweis. Das folgt sofort aus (1.47). Denn ist $s > 1$, so hat die Gleichung $m_s x = 0$, dh. multiplikativ geschrieben $x^{m_s} = 1$, in G mehr als m_s Lösungen.

Wir wollen aber jetzt einen weiteren Beweis geben, der ohne den Hauptsatz auskommt.

Sei $|G| = n$. Ist $g \in G$ und ord $g = d$, so ist $d \mid n$ und $1, g, g^2, \ldots, g^{d-1}$ sind genau d Lösungen von $x^d = 1$. Nach Voraussetzung sind das alle Lösungen in G.

Daher gibt es in G entweder 0 oder genau $\varphi(d)$ Elemente der Ordnung d. Sei $a(d)$ diese Anzahl.

Dann ist

$$n = |G| = \sum_{d|n} a(d) \leq \sum_{d|n} \varphi(d) = n.$$

Das ist nur möglich, wenn $a(d) = \varphi(d)$ für alle Teiler $d \mid n$ erfüllt ist. Speziell ist $a(n) = \varphi(n) \geq 1$. Es gibt also mindestens ein Element der Ordnung n, d.h. G ist zyklisch.

Es gibt natürlich sehr viele abzählbare abelsche Gruppen, die nicht endlich erzeugt sind.

(1.54) BEISPIEL. Die Gruppe $\mathbb{Q}$ der rationalen Zahlen bezüglich der Addition ist nicht endlich erzeugt.

BEWEIS. Angenommen es gäbe $r_1, \ldots, r_n \in \mathbb{Q}$, sodaß jede rationale Zahl r eine Darstellung der Gestalt $r = l_1 r_1 + \cdots + l_n r_n$ mit $l_i \in \mathbb{Z}$ hätte. Dann könnte man auf gemeinsamen Nenner bringen.
Das ergäbe

$$r = \frac{k}{p_1^{k_1} \cdots p_s^{k_s}}$$

mit einem festen Nenner. Das ist aber unmöglich. Denn ist p eine Primzahl, die von $p_1, \ldots, p_s$ verschieden ist, so hat z. B. $\frac{1}{p}$ keine solche Darstellung. Denn sonst wäre $kp = p_1^{k_1} \cdots p_s^{k_s}$. Das widerspräche der eindeutigen Primfaktorzerlegung.

Es sei noch bemerkt, daß jede endlich erzeugte Untergruppe H von $\mathbb{Q}$ zyklisch ist. Denn sei $\{\frac{r_1}{s}, \ldots, \frac{r_n}{s}\}$ ein Erzeugendensystem, wobei wir die Erzeugenden gleich in der Form $\frac{r_i}{s}$ mit $r_i \in \mathbb{Z}$ und gemeinsamem Nenner s geschrieben haben. Die Elemente von H sind dann alle Elemente der Gestalt

$$\frac{l_1 r_1 + \cdots + l_n r_n}{s}$$

mit $l_i \in \mathbb{Z}$. Nun ist $r_1\mathbb{Z} + \cdots + r_n\mathbb{Z}$ ein Ideal in $\mathbb{Z}$ und daher ein Hauptideal $d\mathbb{Z}$. Somit hat jedes Element von H die Gestalt $\frac{kd}{s}$ mit $k \in \mathbb{Z}$, d.h. $H = \langle \frac{d}{s} \rangle$ ist zyklisch.

2. Moduln.

Die Analogie zwischen Vektorräumen und abelschen Gruppen legt es nahe, eine gemeinsame Verallgemeinerung zu suchen, auf welche sich die meisten Ergebnisse übertragen lassen. Eine solche Verallgemeinerung stellt der Begriff des R-Moduls dar.

(2.1) DEFINITION. Sei R ein kommutativer Ring mit Einselement. Unter einem *R-Modul* versteht man eine additiv geschriebene abelsche Gruppe M, auf welcher der KRE R linear operiert. Ein R-Modul M kann daher durch die folgenden Axiome beschrieben werden:

(1) Jedem geordneten Paar $(x, y) \in M \times M$ ist ein Element $x + y \in M$, die Summe der Elemente x und y, zugeordnet.
(2) $x + y = y + x$ für alle $x, y \in M$.
(3) $x + (y + z) = (x + y) + z$ für alle $x, y, z \in M$.
(4) Es existiert $0 \in M$ mit $x + 0 = x$ für alle $x \in M$.
(5) Zu jedem $x \in M$ existiert $(-x) \in M$ mit $x + (-x) = 0$.
(6) Für jedes $r \in R$ und $x \in M$ ist ein Produkt $rx \in M$ definiert.
(7) $(r_1 r_2)x = r_1(r_2 x)$ für $r_1, r_2 \in R$ und $x \in M$.
(8) $(r_1 + r_2)x = r_1 x + r_2 x$ für $r_1, r_2 \in R$ und $x \in M$.
(9) $r(x + y) = rx + ry$ für $r \in R$ und $x, y \in M$.
(10) $1 \cdot x = x$ für alle $x \in M$.

Als Spezialfälle ergeben sich für $R = \mathbb{Z}$ die abelschen Gruppen und für einen Körper $R = K$ die Vektorräume.

Außerdem kann jeder KRE R und allgemeiner jedes Ideal J von R als R-Modul interpretiert werden.

(2.2) BEISPIEL. Sei K ein Körper und V ein $K[X]$-Modul. Wir wollen zeigen, daß auch dieser Begriff eine ganz konkrete Interpretation besitzt.

Da man die Elemente $v \in V$ speziell mit $\lambda \in K$ multiplizieren kann, ist V insbesondere ein Vektorraum über K.

Sei nun $A : V \to V$ definiert durch $Av = Xv$.
Dann ist

$$A(\lambda v_1 + \mu v_2) = X(\lambda v_1 + \mu v_2) = \lambda X v_1 + \mu X v_2 = \lambda A v_1 + \mu A v_2.$$

D.h. A ist eine lineare Abbildung von V in sich, d.h. ein linearer Operator auf V. Somit gilt schließlich für $f(X) \in K[X]$

$$f(X)v = (\Sigma a_k X^k)v = \Sigma a_k A^k v = f(A)v.$$

Ist umgekehrt $A : V \to V$ ein linearer Operator und setzt man $f(X)v := f(A)v$, so wird V zu einem $K[X]$-Modul.

Lineare Operatoren auf einem Vektorraum über einem Körper K und $K[X]$-Moduln sind also im wesentlichen dasselbe.

(2.3) Definition. Sind M und N R-Moduln und ist $\varphi : M \to N$ ein Gruppenhomomorphismus, so nennen wir φ einen ***R-Modul-Homomorphismus***, wenn

$$\varphi(rx) = r\varphi(x)$$

für alle $r \in R$ und $x \in M$ erfüllt ist.

Die R-Modulhomomorphismen sind also die Gruppenhomomorphismen, die mit der Multiplikation „kommutieren".
Für R-Moduln M und N wollen wir einfach von Homomorphismen sprechen, wenn es sich um R-Modulhomomorphismen handelt.

(2.4) Ist φ ein bijektiver Homomorphismus vom R-Modul M auf den R-Modul N, dann ist auch $\varphi^{-1} : N \to M$ ein Homomorphismus. Man nennt dann φ einen *(R-Modul-) Isomorphismus* und sagt, M und N seien als R-Moduln isomorph, in Zeichen $M \cong N$.

(2.5) Eine Untergruppe N des R-Moduls M heißt *Teil- oder Untermodul* von M, wenn N abgeschlossen bezüglich der Multiplikation mit Elementen $r \in R$ ist. Eine nicht leere Teilmenge N ist also genau dann ein Teilmodul von M, wenn mit x und y auch $rx + sy$ für beliebige $r, s \in R$ in N liegen.

Ist z. B. $M = R$, so sind die R-Teilmoduln genau die Ideale J von R.

Umgekehrt kann man auch jeden R-Modul M als Ideal eines geeigneten KRE S darstellen.
Die Idee, die dahinter steckt, ist die, in M eine Multiplikation zu definieren, sodaß M selbst einen Ring bildet. Hier bietet sich aber nur die triviale Multiplikation an, nämlich $m_1 \cdot m_2 = 0$ für alle $m_i \in M$. Diese besitzt natürlich kein Einselement. Außerdem spielt dabei die Multiplikation mit Elementen aus R keine Rolle.
Man bildet daher alle formalen Summen $a+m$ mit $a \in R$ und $m \in M$ und definiert dort

$$(a_1 + m_1)(a_2 + m_2) = a_1a_2 + a_2m_1 + a_1m_2 + m_1m_2 =$$
$$= a_1a_2 + (a_2m_1 + a_1m_2).$$

Um diese Konstruktion exakt zu machen, ersetzt man wieder $a + m$ durch das geordnete Paar (a, m).

(2.6) Definition. Sei R ein KRE und M ein R-Modul.
Dann sei $R[M]$ die Menge aller geordneten Paare (a, m) mit $a \in R$ und $m \in M$.

(2.7) Satz. *$R[M]$ wird ein KRE, wenn man die Summe durch $(a_1, m_1) + (a_2, m_2) = (a_1 + a_2, m_1 + m_2)$ und das Produkt durch $(a_1, m_1)(a_2, m_2) = (a_1a_2, a_2m_1 + a_1m_2)$ definiert.*

Beweis. Man rechnet sofort nach, daß alle KRE-Axiome erfüllt sind.
Speziell ist das Einselement $(1, 0)$.

Die Menge aller Paare $(a, 0)$ bildet einen Teilring, der zu R isomorph ist und die Menge aller Paare $(0, m)$ ist ein Ideal in $R[M]$, welches als R-Modul isomorph zu M ist.

Man kann $R[M]$ auch mit der Menge aller Matrizen

$$\begin{pmatrix} a & m \\ 0 & a \end{pmatrix}$$

mit der üblichen Matrixmultiplikation identifizieren, weil

$$\begin{pmatrix} a_1 & m_1 \\ 0 & a_1 \end{pmatrix} \begin{pmatrix} a_2 & m_2 \\ 0 & a_2 \end{pmatrix} = \begin{pmatrix} a_1 a_2, & a_1 m_2 + a_2 m_1 \\ 0 & a_1 a_2 \end{pmatrix}$$

ist.

(2.8) Ist N ein Teilmodul von M, so wird auch die Faktorgruppe M/N ein R-Modul, wenn man

$$r(x + N) = rx + N$$

setzt.

Speziell kann jeder Restklassenring R/J als R–Modul interpretiert werden.

Die Klasse der R–Moduln enthält also auch alle Ideale und Restklassenringe. Das ist einer der Gründe, warum es zweckmäßig ist, Moduln zu betrachten.

(2.9) Satz. *Ist $\varphi : M \to N$ ein R–Modulhomomorphismus, dann ist*

$$\operatorname{Ker} \varphi := \{x \in M : \varphi(x) = 0\}$$

ein Teilmodul von M und $\operatorname{Im} \varphi := \varphi(M)$ ein Teilmodul von N und der Gruppenhomomorphismus

$$M / \operatorname{Ker} \varphi \cong \operatorname{Im} \varphi$$

ist ein R–Modulhomomorphismus.

(2.10) Satz. *Ist $(M_i)_{i \in J}$ eine Familie von Teilmoduln von M, dann versteht man unter der Summe $\sum M_i$ die Menge aller (endlichen) Summen $\sum x_i$, wobei $x_i \in M_i$ für alle $i \in J$, so daß jeweils nur endlich viele $x_i \neq 0$ sind. Dann ist $\sum M_i$ der kleinste Teilmodul von M, der alle M_i umfaßt. Ist speziell X eine Teilmenge von M, so versteht man unter dem von X aufgespannten Teilmodul von M die Summe $\langle X \rangle := \sum_{x \in X} Rx$.*

Analog ist $\bigcap M_i$ wieder ein Teilmodul von M, und zwar der größte, der in allen $M_i^{\prime}s$ enthalten ist.

(2.11) Satz.

(1) *Sind $N \subseteq M \subseteq L$ R–Moduln, dann gilt*
$(L/N)/(M/N) \cong L/M$.

(2) *Sind M_1, M_2 Teilmoduln von M, dann gilt*
$(M_1 + M_2)/M_1 \cong M_2/(M_1 \cap M_2)$.

BEWEIS.

(1) Sei $\varphi : L/N \to L/M$ definiert durch $\varphi(x+N) = x+M$.
Dann ist φ ein wohldefinierter R–Modulhomomorphismus von L/N auf L/M mit $\operatorname{Ker}\varphi = M/N$. Das Resultat folgt daher aus (2.9).

(2) Der zusammengesetzte Homomorphismus

$$M_2 \longrightarrow M_1 + M_2 \longrightarrow (M_1 + M_2)/M_1$$

ist surjektiv und sein Kern ist $M_1 \cap M_2$.

(2.12) Satz. *Sind $M_1, \ldots, M_n$ R-Moduln, dann wird das kartesische Produkt $M_1 \times \cdots \times M_n$ wieder ein R-Modul, wenn man die Moduloperationen komponentenweise definiert, also speziell $r(x_1, \ldots, x_n) = (rx_1, \ldots rx_n)$ setzt.*

Sind alle $M_i = M$, so schreibt man dafür auch M^n, wobei $M^0 = (0)$, der Nullmodul, sei.

Insbesondere ist also R^n ein R-Modul.

Wir wollen die Elemente von R^n als Spaltenvektoren schreiben. Man zeig dann wie in (1.8), daß jeder R–Modulhomomorphismus $\varphi : R^m \to R^n$ durch eine $n \times n$–Matrix A gegeben ist, deren Elemente $a_{ij} \in R$ sind.

Für jede $n \times n$–Matrix $A = (a_{ij})$ mit $a_{ij} \in R$ kann man wie in der linearen Algebra die Determinante $\det A$ definieren und zeigen, daß $\det A \in R$ und $\det AB = \det A \cdot \det B$ gilt.

Genauso kann man die adjungierte Matrix *adj* A definieren durch

$$adj\ A = ((-1)^{i+j} \det A_{ji}),$$

wobei A_{ij} die Matrix ist, die aus A durch Streichen der i–ten Zeile und j– en Spalte entsteht.

Man zeigt dann, daß

$$(adj\ A)A = (\det\ A)I$$

gilt. Das ist im wesentlichen die Cramer'sche Regel. Daraus ergibt sich

(2.13) Satz. *Eine $(n \times n)$-Matrix $A = (a_{ij})$ über einem KRE R ist genau dann invertierbar, wenn ihre Determinante* $\det A$ *in R invertierbar ist.*

Derselbe Beweis wie in (1.24) liefert nun

(2.14) Satz. *Die R-Moduln R^n und R^m sind genau dann isomorph, wenn $n = m$ ist.*

Sehr nützlich ist auch das folgende

(2.15) Lemma. *Sei R ein KRE, M ein R-Modul, $A = (a_{ij})$ eine $n \times n$- Matrix mit Elementen aus R und v ein Spaltenvektor $v \in M^n$ mit $Av = 0$. Dann gilt auch* $\det A \cdot v = 0$.

BEWEIS. Wegen $Av = 0$ ist auch $(adj\ A) \cdot Av = 0$, d.h. $[(adj\ A) \cdot A]v = 0$ und das bedeutet $\det A \cdot v = 0$.

(2.16) BEISPIEL. Sei $R = \mathbb{Z}/6\mathbb{Z}$ und $A = \begin{pmatrix} 1 & 3 \\ 0 & 2 \end{pmatrix}$.

Die Gleichung $Ax = 0$ hat eine nichttriviale Lösung $v = \binom{3}{3}$,obwohl det $A = 2 \neq 0$ ist.
Es gilt jedoch (det $A)v = 2\binom{3}{3} = \binom{0}{0}$.
Da det $A = 2$ nicht invertierbar ist, ist auch A nicht invertierbar.

Wir können nun eine Verallgemeinerung des Satzes von Cayley–Hamilton für Matrizen über einem KRE R zeigen:

(2.17) Satz von Cayley–Hamilton. *Sei R ein KRE und $A = (a_{ij})$ eine $n \times n$-Matrix mit $a_{ij} \in R$. Ist $f(X) = \det(XI - A) \in R[X]$ das charakteristische Polynom von A, dann gilt $f(A) = 0$.*

BEWEIS. Wir machen gemäß Beispiel (2.2) R^n zu einem $R[X]$-Modul mit der Multiplikation

$$(a_0 + a_1 X + \cdots + a_k X^k)v = (a_0 + a_1 A + \cdots a_k A^k)v$$

für $a_i \in R$ und $v \in R^n$.

Dann ist

$$(XI - A)v = Xv - Av = 0 \text{ für alle } v \in R^n.$$

Nach (2.15) ist also

$$\det(XI - A)v = 0$$

für alle $v \in R^n$, d.h. $f(X)v = 0$ für alle $v \in R^n$. Das bedeutet aber nach Definition der Modulstruktur $f(A)v = 0$ für alle $v \in R^n$ und das heißt wieder $f(A) = 0$.

BEMERKUNG. Im Fall eines Körpers $R = K$ ist das der übliche Satz von Cayley–Hamilton. Sei A eine $n \times n$-Matrix über K. Ist $\varphi : K[X] \to K[A]$ der Einsetzungshomomorphismus, so ist $\operatorname{Ker} \varphi$ ein Ideal in $K[X]$ und daher ein Hauptideal $(m(X))$. Dann gilt $m(A) = 0$ und $f(X) \in (m(X))$, d.h. $f(X)$ ist ein Vielfaches des Minimalpolynoms $m(X)$.

Die Polynome $m(X)$ und $f(X)$ fallen i. a. nicht zusammen.

So ist z. B. für die $n \times n$-Einheitsmatrix I_n das charakteristische Polynom $f(X) = (X-1)^n$, während das Minimalpolynom $m(X) = X - 1$ ist.

Die Polynome $m(X)$ und $f(X)$ haben jedoch dieselben Nullstellen $\lambda \in K$ (aber ohne Berücksichtigung der Vielfachheit!).

Denn ist $f(\lambda) = 0$, so ist $\det(\lambda I - A) = 0$. Daher hat die Gleichung $(\lambda I - A)v = 0$ eine nichttriviale Lösung $v \neq 0$ in K^n. Diese ist ein Eigenvektor von A, d.h. $Av = \lambda v$. Wegen $m(A) = 0$ ist auch $m(A)v = 0$, d.h. $m(\lambda)v = 0$ und somit $m(\lambda) = 0$.

Wir betrachten nun den KRE $R = K[A]$. In $R[X]$ gilt $m(A)I = 0$. Nach II. (4.9) heißt das, daß $XI - A$ ein Linearfaktor von $m(X)I$ ist:

$$m(X)I = (XI - A)q(X).$$

Auf beiden Seiten stehen $n \times n$-Matrizen. Geht man zu den Determinanten über, so folgt

$$m(X)^n = \det(XI - A) \cdot \det q(X) = f(X) \cdot \det q(X),$$

d.h. $f(X)$ ist ein Teiler von $m(X)^n$.

Somit gilt $m(X)|f(X)|m(X)^n$, wenn $m(X)$ das Minimalpolynom und $f(X) = \det(XI - A)$ das charakteristische Polynom der $n \times n$-Matrix A sind.

(2.18) Definition. Der R-Modul M heißt *endlich erzeugt*, wenn eine endliche Menge $X = \{a_1, \dots, a_n\}$ existiert, sodaß $M = \langle X \rangle$ ist, d.h. jedes Element $x \in M$ eine Darstellung der Gestalt $x = r_1 a_1 + \cdots + r_n a_n$ mit $r_i \in R$ besitzt.

(2.19) Satz. *Ein R-Modul M ist genau dann endlich erzeugt, wenn $r \in \mathbb{N}$ existiert, sodaß M mit einem Quotientenmodul von R^n isomorph ist.*

Der Beweis ist derselbe wie in (1.30) für $R = \mathbb{Z}$.

Man kann nun für Euklidische oder allgemeiner für Hauptidealringe R Verallgemeinerungen des Hauptsatzes über endlich erzeugte abelsche Gruppen beweisen. Darauf wollen wir hier jedoch nicht näher eingehen. Es sei nur erwähnt, daß die von einem Element a erzeugten Moduln $\langle a \rangle$, die man wieder zyklisch nennt, die Gestalt $M \cong R/J$ für ein Ideal J besitzen.

Seien nun $R \subseteq S$ kommutative Ringe mit Einselement. Für $x \in S$ ist der Ring $R[x]$ aller Elemente der Gestalt $\Sigma a_i x^i$ mit $a_i \in R$ ein R-Modul.

Wir interessieren uns nun dafür, unter welchen Bedingungen dieser R-Modul $R[x]$ endlich erzeugt ist.

Nehmen wir an, $R[x]$ werde von der endlichen Menge $\{c_1, \dots, c_n\}$ erzeugt. Dann ist jedes Element von $R[x]$ eine Linearkombination der c_i, also speziell gilt auch $xc_i = a_{i1}c_1 + \cdots + a_{in}c_n$ mit $a_{ij} \in R$ für alle $i = 1, 2, \dots, n$.

Sei nun A die $n \times n$-Matrix $A = (a_{ij})$.
Dann sind diese Gleichungen äquivalent mit

$$xI \begin{pmatrix} c_1 \\ \vdots \\ c_n \end{pmatrix} = A \begin{pmatrix} c_1 \\ \vdots \\ c_n \end{pmatrix}$$

oder $(A - xI) \begin{pmatrix} c_1 \\ \vdots \\ c_n \end{pmatrix} = 0.$

Aus (2.15) folgt daraus $\det(A - xI) \cdot \begin{pmatrix} c_1 \\ \vdots \\ c_n \end{pmatrix} = \begin{pmatrix} 0 \\ \vdots \\ 0 \end{pmatrix}$, d.h. $\det(A - xI) \cdot c_i = 0$ für alle i.

Da $c_1, \cdots, c_n$ den Ring $R[x]$ erzeugen, gilt speziell $1 = r_1c_1 + \cdots + r_nc_n$ mit gewissen $r_i \in R$ und daher auch $\det(A - xI) = \det(A - xI) \cdot 1 = 0$.

Rechnet man diese Determinante explizit aus, so ergibt sich eine normierte Gleichung der Gestalt

$$x^n + a_1x^{n-1} + \cdots + a_n = 0$$

mit $a_i \in R$.

Wenn umgekehrt $x \in S$ einer solchen normierten Gleichung genügt, so läßt sich x^n als Linearkombination von $1, x, \cdots, x^{n-1}$ darstellen. Dasselbe gilt dann auch für $x^{n+1}, x^{n+2}, \ldots$. Daher liegt jedes x^m in dem von $1, x, \ldots, x^{n-1}$ erzeugten R-Modul $\langle 1, x, \ldots, x^{n-1} \rangle$.

Da jedes Element von $R[x]$ eine Linearkombination der Potenzen x^i ist, ist $R[x] = \langle 1, x, \ldots, x^{n-1} \rangle$ ein endlich erzeugter R-Modul.

Um die hier vorliegende Situation präzise formulieren zu können, führen wir die folgende Definition ein.

(2.20) DEFINITION. Seien $R \subseteq S$ kommutative Ringe mit Einselement. Ein Element $x \in S$ heißt *ganz über* R, wenn es einer normierten algebraischen Gleichung

$$x^n + a_1x^{n-1} + \cdots + a_n = 0$$

mit $a_i \in R$ genügt.

Dann lassen sich die obigen Überlegungen folgendermaßen formulieren:

(2.21) Satz. *Seien $R \subseteq S$ kommutative Ringe mit Einselement. Das Element $x \in S$ ist genau dann ganz über R, wenn der Ring $R[x]$ aller Elemente der Gestalt $\Sigma a_i x^i$ mit $a_i \in R$ ein endlich erzeugter R-Modul ist.*

(2.22) Korollar. *Sind $R \subseteq S$ kommutative Ringe mit Einselement und ist S als R-Modul endlich erzeugt, so ist jedes Element $x \in S$ ganz über R.*

Denn dann ist $S = \langle c_1, \ldots, c_n \rangle$ und somit $xc_i = a_{i1}c_1 + \cdots + a_{in}c_n$. Alles weitere folgt wie oben.

(2.23) BEMERKUNG. Sind $R = k$ und $S = K$ Körper, so ist $x \in K$ genau dann ganz über k, wenn es algebraisch über k ist.

Es stellt sich heraus, daß der Begriff „ganz über R“ die „richtige“ Verallgemeinerung des Begriffs „algebraisch über einem Körper k“ auf den Fall von kommutativen Ringen mit Einselement darstellt.

Etwas mysteriös ist vielleicht die Bezeichnung „ganz“. Diese stammt aus der Zahlentheorie. Wir haben schon in III.(5.18) gesehen, daß die ganzen Gauß'schen Zahlen $\mathbb{Z}[i]$ und die Elemente von $\mathbb{Z}[i\sqrt{2}]$ einen Euklidischen Ring bilden.

Sie besitzen also insbesondere eine eindeutige Primfaktorzerlegung. Sie stehen also zu ihren Quotientenkörpern $\mathbb{Q}(i)$ bzw. $\mathbb{Q}(i\sqrt{2})$ in ähnlicher Beziehung wie $\mathbb{Z}$ zu $\mathbb{Q}$. Man bezeichnet ihre Elemente als die ganzen Zahlen der entsprechenden Zahlkörper.

Natürlich stellt sich sofort die Frage, ob man in einem beliebigen algebraischen Erweiterungskörper $\mathbb{Q}(\alpha)$ ebenfalls den Begriff „ganze" Zahlen einführen kann.

Die naheliegendste Methode, einfach alle Elemente $\Sigma k_i\alpha^i$ mit $k_i \in \mathbb{Z}$ zu nehmen, funktioniert nicht, da ja das primitive Element einer Körpererweiterung nicht eindeutig festgelegt ist. So ist etwa $\mathbb{Q}(i) = \mathbb{Q}(\frac{i}{337})$ und der damit gebildete Ring hat nichts mit ganzen Zahlen zu tun.

Betrachtet man die Situation bei $\mathbb{Z}$ und $\mathbb{Q}$, so sieht man, daß jede rationale Zahl $\frac{a}{b} \in \mathbb{Q}$ einer Gleichung $bX - a = 0$ genügt. Die Lösung einer solchen Gleichung liegt genau dann in $\mathbb{Z}$, wenn $b = 1$ ist.

Das legt es nahe, sich auch im allgemeinen Fall auf normierte Gleichungen mit Koeffizienten in $\mathbb{Z}$ zu beschränken.

Das wird auch durch die folgende Überlegung nahegelegt. Wir erwarten von einem vernünftigen Begriff einer „ganzen algebraischen Zahl", daß diese Zahlen

(1) einen Ring bilden
(2) in $\mathbb{Z}$ liegen, falls sie rational sind, und daß
(3) entweder alle Nullstellen eines irreduziblen Polynoms $f(X) \in \mathbb{Q}[X]$ ganz sind oder gar keine, d.h. daß dieser Begriff nur vom Minimalpolynom abhängt.

Ist also $p(X) \in \mathbb{Q}[X]$ das normierte Minimalpolynom für eine ganze algebraische Zahl α, dann sind nach 1) und 3) die elementarsymmetrischen Polynome der Wurzeln wieder ganz algebraisch und nach 2) sogar in $\mathbb{Z}$. Also liegen die Koeffizienten des Minimalpolynoms $p(X)$ in $\mathbb{Z}$.

Wir wollen als Beispiel die Menge $G(i\sqrt{m})$ aller ganzen Zahlen im quadratischen Zahlkörper $\mathbb{Q}(i\sqrt{m})$ für ein quadratfreies m explizit bestimmen und direkt zeigen, daß sie einen KRE bildet. Quadratfrei bedeutet, daß in der Primfaktorzerlegung von m jede Primzahl höchstens die Vielfachheit 1 besitzt. Da $\sqrt{p^2} = p \in \mathbb{Q}$ ist, ist das keine Einschränkung.

(2.24) Satz. *Sei $m \geqslant 1$ quadratfrei. Dann gilt*

$$\text{(1) } \textit{Für } m \not\equiv 3 \pmod 4 \textit{ ist } G(i\sqrt{m}) = \mathbb{Z}[i\sqrt{m}]$$

$$\text{(2) } \textit{Für } m \equiv 3 \pmod 4 \textit{ ist } G(i\sqrt{m}) = \mathbb{Z}[\frac{1+i\sqrt{m}}{2}].$$

Beweis. Die Zahl $a + ib\sqrt{m}$ genügt der Gleichung

$$X^2 - 2aX + a^2 + mb^2 = (X - a - ib\sqrt{m})(X - a + ib\sqrt{m}) = 0.$$

Damit alle Koeffizienten in $\mathbb{Z}$ sind, muß a von der Form $a = \frac{p}{2}$ mit $p \in \mathbb{Z}$ sein. Da m quadratfrei ist, muß auch b von der Form $b = \frac{q}{2}, q \in \mathbb{Z}$, sein.
Außerdem muß $p^2 + mq^2$ durch 4 teilbar sein.

Da ein Quadrat $\equiv 0,\ 1 \pmod 4$ ist, muß also entweder $p \equiv q \equiv 0 \pmod 2$ sein oder $p \equiv q \equiv 1 \pmod 2$ und gleichzeitig $m \equiv 3 \pmod 4$ gelten.
Im ersten Fall ergibt sich $\mathbb{Z}[i\sqrt{m}]$ und im zweiten Fall alle Elemente der Form

$$a + b\frac{1 + i\sqrt{m}}{2}.$$

Es ist dann klar, daß $G(i\sqrt{m})$ einen Ring bildet.

BEMERKUNG. Man müßte noch zusätzlich zeigen: Wenn $a + ib\sqrt{m}$ ganz ist, d.h. einer normierten Gleichung mit ganzzahligen Koeffizienten genügt, dann hat auch das Minimalpolynom ganzzahlige Koeffizienten. Das folgt aus VII.(1.34).

Nun wollen wir zeigen, daß die Menge aller über R ganzen Elemente eines Oberringes S ebenfalls einen Ring bildet.

(2.25) Satz. *Seien $R \subseteq S$ kommutative Ringe mit Einselement. Ist M endlich erzeugt als S-Modul und S endlich erzeugt als R-Modul, dann ist M auch endlich erzeugt als R-Modul.*

BEWEIS. Seien $y_1, \ldots, y_m$ Erzeugende von M als S-Modul und $x_1, \ldots, x_n$ Erzeugende von S über R.
Dann hat jedes $z \in M$ eine Darstellung

$$z = \sum_{i=1}^{n} s_i\, y_i \text{ mit } s_i \in S.$$

Jedes s_i hat eine Darstellung $s_i = \sum r_{ij}\, x_j$ mit $r_{ij} \in R$. Somit ist $z = \sum_i \sum_j r_{ij}\, x_j\, y_i$.

Die Elemente $x_j\, y_i$ sind also Erzeugende von M bezüglich R.

(2.26) Satz. *Seien $R \subseteq S$ KRE's. Sind $x_1, \ldots, x_n$ Elemente von S, die ganz über R sind, so ist der Ring $R[x_1, \ldots, x_n]$ ein endlich erzeugter R-Modul.*

BEWEIS. Für $n = 1$ ist das bereits gezeigt.
Sei $R_n = R[x_1, \ldots, x_n]$. Dann ist nach Induktionsvoraussetzung R_{n-1} ein endlich erzeugter R-Modul. Da x_n ganz über R und daher auch ganz über R_{n-1} ist, ist nach (2.21) $R_n = R_{n-1}[x_n]$ ein endlich erzeugter R_{n-1}-Modul. Daher ist nach (2.25) auch R_n ein endlich erzeugter R-Modul.

Nun können wir das angekündigte Resultat beweisen.

(2.27) Korollar. *Seien $R \subseteq S$ kommutative Ringe mit Einselement. Die Menge G aller Elemente $x \in S$, die ganz über R sind, bildet einen Teilring von S, den ganzen Abschluß von R in S.*

BEWEIS. Sind $x, y \in G$, dann ist $R[x, y]$ ein endlich erzeugter R-Modul.
Daher sind nach (2.22) auch $x \pm y$ und $xy \in R[x, y]$ ganz über R. Die ganzen Elemente bilden daher einen Ring G mit $R \subseteq G \subseteq S$.

(2.28) DEFINITION. Der Ring $S \supseteq R$ heißt *ganz über* R, wenn jedes Element $s \in S$ ganz über R ist.

(2.29) Satz. *Ist S ganz über R und T ganz über S, dann ist T auch ganz über R.*

BEWEIS. Jedes $x \in T$ genügt einer Gleichung

$$x^n + s_1 x^{n-1} + \cdots + s_n = 0 \text{ mit } s_i \in S.$$

Da $s_1, \ldots, s_n$ ganz über R sind, ist der R-Modul $R[s_1, \ldots, s_n]$ endlich erzeugt. Daher ist auch $R[s_1, \ldots, s_n, x]$ ein endlich erzeugter R-Modul und daher x ganz über R.

(2.30) DEFINITION. Sei $R \subseteq S$. Fällt der ganze Abschluß von R in S mit R zusammen, so heißt R *ganz abgeschlossen* in S.

(2.31) Korollar. *Seien $R \subseteq S$ Ringe. Ist G der ganze Abschluß von R in S, dann ist G ganz abgeschlossen in S.*

BEWEIS. Sei $x \in S$ ganz über G. Dann ist x auch ganz über R und liegt daher in G.

(2.32) BEISPIEL. Ist R ein Hauptidealring, dann ist R ganz abgeschlossen im Quotientenkörper K.

BEWEIS. Sei $\frac{r}{s} \in K$ ganz über R und $r \perp s$.
Dann gilt

$$(\frac{r}{s})^n + a_1(\frac{r}{s})^{n-1} + \cdots + a_n = 0 \text{ mit } a_i \in R.$$

Daher ist $r^n + a_1 r^{n-1} s + \cdots + a_n s^n = 0$.
Daher ist s ein Teiler von r^n. Wegen $r \perp s$ muß s invertierbar sein und somit $\frac{r}{s} \in R$.

Zum Beispiel ist $\mathbb{Z}$ ganz abgeschlossen in $\mathbb{Q}$ und $k[X]$ ganz abgeschlossen in $k(X)$.

Dagegen ist $\mathbb{Z}[\sqrt{5}]$ nicht ganz abgeschlossen in $\mathbb{Q}(\sqrt{5})$, weil z. B. $\frac{1+\sqrt{5}}{2}$ der Gleichung $X^2 - X - 1 = 0$ genügt und daher ganz über $\mathbb{Z}[\sqrt{5}]$ ist, aber kein Element dieses Ringes ist.

Nun sind wir in der Lage, einen sehr nützlichen Satz über algebraische Körpererweiterungen zu beweisen.

(2.33) Satz. *Seien $k \subseteq K = k(x_1, \ldots, x_n)$ Körper. Dann sind die folgenden Aussagen äquivalent:*

(1) *K ist algebraisch über k.*
(2) *$x_1, \ldots, x_n$ sind algebraisch über k.*
(3) *K ist ein endlich-dimensionaler Vektorraum über k.*
(4) $K = k[x_1, x_2, \ldots, x_n]$.

BEWEIS. Für $n = 1$ ist alles klar. Denn ist $K = k(x)$ und x algebraisch, so sind nach III.(4.2) alle 4 Eigenschaften erfüllt.
Ist x transzendent, dann ist keine erfüllt.

Im allgemeinen Fall gilt klarerweise (1) $\Rightarrow$ (2) $\Rightarrow$ (3), (3) $\Rightarrow$ (1) und (1) $\Rightarrow$ (4).

Es bleibt nur zu zeigen, daß $K = k[x_1, \ldots, x_n]$ nur dann ein Körper sein kann, wenn kein x_i transzendent über k ist. Da die Aussage für $n = 1$ und beliebige k klar ist, können wir annehmen, daß sie für $n - 1$ und beliebige Körper k bereits gilt.

Da die Aussage nach Induktionsvoraussetzung für $n-1$ schon gelten soll und $k(x_n)$ ein Körper ist, sind $x_1, \ldots, x_{n-1}$ algebraisch über $k(x_n)$.
Ist x_n algebraisch über k, so ist nach (2.29) alles bewiesen.
Es genügt daher zu zeigen, daß der Fall, daß x_n transzendent über k ist, unmöglich ist.

Nehmen wir einmal an, x_n wäre transzendent über k.
Da die x_i algebraisch über $k(x_n)$ sind, gibt es

$$c_{ij}(x_n) \in k(x_n),$$

sodaß

$$x_i^{m_i} + c_{i1}(x_n)x_i^{m_i-1} + \cdots + c_{im_i}(x_n) = 0$$

ist.

Multipliziert man diese Gleichungen mit den Nennern der c_{ij}, so gibt es Polynome $a_{ij}(x_n) \in k[x_n]$ mit $a_{i0}(x_n) \neq 0$ und

$$(2.34) \qquad a_{i0}(x_n)x_i^{m_i} + a_{i1}(x_n)x_i^{m_i-1} + \cdots + a_{im_i}(x_n) = 0.$$

Sei $p(x_n) = a_{10}(x_n)a_{20}(x_n) \cdots a_{n-1,0}(x_n)$.
Multipliziert man die Gleichungen (2.34) mit $\frac{p(x_n)^{m_i}}{a_{i0}(x_n)}$, so ergibt sich daß

$$p(x_n)x_1, \ldots, p(x_n)x_{n-1} \text{ ganz über } k[x_n] \text{ sind .}$$

Da die ganzen Elemente einen Ring bilden, ist jedes Polynom in diesen Elementen, dessen Koeffizienten in $k[x_n]$ liegen, wieder ganz über $k[x_n]$.

Sei nun $f(x_n) \in k(x_n)$ beliebig.
Da $k(x_n) \subseteq k[x_1, \ldots, x_n]$ ist, ist $f(x_n)$ darstellbar als ein Polynom $q(x_1, \ldots, x_n) \in k[x_1, \ldots, x_n]$.
Sei d der Grad dieses Polynoms, aufgefaßt als Polynom in $x_1, \ldots, x_{n-1}$.

Dann ist $p(x_n)^d\, q(x_1, \ldots, x_n)$ ein Polynom in den Elementen $p(x_n)x_i$ mit Koeffizienten in $k[x_n]$. Es ist daher ganz über $k[x_n]$.

Nun ist aber

$$p(x_n)^d\, q(x_1, \ldots, x_n) = p(x_n)^d\, f(x_n) \in k(x_n).$$

Da nach (2.32) $k[x_n]$ ganz abgeschlossen in $k(x_n)$ ist, muß $p(x_n)^d\, f(x_n)$ schon in $k[x_n]$ liegen.

Somit ist $f(x_n) = \frac{a(x_n)}{p(x_n)^d}$ mit $a(x_n) \in k[x_n]$.

Wählt man $f(x_n) = \frac{1}{b(x_n)}$, wobei $b(x_n)$ ein irreduzibles Polynom ist, das zu $p(x_n)^d$ teilerfremd ist, so ergibt sich

$$p(x_n)^d = a(x_n)b(x_n).$$

Das ist ein Widerspruch zur eindeutigen Primfaktorzerlegung in $k[x_n]$.

Unsere Voraussetzung, daß x_n transzendent über k wäre, ist daher unmöglich. Somit ist x_n algebraisch über k und der Satz vollständig bewiesen.

Wir haben dabei verwendet, daß es in $k[X]$ unendlich viele irreduzible Polynome gibt. Das zeigt man genauso wie die Tatsache, daß es unendlich viele Primzahlen in $\mathbb{Z}$ gibt: Angenommen $p_1(X), \cdots, p_s(X)$ wären alle irreduziblen Polynome. Dann hätte

$$p(X) = 1 + p_1(X) \cdots p_s(X)$$

mindestens einen irreduziblen Faktor. Dieser wäre von allen $p_i(X)$ verschieden, Widerspruch.

(2.35) Bemerkung. Satz (2.33) kann als eine körpertheoretische Form des Hilbert'schen Nullstellensatzes (III.(5.7)) aufgefaßt werden. Denn sei M ein beliebiges maximales Ideal in $\mathbb{C}[X_1, \ldots, X_n]$ und

$$\pi : \mathbb{C}[X_1, \ldots, X_n] \to \mathbb{C}[X_1, \ldots, X_n]/M$$

die kanonische Projektion.
Sei $\xi_i := \pi(X_i)$.
Dann ist $\mathbb{C}[\xi_1, \ldots, \xi_n] = \mathbb{C}[X_1, \ldots, X_n]/M$ ein Körper.

Nach (2.33) ist das nur möglich, wenn alle ξ_i algebraisch über $\mathbb{C}$ sind.

Da $\mathbb{C}$ algebraisch abgeschlossen ist, liegen alle $\xi_i \in \mathbb{C}$.
Sei $\xi_i = c_i \in \mathbb{C}$.
Dann gilt $\pi(p(X_1, \ldots, X_n)) = 0$ für jedes $p(X_1, \ldots, X_n) \in M_{c_1, \ldots, c_n}$, d.h. $M_{c_1, \ldots, c_n} \subseteq M$. Da $M_{c_1, \ldots, c_n}$ maximal ist, ist das nur möglich, wenn $M = M_{c_1, \ldots, c_n}$ ist.

V. Einführung in die Gruppentheorie

In diesem Kapitel stehen allgemeine Eigenschaften des Gruppenbegriffs im Vordergrund. Nach einem kurzen Abschnitt über Monoide werden einige wichtige Begriffe und Beispiele aus der Gruppentheorie gebracht. Die Hauptrolle spielen dabei die Begriffe Normalteiler und Faktorgruppe. Um einen ersten Einblick in die Welt der Gruppen zu gewinnen, werden alle Gruppen der Ordnungen 1 bis 11 explizit bestimmt. Für spätere Anwendungen wird dann die symmetrische Gruppe $\mathfrak{S}_n$ *ausführlicher studiert.*

1. Monoide.

Nachdem wir bereits mit algebraischen Strukturen wie Ringen oder Körpern vertraut sind, wollen wir nun einige Aspekte von einem etwas abstrakteren Standpunkt aus studieren.

Wir wollen binäre Operationen auf einer Menge S betrachten, d.h. Abbildungen vom kartesischen Produkt $S \times S$ in S, die jedem geordneten Paar $(a, b) \in S \times S$ ein Element $p \in S$ zuordnen, welches wir meistens als „Produkt" der Elemente a und b bezeichnen. Man könnte natürlich $p = f(a, b)$ schreiben. Dann wäre aber beispielsweise das Assoziativgesetz ziemlich undurchschaubar: $f(f(a, b), c) = f(a, f(b, c))$. Stattdessen schreibt man $ab, a \cdot b, a \circ b, a * b, a + b$ u. dgl. Wenn es zu keinen Verwechslungen kommen kann, schreiben wir einfach $p = ab$.

Sind $a, b, c \in S$, so sind die beiden Produkte $(ab)c$ und $a(bc)$ i. a. verschieden. Versteht man etwa unter $a \circ b$ die Potenz a^b, so ist für $a, b, c \in \mathbb{N}$, $(a \circ b) \circ c = (a^b)^c = a^{bc}$ und $a \circ (b \circ c) = a^{(b^c)}$. Wenn also $bc \neq b^c$ ist und $a \neq 0, 1$, so sind die beiden Ausdrücke verschieden. Z. B. ist $(2^2)^3 = 2^6 = 64$ und $2^{(2^3)} = 2^8 = 256$.

Wenn für alle $a, b, c \in S$ gilt $(ab)c = a(bc)$, so heißt die Operation *assoziativ*. Derartige Operationen kennen wir gut, z. B. die Addition und Multiplikation in Ringen.

Ein besonders anschauliches Beispiel für eine nicht-assoziative Operation ist das Produkt von *Binärbäumen*.

Ein Binärbaum b ist eine endliche Menge von Punkten, die entweder leer ist, $b = \emptyset$, oder einen ausgezeichneten Punkt, die sogenannte Wurzel, besitzt, von welcher ein linker Binärbaum b_l und ein rechter Binärbaum b_r ausgehen. Man sagt dann, daß b das Produkt $b = b_l b_r$ der Teilbinärbäume b_l und b_r ist.

Man stellt einen Binärbaum graphisch dar, indem man ausgehend von der Wurzel eine linke Kante, an der b_l hängt, und eine rechte Kante, an der b_r hängt, zeichnet, falls die betreffenden Teilbäume b_l bzw. b_r nicht leer sind:

Ausgehend von $b = \emptyset$ erhält man der Reihe nach die folgenden Binärbäume:

$\emptyset \cdot \emptyset =$ 

$(\emptyset \cdot \emptyset) \cdot \emptyset =$ 

$\emptyset \cdot (\emptyset \cdot \emptyset) =$ 

$((\emptyset \cdot \emptyset) \cdot \emptyset) \cdot \emptyset =$ 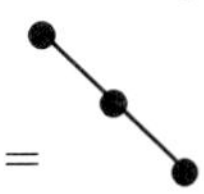

$(\emptyset \cdot \emptyset) \cdot (\emptyset \cdot \emptyset) =$ 

Insbesondere ist also z. B. $(\emptyset \cdot \emptyset) \cdot \emptyset \neq \emptyset \cdot (\emptyset \cdot \emptyset)$.

Ein Element e mit $ex = x = xe$ für alle $x \in S$ heißt *Einselement* oder *neutrales Element*. Bei Binärbäumen gibt es kein neutrales Element, weil $b_1 b_2$ immer einen Punkt mehr enthält als $b_1 \cup b_2$.

Ein Einselement ist eindeutig bestimmt. Denn sind e, e' Einselemente, so gilt speziell $e = e\underline{e'} = \underline{e}e' = e'$.

Wenn keine Verwechslungen möglich sind, schreiben wir statt e einfach 1.

(1.1) Definition. Ein *Monoid* ist eine Menge M zusammen mit einer binären Operation, welche assoziativ ist und ein Einselement enthält.

(1.2) Ist M ein Monoid und sind $x_1, \ldots, x_n \in M$, dann ist $x_1 x_2 \cdots x_n$ induktiv definiert durch $x_1 x_2 \cdots x_n := (x_1 \cdots x_{n-1}) x_n$ und es gilt

$$(x_1 \cdots x_k)(x_{k+1} \cdots x_n) = x_1 \cdots x_n.$$

Ein leeres Produkt wird dabei mit e identifiziert.

(1.2) besagt also, daß in einem Monoid der Wert eines Produktes unabhängig von dessen Beklammerung ist.

BEWEIS. Für $n = 3$ ist $x_1x_2x_3 := (x_1x_2)x_3 = x_1(x_2x_3)$.
Es sei schon bekannt, daß für $m < n$ alle Produkte gleich sind. Dann ist

$$x_1 \cdots x_n = (x_1 \cdots x_{n-1})x_n = ((x_1 \cdots x_k)(x_{k+1} \cdots x_{n-1}))x_n = \\ = (x_1 \cdots x_k)((x_{k+1} \cdots x_{n-1})x_n) = (x_1 \cdots x_k)(x_{k+1} \cdots x_n).$$

Sind alle $x_i = x$, so schreibt man $x_1 \cdots x_n = x^n$, $x^0 = e$. Es gilt dann

$$x^{m+n} = x^m x^n, (x^n)^m = x^{nm}.$$

(1.3) BEISPIEL. Sei A eine Menge, die wir als „Alphabet" bezeichnen wollen, und A^* die Menge aller (endlichen) Wörter mit Buchstaben aus A, d.h. aller endlichen Folgen von Elementen aus A, zusammen mit dem „leeren Wort" ε. Dann definieren wir ein Produkt $\alpha * \beta$ für $\alpha = (a_1 \cdots a_k), \beta = (b_1 \cdots b_l) \in A$, durch Hintereinandersetzen von α und β:

$$\alpha * \beta := (a_1 \cdots a_k) * (b_1 \cdots b_l) := a_1 \cdots a_k b_1 \cdots b_l.$$

Außerdem sei $\varepsilon * \alpha = \alpha * \varepsilon = \alpha$.

Besteht A nur aus einem Element, $A = \{x\}$, so ist $A^* = \{1, x, x^2, \dots\}$, wobei $\varepsilon = 1$ gesetzt wurde.

Ist $A = \{0, 1\}$, dann ist

$$A^* = \{\varepsilon, 0, 1, 00, 01, 10, 11, 000, \dots\}.$$

A^* heißt das *freie Monoid über dem Alphabet A*.
Die Bezeichnung „frei" soll dabei andeuten, daß alle Wörter verschieden sind, falls sie reduziert sind, d.h. alle überflüssigen leeren Wörter ε weggelassen werden. Z. B. ist 01 reduziert, nicht jedoch $0\varepsilon1$ oder $\varepsilon\varepsilon0\varepsilon\varepsilon\varepsilon1\varepsilon$.

(1.4) BEISPIEL. Sei S eine Menge. Die Menge aller Abbildungen von S in sich bildet ein Monoid bezüglich der Zusammensetzung (Komposition) $g \circ f$, die durch

$$(g \circ f)(s) := g(f(s))$$

für $s \in S$ definiert ist. Das Einselement ist dabei die identische Abbildung $e(s) = s$. Die Assoziativität ergibt sich folgendermaßen: Für alle $s \in S$ ist $(h \circ (g \circ f))(s) = h((g \circ f)(s)) = h(g(f(s))) = (h \circ g)(f(s)) = ((h \circ g) \circ f)(s)$ und daher ist

$$h \circ (g \circ f) = (h \circ g) \circ f.$$

Ist S endlich, $S = \{1, 2, \cdots, n\}$, so stehen für jedes i genau n Werte $f(i)$ als Funktionswerte zur Verfügung. Es gibt also insgesamt n^n Abbildungen von S in sich.

(1.5) BEISPIEL. Alle $(n \times n)-$ Matrizen über $\mathbb{R}$ bilden bezüglich der Matrixmultiplikation AB ein Monoid mit der Einheitsmatrix I als Einselement.

Ebenso alle $(n \times n)$-Matrizen mit $|\det A| \leq 1$ oder jene mit $\det A = 1$. Weiters bilden auch alle $(n \times n)$-Matrizen mit nicht-negativen Elementen $a_{ij} \geq 0$ ein Monoid.

(1.6) BEISPIEL. Sei M ein Monoid und seien S, S' Teilmengen von M. Dann versteht man unter SS' die Menge aller Elemente xy mit $x \in S, y \in S'$. Speziell gilt $MM = M$, weil $xy \in M$ für $x, y \in M$ gilt und wegen $xe = ex = x$ jedes Element $x \in M$ auch in MM vorkommt.

Für $x \in M$ sei $xS := \{x\}S, Sx := S\{x\}$.

(1.7) DEFINITION. Unter einem *Submonoid* H von M versteht man eine Teilmenge $H \subseteq M$, welche e enthält und bezüglich der in M definierten Operationen selbst ein Monoid bildet.

H ist genau dann ein Submonoid von M, wenn $e \in H$ ist und $x, y \in H$ impliziert, daß $xy \in H$ ist.

Gleichbedeutend damit ist, daß alle endlichen Produkte $x_1 \cdots x_n, n = 0, 1, 2, \cdots$ von Elementen aus H wieder in H liegen. Das leere Produkt $(n = 0)$ ist dabei mit e zu identifizieren.

Ist M ein Monoid und $x \in M$, dann ist $\{x^n\}_{n \geq 0}$ ein Submonoid.

(1.8) DEFINITION. Seien M und M' Monoide. Ein *(Monoid-)Homomorphismus* $f : M \to M'$ ist eine Abbildung mit den folgenden Eigenschaften:

1) $f(xy) = f(x)f(y)$ für alle $x, y \in M$
2) $f(e) = e'$, wenn e das Einselement von M und e' das von M' bedeutet.

(1.9) DEFINITION. Ein Monoid–Homomorphismus $f : M \to M'$ heißt *Isomorphismus*, wenn f bijektiv ist, d.h. f^{-1} existiert. Dann ist $f^{-1} : M' \to M$ wieder ein Isomorphismus.

Wir sagen dann, M und M' sind (als Monoide) isomorph, in Zeichen $M \cong M'$.

Sei $M = \{0, 1\}^*$ das freie Monoid über dem Alphabet $\{0, 1\}$ und M' die Menge aller (2×2)-Matrizen $\binom{a \quad b}{c \quad d}$ mit Elementen $a, b, c, d \in \mathbb{R}$.

Wir definieren einen Monoidhomomorphismus $f : M \to M'$ durch $f(\varepsilon) = I$,

$f(0) = L := \begin{pmatrix} 1 & 1 \\ 0 & 1 \end{pmatrix}$, $f(1) = R := \begin{pmatrix} 1 & 0 \\ 1 & 1 \end{pmatrix}$ und $f(\delta_1 \cdots \delta_n) = f(\delta_1)f(\delta_2) \cdots f(\delta_n)$.

Die Menge $\operatorname{Im} f$ aller Matrizen A, die als Bild eines Elementes von M auftreten, ist ein Submonoid $H \subseteq M'$.

Wir wollen nun H explizit bestimmen.

Da L und R nur Eintragungen aus $\mathbb{N}$ besitzt und jedes $A \in \operatorname{Im} f$ als Produkt von L's und R's darstellbar ist, ist

$$A = \begin{pmatrix} a & b \\ c & d \end{pmatrix}$$

mit $a, b, c, d \in \mathbb{N}$.

Wegen $\det L = \det R = 1$ ist auch $\det A = 1$.

Wir behaupten nun, daß H aus allen 2×2-Matrizen $A = \left(\begin{smallmatrix} a & b \\ c & d \end{smallmatrix}\right)$ mit $a, b, c, d, \in \mathbb{N}$ und $\det A = ad - bc = 1$ besteht.

Wir zeigen zuerst, daß f injektiv ist:

Seien $\alpha = \delta\alpha'$ und $\beta = \gamma\beta'$ zwei Elemente von M und δ und γ aus $\{0, 1\}$. Sei überdies $f(\alpha) = f(\beta)$.

Dann ist $f(\alpha) = f(\delta)f(\alpha')$ und $f(\beta) = f(\gamma)f(\beta')$. Wir behaupten: Dann ist $\delta = \gamma$ und $f(\alpha') = f(\beta')$. Mit Induktion nach der Länge des Wortes α folgt dann die Behauptung.

Sei $f(\alpha) = \left(\begin{smallmatrix} a & b \\ c & d \end{smallmatrix}\right)$, $f(\alpha') = \left(\begin{smallmatrix} a' & b' \\ c' & d' \end{smallmatrix}\right)$ und $\delta = 0$.

Dann ist

$$\begin{pmatrix} a & b \\ c & d \end{pmatrix} = \begin{pmatrix} 1 & 1 \\ 0 & 1 \end{pmatrix} \begin{pmatrix} a' & b' \\ c' & d' \end{pmatrix} = \begin{pmatrix} a' + c' & b' + d' \\ c' & d' \end{pmatrix}$$

d.h. $a + b > c + d$.

Ist $\delta = 1$, so ist

$$\begin{pmatrix} a & b \\ c & d \end{pmatrix} = \begin{pmatrix} 1 & 0 \\ 1 & 1 \end{pmatrix} \begin{pmatrix} a' & b' \\ c' & d' \end{pmatrix} = \begin{pmatrix} a' & b' \\ a' + c' & b' + d' \end{pmatrix},$$

d.h. $a + b < c + d$.

Daher muß $\delta = \gamma$ gelten.

Da L und R invertierbar sind, folgt auch $f(\alpha') = f(\beta')$.

Jedes Element von H läßt sich also eindeutig als Produkt von Matrizen der Gestalt L und R darstellen. Dem leeren Produkt entspricht dabei die Einheitsmatrix I.

Wir müssen nur noch zeigen, daß jede Matrix $A = \left(\begin{smallmatrix} a & b \\ c & d \end{smallmatrix}\right)$ mit $a, b, c, d \in \mathbb{N}$ und $\det A = ad - bc = 1$ in H liegt.

Dazu genügt es zu zeigen:

1) Ist $\left(\begin{smallmatrix} a & b \\ c & d \end{smallmatrix}\right)$ eine solche Matrix mit $a + b = c + d$, dann ist

$$\begin{pmatrix} a & b \\ c & d \end{pmatrix} = \begin{pmatrix} 1 & 0 \\ 0 & 1 \end{pmatrix}.$$

2) Ist $a + b > c + d$, dann ist

$$\begin{pmatrix} a & b \\ c & d \end{pmatrix} = \begin{pmatrix} 1 & 1 \\ 0 & 1 \end{pmatrix} \begin{pmatrix} a' & b' \\ c' & d' \end{pmatrix}$$

mit $a', b', c', d' \in \mathbb{N}$ und $a' < a,\ b' \leq b$ oder $a' \leq a,\ b' < b$.

3) Ist $a + b < c + d$, dann ist

$$\begin{pmatrix} a & b \\ c & d \end{pmatrix} = \begin{pmatrix} 1 & 0 \\ 1 & 1 \end{pmatrix} \begin{pmatrix} a' & b' \\ c' & d' \end{pmatrix}$$

mit $a', b', c', d' \in \mathbb{N}$ und $c' < c,\ d' \leq d$ oder $c' \leq c,\ d' < d$.

Beweis. ad 1): Ist $a + b = c + d$, dann ist $a - c = d - b$ und daher $(a-c)(c+d) = (a-c)c+(a-c)d = (d-b)c+(a-c)d = dc-bc+ad-cd = ac-bc = 1$. Daher ist $a - c = c + d = 1$, d.h. $a = c + 1, d = b + 1$, $b + c = (c + d) + b - d) = 1 + (b - b - 1) = 0$. Somit ist $b = c = 0$ und $a = d = 1$.

ad 2): Sei $a + b > c + d$.
Wäre $a \leq c$, so wäre $1 = ad - bc \leq c(d-b)$, d .h. $b < d$ und somit $a+b \leq c+d < c+d$. Also gilt $a - c \geq 1$.

Es genügt nun noch zu zeigen, daß $b - d \geq 0$ ist.

Denn dann ist

$$\begin{pmatrix} a & b \\ c & d \end{pmatrix} = \begin{pmatrix} 1 & 1 \\ 0 & 1 \end{pmatrix} \begin{pmatrix} a-c & b-d \\ c & d \end{pmatrix}$$

mit $a - c, b - d, c, d \in \mathbb{N}$.
Wegen $ad - bc = 1$ ist sicher $d \geq 1$. Ist $c = 0$, so ist $a = d = 1$ und wegen $a + b > c + d$ auch $b > 0$, d.h. $b - d \geq 0$.
Ist $c > 0$, so folgt

$$1 = ad - bc = c(d - b) + d(a - c) \geq c(d - b) + 1$$

und daher $c(d - b) \leq 0$, d.h. $d - b \leq 0$.Es ist also auch in diesem Fall $b - d \geq 0$.

Der dritte Fall geht ganz analog.

(1.10) Satz. *Das freie Monoid* $\{0,1\}^*$ *über dem Alphabet* $\{0,1\}$ *ist isomorph zum Monoid aller* (2×2)*-Matrizen* $\left(\begin{smallmatrix} a & b \\ c & d \end{smallmatrix}\right)$ *mit* $a, b, c, d \in \mathbb{N}$ *und* $\det A = ad - bc = 1$. *Ein Isomorphismus* f *ist eindeutig festgelegt durch* $f(0) = L$ *und* $f(1) = R$.

2. Gruppen.

Wir wollen nun den in IV. (1.1) definierten Gruppenbegriff genauer untersuchen. Dieser Begriff kann auch folgendermaßen beschrieben werden:

(2.1) Eine *Gruppe* G ist ein Monoid mit der Eigenschaft, daß für jedes $x \in G$ ein Element x^{-1} existiert mit $xx^{-1} = x^{-1}x = e$.

Das inverse Element x^{-1} ist dabei für jedes $x \in G$ eindeutig bestimmt. Für jedes $x \in G$ sind daher alle Potenzen $x^n, n = 0, \pm 1, \pm 2$, definiert und erfüllen $x^m x^n = x^{m+n}$ für alle $m, n \in \mathbb{Z}$.

Es gilt die *Kürzungsregel*

(2.2) Aus $xy = xz$ folgt $y = z$.

Zum Beweis braucht man nur links mit x^{-1} zu multiplizieren:

$$y = x^{-1}(xy) = x^{-1}(xz) = z.$$

(2.3) Sind $G_1, \ldots, G_n$ Gruppen, dann wird das kartesische Produkt $G = G_1 \times \cdots \times G_n$ zu einer Gruppe, wenn die Operation koordinatenweise definiert wird:

$$(x_1, \ldots, x_n) \cdot (y_1, \ldots, y_n) = (x_1 y_1, \ldots, x_n y_n)$$

und $e = (e_1, \ldots, e_n)$ ist, wobei e_i das Einselement von G_i ist.
Dann ist

$$x^{-1} = (x_1^{-1}, x_2^{-1}, \ldots, x_n^{-1}).$$

(2.4) Sei S eine nicht–leere Menge. Dann bilden alle bijektiven Abbildungen von S auf sich bezüglich der Komposition eine Gruppe, weil für jedes $f : S \to S$ auch $f^{-1} : S \to S$ mit $f^{-1} \circ f = f \circ f^{-1} = e$ existiert, wobei $e(s) = s$ die identische Abbildung ist.

Ist speziell $S = \{1, 2, \ldots, n\}$ endlich, so bezeichnen wir eine Bijektion von S auch als *Permutation* π und schreiben diese in der Form

$$\pi = \begin{pmatrix} 1 & 2 & \ldots & n \\ \pi(1) & \pi(2) & \ldots & \pi(n) \end{pmatrix}.$$

Die Gruppe der Permutationen von $\{1, 2, \ldots, n\}$ wird als symmetrische Gruppe $\mathfrak{S}_n$ bezeichnet. Sie hat offenbar $n!$ Elemente.

$\mathfrak{S}_1$ besteht nur aus der Identität $e = \binom{1}{1}$.

$\mathfrak{S}_2$ hat 2 Elemente $e = \begin{pmatrix}1 & 2\\ 1 & 2\end{pmatrix}$ und $\begin{pmatrix}1 & 2\\ 2 & 1\end{pmatrix}$.

Wie wir sehen werden, ist $\mathfrak{S}_3$ die Gruppe kleinster Ordnung, die nicht kommutativ ist. Ihre Elemente sind

$$e = \begin{pmatrix}1 & 2 & 3\\ 1 & 2 & 3\end{pmatrix}, \quad a = \begin{pmatrix}1 & 2 & 3\\ 2 & 3 & 1\end{pmatrix}, \quad a^2 = \begin{pmatrix}1 & 2 & 3\\ 3 & 1 & 2\end{pmatrix},$$

$$b = \begin{pmatrix}1 & 2 & 3\\ 1 & 3 & 2\end{pmatrix}, \quad ab = \begin{pmatrix}1 & 2 & 3\\ 2 & 1 & 3\end{pmatrix}, \quad a^2b = \begin{pmatrix}1 & 2 & 3\\ 3 & 2 & 1\end{pmatrix}.$$

Hier ist z. B. $ab = ba^2$.

(2.5) Sei K ein Körper und $GL(n, K)$ die Menge aller $(n \times n)$–Matrizen A über K mit $\det A \neq 0$. Dann bildet $GL(n, K)$ bezüglich der Matrizenmultiplikation eine Gruppe, die *„general linear group“* der Ordnung n über K.

Hat K unendlich viele Elemente, dann natürlich auch $GL(n, K)$, weil speziell alle Diagonalmatrizen λI in $GL(n, K)$ liegen, wobei $\lambda \in K^\times$ ist.

Ist K endlich, dann auch $GL(n, K)$. Ist z. B. $K = \mathbb{F}_p = \mathbb{Z}/p\mathbb{Z}$ der Restklassenkörper modulo einer Primzahl p, so gilt

(2.6) $$|GL(n, \mathbb{F}_p)| = (p^n - 1)(p^n - p) \cdots (p^n - p^{n-1}).$$

Denn sei $\{e_1, \ldots, e_n\}$ eine Basis des Vektorraumes $\mathbb{F}_p^n$. Dann kann jede lineare Abbildung $f : \mathbb{F}_p^n \to \mathbb{F}_p^n$ eindeutig durch eine Matrix $A = (a_{ij})$ beschrieben werden. Denn ist $x = x_1e_1 + \cdots + x_ne_n \in \mathbb{F}_p^n$, so ist $f(x) = x_1f(e_1) + \cdots + x_nf(e_n)$. Setzt man $f(e_k) = \sum_i a_{ik}e_i$, so gilt also

$$f(x) = (a_{ij})x = Ax.$$

Die Abbildung f ist genau dann invertierbar, wenn sie eine Basis des Vektorraumes $\mathbb{F}_p^n$ wieder in eine Basis überführt. Wählt man speziell die Basis $\{e_1, \ldots, e_n\}$, so müssen also die Spalten $a_i := Ae_i$ der Matrix A eine Basis bilden.

Die Anzahl aller geordneten Basen $a_1, \ldots, a_n$ in $\mathbb{F}_p^n$ läßt sich aber sehr leicht bestimmen:

a_1 kann ein beliebiges l. u. a. Element von $\mathbb{F}_p^n$ sein, d.h. $a_1 \neq 0$. Für a_1 gibt es also $p^n - 1$ Möglichkeiten. Ist a_1 bereits gewählt, so kann a_2 ein beliebiges Element sein, das von a_1 l. u. a. ist, d.h. nicht im Teilraum $\langle a_1 \rangle$ liegt, der von a_1 aufgespannt wird. Da dieser die p Elemente $\lambda a_1, \lambda \in \mathbb{F}_p$, enthält, gibt es für a_2 genau $p^n - p$ Möglichkeiten.

Allgemein kann a_k ein beliebiges Element sein, das nicht in dem von $a_1, \ldots, a_{k-1}$ aufgespannten Teilraum liegt, der aus p^{k-1} Elementen besteht. Es gibt also genau $p^n - p^{k-1}$ Möglichkeiten für a_k. Daher gibt es für die Wahl einer geordneten Basis genau $(p^n - 1)(p^n - p) \cdots (p^n - p^{n-1})$ Möglichkeiten.

Z. B. ist $|GL(2, \mathbb{F}_2)| = (2^2 - 1)(2^2 - 2) = 3 \cdot 2 = 6$.

Die Gruppe $GL(2, \mathbb{F}_2)$ hat genau so viele Elemente wie die $\mathfrak{S}_3$. Es stellt sich heraus, daß sie sogar mit der $\mathfrak{S}_3$ übereinstimmt.

Da es in $\mathbb{F}_2^2$ nur drei Vektoren $x \neq 0$ gibt, nämlich $\binom{1}{0}, \binom{0}{1}$ und $\binom{1}{1}$ und je zwei davon l.u.a. sind und daher eine Basis bilden, sind die 6 Matrizen von $GL(2, \mathbb{F}_2)$ gegeben durch

$$\begin{pmatrix} 1 & 0 \\ 0 & 1 \end{pmatrix}, \begin{pmatrix} 0 & 1 \\ 1 & 1 \end{pmatrix}, \begin{pmatrix} 1 & 1 \\ 1 & 0 \end{pmatrix}, \begin{pmatrix} 0 & 1 \\ 1 & 0 \end{pmatrix}, \begin{pmatrix} 1 & 1 \\ 0 & 1 \end{pmatrix}, \begin{pmatrix} 1 & 0 \\ 1 & 1 \end{pmatrix}.$$

Jede dieser Matrizen permutiert die 3 Vektoren $x \neq 0$ und zwei verschiedene Matrizen ergeben verschiedene Permutationen.

(2.7) Definition. Sei G eine Gruppe. Eine *Untergruppe* H ist eine Teilmenge von G, die e enthält und abgeschlossen ist gegenüber Produkt- und Inversenbildung.

H ist also genau dann eine Untergruppe, wenn $H \neq \emptyset$ ist und

$$x, y \in H \Rightarrow xy \in H \text{ und } x^{-1} \in H,$$

d.h. wenn H alle endlichen Produkte von Elementen $x, x^{-1} \in H$ enthält.

Ist H eine Untergruppe von G, so schreiben wir $H \leq G$.

Für jede Gruppe G gibt es die triviale Untergruppe $\{e\}$ und G selbst.

Der Durchschnitt von beliebig vielen Untergruppen ist wieder eine.

(2.8) Beispiel. Sei $SL(n, K)$ die Menge aller $A \in GL(n, K)$ mit $\det A = 1$. Dann ist $SL(n, K) \leq GL(n, K)$, weil $\det(AB) = \det A . \det B$ und $\det A^{-1} = \frac{1}{\det A}$ gilt. $SL(n, K)$ heißt „special linear group“.

(2.9) BEISPIEL. Die Menge aller oberen Dreiecksmatrizen $\begin{pmatrix} a & b \\ 0 & d \end{pmatrix}$ mit $ad \neq 0$ ist eine Untergruppe H von $GL(2, \mathbb{R})$.

Denn

$$\begin{pmatrix} a & b \\ 0 & d \end{pmatrix}\begin{pmatrix} a' & b' \\ 0 & d' \end{pmatrix} = \begin{pmatrix} aa' & ab' + bd' \\ 0 & dd' \end{pmatrix} \in H.$$

und

$$\begin{pmatrix} a & b \\ 0 & d \end{pmatrix}^{-1} = \frac{1}{ad}\begin{pmatrix} d & -b \\ 0 & a \end{pmatrix} \in H.$$

(2.10) DEFINITION. Eine Abbildung $f : G \to G'$ von einer Gruppe G in eine Gruppe G' heißt *(Gruppen-) Homomorphismus*, wenn f ein Monoidhomomorphismus ist.

Es muß daher gelten $f(xy) = f(x)f(y)$ und $f(e) = e'$.
Dabei ist die zweite Forderung im Fall von Gruppen überflüssig, weil sie automatisch erfüllt ist:

$$f(e) = f(ee) = f(e)f(e)$$

impliziert

$$f(e) = f(e)^{-1}(f(e)f(e)) = f(e)^{-1}f(e) = e'.$$

Ebenso ist $f(x^{-1}) = f(x)^{-1}$. Denn

$$e' = f(e) = f(xx^{-1}) = f(x)f(x^{-1})$$

impliziert

$$f(x)^{-1} = f(x)^{-1}e' = f(x)^{-1}(f(x)f(x^{-1})) = f(x^{-1}).$$

(2.11) Korollar. *Eine Abbildung $f : G \to G'$ von einer Gruppe G in eine Gruppe G' ist genau dann ein Gruppenhomomorphismus, wenn $f(xy) = f(x)f(y)$ für alle $x, y \in G$ gilt. Sie bewahrt dann automatisch die gesamte Struktur der Gruppe G, d.h. erfüllt auch $f(e) = e'$ und $f(x^{-1}) = f(x)^{-1}$.*

(2.12) Ein Gruppenhomomorphismus f heißt *Monomorphismus*, wenn f injektiv, *Epimorphismus*, wenn f surjektiv ist und *Isomorphismus*, wenn f bijektiv ist. Ein Homomorphismus von G in sich heißt auch Endomorphismus, ein Isomorphismus von G auf sich auch Automorphismus von G. Sind $f : G \to G', g : G' \to G''$ Homomorphismen, dann auch $g \circ f : G \to G''$. Sind beide Isomorphismen, dann auch $g \circ f$, sowie auch f^{-1} und g^{-1}.

Nach diesen etwas abstrakten Definitionen wollen wir zeigen, daß jede endliche Gruppe als Untergruppe einer geeigneten symmetrischen Gruppe $\mathfrak{S}_n$ bzw. einer Matrizengruppe $GL(n, K)$ interpretiert werden kann.

(2.13) Satz. *Sei G eine endliche Gruppe mit $|G| = n$ Elementen. Dann kann G als Untergruppe der $\mathfrak{S}_n$ dargestellt werden. Anders ausgedrückt: Es existiert ein Monomorphismus $\varphi : G \to \mathfrak{S}_n$.*

BEWEIS. Sei $g_1, g_2, \ldots, g_n$ eine beliebige Anordnung der Elemente von G. Für jedes $g \in G$ ist die Abbildung

$$L_g : G \to G$$

die durch $L_g(h) = gh$ definiert ist, bijektiv. Denn $gh_1 = gh_2$ impliziert nach der Kürzungsregel $h_1 = h_2$. Daher ist L_g injektiv. Ist andererseits $g_0 \in G$ gegeben, so ist $g(g^{-1}g_0) = g_0$, d.h. $L_g(g^{-1}g_0) = g_0$ und somit ist L_g auch surjektiv. Die Abbildung L_g kann also als eine Permutation der Gruppenelemente interpretiert werden:

$$L_g = \begin{pmatrix} g_1 & g_2 & \cdots & g_n \\ gg_1 & gg_2 & \cdots & gg_n \end{pmatrix}.$$

In diesem Sinn ist $L_g \in \mathfrak{S}_n$.

Wir können nun die Gruppe G mit der Gruppe aller Elemente $L_g \in \mathfrak{S}_n$ "identifizieren". Dazu definieren wir $\varphi : G \to \mathfrak{S}_n$ durch $\varphi(g) = L_g$. Dann ist φ injektiv, weil für $g \neq h$ die Permutationen L_g und L_h verschieden sind. So ist etwa $L_g(e) = ge = g \neq h = he = L_h(e)$. Weiters ist klar, daß φ ein Homomorphismus ist, d.h. daß $L_{gh} = L_g L_h$ gilt. Das folgt nämlich aus

$$L_{gh}(x) = (gh)x = g(hx) = L_g(hx) = L_g(L_h(x)) = L_g L_h(x).$$

(2.14) BEISPIEL. Sei $G = (\mathbb{Z}/2\mathbb{Z}) \times (\mathbb{Z}/2\mathbb{Z})$. Dann sind die Elemente von G die Paare $e = (0,0), a = (1,0), b = (0,1), ab = (1,1)$ mit $a^2 = b^2 = e = (0,0)$.

Somit ist

$$L_e = \begin{pmatrix} e & a & b & ab \\ e & a & b & ab \end{pmatrix} \Longleftrightarrow \begin{pmatrix} 1 & 2 & 3 & 4 \\ 1 & 2 & 3 & 4 \end{pmatrix}$$

$$L_a = \begin{pmatrix} e & a & b & ab \\ a & e & ab & b \end{pmatrix} \Longleftrightarrow \begin{pmatrix} 1 & 2 & 3 & 4 \\ 2 & 1 & 4 & 3 \end{pmatrix}$$

$$L_b = \begin{pmatrix} e & a & b & ab \\ b & ab & e & a \end{pmatrix} \Longleftrightarrow \begin{pmatrix} 1 & 2 & 3 & 4 \\ 3 & 4 & 1 & 2 \end{pmatrix}$$

$$L_{ab} = \begin{pmatrix} e & a & b & ab \\ ab & b & a & e \end{pmatrix} \Longleftrightarrow \begin{pmatrix} 1 & 2 & 3 & 4 \\ 4 & 3 & 2 & 1 \end{pmatrix}.$$

(2.15) Satz. *Sei K ein Körper. Dann kann jede endliche Gruppe G mit $|G| = n$ Elementen als Untergruppe der Gruppe $GL(n, K)$ interpretiert werden. Es existiert also auch ein Monomorphismus von G in $GL(n, K)$.*

BEWEIS. Nach (2.13) genügt es zu zeigen, daß es einen Monomorphismus $\varphi : \mathfrak{S}_n \to GL(n, K)$ gibt.

Sei

$$e_1 = \begin{pmatrix} 1 \\ 0 \\ \vdots \\ 0 \end{pmatrix}, e_2 = \begin{pmatrix} 0 \\ 1 \\ \vdots \\ 0 \end{pmatrix}, \ldots, e_n = \begin{pmatrix} 0 \\ 0 \\ \vdots \\ 1 \end{pmatrix}$$

die Standardbasis von K^n. Für jedes $\pi \in \mathfrak{S}_n$ sei $\varphi(\pi) = U_\pi$ die Matrix

$$U_\pi = (e_{\pi(1)}, e_{\pi(2)}, \ldots, e_{\pi(n)}),$$

deren Spalten $e_{\pi(1)}, \ldots, e_{\pi(n)}$ sind.

Dann gilt $U_\pi e_i = e_{\pi(i)}$.

Dann ist φ klarerweise injektiv und $\varphi(\pi\rho) = \varphi(\pi)\varphi(\rho)$, weil

$$U_{\pi\rho} e_i = e_{(\pi\rho)(i)} = e_{\pi(\rho(i))} = U_\pi e_{\rho(i)} = U_\pi U_\rho e_i$$

gilt.

BEISPIEL. Wie sieht $\varphi : \mathfrak{S}_3 \to GL(3, K)$ explizit aus?

$$e = \begin{pmatrix} 1 & 2 & 3 \\ 1 & 2 & 3 \end{pmatrix} \Longrightarrow \begin{pmatrix} 1 & 0 & 0 \\ 0 & 1 & 0 \\ 0 & 0 & 1 \end{pmatrix} = U_e$$

$$a = \begin{pmatrix} 1 & 2 & 3 \\ 2 & 3 & 1 \end{pmatrix} \Longrightarrow \begin{pmatrix} 0 & 0 & 1 \\ 1 & 0 & 0 \\ 0 & 1 & 0 \end{pmatrix} = U_a$$

$$a^2 = \begin{pmatrix} 1 & 2 & 3 \\ 3 & 1 & 2 \end{pmatrix} \Longrightarrow \begin{pmatrix} 0 & 1 & 0 \\ 0 & 0 & 1 \\ 1 & 0 & 0 \end{pmatrix} = U_{a^2}$$

$$b = \begin{pmatrix} 1 & 2 & 3 \\ 1 & 3 & 2 \end{pmatrix} \Longrightarrow \begin{pmatrix} 1 & 0 & 0 \\ 0 & 0 & 1 \\ 0 & 1 & 0 \end{pmatrix} = U_b$$

$$a^2 b = \begin{pmatrix} 1 & 2 & 3 \\ 3 & 2 & 1 \end{pmatrix} \Longrightarrow \begin{pmatrix} 0 & 0 & 1 \\ 0 & 1 & 0 \\ 1 & 0 & 0 \end{pmatrix} = U_{a^2 b}$$

$$ab = \begin{pmatrix} 1 & 2 & 3 \\ 2 & 1 & 3 \end{pmatrix} \Longrightarrow \begin{pmatrix} 0 & 1 & 0 \\ 1 & 0 & 0 \\ 0 & 0 & 1 \end{pmatrix} = U_{ab}.$$

Wir nennen die Matrizen U_π Permutationsmatrizen.
Beispielsweise ist:

$$U_{a^2}U_b = \begin{pmatrix} 0 & 1 & 0 \\ 0 & 0 & 1 \\ 1 & 0 & 0 \end{pmatrix} \begin{pmatrix} 1 & 0 & 0 \\ 0 & 0 & 1 \\ 0 & 1 & 0 \end{pmatrix} = \begin{pmatrix} 0 & 0 & 1 \\ 0 & 1 & 0 \\ 1 & 0 & 0 \end{pmatrix} = U_{a^2b}.$$

Die Matrix U_π permutiert die Basiselemente e_i im Sinne von π.
Dagegen ist

$$U_\pi \begin{pmatrix} x_1 \\ \vdots \\ x_n \end{pmatrix} = \begin{pmatrix} x_{\pi^{-1}(1)} \\ \vdots \\ x_{\pi^{-1}(n)} \end{pmatrix},$$

weil

$$U_\pi(\sum x_i e_i) = \sum x_i e_{\pi(i)} = \sum x_{\pi^{-1}(k)} e_k$$

ist.
Die Koordinaten werden also im Sinne der inversen Permutation so wie in π^{-1} permutiert.
Z. B. ist

$$U_a \begin{pmatrix} x_1 \\ x_2 \\ x_3 \end{pmatrix} = \begin{pmatrix} 0 & 0 & 1 \\ 1 & 0 & 0 \\ 0 & 1 & 0 \end{pmatrix} \begin{pmatrix} x_1 \\ x_2 \\ x_3 \end{pmatrix} = \begin{pmatrix} x_3 \\ x_1 \\ x_2 \end{pmatrix}.$$

(2.16) Die Menge $\mathrm{Aut}(G)$ aller *Automorphismen einer Gruppe G* ist wieder eine Gruppe.
Wir wollen ein paar Beispiele betrachten:

1) Ist $\varphi : \mathbb{Z} \to \mathbb{Z}$ ein Automorphismus, so muß $\varphi(1) = a \in \mathbb{Z}$ und $\varphi^{-1}(1) = b \in \mathbb{Z}$ sein. Wegen $(\varphi \circ \varphi^{-1})(1) = 1$ folgt daraus $1 = \varphi(\varphi^{-1}(1)) = \varphi(b) = b\varphi(1) = ba$.
Das ist nur möglich, wenn $a = \pm 1$ ist.
Die einzigen Automorphismen der Gruppe $\mathbb{Z}$ sind also $\varphi(n) = n$ und $\varphi(n) = -n$.
Somit ist $\mathrm{Aut}\,\mathbb{Z} \cong \{1, -1\}$, die multiplikative Gruppe bestehend aus 1 und -1. Speziell gilt $\mathrm{Aut}\,\mathbb{Z} \cong \mathbb{Z}/2\mathbb{Z}$.

2) $\operatorname{Aut} \mathbb{Z}/n\mathbb{Z} \cong (\mathbb{Z}/n\mathbb{Z})^\times$.

Denn sei $\varphi(1) = a \in \mathbb{Z}/n\mathbb{Z}$. Dann ist $\varphi^{-1}(1) = a^{-1} \in \mathbb{Z}/n\mathbb{Z}$ und daher $a \in (\mathbb{Z}/n\mathbb{Z})^\times$.

Umgekehrt definiert jedes invertierbare $a \in \mathbb{Z}/n\mathbb{Z}$ einen Automorphismus φ_a durch $\varphi_a(n) = an$.

Die Abbildung $\varphi_a \to a$ ist ein Isomorphismus von $\operatorname{Aut}(\mathbb{Z}/n\mathbb{Z})$ auf $(\mathbb{Z}/n\mathbb{Z})^\times$.

3) $\operatorname{Aut} \mathbb{Z}^2$ ist isomorph zur Gruppe aller (2×2)- Matrizen A über $\mathbb{Z}$ mit $\det A = \pm 1$.

Denn sei

$$\varphi\begin{pmatrix}1\\0\end{pmatrix} = \begin{pmatrix}a\\c\end{pmatrix}, \varphi\begin{pmatrix}0\\1\end{pmatrix} = \begin{pmatrix}b\\d\end{pmatrix} \in \mathbb{Z}^2.$$

Dann ist

$$\varphi\begin{pmatrix}m\\n\end{pmatrix} = m\varphi\begin{pmatrix}1\\0\end{pmatrix} + n\varphi\begin{pmatrix}0\\1\end{pmatrix} = \begin{pmatrix}ma+nb\\mc+nd\end{pmatrix} = \begin{pmatrix}a & b\\c & d\end{pmatrix}\begin{pmatrix}m\\n\end{pmatrix}.$$

Da φ^{-1} existiert, ist $\det\begin{pmatrix}a & b\\c & d\end{pmatrix} \neq 0$ und $\det\begin{pmatrix}a & b\\c & d\end{pmatrix}^{-1} = \dfrac{1}{\det\begin{pmatrix}a & b\\c & d\end{pmatrix}} \in \mathbb{Z}$, weil alle Elemente von $\begin{pmatrix}a & b\\c & d\end{pmatrix}^{-1}$ in $\mathbb{Z}$ liegen müssen.

Daher ist $\det\begin{pmatrix}a & b\\c & d\end{pmatrix} = \pm 1$.

Ist umgekehrt $\det A = \pm 1$, so ist durch $\varphi(x) = Ax$ ein Automorphismus von $\mathbb{Z}^2$ definiert.

Die Gruppe aller ganzzahligen (2×2)-Matrizen mit $\det A = \pm 1$ wird auch mit $GL(2, \mathbb{Z})$ bezeichnet.

Die Untergruppe aller 2×2-Matrizen A über $\mathbb{Z}$ mit $\det A = 1$ wird analog mit $SL(2, \mathbb{Z})$ bezeichnet.

Sie enthält speziell die Untergruppen

$$\left\{\begin{pmatrix}1 & n\\0 & 1\end{pmatrix} = L^n, n \in \mathbb{Z}\right\} \text{ und } \left\{\begin{pmatrix}1 & 0\\n & 1\end{pmatrix} = R^n, n \in \mathbb{Z}\right\}.$$

Im Unterschied zum Monoid von (1.10) können hier formal verschiedene Produkte von L's und R's zusammenfallen.

Sei etwa $T = L^{-1}RL^{-1} = \begin{pmatrix} 0 & -1 \\ 1 & 0 \end{pmatrix}$. Dann ist $T^4 = I$.

Oder für

$$S = \begin{pmatrix} 0 & -1 \\ 1 & -1 \end{pmatrix} = L^{-1}RL^{-2} \text{ gilt } S^3 = I.$$

Es ist aber auch hier jedes Element $A = \begin{pmatrix} a & b \\ c & d \end{pmatrix} \in SL(2,\mathbb{Z})$ als Produkt von L's und R's darstellbar.

Denn ist $a = 0$, so ist wegen $ad-bc = 1$ die Matrix von der Gestalt $\pm \begin{pmatrix} 0 & -1 \\ 1 & d \end{pmatrix} = \pm R^{-d}T$, d.h. $R^{-d}T$ oder $R^{-d}T^3$.

Für $c = 0$ ist $A = \pm L^b$ und für $b = 0$ gilt $A = \pm R^c$.

Für $d = 0$ ist $A = \pm \begin{pmatrix} a & -1 \\ 1 & 0 \end{pmatrix} = \pm \begin{pmatrix} 1 & a \\ 0 & 1 \end{pmatrix} \begin{pmatrix} 0 & -1 \\ 1 & 0 \end{pmatrix} = \pm L^a T$.

Im allgemeinen Fall, wo kein Element 0 ist, kann man stets erreichen, daß $a > 0$ ist (durch Multiplikation mit $T^2 = -I$).

Dann können wegen $ad - bc = 1$ höchstens 2 weitere Elemente negativ sein.

Durch

$$\begin{pmatrix} a & -b \\ -c & d \end{pmatrix} \begin{pmatrix} 0 & 1 \\ -1 & 0 \end{pmatrix} = \begin{pmatrix} b & a \\ -d & -c \end{pmatrix}$$

und

$$\begin{pmatrix} a & \pm b \\ c & \pm d \end{pmatrix} \begin{pmatrix} 1 & n \\ 0 & 1 \end{pmatrix} = \begin{pmatrix} a & na \pm b \\ c & nc \pm d \end{pmatrix}$$

sowie

$$\begin{pmatrix} 1 & 0 \\ n & 1 \end{pmatrix} \begin{pmatrix} a & b \\ \pm c & \pm d \end{pmatrix} = \begin{pmatrix} a & b \\ na \pm c & nb \pm d \end{pmatrix},$$

kann alles auf den Fall $a, b, c, d \geq 0$ reduziert werden, wo die Aussage bereits als richtig erkannt wurde.

Wegen $TL^{-n}T^{-1} = R^n$ kann jede Potenz von R auch durch den entsprechenden Ausdruck in L und T ersetzt werden.

Daher ist jedes Element von $SL(2,\mathbb{Z})$ auch als Produkt von L's und T's darstellbar.

Aus $\operatorname{Aut}\mathbb{Z}^2 \cong GL(2,\mathbb{Z})$ sehen wir auch, daß die Automorphismengruppe einer kommutativen Gruppe nicht mehr kommutativ zu sein braucht.

4) Ist G nicht kommutativ, dann gibt es auch nichttriviale Automorphismen der Gestalt $\varphi_a(x) = axa^{-1}$ mit $a \in G$.

Denn $\varphi_a(xy) = a(xy)a^{-1} = axa^{-1} \cdot aya^{-1} = \varphi_a(x)\varphi_a(y)$ zeigt, daß φ_a ein Homomorphismus ist. Dieser ist wegen $\varphi_a^{-1} = \varphi_{a^{-1}}$ bijektiv.

Wenn G nicht kommutativ ist, existieren a und x mit $ax \neq xa$, d.h. $\varphi_a(x) = axa^{-1} \neq x$. Somit ist φ_a nicht die Identität auf G.

Man nennt φ_a den von a bewirkten *inneren Automorphismus* von G.

5) Für $G = \mathfrak{S}_3$ gilt $\operatorname{Aut} \mathfrak{S}_3 \cong \mathfrak{S}_3$. Jeder Automorphismus der $\mathfrak{S}_3$ ist ein innerer Automorphismus.

Man sieht leicht, daß in der $\mathfrak{S}_3$ nur das Einselement mit jedem $x \in \mathfrak{S}_3$ kommutiert: $ax = xa$ für alle $x \Rightarrow a = e$. Daher sind alle inneren Automorphismen φ_c $c \in \mathfrak{S}_3$, verschieden.

Denn $\varphi_c = \varphi_d \Rightarrow cxc^{-1} = dxd^{-1} \Rightarrow (d^{-1}c)x(d^{-1}c)^{-1} = x$ oder $(d^{-1}c)x = x(d^{-1}c)$. Daher ist $d^{-1}c = e$ oder $c = d$.

Wegen $\varphi_c \circ \varphi_d = \varphi_{cd}$ ist die Gruppe der inneren Automorphismen der $\mathfrak{S}_3$ isomorph zu $\mathfrak{S}_3$.

Wir schreiben $\mathfrak{S}_3 = \{e, a, a^2, b, ab, a^2b\}$, wobei $a^3 = e$, $b^2 = e$ und $ab = ba^2$ ist.

Ist φ ein beliebiger Automorphismus, so gilt $\varphi(a)^3 = e$ und $\varphi(b)^2 = e$, weil $e = \varphi(a^3) = \varphi(a)^3$ ist.

Somit kann $\varphi(a)$ nur a oder a^2 sein und $\varphi(b)$ muß b, ab oder a^2b sein. Das gibt 6 verschiedene Möglichkeiten. Außer den 6 inneren Automorphismen kann es also keine weiteren geben.

6) Als letztes Beispiel zeigen wir, daß $\operatorname{Aut}(\mathbb{Z}/2\mathbb{Z} \times \mathbb{Z}/2\mathbb{Z}) \cong \mathfrak{S}_3$ gilt.

Da die Gruppe abelsch ist, kann sie außer der Identität keinen inneren Automorphismus besitzen.

Bezeichnen wir die Elemente der Gruppe wie in (2.14) mit e, a, b, ab, so gilt für jeden Automorphismus φ natürlich $\varphi(e) = e$. Außerdem ist $\varphi(a)^2 = \varphi(b)^2 = \varphi(ab)^2 = e$, weil jedes Element $\neq e$ die Ordnung 2 hat.

Setzt man $a_1 = a, a_2 = b, a_3 = ab$, so induziert jeder Automorphismus φ eine Permutation $\pi \in \mathfrak{S}_3$ durch $\varphi(a_i) = a_{\pi(i)}$.

Umgekehrt ist jede solche Abbildung bereits ein Automorphismus. Denn $\varphi(a_i^2) = \varphi(e) = e = a_{\pi(i)}a_{\pi(i)}$. Ist $a_i \neq a_j$, so ist $a_ia_j = a_k$ mit $\{i, j, k\} = \{1, 2, 3\}$.

Daher ist

$$\varphi(a_ia_j) = a_{\pi(i)}a_{\pi(j)} = a_{\pi(k)} = \varphi(a_k).$$

Dieses Beispiel zeigt noch einmal, daß die Automorphismengruppe einer kommutativen Gruppe nicht kommutativ zu sein braucht. 5) und 6) zusammen zeigen auch, daß verschiedene Gruppen dieselbe Automorphismengruppe haben können. Ein anderes Beispiel für diesen Sachverhalt ist die Tatsache, daß $\operatorname{Aut} \mathbb{Z} \cong \operatorname{Aut} \mathbb{Z}/3\mathbb{Z}$ ist.

Automorphismen einer Gruppe oder allgemein einer algebraischen Struktur geben Aufschluß über Symmetrieeigenschaften dieser Struktur. Das spielt auch in der Geometrie eine große Rolle. Wir wollen das an einem einfachen Beispiel illustrieren.

(2.17). Betrachten wir ein regelmäßiges n-Eck in der Ebene und numerieren die Ecken im mathematisch positiven Sinn mit $0, 1, \ldots, n-1$.

Wir betrachten nun alle Operationen, die dieses n-Eck in sich selbst überführen.

Eine solche Operation ist die Drehung um den Winkel $\frac{2\pi}{n}$ bezüglich einer durch den Mittelpunkt gehenden zur Figur orthogonalen Drehachse. Wir bezeichnen diese Operation mit a. Um a algebraisch in den Griff zu bekommen, betrachten wir die durch a induzierte Permutation der Ecken.

Wir stellen uns vor, daß das obige n-Eck in der Ebene fix ist. Die Operation a führt die Ecke i in die Ecke $(i+1) \mod n$ des fixen n–Ecks über. Der Drehung a entspricht daher die Permutation

$$a = \begin{pmatrix} 0 & 1 & \cdots & n-1 \\ 1 & 2 & \cdots & 0 \end{pmatrix}.$$

Die k-malige Iteration von a liefert eine Drehung um den Winkel $\frac{2\pi k}{n}$ bzw. die Permutation

$$a^k = \begin{pmatrix} 0 & 1 & \cdots & n-1 \\ k & k+1 & \cdots & k-1 \end{pmatrix}.$$

Beim n-ten Mal kehren wir wieder in die Ausgangslage zurück. Es gilt also $a^n = a^0 = 1$.

Eine weitere Operation, die das n–Eck in sich überführt, ist die Drehung um den Winkel π um die Achse, die durch den Mittelpunkt und die Ecke 0 des fixen n– Ecks geht. Wir nennen diese Operation b. Sie kann natürlich auch als Spiegelung an der durch diese Achse gehenden zur Figur orthogonalen Ebene aufgefaßt werden. Die zugehörige Permutation der Ecken ist

$$b = \begin{pmatrix} 0 & 1 & \cdots & n-1 \\ 0 & n-1 & \cdots & 1 \end{pmatrix},$$

d.h. $i \to (n-i) \mod n$.

Es ist dann $b^2 = 1$.

Die Operationen a und b erzeugen durch Hintereinanderausübung weitere Symmetrien.

Z. B. ist ba^k die Operation, die das n–Eck zuerst um den Winkel $\frac{2\pi k}{n}$ dreht und dann an der (festen) horizontalen Achse spiegelt. Man könnte natürlich auch zuerst spiegeln und dann um $-\frac{2\pi k}{n}$ drehen.

Es gilt also $ba^k = a^{-k}b$.

Das sieht man aber auch aus der algebraischen Darstellung als Permutation:

$$(ba^k)(i) = b((i+k) \mod n) = (n-i-k) \mod n.$$

$$(a^{-k}b)(i) = a^{-k}((n-i) \bmod n) = (n-i-k) \bmod n.$$

Es ist klar, daß alle Operationen a^k und $ba^k, 0 \leq k < n$, verschieden sind a^k führt die Ecken $0, 1$ in $k, k+1$ über und $a^k b = ba^{n-k}$ führt $0, 1$ in $k, k-1$ über.

Da bei jeder Symmetrieoperation des n-Ecks die Ecken $0, 1$ in benachbarte Ecken $k, k \pm 1$ übergehen müssen, gibt es also keine weiteren Symmetrien.

Wir erhalten also eine Gruppe D_n der Ordnung $2n$, die sogenannte *Diedergruppe.*

Die obige Überlegung zeigt auch, daß D_n vollständig charakterisiert ist durch die Tatsache, daß sie zwei erzeugende Elemente a, b besitzt, die die folgenden Eigenschaften erfüllen:

(2.18)
$$\begin{array}{ll} (1) & a^n = 1, b^2 = 1, a^k \neq 1 \text{ für } 0 < k < n,\ b \neq 1 \\ (2) & ba = a^{-1}b. \end{array}$$

Wegen $ba = a^{-1}b$ ist klar, daß D_n nicht kommutativ ist, außer wenn $a = 1$, d.h. $n = 1$ oder $a = a^{-1}$, d.h. $n = 2$ ist. In diesen beiden Fällen liegt gar kein wirkliches n-Eck vor. Wir können die geometrische Veranschaulichung „retten", indem wir für $n = 1$ als 1–Eck einen Punkt in der Ebene nehmen, der auf der Oberseite der Ebene liegt und bei der Drehung b auf die Unterseite der Ebene gelangt.

Somit ist $D_1 \cong \mathbb{Z}/2\mathbb{Z}$.

Im Fall $n = 2$ fassen wir ein 2–Eck als zwei verschiedene Punkte auf, die auf der Ebene liegen und bei b wieder auf die Unterseite gelangen.

Somit ist $D_2 \cong (\mathbb{Z}/2\mathbb{Z}) \times (\mathbb{Z}/2\mathbb{Z})$.

Diese Interpretation, daß das n-Eck eine obere und eine untere Seite besitzt, wird auch durch die Bezeichnung Dieder, d.h. „Zweiflächiges Objekt", zum Ausdruck gebracht.

Wir sagen, die Gruppe G wird durch eine Menge S von Elementen *erzeugt*, wenn jedes Element von G als Produkt $x_1 x_2 \cdots x_n$, $n = 0, 1, 2, \cdots$, dargestellt werden kann, wobei x_i oder $x_i^{-1} \in S$ ist.

Die Menge aller solcher Produkte ist eine Untergruppe von G (das Einselement 1 wird durch das leere Produkt dargestellt) und ist offenbar die kleinste Untergruppe von G, die S enthält. Wir bezeichnen sie mit $\langle S \rangle$.

S erzeugt also G, wenn $\langle S \rangle = G$ ist.

Erzeugende Elemente sind natürlich nicht eindeutig bestimmt.

So wird etwa $D_n = \langle a, b \rangle$ auch von ab und b erzeugt, weil $a = (ab)b$ in $\langle ab, b \rangle$ enthalten ist und daher

$$\langle a, b \rangle \subseteq \langle ab, b \rangle \subseteq \langle a, b \rangle$$

gilt.

Ist a ein Element unendlicher Ordnung und erfüllt b wieder $b^2 = 1$ und $ab = a^{-1}b$, so ist $\langle a, b\rangle$ eine unendliche Gruppe, die unendliche Diedergruppe D_∞.

Wir können sie veranschaulichen als eine Gruppe von Automorphismen der Menge der ganzzahligen Punkte auf der Zahlengeraden. Dabei ist a die Verschiebung $a(i) = i + 1$ und b die Spiegelung $b(i) = -i$ am Nullpunkt.

Es ist dann $(ba)(i) = b(i+1) = -i - 1 = a^{-1}(-i) = a^{-1}b(i)$ d.h. $ba = a^{-1}b$ oder $ab = ba^{-1}$.

Die Beschreibung einer Gruppe durch erzeugende Elemente und Relationen, die diese erfüllen, scheint die einfachste Methode zu sein, Gruppen abstrakt zu charakterisieren. Es stellt sich jedoch heraus, daß man nur in Ausnahmefällen daraus hinreichend konkrete Informationen über die Gruppe ableiten kann.

Im Fall der Diedergruppe D_n ist klar, daß sie durch (2.18) eindeutig festgelegt ist. Denn jedes Element von $\langle a, b\rangle$ hat die Gestalt

$$a^{k_1} b^{k_2} a^{k_3} b^{k_4} \cdots b^{k_n}.$$

Wegen $ba = a^{-1}b$ kann jeder solche Ausdruck in der Form ba^k oder a^k geschrieben werden. Da wegen 1) alle diese Ausdrücke für $0 \leq k < n$ verschieden sind, gibt es nur eine Gruppe D_n, die 1) und 2) erfüllt.

Da auch die $\mathfrak{S}_3$ zwei erzeugende Elemente a und b hat, welche $a^3 = 1, b^2 = 1$ und $ba = a^{-1}b$ und keine weiteren Relationen erfüllen, sind die Diedergruppe D_3 und die symmetrische Gruppe $\mathfrak{S}_3$ isomorph.

Diese Tatsache ist aber auch geometrisch evident. Denn die Gruppe D_3 induziert 6 Permutationen der Ecken des regelmäßigen 3-Dreiecks. Das sind aber alle Permutationen dieser Ecken.

(2.19) Ein Homomorphismus $f : G \to G'$ ist schon eindeutig festgelegt, wenn er auf einer erzeugenden Menge S bekannt ist.

Denn dann ist jedes $x \in G$ von der Gestalt

$$x = x_1^{\pm 1} x_2^{\pm 1} \cdots x_n^{\pm 1}$$

mit $x_i \in S$ und daher

$$f(x) = f(x_1)^{\pm 1} f(x_2)^{\pm 1} \cdots f(x_n)^{\pm 1}.$$

3. Homomorphismen und Normalteiler.

(3.1) DEFINITION. Sei $f : G \to G'$ ein Gruppenhomomorphismus. Unter dem *Kern* von f versteht man die Menge $\operatorname{Ker} f$ aller Elemente $x \in G$, die auf das Einselement $1' \in G'$ abgebildet werden, d.h. $\operatorname{Ker} f = \{x \in G : f(x) = 1'\} = f^{-1}(1')$. Unter dem *Bild* $\operatorname{Im} f$ versteht man die Menge aller $y \in G'$, die von der Gestalt $y = f(x)$ mit einem $x \in G$ sind.

(3.2) Satz. *Der Kern eines Homomorphismus $f : G \to G'$ ist eine Untergruppe von $G, \operatorname{Ker} f \leq G$. Das Bild $\operatorname{Im} f$ ist eine Untergruppe von $G', \operatorname{Im} f \leq G'$.*

BEWEIS. Für $x, y \in \operatorname{Ker} f$ gilt $f(x) = f(y) = 1$. (Wir wollen im Folgenden auf die pedantische Unterscheidung der Einselemente verschiedener Gruppen verzichten und sie jeweils mit 1 oder e bezeichnen). Es ist daher auch $f(xy) = f(x)f(y) = 1$ und $f(x^{-1}) = f(x)^{-1} = 1$.

Analog ist:

$$1 = f(1) \in \operatorname{Im} f, \quad f(x)f(y) = f(xy) \in \operatorname{Im} f \text{ und } f(x)^{-1} = f(x^{-1}) \in \operatorname{Im} f.$$

$\operatorname{Im} f$ enthält also mit je zwei Elementen auch ihr Produkt und ihre Inversen.

(3.3) f ist genau dann injektiv, wenn $\operatorname{Ker} f = \{1\}$ ist. Die Größe von $\operatorname{Ker} f$ gibt also an, wie sehr sich f von einer injektiven Abbildung unterscheidet.

BEWEIS. $f(x) = f(y) \Leftrightarrow f(xy^{-1}) = f(x)f(y)^{-1} = 1 \Leftrightarrow xy^{-1} \in \operatorname{Ker} f$.

(3.4) Ein Homomorphismus $f : G \to G'$ ist genau dann ein Isomorphismus, wenn $\operatorname{Ker} f = \{1\}$ und $\operatorname{Im} f = G'$ gilt.

Der Kern eines Homomorphismus ist nicht nur eine Untergruppe, sondern enthält mit jedem Element $n \in \operatorname{Ker} f$ auch alle Elemente der Gestalt xnx^{-1}. Denn ist $f(n) = 1$, dann ist auch

$$f(xnx^{-1}) = f(x) \cdot 1 \cdot f(x)^{-1} = f(x)f(x)^{-1} = 1.$$

Um besser sprechen zu können, führen wir die folgende Definition ein.

(3.5) DEFINITION. Die Elemente $a, b \in G$ heißen *konjugiert*, wenn ein $c \in G$ existiert mit $b = cac^{-1}$ oder gleichbedeutend, wenn $a = c^{-1}bc$ ist.

In einer abelschen Gruppe sind a und b genau dann konjugiert, wenn sie gleich sind. In einer nicht-kommutativen Gruppe gibt es mindestens ein Paar a, b mit $ba \neq ab$, d.h. mit $a^{-1}ba \neq b$.

(3.6) Die Elemente $L = \begin{pmatrix} 1 & 1 \\ 0 & 1 \end{pmatrix}$ und $R = \begin{pmatrix} 1 & 0 \\ 1 & 1 \end{pmatrix}$ sind in $GL(2,\mathbb{Z})$ konjugiert, nicht jedoch in $SL(2,\mathbb{Z})$.

Denn

$$\begin{pmatrix} a & b \\ c & d \end{pmatrix}\begin{pmatrix} 1 & 1 \\ 0 & 1 \end{pmatrix} = \begin{pmatrix} 1 & 0 \\ 1 & 1 \end{pmatrix}\begin{pmatrix} a & b \\ c & d \end{pmatrix}$$

ist gleichbedeutend mit $\begin{pmatrix} a & a+b \\ c & c+d \end{pmatrix} = \begin{pmatrix} a & b \\ a+c & b+d \end{pmatrix}$.

Das ist nur möglich, wenn $a = 0$ und $b = c$ ist. Da $\det \begin{pmatrix} 0 & b \\ b & d \end{pmatrix} = -b^2 = \pm 1$ sein muß, kann b nur ± 1 sein.

Für jedes d gilt $\det \begin{pmatrix} 0 & 1 \\ 1 & d \end{pmatrix} = \det \begin{pmatrix} 0 & -1 \\ -1 & d \end{pmatrix} = -1$.

Es gibt also kein $A \in SL(2,\mathbb{Z})$ mit $A^{-1}RA = L$.

In $GL(2,\mathbb{Z})$ ist aber beispielsweise $(d = 0)$

$$\begin{pmatrix} 0 & 1 \\ 1 & 0 \end{pmatrix}\begin{pmatrix} 1 & 1 \\ 0 & 1 \end{pmatrix}\begin{pmatrix} 0 & 1 \\ 1 & 0 \end{pmatrix}^{-1} = \begin{pmatrix} 1 & 0 \\ 1 & 1 \end{pmatrix},$$

d.h. in $GL(2,\mathbb{Z})$ sind R und L konjugiert.

(3.7) DEFINITION. Eine Untergruppe N von G heißt *Normalteiler* von G, in Zeichen $N \lhd G$, wenn mit jedem $n \in N$ auch alle konjugierten Elemente $xnx^{-1} \in N$ sind.

(3.8) Satz. *Die Untergruppe N ist genau dann Normalteiler von G, wenn die „Linksnebenklassen"xN mit den „Rechtsnebenklassen" Nx übereinstimmen.*

BEWEIS. Sei $x \in G$ und $n \in N$. Ist N Normalteiler, so ist $xnx^{-1} \in N$, d.h. $xNx^{-1} = N$. Das ist gleichbedeutend mit $xN = Nx$.

Ist umgekehrt $xN = Nx$, dann ist $xNx^{-1} = N$ und daher $xnx^{-1} \in N$ für jedes $n \in N$.

(3.9) BEISPIEL. In $D_3 = \{1, a, a^2, b, ab, a^2b\}$ mit $ba = a^2b$ ist wegen $(ab)^2 = (ab)(ab) = a(ba)b = a(a^2b)b = 1$ die Menge $H = \{1, ab\} \leq D_3$ eine Untergruppe. Die linken Nebenklassen xH sind

$$\begin{aligned} \{1, ab\} &= H = abH \\ \{a, a^2b\} &= aH = a^2bH \\ \{a^2, b\} &= a^2H = bH. \end{aligned}$$

Die rechten Nebenklassen sind dagegen

$$\begin{aligned}\{1, ab\} &= H = Hab \\ \{a, b\} &= Ha = Hb \\ \{a^2, a^2b\} &= Ha^2 = Ha^2b.\end{aligned}$$

Hier ist z. B. $Ha \neq aH$ und daher ist H kein Normalteiler.

(3.10) Die zyklische Gruppe $\langle L \rangle$ ist eine Untergruppe von $SL(2, \mathbb{Z})$, aber kein Normalteiler.

Wegen $L^n = \begin{pmatrix} 1 & n \\ 0 & 1 \end{pmatrix}$ besteht die Linksnebenklasse $\begin{pmatrix} 0 & -1 \\ 1 & 0 \end{pmatrix} \langle L \rangle$ aus allen Elementen der Gestalt $\begin{pmatrix} 0 & -1 \\ 1 & n \end{pmatrix}$, während die Rechtsnebenklasse $\langle L \rangle \begin{pmatrix} 0 & -1 \\ 1 & 0 \end{pmatrix}$ aus allen Elementen $\begin{pmatrix} n & -1 \\ 1 & 0 \end{pmatrix}$ besteht. Die beiden Nebenklassen enthalten beide das Element $\begin{pmatrix} 0 & -1 \\ 1 & 0 \end{pmatrix}$, fallen jedoch nicht zusammen.

(3.11) Die Untergruppe $N := \{1, a, a^2\} \leq D_3$ ist Normalteiler.

Denn $aNa^{-1} = a^2Na^{-2} = N$,
$bNb^{-1} = \{1, bab, ba^2b\} = \{1, a^2b^2, b^2a\} = \{1, a^2, a\} = N$
und $baN(ba)^{-1} = b(aNa^{-1})b = bNb = N$
und $ba^2N(ba^2)^{-1} = b(a^2Na^{-2})b = N$.

(3.12) Satz. *Sei N ein Normalteiler von G. Dann bildet die Menge aller Nebenklassen $xN = Nx$ eine Gruppe bezüglich der Multiplikation $(xN)(yN)$ (vgl. (1.6.)). Man nennt diese Gruppe die Faktorgruppe oder Restklassengruppe G/N. Die kanonische Projektion $\pi : G \to G/N$, die jedem Element $x \in G$ die "Restklasse" $\pi(x) = xN$ zuordnet, ist ein Homomorphismus mit $\operatorname{Ker} \pi = N$.*

BEWEIS. Zunächst ist klar, daß die Nebenklassen xN eine Zerlegung der Gruppe G in disjunkte Teilmengen bilden.

Denn ist $y \in xN$, dann ist $yN = xN$, ist $y \notin xN$, dann ist also $yN \cap xN = \emptyset$.

Da N eine Untergruppe ist, ist $N^2 = NN = N$ und $N^{-1} = N$.

Das Produkt (im Sinne von (1.6)) von zwei Nebenklassen ist wieder eine. Genauer gilt $(xN)(yN) = (xy)N$.

Denn $(xN)(yN) = x(Ny)N = x(yN)N = xyN^2 = xyN$.

Die Nebenklasse $N = 1N$ spielt dabei die Rolle des Einselements, weil $N(xN) = (Nx)N = (xN)N = xN$ ist.

Wir fassen nun jede Nebenklasse $\overline{x} = xN$ als Element einer neuen Menge G/N, der Menge aller Nebenklassen auf. Dann ist durch $\pi(x) = xN = \overline{x}$ eine Surjektion $\pi : G \to G/N$ definiert, welche überdies $\pi(xy) = \pi(x)\pi(y)$ erfüllt.

Der Kern dieser Abbildung, d.h. die Menge $\{x \in G : \pi(x) = \overline{1}\}$ stimmt mit N überein, $\operatorname{Ker} \pi = N$.

Die Multiplikation in G/N ist assoziativ. Denn $(\overline{x}\,\overline{y})\overline{z} = (xNyN)zN = (xyN)zN = (xy)zN = x(yz)N = xN(yzN) = xN(yNzN) = \overline{x}(\overline{y}\,\overline{z})$.

Außerdem ist jedes Element $\overline{x} \in G/N$ invertierbar. Denn $\overline{x} \cdot \overline{(x^{-1})} = \overline{1}$, weil $(xN)(x^{-1}N) = xx^{-1}N^2 = N$ gilt.

3.13. Beispiel. Sei $G = D_3$ und $N = \{1, a, a^2\}$ wie in (3.11). Dann besteht G/N aus den zwei Nebenklassen $\overline{1} = N = \{1, a, a^2\}$ und $\overline{b} = \{b, ab, a^2b\} = bN = Nb$. Hier ist $\overline{b}\overline{b} = bNbN = b^2N^2 = N = \overline{1}$. Somit ist $G/N = \{\overline{1}, \overline{b}\} \cong \mathbb{Z}/2\mathbb{Z}$.

(3.14) Für theoretische Überlegungen ist es wieder günstiger, so wie bei Ringen oder abelschen Gruppen, den Übergang zur Faktorgruppe so lange wie möglich hinauszuschieben und statt dessen mit den Elementen der ursprünglichen Gruppe G zu arbeiten und dort den Gleichheitsbegriff in geeigneter Weise abzuändern.

Zwei Elemente $x, y \in G$ sollen als Elemente von G/N genau dann gleich sein, wenn ihre Nebenklassen $\overline{x} = xN$ und $\overline{y} = yN$ übereinstimmen. Das ist gleichbedeutend mit $y^{-1}xN = N$ oder mit $y^{-1}x \in N$.

Wir nennen daher x und y kongruent modulo N, in Zeichen $x \equiv y \pmod N$ oder kurz $x \equiv y$, wenn N fest gegeben ist, falls $y^{-1}x \in N$ ist oder $xN = yN$ ist.

Dann ist $x \equiv y \pmod N$ eine Kongruenzrelation auf G. Es gelten also die folgenden Aussagen:

(1) $x \equiv x$
(2) $x \equiv y \Longrightarrow y \equiv x$
(3) $x \equiv y, y \equiv z \Longrightarrow x \equiv z$
(4) $x \equiv x_1, y \equiv y_1 \Longrightarrow xy \equiv x_1y_1$
(5) $x \equiv x_1 \Longrightarrow x^{-1} \equiv x_1^{-1}$.

Z. B. ergibt sich 4) folgendermaßen:

$$xN = x_1N, yN = y_1N \Rightarrow xyN = xNyN = x_1Ny_1N = x_1y_1N.$$

Sei nun umgekehrt auf G eine Relation $x \equiv y$ gegeben, welche (1) - (5) erfüllt. Dann sei $N = \{n \in G : n \equiv 1\}$.

Aus (4) und (5) folgt, daß $N \leq G$ eine Untergruppe von G ist.

Für $x \in G$ und $n \in N$ ist $xnx^{-1} = (xn)x^{-1} \equiv (x1)x^{-1} \equiv 1$ und daher $xnx^{-1} \in N$. Die Untergruppe N ist daher sogar ein Normalteiler.

Wegen $x \equiv y \iff y^{-1}x \equiv y^{-1}y = 1$ gilt daher, daß $x \equiv y$ gleichbedeutend mit $y^{-1}x \in N$, d.h. mit $xN = yN$ ist.

Jeder Normalteiler N von G induziert also auf G eine Kongruenzrelation
$x \equiv y \pmod N$ und umgekehrt läßt sich jede Kongruenzrelation $x \equiv y$ auf G durch einen Normalteiler N, nämlich $N = \{n \in G : n \equiv 1\}$ beschreiben.

Beim Übergang zur Faktorgruppe G/N werden kongruente Elemente von G "identifiziert".

Somit sind Faktorgruppen G/N und Kongruenzrelationen $x \equiv y$ auf G im wesentlichen dasselbe.

In diesem Sinn kann man die Faktorgruppe G/N auch folgendermaßen beschreiben: Die "Elemente" von G/N sind die Elemente von G versehen mit der neuen Gleichheitsrelation $x \equiv y \pmod N$.

Bei dieser Interpretation ist die kanonische Projektion $\pi : G \to G/N$ einfach die identische Abbildung $\pi(x) = x$, wobei auf der rechten Seite der Gleichheitsbegriff von G/N zu verwenden ist.

(3.15) Satz. *Sei $N \lhd G$ und $f : G \to G'$ ein Gruppenhomomorphismus, der jedes Element $n \in N$ auf das Einselement $f(n) = 1$ von G' abbildet. Dann induziert f einen Homomorphismus $\hat{f} : G/N \to G'$. Es gilt dann $f = \hat{f} \circ \pi$, wobei $\pi : G \to G/N$ die kanonische Projektion ist.*

BEWEIS. Sei $a \underset{N}{\equiv} b$ definiert durch $b^{-1}a \in N$.

Für $a \underset{N}{\equiv} b$ gilt $1 = f(b^{-1}a) = f(b)^{-1}f(a)$ und daher $f(a) = f(b)$.

Daher ist die Abbildung $\hat{f} : G/N \to G'$ durch $\hat{f}(aN) = f(a)$ wohldefiniert und ein Homomorphismus.

(3.16) Kanonische Zerlegung eines Homomorphismus. *Jeder Homomorphismus $f : G \to G'$ hat eine **kanonische Zerlegung** $f = \iota \circ \overline{f} \circ \pi$, welche in Diagrammform folgendermaßen aussieht:*

$$\begin{array}{ccc} G & \xrightarrow{\quad f \quad} & G' \\ {\scriptstyle\pi}\big\downarrow & & \big\uparrow{\scriptstyle\iota} \\ G/\operatorname{Ker} f & \xrightarrow[\quad \overline{f} \quad]{} & \operatorname{Im} f \end{array}$$

Dabei ist π die kanonische Projektion von G auf $G/Ker f$, $\overline{f}$ ein Isomorphismus und ι die kanonische Einbettung von $\operatorname{Im} f$ in G'.

BEWEIS. Durch $f(a) = f(b)$ wird auf G eine Kongruenzrelation definiert, die dem Normalteiler $\operatorname{Ker} f$ entspricht. Nach (3.15) gilt daher $f = \hat{f} \circ \pi$, wobei $\pi : G \to G/\operatorname{Ker} f$ die kanonische Projektion ist.

Nun läßt sich $\hat{f}$ eindeutig in der Form $\hat{f} = \iota \circ \overline{f}$, schreiben, wenn $\overline{f}$ "dieselbe" Abbildung wie $\hat{f}$ ist, jedoch mit Wertebereich $\operatorname{Im} f$ statt G.

Somit ist $f = \iota \circ \overline{f} \circ \pi$.

Es ist bloß noch zu zeigen, daß $\overline{f}$ ein Isomorphismus von $G/\operatorname{Ker} f$ auf $\operatorname{Im} f$ ist. Das folgt aber aus $\operatorname{Ker} \overline{f} = \pi(\operatorname{Ker} f) = \pi(1) = \overline{1}$ und der Tatsache, daß $\overline{f}$ surjektiv ist.

Als Korollar erhalten wir

(3.17) Erster Isomorphiesatz für Gruppen.
Für jeden Homomorphismus $f : G \to G'$ gilt

$$G/\operatorname{Ker} f \cong \operatorname{Im} f.$$

Als nächstes wollen wir untersuchen, in welcher Beziehung die Untergruppen von G zu jenen von G/N stehen.

Es ist klar, daß das Bild $\pi(H)$ jeder Untergruppe $H \leq G$ eine Untergruppe von G/N ist und ebenso das Urbild $\pi^{-1}(H/N)$ jeder Untergruppe von G/N eine Untergruppe von G ist. Im zweiten Fall treten nur solche Untergruppen $H \leq G$ auf, die N enthalten.

Beschränkt man sich auf die Klasse der Untergruppen H mit $H \supseteq N$, dann existiert eine bijektive Zuordnung zwischen allen Untergruppen von G/N und allen Untergruppen H von G, die N umfassen.

Das ist wieder am einfachsten aus der Alternativinterpretation von G/N abzulesen. Dort fallen nämlich die Untergruppen $H \leq G$, die N enthalten, mit den Untergruppen von G/N elementweise zusammen. Denn eine Untergruppe H von G kann genau dann als Untergruppe von G/N interpretiert werden, wenn sie mit jedem $h \in H$ auch die ganze Klasse hN enthält. Für $h = 1$ muß also speziell $N = 1 \cdot N \leq H$ sein. Das genügt aber auch.

Fassen wir H mit $H \supseteq N$ als Untergruppe von G/N auf, so schreiben wir dafür H/N oder $\pi(H)$.

Für solche Untergruppen fallen die Begriffe "Normalteiler in G" und "Normalteiler in G/N" zusammen.

Denn $H \lhd G$ bzw. $H/N \lhd G/N$ bedeuten jeweils dasselbe, nämlich daß für alle $x \in G$ und $h \in H$ gilt $x^{-1}hx \in H$.

Wir fassen diese Ergebnisse zusammen in

(3.18) Satz. *Die Abbildung $H \to \pi(H) = H/N$ ist eine Bijektion zwischen der Menge aller Untergruppen H von G, welche N umfassen, und der Menge aller Untergruppen von G/N. Die Untergruppe H ist genau dann Normalteiler in G, wenn H/N Normalteiler in G/N ist.*

(3.19) 2. Isomorphiesatz für Gruppen.
Sei $N \lhd G$ und $H \lhd G$ mit $H \supseteq N$.
Dann gilt

$$G/H \cong (G/N)/(H/N).$$

BEWEIS. Die Elemente auf beiden Seiten können als Elemente x von G interpretiert werden. Gleichheit bedeutet in beiden Fällen "$x = y$" wenn $y^{-1}x \in H$ ist.

Schließlich gilt auch

(3.20) 3.Isomorphiesatz für Gruppen. *Seien K und N Untergruppen von G, wobei N ein Normalteiler ist. Dann gilt*

(1) *KN ist Untergruppe von G.*
(2) *$K \cap N$ ist Normalteiler von K.*
(3) *$KN/N \cong K/K \cap N$.*

BEWEIS. 1) ist klar, weil $(k_1N)(k_2N) = (k_1k_2)N$ und $(kN)^{-1} = k^{-1}N$ gilt.

2) Sei $n \in K \cap N$ und $k \in K$.
Dann ist $knk^{-1} \in N$, weil $N \lhd G$
und $knk^{-1} \in K$, weil $n \in K$ ist.
Also ist $k(K \cap N)k^{-1} \subseteq K \cap N$.
Das bedeutet, daß $K \cap N \lhd K$ ist.

3) Für $k_1, k_2 \in K$ gilt
$k_1 \equiv k_2 \pmod{N \cap K} \iff k_2^{-1}k_1 \in K \cap N \iff k_2^{-1}k_1 \in N \iff k_1N = k_2N$.

Oder man betrachtet den Homomorphismus $f : K \to G/N$ mit $f(k) = kN$. Dann ist $\operatorname{Im} f = KN/N$ und $\operatorname{Ker} f = K \cap N$.
Daher ist $K/K \cap N = K/\operatorname{Ker} f \cong \operatorname{Im} f \cong KN/N$.

Dieser Satz kann als gruppentheoretisches Analogon der mengentheoretischen Gleichung

$$(A \cup B)\backslash A = B\backslash(A \cap B)$$

aufgefaßt werden.

(3.21) BEISPIEL. Sei $G = SL(2,\mathbb{Z})$ und $f : SL(2,\mathbb{Z}) \to SL(2,\mathbb{F}_2)$ der Homomorphismus, der die Matrix A in A mod 2 überführt.
Dann ist $N = \operatorname{Ker} f$ die Menge aller $A \equiv I \pmod 2$ ein Normalteiler in G.
Sei $K = \langle L\rangle = \{\begin{pmatrix} 1 & n \\ 0 & 1 \end{pmatrix}, n \in \mathbb{Z}\} \cong \mathbb{Z}$.

Dann ist $K \cap N = \{\begin{pmatrix} 1 & 2n \\ 0 & 1 \end{pmatrix}, n \in \mathbb{Z}\} \cong 2\mathbb{Z}$.

Weil derselbe Isomorphismus, der K in $\mathbb{Z}$ überführt, auch $K \cap N$ in $2\mathbb{Z}$ überführt, gilt $K/K \cap N \cong \mathbb{Z}/2\mathbb{Z}$. Daher ist auch $KN/N \cong \mathbb{Z}/2\mathbb{Z}$.

(3.22) BEISPIEL. Als weiteres Beispiel wollen wir nun alle Normalteiler und Untergruppen der D_4 bestimmen.

Die Elemente von D_4 sind $1, a, a^2, a^3, b, ab, a^2b, a^3b$ mit $ba = a^{-1}b$.

Aus $bab^{-1} = a^{-1} = a^3$ und $aba^{-1} = a^2b$ ergibt sich, daß die Klassen konjugierter Elemente gegeben sind durch

$$K_1 = \{1\}, K_2 = \{a, a^3\}, K_3 = \{a^2\}, K_4 = \{b, a^2b\} \text{ und } K_5 = \{ab, a^3b\}.$$

Da ein Normalteiler mit jedem Element auch alle dazu konjugierten Elemente enthält, ist er als Vereinigung von K_i's darstellbar.

Sei $[K]$ der von K erzeugte Normalteiler. Dann ist
$[K_1] = \{1\}$,
$[K_3] = \{1, a^2\} = P$,
$[K_2] = \{1, a, a^2, a^3\} = K_1 \cup K_2 \cup K_3 = Q$,
$[K_4] = \{1, b, a^2b, a^2\} = K_1 \cup K_3 \cup K_4 = R$,
$[K_5] = \{1, ab, a^2, a^3b\} = K_1 \cup K_3 \cup K_5 = S$.
Schließlich ist D_4 selbst auch ein Normalteiler.

Daneben gibt es noch die folgenden Untergruppen:
$A = \{1, b\}$,
$B = \{1, a^2b\} = aAa^{-1}$,
$C = \{1, ab\}$,
$D = \{1, a^3b\} = aCa^{-1}$.

Die entsprechenden Faktorgruppen sind
$D_4/P = \{P, aP, bP, abP\} \cong C_2 \times C_2$,
$D_4/Q = \{Q, bQ\} \cong C_2$,
$D_4/R = \{R, aR\} \cong C_2$,
$D_4/S = \{S, aS\} \cong C_2$.

Ist $H \leq G$ eine Untergruppe, aber kein Normalteiler, so sieht man leicht, daß die Menge der Linksnebenklassen xH keine Gruppe bildet. Denn dann gibt es $a \in G$ und $h \in H$ mit $aha^{-1} \notin H$. Dann ist aber die Menge $(aH)(a^{-1}H)$ keine Linksnebenklasse. Sie enthält nämlich $a \cdot 1 \cdot a^{-1} \cdot 1 = 1 \in H$ und $aha^{-1} \cdot 1 \notin H$, also zwei Elemente, die in verschiedenen Linksnebenklassen liegen. Die Linksnebenklassen bilden jedoch eine Zerlegung von G in disjunkte Blöcke. Denn es ist entweder $xH \cap yH = \emptyset$ oder $xH = yH$.

Denn wenn $xH \cap yH \neq \emptyset$ ist, gibt es $h, k \in H$ mit $xh = yk$. Dann ist $x = ykh^{-1}$ mit $kh^{-1} \in H$. Folglich ist $xH = yH$.

Ist G endlich, so sei $(G : H)$ die Anzahl der Linksnebenklassen von H in G. Man nennt $(G : H)$ den *Index* von H in G. Speziell ist $(G : \{1\}) = \mid G \mid$ die *Ordnung von* G.

(3.23) Satz von Lagrange. *Seien K und H Untergruppen von G mit $K \subseteq H$, dann gilt*

$$(G : K) = (G : H)(H : K).$$

Speziell für $K = \{1\}$ ergibt sich

$$\mid G \mid = (G : \{1\}) = (G : H)(H : \{1\}).$$

BEWEIS. Sei $H = \bigcup_i x_i K, G = \bigcup_j y_j H$ mit $x_i \in H, y_j \in G$, wobei alle vorkommenden Nebenklassen disjunkt seien.

Dann gilt

$$G = \bigcup_j y_j H = \bigcup_j y_j \bigcup x_i K = \bigcup_{i,j} y_j x_i K.$$

Ist $y_j x_i K = y_l x_k K$, dann gilt auch $y_j x_i K H = y_l x_k K H$, d.h. $y_j H = y_l H$ und somit $y_j = y_l$

$$\Rightarrow x_i K = x_k K \quad \text{und daher} \quad x_i = x_k.$$

(3.24) Korollar. *Die Ordnung jedes Gruppenelementes ist ein Teiler der Gruppenordnung.*

BEWEIS. Sei $a \in G$ und $H = \langle a \rangle$ die von a erzeugte Untergruppe. Dann ist die Ordnung $\operatorname{ord} a$ von H identisch mit $\mid H \mid = (H : \{1\})$ und somit ein Teiler von $\mid G \mid$.

3.25 Korollar. *Ist $\mid G \mid = p$ eine Primzahl, so ist G abelsch und $G \cong C_p$.*

BEWEIS. Sei $a \in G, a \neq 1$. Dann ist $H = \langle a \rangle \leq G$. Daher ist $\mid H \mid$ ein Teiler von $\mid G \mid = p$. Da p prim ist, muß $\mid H \mid = p$ sein und daher $H = G$.

(3.26) Korollar. *Ist $f : G \to G'$ ein Homomorphismus der endlichen Gruppe G in die Gruppe G'. Dann ist $\mid G \mid = \mid \operatorname{Ker} f \mid \cdot \mid \operatorname{Im} f \mid$.*

BEWEIS. $\operatorname{Im} f \cong G / \operatorname{Ker} f$.

Im kartesischen Produkt $G = A \times B$ der Gruppen A und B sind die Untergruppen $A' = A \times \{1\}$ und $B' = \{1\} \times B$ aller Paare $(a, 1)$ bzw. $(1, b)$ Normalteiler, wo jedes Element von A' mit jedem Element von B' vertauschbar ist. Außerdem ist $A' \cap B' = \{1\}$.

Davon gilt auch die Umkehrung.

(3.27) Satz. *Sei G eine Gruppe und seien A und B Normalteiler von G mit $A \cap B = \{1\}$ und $AB = G$. Dann gilt $G \cong A \times B$.*

BEWEIS. Wir zeigen, daß $ab = ba$ für $a \in A, b \in B$ gilt.
Denn $aba^{-1}b^{-1} = (aba^{-1})b^{-1} \in B$, weil $B \lhd G$,
$aba^{-1}b^{-1} = a(ba^{-1}b^{-1}) \in A$, weil $A \lhd G$.
$\Rightarrow aba^{-1}b^{-1} \in A \cap B = \{1\}$
$\Rightarrow aba^{-1}b^{-1} = 1 \Rightarrow ab = ba$.

Jedes Element von G hat wegen $AB = G$ eine Darstellung der Gestalt ab. Diese ist eindeutig.
Denn $ab = a_1b_1$ impliziert $a_1^{-1}a = b_1b^{-1} \in A \cap B = (\{1\}) \Rightarrow a_1^{-1}a = 1 = b_1b^{-1} \Rightarrow a = a_1, b = b_1$.

Die Abbildung $\varphi : A \times B \to G$, die durch $\varphi(a, b) = ab$ definiert ist, ist ein Homomorphismus, weil a und b kommutieren:
$\varphi((a_1, b_1)(a, b)) = \varphi(a_1a, b_1b) = (a_1a)(b_1b) = (a_1b_1)(ab) = \varphi((a_1, b_1))\varphi((a, b))$.
Sie ist surjektiv, weil AB eine Gruppe bildet, die mit G zusammenfällt und injektiv, weil die Darstellung als Produkt eindeutig ist.

Aus dem Hauptsatz über abelsche Gruppen wissen wir bereits, daß C_{p^n} nicht als direktes Produkt von Untergruppen darstellbar ist.
Das folgt aber auch sofort aus (3.27), weil die einzigen Untergruppen die Gruppen

$$(0) \leq \langle p^{n-1} \rangle \leq \langle p^{n-2} \rangle \leq \cdots \leq \langle p \rangle \leq C_{p^n} = \langle 1 \rangle$$

sind.
Ist also $A \cap B = (0)$, so muß eine dieser Gruppen die triviale Gruppe (0) sein. Daher ist $A \times B = A \times \{0\} \cong A$.

4. Die Gruppen der Ordnung 1 bis 11.

Der Gruppenbegriff ist so allgemein, daß es kaum möglich ist, einen Überblick über alle Gruppen zu geben. Wir wollen uns daher in diesem Abschnitt damit begnügen, ein paar spezielle Transformationsgruppen zu studieren und alle Gruppen der Ordnungen 1 bis 11 zu bestimmen.

Unter einer *Transformation* auf einer Menge X versteht man eine bijektive Abbildung von X auf sich. Die Menge aller Transformationen einer Menge X bildet klarerweise eine Gruppe.

(4.1) DEFINITION. Ein Homomorphismus φ einer Gruppe G in die Gruppe aller Transformationen einer Menge X heißt eine *Operation* von G auf X. Statt $\varphi(g)(x)$ schreibt man oft besser $g \cdot x$ oder gx. Es gilt dann $1 \cdot x = x$ und $(g_1 g_2) \cdot x = g_1 \cdot (g_2 \cdot x)$.

Für jedes $x \in X$ heißt die Untergruppe

$$G_x = \{g \in G : gx = x\}$$

der *Stabilisator* von x und die Menge

$$O_x = \{gx : g \in G\}$$

die *Bahn (orbit)* des Elementes x unter der Wirkung von G.

Setzt man $x \sim y$, wenn $y = gx$ für ein $g \in G$ ist, so ist das eine Äquivalenzrelation auf X. Die Bahnen O_x sind die Klassen äquivalenter Elemente. Sie bilden eine Zerlegung von X in disjunkte Teilmengen.

Ein Element $g \in G$ permutiert die Elemente jeder Bahn. Gibt es nur eine einzige Bahn, so sagt man, G operiere *transitiv* auf X.

Die symmetrische Gruppe $\mathfrak{S}_n$ operiert transitiv auf der Menge $X = \{1, 2, \ldots, n\}$.

Satz (2.13) besagt, daß jede endliche Gruppe G als Transformationsgruppe interpretiert werden kann.

In diesem Fall ist $X = G$ und $g \cdot x = L_g x = gx$ die übliche Gruppenmultiplikation. Hier ist der Stabilisator $G_x = \{e\}$ und die einzige Bahn $O_x = G$. Die Gruppe G wirkt also transitiv auf sich.

Der Homomorphismus $\varphi : G \to \mathfrak{S}_{|G|}$ ist hier injektiv. Anders ausgedrückt:
Ist $gx = x$ für alle x, dann ist $g = 1$. Man sagt, daß die Wirkung von G auf X *treu* ist.

Eine andere Möglichkeit, G auf sich selbst wirken zu lassen, ist durch

$$g \cdot x = R_g x = x g^{-1},$$

d.h. durch Rechtsmultiplikation mit g^{-1} gegeben.

Hier ist $1 \cdot x = x$ und
$(g_1 g_2) \cdot x = x(g_1 g_2)^{-1} = x(g_2^{-1} g_1^{-1}) = (x g_2^{-1}) g_1^{-1} = g_1 \cdot (x g_2^{-1}) = g_1 \cdot (g_2 \cdot x)$.
Es liegt also tatsächlich eine Operation vor.

(4.2) Es gibt noch eine weitere wichtige Operation von G auf sich selbst, nämlich

$$g \cdot x = g x g^{-1}.$$

Hier ist $1 \cdot x = x$ und $g_1 g_2 \cdot x = g_1 g_2 x (g_1 g_2)^{-1} = g_1 (g_2 x g_2^{-1}) g_1^{-1} = g_1 \cdot (g_2 \cdot x)$.
Die Bahnen O_x sind die Klassen konjugierter Elemente und der Stabilisator G_x besteht aus allen $g \in G$, die mit x vertauschbar sind.

(4.3) Ist $H \leq G$, dann bilden die Linksnebenklassen xH eine Zerlegung von G. Wir bezeichnen die Menge aller Linksnebenklassen mit G/H. Wenn H kein Normalteiler ist, ist G/H keine Gruppe. Sie ist jedoch eine Menge, auf welcher G operiert:

$$\begin{aligned} 1 \cdot aH &= aH, \\ g \cdot aH &= (ga)H . \end{aligned}$$

Es ist klar, daß G transitiv operiert: Für je zwei Nebenklassen aH und bH gibt es ein Element $g = ba^{-1}$ mit $g \cdot aH = bH$.

Sei z. B. $G = D_3 = \{1, a, a^2, b, ab, a^2 b\}$ mit $ba = a^2 b$.
Sei $H = \{1, b\}$. Dann sind die Nebenklassen

$$S_1 = H, S_2 = \{a, ab\} = aH, S_3 = \{a^2, a^2 b\} = a^2 H.$$

$G = D_3$ operiert auf $G/H = \{S_1, S_2, S_3\}$.
Z. B. ist

$$\begin{aligned} aS_1 &= S_2, & aS_2 &= S_3, & aS_3 &= S_1, \\ bS_1 &= S_1, & bS_2 &= S_3, & bS_3 &= S_2. \end{aligned}$$

(4.4) Satz. *Die Gruppe G operiere auf X. Sei $x \in X, H := G_x$ der Stabilisator von x und O_x die Bahn von x. Dann definiert $\varphi(aH) = a \cdot x$ eine Bijektion von G/H auf O_x, welche überdies*

$$\varphi(g \cdot aH) = g \cdot \varphi(aH)$$

erfüllt.

BEWEIS. H ist die Menge aller $h \in G$ mit $hx = x$. Ist $b = ah$ mit $h \in H$, so ist $b \cdot x = ah \cdot x = a \cdot hx = a \cdot x$.

Daher ist durch

$$\varphi(aH) = a \cdot x$$

eine wohldefinierte Abbildung von G/H auf O_x gegeben.

Diese ist auch injektiv. Denn sei $\varphi(aH) = \varphi(bH)$. Dann ist $a \cdot x = b \cdot x$ und daher $x = a^{-1}b \cdot x$. Also ist $a^{-1}b \in G_x = H$ und somit $b \in aH$, d.h. $bH = aH$.

Sei z. B. $G = X = D_4, g \cdot z = gzg^{-1}$ und $x = b$.
Dann ist

$$H = G_b = \{g \in D_4 : gbg^{-1} = b\} = \{1, b, a^2, a^2b\} = R$$

in der Bezeichnung von (3.22).

Definiert man also φ durch

$$\varphi(R) = 1 \cdot b = b \text{ und } \varphi(aR) = a \cdot b = aba^{-1} = a^2b,$$

dann liefert φ eine Bijektion von D_4/R auf $O_b = \{b, a^2b\}$.
Hier ist z. B. $\varphi(abR) = a^2b$,
weil $ab \cdot b = ab\,b\,ba^{-1} = aba^{-1} = a^2b$ ist.

(4.5) Satz. *Sind in (4.1) G und X endliche Mengen, so gilt*

$$\mid O_x \mid = \frac{\mid G \mid}{\mid G_x \mid}.$$

BEWEIS. Nach (4.4) ist $\mid O_x \mid = \mid G/G_x \mid = \frac{|G|}{|G_x|}$.

(4.6) Korollar. *Sei G endlich. Dann ist die Anzahl der zu $x \in G$ konjugierten Elemente ein Teiler der Gruppenordnung $\mid G \mid$.*

BEWEIS. Nach (4.2) ist für $g \cdot x = gxg^{-1}$ die Bahn O_x gleich der Menge aller zu x konjugierten Elemente.

Z. B. sahen wir in (3.22), daß die Anzahl der zu einem $x \in D_4$ konjugierten Elemente entweder 1 oder 2 war, also ein Teiler von $\mid D_4 \mid = 8$.

Sei nun $G = D_3$ mit $\mid G \mid = 6$.
Dann sind die Klassen konjugierter Elemente gegeben durch

$$O_1 = \{1\}, O_a = \{a, a^2\} \text{ und } O_b = \{b, ab, a^2b\}.$$

Jedes $\mid O_x \mid$ ist $1, 2$ oder 3 und daher wieder ein Teiler von $\mid G \mid = 6$.

Nach diesen Vorbereitungen wollen wir nun eine Übersicht über alle Gruppen mit kleinen Ordnungen gewinnen.

Dabei ist der folgende Satz recht nützlich:

(4.7) Satz von Cauchy. *Ist G eine endliche Gruppe und p eine Primzahl, die die Ordnung von G teilt, dann enthält G ein Element der Ordnung p.*

BEWEIS. Wir betrachten die Menge X aller p–tupel $x = (x_0, x_1, \ldots, x_{p-1})$ mit $x_i \in G$ und $x_0 x_1 \cdots x_{p-1} = 1$. Diese Menge ist nicht leer, weil $(1, 1, \ldots, 1) \in X$ ist. Sind $x_0, x_1, \ldots, x_{p-2}$ beliebig gegeben, so gibt es ein eindeutig bestimmtes x_{p-1}, so daß $\Pi x_i = 1$ ist. Daher ist $\mid X \mid = \mid G \mid^{p-1}$, weil es genau $\mid G \mid^{p-1}$ $(p-1)$–tupel mit Elementen aus G gibt.

Insbesondere ist $\mid X \mid$ ein Vielfaches von p, weil $\mid G \mid$ ein Vielfaches von p ist.

Wir interpretieren nun die Indizes der Elemente $x_0, \cdots, x_{p-1}$ als Elemente der Gruppe $C_p = \mathbb{Z}/p\mathbb{Z}$.

Dann operiert C_p auf X durch

$$k \cdot (x_0, \ldots, x_{p-1}) = (x_k, x_{k+1}, \ldots, x_{k-1}).$$

Denn $0 \cdot x = x$ und $(k + l) \cdot x = k \cdot (l \cdot x)$.

Nach (4.5) ist

$$\mid O_x \mid = \frac{\mid C_p \mid}{\mid G_x \mid} = \frac{p}{\mid G_x \mid},$$

d.h.

$$\mid O_x \mid = 1 \text{ oder } \mid O_x \mid = p.$$

Enthielte jede Bahn außer der von $(1, \ldots, 1)$ genau p Elemente, so wäre $\mid X \mid = 1 + kp$ nicht durch p teilbar.

Daher gibt es ein $x \neq (1, \ldots, 1)$, dessen Bahn O_x genau 1 Element enthält, das also $k \cdot x = x$ für alle $k \in C_p$ erfüllt.

Das bedeutet jedoch $x_0 = x_1 = \cdots = x_{p-1} = a$.

Es gibt also ein Element $a \in G$ mit $a \neq 1$ und $a^p = 1$.

Dieses Element a hat die Ordnung p.

Wir wissen schon, daß jede Gruppe mit Primzahlordnung zyklisch ist (3.25). Daher kennen wir alle Gruppen der Ordnungen $1, 2, 3, 5, 7, 11$.

Für $n = 4$ kennen wir 2 abelsche Gruppen, C_4 und $C_2 \times C_2$.

Das sind bereits alle Gruppen der Ordnung 4. Denn ist $G \neq C_4$, so muß jedes Element $a \neq 1$ die Ordnung 2 haben. Jede solche Gruppe ist aber nach dem folgenden Satz kommutativ.

(4.8) Satz. *Hat jedes Element $a \neq 1$ einer Gruppe G die Ordnung 2, so ist G kommutativ.*

BEWEIS. $ba = (aa)(ba)(bb) = a(ab)(ab)b = a \cdot 1 \cdot b = ab$.

Nun zu den Gruppen der Ordnung 6.
Wir behaupten, daß jede solche Gruppe entweder isomorph zu C_6 oder zu D_3 ist.
Wir zeigen gleich allgemeiner

(4.9) Satz. *Sei p eine ungerade Primzahl und G eine Gruppe der Ordnung $2p$. Dann ist G isomorph zu C_{2p} oder zu D_p.*

BEWEIS. Nach dem Satz von Cauchy gibt es in G Elemente x der Ordnung p und y der Ordnung 2. Da y nicht in $\langle x \rangle$ sein kann, ist $x^k y \neq x^l$ für alle k und l und somit sind die Nebenklassen $\langle x \rangle$ und $\langle x \rangle y$ disjunkt.
Daher ist

$$G = \langle x \rangle \cup \langle x \rangle y \text{ und genauso } G = \langle x \rangle \cup y\langle x \rangle.$$

Es muß also $\langle x \rangle y = y\langle x \rangle$ sein. Die Untergruppe $\langle x \rangle$ ist also ein Normalteiler. (Allgemein gilt, daß jede Untergruppe N vom Index $(G : N) = 2$ ein Normalteiler ist. Der Beweis ist genau derselbe.)

Wir betrachten nun das Element xy. Seine Ordnung kann als Teiler von $|G| = 2p$ nur $1, 2, p$ oder $2p$ sein. $\text{ord}(xy) = 1$ würde bedeuten, $xy = 1$ oder $x = y^{-1} = y$. Das ist also unmöglich.
Ist $\text{ord}(xy) = 2p$, so ist $G \cong C_{2p}$.
Ist $\text{ord}(xy) = 2$, so gilt $(xy)(xy) = 1$ oder $yx = x^{-1}y$.
Da D_p durch 2 Erzeugende x und y mit $x^p = 1, y^2 = 1$ und $yx = x^{-1}y$ eindeutig festgelegt ist, muß also $G \cong D_p$ sein.
Jetzt bliebe noch der Fall $\text{ord}(xy) = p$. Das ist jedoch unmöglich. Denn sonst wäre

$$\langle x \rangle = \langle x \rangle (xy)^p = (\langle x \rangle xy)^p,$$

weil $\langle x \rangle$ Normalteiler ist, d.h.

$$\langle x \rangle = (\langle x \rangle y)^p = \langle x \rangle y \langle x \rangle y \cdots \langle x \rangle y = \langle x \rangle y^p = \langle x \rangle y,$$

weil p ungerade ist und $y^2 = 1$. Es müßte also $\langle x \rangle = \langle x \rangle y$ sein, was wir bereits ausgeschlossen haben.

Speziell gibt es nur 2 Gruppen der Ordnung 6, nämlich C_6 und D_3 und 2 Gruppen der Ordnung 10, nämlich C_{10} und D_5.

Jetzt fehlen uns noch die Gruppen der Ordnungen 8 und 9. Wir untersuchen zunächst den einfacheren Fall $n = 9$. Hier zeigen wir wieder ein allgemeines Resultat.

(4.10) Satz. *Jede Gruppe G, deren Ordnung ein Primzahlquadrat ist, $\mid G \mid = p^2$, ist isomorph zu C_{p^2} oder $C_p \times C_p$.*

BEWEIS. Wir brauchen bloß zu zeigen, daß jede solche Gruppe abelsch ist. Nach (4.6) enthält jede Klasse konjugierter Elemente O_a entweder $1, p$ oder p^2 Elemente.

Für das Einselement 1 gilt natürlich $O_1 = \{1\}$, d.h. $\mid O_1 \mid = 1$. Wäre für jedes andere a stets $\mid O_a \mid \neq 1$, also $\mid O_a \mid = p^i, i \geq 1$, so wäre

$$\mid G \mid = 1 + pk, \text{ in Widerspruch zu } \mid G \mid = p^2.$$

Also existiert ein $x \neq 1$ mit $\mid O_x \mid = 1$, d.h. $y^{-1}xy = x$ für alle $y \in G$. Das bedeutet $xy = yx$ für alle $y \in G$.

Ist $\operatorname{ord} x = p^2$, so ist $G \cong C_{p^2}$. Andernfalls ist $\operatorname{ord} x = p$. Es gibt dann $y \notin \langle x \rangle$. Dann sind die p^2 Elemente $x^i y^k, 0 \leq i, k < p$, alle Elemente von G und G ist abelsch.

Nun wollen wir noch alle Gruppen der Ordnung 8 bestimmen. Wir kennen bereits alle abelschen Gruppen der Ordnung 8, nämlich $C_8, C_2 \times C_4$ und $C_2 \times C_2 \times C_2$.

Eine nicht abelsche Gruppe der Ordnung 8 ist die Diedergruppe D_4. Es zeigt sich, daß es noch eine weitere Gruppe der Ordnung 8 gibt, nämlich die Quaternionengruppe H_8.

Die Quaternionen sind Ausdrücke der Gestalt $a + bi + cj + dk$ mit $a, b, c, d \in \mathbb{R}$ und $i^2 = j^2 = k^2 = -1$ und $ij = -ji = k$.

Speziell bilden die Elemente $\pm 1, \pm i, \pm j, \pm k$ eine Gruppe von 8 Elementen, die natürlich nicht kommutativ ist.

Beispielsweise gilt $jk = j(ij) = j(-ji) = -j^2 i = i$.

Wir wollen nun zeigen, daß diese 5 Gruppen bereits alle Gruppen der Ordnung 8 sind.

Sei G also eine nichtkommutative Gruppe der Ordnung 8. Dann enthält G kein Element der Ordnung 8, weil G sonst zyklisch wäre. Nach (4.8) können auch nicht alle Elemente $\neq 1$ die Ordnung 2 haben. Es gibt daher ein Element y mit $\operatorname{ord} y = 4$.

Ist $x \notin \langle y \rangle$, so ist

$$G = \langle y \rangle \cup \langle y \rangle x = \langle y \rangle \cup x \langle y \rangle$$

eine disjunkte Vereinigung und daher ist $N := \langle y \rangle$ ein Normalteiler von G.

Da G/N die Ordnung 2 hat, gilt $(xN)^2 = N$, d.h. $x^2 N = N$ oder $x^2 \in N$. Wäre $x^2 = y^{\pm 1}$, so hätte x die Ordnung 8. Daher ist $x^2 = 1$ oder $x^2 = y^2$.

Weiters gilt $xyx^{-1} = y^{-1}$. Denn wegen $xNx^{-1} = N$ ist $xyx^{-1} = y^k$.

Um k zu bestimmen, beachten wir, daß wegen $x^2 \in N$ gilt

$$y = x^2 y x^{-2} = x(xyx^{-1})x^{-1} = xy^k x^{-1} = (xyx^{-1})^k = (y^k)^k = y^{k^2}.$$

Es ist also $y^{k^2-1} = 1$. Da y die Ordnung 4 hat, muß k ungerade sein. Wäre $k = 1$, so wäre $xyx^{-1} = y$, d.h. $xy = yx$ und G wäre kommutativ. Daher ist $k = 3$ und $xyx^{-1} = y^3 = y^{-1}$.

Es sind daher 2 Fälle möglich.

(1) $y^4 = 1, xyx^{-1} = y^{-1}, x^2 = 1$.
Daraus folgt, daß $G = D_4$ ist.

(2) $y^4 = 1, xyx^{-1} = y^{-1}, x^2 = y^2$.
Setzt man $x = i, y = j$, dann ist $i^2 = j^2, ij = j^{-1}i$ und $(j^2)^2 = 1$. Bezeichnen wir $i^2 = j^2 = -1$, was wegen $(j^2)^2 = 1$ sinnvoll ist, so ergibt sich $i^2 = j^2 = -1, ij = -ji$. Setzt man noch $ij = k$, so ist $k^2 = ijij = -i^2j^2 = -1$. Man erhält also die H_8.

BEMERKUNG. Die Gruppe H_8 enthält nur ein Element der Ordnung 2, während D_4 5 solche Elemente hat. Daraus folgt $H_8 \not\cong D_4$.

Insgesamt erhalten wir

(4.11) Satz. *Alle Gruppen der Ordnungen 1 bis 11 sind zu einer der folgenden Gruppen isomorph:* $C_1, C_2, C_3, C_4, C_2 \times C_2, C_5, C_6, D_3, C_7, C_8, C_2 \times C_4$, $C_2 \times C_2 \times C_2, D_4, H_8, C_9, C_3 \times C_3, C_{10}, D_5, C_{11}$.

Es sieht auf den ersten Blick so aus, als würde es genau dann nur eine Gruppe der Ordnung n geben, wenn $n = p$ eine Primzahl ist. Das stimmt jedoch nicht, wie der folgende Satz zeigt.

(4.12) Satz. *Die einzige Gruppe der Ordnung 15 ist die zyklische Gruppe* C_{15}.

BEWEIS. Nach dem Satz von Cauchy (4.7) existiert in G ein Element x der Ordnung 5 und ein Element y der Ordnung 3.

Sei $H = \{1, x, x^2, x^3, x^4\}$.

Wir zeigen zunächst daß H ein Normalteiler von G ist.
Dazu betrachten wir die Menge G/H aller Linksnebenklassen gH.
Diese besteht aus 3 Elementen.
Die Gruppe H operiert auf G/H durch Linksmultiplikation $h(gH) = hgH$.
Nach (4.5) ist die Anzahl der Elemente einer Bahn ein Teiler von $5 = |H|$. Da G/H nur 3 Elemente hat, kann dieser Teiler nur 1 sein. Das bedeutet, daß H jede Nebenklasse in sich überführt: $hgH = gH$ für alle $h \in H$.
Anders ausgedrückt: $g^{-1}hg \in H$ für $h \in H$ und $g \in G$. Somit ist H Normalteiler in G.

Als nächstes betrachten wir den Automorphismus φ von H, der durch $\varphi(h) = yhy^{-1}$ definiert ist. Hier ist $\varphi^3(h) = y^3hy^{-3} = h$, also $\varphi^3 = id$, die Identität auf H.

Andererseits ist nach (2.16) 2) $\operatorname{Aut} C_5 \cong C_5^\times \cong C_4$.
Es muß also auch $\varphi^4 = id$ sein. Daher ist $\varphi = \varphi^4\varphi^{-3} = id$. Das bedeutet $yhy^{-1} = h$ für alle $h \in H$ oder $yh = hy$.

Sei nun $K = \langle y \rangle$. Dann besteht HK aus $3.5 = 15$ Elementen, die alle verschieden sind, weil $H \cap K = \{1\}$ ist.

Nach (3.27) ist $G \cong H \times K \cong C_5 \times C_3 \cong C_{15}$, wie behauptet.

BEMERKUNG. Dieselbe Überlegung zeigt auch, daß jede Gruppe der Ordnung pq, wo $p > q$ Primzahlen sind und $p-1$ nicht durch q teilbar ist, isomorph zu C_{pq} ist.

5. Die symmetrische Gruppe $\mathfrak{S}_n$.

Die Elemente der symmetrischen Gruppe $\mathfrak{S}_n$ sind alle bijektiven Abbildungen der Menge $\{1, 2, \ldots, n\}$ auf sich. Sie bilden bezüglich der Komposition $\pi \circ \varrho$ eine Gruppe. Um $(\pi \circ \varrho)(i)$ zu bilden, muß man daher zuerst $\varrho(i)$ berechnen und dann π darauf anwenden. Man muß also die Gruppenoperation von rechts nach links lesen.
Wir schreiben ein Element $\pi \in \mathfrak{S}_n$ oft in der Zwei-Zeilen-Notation

$$\pi = \begin{pmatrix} a_1 & a_2 & \ldots & a_n \\ \pi(a_1) & \pi(a_2) & \ldots & \pi(a_n) \end{pmatrix},$$

wobei $a_1, \ldots, a_n$ eine beliebige Anordnung der Zahlen $1, 2, \ldots, n$ ist. Da die Reihenfolge der Spalten dabei irrelevant ist, schreibt man meistens π in der Form

$$\pi = \begin{pmatrix} 1 & 2 & \ldots & n \\ \pi(1) & \pi(2) & \ldots & \pi(n) \end{pmatrix}.$$

Man nennt dann π eine Permutation der Menge $\{1, 2, \ldots, n\}$. Z. B. ist

$$\begin{pmatrix} 1 & 2 & 3 & 4 & 5 & 6 & 7 & 8 \\ 3 & 7 & 5 & 6 & 1 & 8 & 4 & 2 \end{pmatrix} \begin{pmatrix} 1 & 2 & 3 & 4 & 5 & 6 & 7 & 8 \\ 5 & 4 & 8 & 6 & 1 & 2 & 3 & 7 \end{pmatrix} = \begin{pmatrix} 1 & 2 & 3 & 4 & 5 & 6 & 7 & 8 \\ 1 & 6 & 2 & 8 & 3 & 7 & 5 & 4 \end{pmatrix}.$$

Wegen $\pi^{-1}(\pi(i)) = i$ erhält man π^{-1} in der Zweizeilen-Notation, wenn man die beiden Zeilen vertauscht:

Ist

$$\pi = \begin{pmatrix} 1 & 2 & 3 & 4 & 5 & 6 \\ 4 & 5 & 1 & 3 & 2 & 6 \end{pmatrix},$$

so ist

$$\pi^{-1} = \begin{pmatrix} 4 & 5 & 1 & 3 & 2 & 6 \\ 1 & 2 & 3 & 4 & 5 & 6 \end{pmatrix} = \begin{pmatrix} 1 & 2 & 3 & 4 & 5 & 6 \\ 3 & 5 & 4 & 1 & 2 & 6 \end{pmatrix}.$$

Das Einselement ε von $\mathfrak{S}_n$ ist durch $\varepsilon(i) = i$ für alle $i \in \{1, 2, \ldots, n\}$ gegeben.

Die Ordnung der Gruppen $\mathfrak{S}_n$ ist $|\mathfrak{S}_n| = n!$.
Denn jedem Element $\pi \in \mathfrak{S}_n$ entspricht eine Anordnung $\pi(1)\pi(2)\ldots\pi(n)$ der Menge $\{1,2,\ldots,n\}$. Dabei gibt es für $\pi(1)$ genau n Möglichkeiten, für $\pi(2)$ wegen $\pi(2) \neq \pi(1)$ genau $n-1$ Möglichkeiten, usw. Es gibt also insgesamt $n(n-1)\cdots 2\cdot 1 = n!$ Anordnungen.

Sei $\pi \in \mathfrak{S}_n$ und $\langle\pi\rangle = \{\varepsilon, \pi, \pi^2, \ldots\}$ die von π erzeugte zyklische Untergruppe. Dann bilden die Bahnen $O_i = \{i, \pi(i), \pi^2(i), \ldots\}$ eine Zerlegung von $\{1,2,\ldots,n\}$ in disjunkte Teilmengen. Ist z. B.

$$\pi = \begin{pmatrix} 1 & 2 & 3 & 4 & 5 & 6 & 7 & 8 & 9 \\ 7 & 3 & 1 & 6 & 5 & 4 & 2 & 9 & 8 \end{pmatrix},$$

so ergibt sich die Zerlegung $\{1,\ldots,9\} = O_1 \cup O_4 \cup O_5 \cup O_8$ mit

$$\begin{aligned} O_1 &= \{\varepsilon(1) = 1, \pi(1) = 7, \pi^2(1) = \pi(7) = 2, \pi^3(1) = \pi(2) = 3\}, \\ O_4 &= \{\varepsilon(4) = 4, \pi(4) = 6\}, \\ O_5 &= \{5\}, \\ O_8 &= \{8,9\}. \end{aligned}$$

Die Wirkung von π ist bekannt, wenn sie auf jeder Bahn bekannt ist. Ist $O_{a_1} = \{a_2 = \pi(a_1), a_3 = \pi(a_2), \ldots, a_1 = \pi(a_k)\}$ eine Bahn unter $\langle\pi\rangle$, so induziert π auf der Menge O_{a_1} die Permutation

$$\begin{pmatrix} a_1 & a_2 & \ldots & a_{k-1} & a_k \\ a_2 & a_3 & \ldots & a_k & a_1 \end{pmatrix}.$$

Z. B. induziert die obige Permutation π auf O_1 die Permutation

$$\begin{pmatrix} 1 & 7 & 2 & 3 \\ 7 & 2 & 3 & 1 \end{pmatrix}.$$

Wir können diese Permutation auf $\{1,7,2,3\}$ zu einer Permutation $(1,7,2,3)$ auf $\{1,2,\ldots,9\}$ fortsetzen, die außerhalb von O_1 wie die identische Abbildung wirkt:

$$(1,7,2,3) = (1 \quad 7 \quad 2 \quad 3) = \begin{pmatrix} 1 & 2 & 3 & 4 & 5 & 6 & 7 & 8 & 9 \\ 7 & 3 & 1 & 4 & 5 & 6 & 2 & 8 & 9 \end{pmatrix}.$$

Wir nennen eine solche Permutation eine *zyklische Permutation* oder kürzer einen *Zyklus*.

(5.1) DEFINITION. Eine Permutation $\pi \in \mathfrak{S}_n$ heißt ein *Zyklus* (der Länge r), wenn es eine Teilmenge $\{a_1,\ldots,a_r\}$ von $\{1,2,\ldots,n\}$ gibt, so daß $\pi(a_1) = a_2$, $\pi(a_2) = a_3, \ldots$, $\pi(a_r) = a_1$ ist und $\pi(i) = i$ für $i \notin \{a_1,\ldots,a_r\}$ gilt. Wir schreiben dann $\pi = (a_1, a_2, \ldots, a_r) = (a_2, \ldots, a_r, a_1) = \cdots = (a_r, a_1, \ldots, a_{r-1})$.
Zyklen der Länge 2 heißen *Transpositionen* und Zyklen der Länge 3 Dreierzyklen.
Zwei Zyklen $(a_1,\ldots,a_r)$, $(b_1,\ldots,b_s)$ heißen elementfremd, wenn die entsprechenden Teilmengen elementfremd sind.

(5.2) Satz. *Je zwei elementfremde Zyklen ρ, σ kommutieren: $\rho\sigma = \sigma\rho$.*

BEWEIS. Sei $\rho = (a_1, \ldots, a_r)$, $\sigma = (b_1, \ldots, b_s)$. Dann ist ρ die identische Abbildung auf dem Komplement von $\{a_1, \ldots, a_r\}$ und analog für σ. Ist $c = a_i$, so ist $\rho\sigma(c) = \rho(c) = \rho(a_i)$ und $\sigma\rho(c) = \sigma\rho(a_i) = \rho(a_i)$, also $\rho\sigma(c) = \sigma\rho(c)$. Analog für $c = b_j$. Ist c in keiner der beiden Mengen, so ist $\sigma\rho(c) = \sigma(c) = c = \rho\sigma(c)$.

(5.3) Satz. *Jede Permutation π ist eindeutig als Produkt von elementfremden Zyklen darstellbar. Dabei ist die Reihenfolge der Faktoren irrelevant.*

BEWEIS. Das ergibt sich unmittelbar aus der Tatsache, daß die Bahnen unter $\langle\pi\rangle$ eine Zerlegung von $\{1, \ldots, n\}$ in disjunkte Mengen bilden. Man beginne mit 1 und bilde den davon erzeugten Zyklus $(1, \pi(1), \pi^2(1), \ldots)$. Dann nehme man das kleinste Element, das in diesem Zyklus nicht vorkommt und iteriere das Verfahren.
Für $\pi = \begin{pmatrix} 1 & 2 & 3 & 4 & 5 & 6 & 7 & 8 & 9 \\ 7 & 3 & 1 & 6 & 5 & 4 & 2 & 9 & 8 \end{pmatrix}$ ergibt sich

$$\pi = (1\ 7\ 2\ 3)\ (4\ 6)\ (5)\ (8\ 9).$$

Dabei kann ein Einserzyklus, wie hier (5), weggelassen werden, weil $(a) = \varepsilon$ ist.

(5.4) Satz. *Jede Permutation $\pi \in \mathfrak{S}_n$ ist als Produkt von Transpositionen darstellbar.*

BEWEIS. Es genügt zu zeigen, daß jede zyklische Permutation $(x_1 \cdots x_n)$ als Produkt von Transpositionen darstellbar ist. Eine solche Darstellung ist z. B.

$$(x_1 \cdots x_n) = (x_1 x_n)(x_1 x_{n-1}) \cdots (x_1 x_3)(x_1 x_2).$$

Um das zu überprüfen, muß man die Wirkung beider Seiten auf ein Element i feststellen, wobei man immer von rechts nach links gehen muß, weil Permutationen Symbole für Abbildungen sind.
Z. B. geht x_3 unter $(x_1 x_3)$ in x_1 und dieses unter $(x_1 x_4)$ in x_4 über.

Nach (2.10) ist die Abbildung $\pi \to U_\pi$ ein Homomorphismus von $\mathfrak{S}_n$ in $GL(n, \mathbb{R})$. Die symmetrische Gruppe $\mathfrak{S}_n$ kann daher mit der Gruppe aller Permutationsmatrizen $U_\pi = (e_{\pi(1)}, \ldots, e_{\pi(n)})$ identifiziert werden. Weiters ist die Abbildung $A \to \det A$ ein Homomorphismus von $GL(n, \mathbb{R})$ in die multiplikative Gruppe $\mathbb{R}^\times$. Wegen $\det U_\pi \in \mathbb{Z}$ und $\det U_\pi \cdot \det U_{\pi^{-1}} = 1$, muß $\det U_\pi = \pm 1$ sein.
Daher ist die Abbildung

$$\pi \to \det U_\pi = \operatorname{sgn} \pi$$

ein Homomorphismus von $\mathfrak{S}_n$ in die multiplikative Gruppe $\{1, -1\}$.
Man nennt $\operatorname{sgn} \pi$ des Signum von π.

Speziell gilt für das Signum einer Transposition (a, b) immer $\operatorname{sgn}(a, b) = -1$. Denn $U_{(a,b)}$ unterscheidet sich von der Einheitsmatrix I durch Vertauschen zweier Spalten. Da $\det I = 1$ ist, ist also $\det U_{(a,b)} = -1$.

(5.5) Satz. *Nennt man eine Permutation π gerade, wenn π als Produkt einer geraden Anzahl von Transpositionen darstellbar ist und ungerade sonst und setzt man* $\operatorname{sgn}\pi = 1$, *wenn π gerade ist und* $\operatorname{sgn}\pi = -1$, *wenn π ungerade ist, so gilt* $\operatorname{sgn}(\pi_1\pi_2) = \operatorname{sgn}\pi_1 \cdot \operatorname{sgn}\pi_2$.

BEWEIS. Das ergibt sich sofort aus den obigen Überlegungen. Da aber sehr oft schon bei der Definition der Determinante von $\operatorname{sgn}\pi$ Gebrauch gemacht wird, wollen wir auch einen Beweis geben, der vom Begriff der Determinante unabhängig ist.

Es genügt zu zeigen, daß eine gerade Permutation keine Darstellung als Produkt einer ungeraden Anzahl von Transpositionen haben kann. Denn dann ist

$$\operatorname{sgn}\pi = (-1)^{\text{Anzahl der Transpositionen einer Darstellung}}$$

und somit $\operatorname{sgn}(\pi_1\pi_2) = \operatorname{sgn}\pi_1 \cdot \operatorname{sgn}\pi_2$.

Sei also $\pi \in \mathfrak{S}_n$ und $z(\pi)$ die Anzahl der Bahnen unter $\langle\pi\rangle$, d.h. die Anzahl der elementfremden Zyklen inklusive Einerzyklen (i).

Ist τ eine Transposition, so ist $z(\tau\pi) = z(\pi) \pm 1$.

Denn sei $\tau = (ab)$.

Kommen a und b im gleichen Zyklus vor, etwa $a = x_i$ und $b = x_j$, so ist

$$(x_i\, x_j)(x_1 \ldots x_k) = (x_j x_{j+1} \ldots x_k\; x_1 \ldots x_{i-1})(x_i \ldots x_{j-1}).$$

Z. B. gilt

$$(2\ 5)(3\ 2\ 4\ 5\ 1) = (513)(24).$$

Kommen a und b in verschiedenen Zyklen vor, etwa $a = x_1, b = y_1$, so ist

$$(x_1\; y_1)(x_1 \ldots x_k)(y_1 \ldots y_l) = (y_1 \ldots y_l\; x_1 \ldots x_k).$$

Z. B. ist

$$(2\ 5)(2\ 4\ 1)(5\ 3) = (1\ 5\ 3\ 2\ 4) = (5\ 3\ 2\ 4\ 1).$$

Im ersten Fall hat $\tau\pi$ einen Zyklus mehr, im zweiten Fall einen Zyklus weniger.

Hätte nun π sowohl eine Darstellung $\pi = \tau_1 \cdots \tau_{2k}$ mit einer geraden Anzahl von Transpositionen τ_i als auch eine Darstellung $\pi = \sigma_1 \cdots \sigma_{2l+1}$ mit einer ungeraden Anzahl von Transpositionen, so wäre wegen $\tau_i^{-1} = \tau_i$ auch

$$\tau_{2k} \cdots \tau_1\pi = \sigma_{2l+1} \cdots \sigma_1\pi = \varepsilon.$$

Dabei würde sowohl $z(\tau_{2k} \cdots \tau_1\pi) \equiv z(\pi) + 2k \equiv z(\pi) \pmod 2$ als auch $z(\sigma_{2l+1} \cdots \sigma_1\pi) \equiv z(\pi) + 2l + 1 \equiv z(\pi) + 1 \pmod 2$ gelten, was unmöglich ist.

Noch schneller sieht man das folgendermaßen:

Man läßt die Gruppe $\mathfrak{S}_n$ auf $\mathbb{Z}[X_1, \ldots, X_n]$ operieren durch $(\pi f)(X_1, \ldots, X_n) = f(X_{\pi^{-1}(1)}, \ldots, X_{\pi^{-1}(n)})$.

Dabei wird die i-te Unbestimmte in die $\pi(i)$-te Unbestimmte übergeführt. Daher ist $(\pi\varrho)f = \pi(\varrho f)$.

Wählt man speziell $f(X_1, \ldots, X_n) = \prod_{i<j}(X_i - X_j)$, so ist

$$(\pi f)(X_1, \ldots, X_n) = \pm f(X_1, \ldots, X_n),$$

d.h.

$$(\pi f)(X_1, \ldots, X_n) = \varepsilon(\pi) f(X_1, \ldots, X_n) \text{ mit } \varepsilon(\pi) \in \{1, -1\}.$$

Wegen

$(\pi\varrho)f = \pi(\varrho f)$ ist

$$\varepsilon(\pi\varrho)f = \pi(\varepsilon(\varrho)f) = \varepsilon(\varrho)\varepsilon(\pi)f, \text{ d.h.}$$

$$\varepsilon(\pi\varrho) = \varepsilon(\pi)\varepsilon(\varrho).$$

Für jede Transposition (ij) ist $\varepsilon(ij) = -1$.

Denn es werden die Vorzeichen der Faktoren

$$(X_i - X_{i+1})(X_{i+1} - X_j)(X_i - X_{i+2})(X_{i+2} - X_j) \cdots (X_i - X_{j-1})(X_{j-1} - X_j)$$

und $X_i - X_j$ geändert. Im ersten Produkt hebt sich das auf, so daß bloß $X_i - X_j$ in $X_j - X_i$ übergeführt wird.

Daher ist $\varepsilon(\pi) = \operatorname{sgn} \pi$.

(5.6) Korollar. *Die Gruppe $\mathfrak{A}_n$ aller geraden Permutationen ist als Kern des Homomorphismus* $\operatorname{sgn} : \mathfrak{S}_n \to \{1, -1\}$ *ein Normalteiler der $\mathfrak{S}_n$. Sie heißt die alternierende Gruppe von n Symbolen. Es gilt $|\mathfrak{A}_n| = \frac{n!}{2}$ für $n \geqslant 2$.*

(5.7) Satz. *Für $n \geq 3$ läßt sich jedes Element von $\mathfrak{A}_n$ als Produkt von Dreierzyklen darstellen.*

Beweis. Da jedes Element von $\mathfrak{A}_n$ das Produkt einer geraden Anzahl von Transpositionen ist, genügt es zu zeigen, daß das Produkt von zwei Transpositionen als Produkt von Dreierzyklen darstellbar ist.

Seien a, b, c, d verschiedene Elemente. Dann gilt:

$$\begin{aligned}&(ab)(ab) = \varepsilon = (abc)^3,\\&(ab)(bc) = (abc) \text{ und}\\&(ab)(cd) = (ab)(bc)(bc)(cd) = (abc)(bcd).\end{aligned}$$

(5.8) DEFINITION. Eine Permutation $\pi \in \mathfrak{S}_n$ hat den *Typ* $[k_1, k_2, \ldots, k_n]$, wenn die Untergruppe $\langle \pi \rangle$ genau k_i Bahnen der Länge i hat, $1 \leq i \leq n$.
Dabei gilt natürlich $k_1 + 2k_2 + \cdots + nk_n = n$.

BEISPIEL. Die $\mathfrak{S}_3$ besteht aus den Elementen $\varepsilon = (1)(2)(3)$, $(1)(23)$, $(12)(3)$, $(2)(13)$, (123) und (132).
Sie hat also ein Element vom Typ $[3, 0, 0]$, 3 Elemente vom Typ $[1, 1, 0]$ und 2 Elemente vom Typ $[0, 0, 1]$.

(5.9) Satz. *Zwei Permutationen ϱ und σ sind genau dann konjugiert in $\mathfrak{S}_n$, wenn sie denselben Typ besitzen.*

BEWEIS. Für jedes $\pi \in \mathfrak{S}_n$ gilt

$$\pi(a_1, \ldots, a_k)\pi^{-1} = (\pi(a_1), \pi(a_2), \ldots, \pi(a_k)).$$

Denn $(\pi(a_1, \ldots, a_k)\pi^{-1})\pi(a_i) = \pi(a_1, \ldots, a_k)a_i = \pi(a_{i+1})$, wenn $a_{k+1} = a_1$ gesetzt wird.
Ist $a \notin \{\pi(a_1), \ldots, \pi(a_k)\} \Rightarrow \pi(a_1, \ldots, a_k)\pi^{-1}(a) = a$.
Daher ist

$$\pi(a_1 \ldots a_k)(b_1 \ldots b_l)(\ldots)(\ldots)\pi^{-1} =$$

$$= (\pi(a_1 \ldots a_k)\pi^{-1})(\pi(b_1 \ldots b_l)\pi^{-1}) \cdots = (\pi(a_1) \ldots \pi(a_k))(\pi(b_1) \ldots \pi(b_l))(\ldots).$$

Sind umgekehrt

$$\varrho = (a_1 \ldots a_k)(b_1 \ldots b_l) \ldots \text{ und } \tau = (\overline{a}_1 \ldots \overline{a}_k)(\overline{b}_1 \ldots \overline{b}_l) \ldots$$

vom gleichen Typ, so sei $\pi(a_i) = \overline{a}_i, \pi(b_i) = \overline{b}_i, \ldots$.
Dann ist $\pi\varrho\pi^{-1} = \tau$.

(5.10) BEISPIEL. In der symmetrischen Gruppe $\mathfrak{S}_4$ gibt es 5 Klassen konjugierter Elemente:

$$\begin{aligned}
C_1 &= \{\varepsilon\} \\
C_2 &= \{(12), (13), (14), (23), (24), (34)\} \\
C_3 &= \{(12)(34), (13)(24), (14)(23)\} \\
C_4 &= \{(123), (132), (124), (142), (134), (143), (234), (243)\} \\
C_5 &= \{(1234), (1243), (1324), (1342), (1423), (1432)\}.
\end{aligned}$$

(5.11) BEMERKUNG. Wegen

$$(x_1 \dots x_k) = (x_1 x_k)(x_1 x_{k-1}) \cdots (x_1 x_2) \text{ ist } \operatorname{sgn}(x_1 \dots x_k) = (-1)^{k-1}.$$

Daher ist $\mathfrak{A}_4 = C_1 \cup C_3 \cup C_4$.
Die Elemente (123) und (132), die in $\mathfrak{S}_4$ konjugiert sind, sind in der Gruppe $\mathfrak{A}_4$ nicht konjugiert.
Denn sei

$$\pi(123)\pi^{-1} = (132) = (321) = (213).$$

Dann ist entweder $\pi(1) = 1, \pi(2) = 3, \pi(3) = 2$, d.h. $\pi = (23)$ oder $\pi = (13)$ oder $\pi = (12)$. Keine dieser Transpositionen gehört zur $\mathfrak{A}_4$.

(5.12) Satz. *Für $n \geq 5$ sind in der Gruppe $\mathfrak{A}_n$ alle Dreierzyklen zueinander konjugiert.*

BEWEIS. Sei $\varrho = (a_1 a_2 a_3)$, $\sigma = (b_1 b_2 b_3)$.
Da ϱ und σ in $\mathfrak{S}_n$ konjugiert sind, gibt es $\pi \in \mathfrak{S}_n$ mit $\sigma = \pi \varrho \pi^{-1}$.
Ist $\pi \in \mathfrak{A}_n$, so ist alles gezeigt.
Ist das nicht der Fall, wähle man $c, d \notin \{a_1, a_2, a_3\}$.
Dann ist $(c\ d)\varrho = \varrho(c\ d)$ und

$$\sigma = \pi \varrho \pi^{-1} = \pi(c\ d)\varrho(c\ d)\pi^{-1} = \pi(c\ d)\varrho(\pi(c\ d))^{-1}.$$

Da $\pi \notin \mathfrak{A}_n$ ist $\pi(c\ d) \in \mathfrak{A}_n$.

(5.13) Satz. *Die symmetrische Gruppe $\mathfrak{S}_n$ wird von 2 Elementen erzeugt, z. B. von $\alpha = (12)$ und $\beta = (12 \cdots n)$.*

BEWEIS. $\beta\alpha\beta^{-1} = (23)$, $\beta^2\alpha\beta^{-2} = (34), \cdots$.
Daher ist

$$\langle \alpha, \beta \rangle \supseteq \langle (12), (23), \dots, (n-1, n) \rangle$$

Wegen

$$(1j) = (1, j-1)(j-1, j)(1, j-1)$$

liegen auch

$$(13) = (12)(23)(12), (14) = (13)(34)(13), \dots \text{ in } \langle \alpha, \beta \rangle.$$

Somit gilt $\langle \alpha, \beta \rangle \supseteq \{(12), (13), \dots (1n)\}$.
Wegen $(ij) = (1i)(1j)(1i)$ enthält $\langle \alpha, \beta \rangle$ alle Transpositionen und fällt somit mit der $\mathfrak{S}_n$ zusammen.

BEMERKUNG. Wir wissen, daß jede endliche Gruppe als Untergruppe einer geeigneten $\mathfrak{S}_n$ darstellbar ist. In einer Untergruppe kann daher ein minimales Erzeugendensystem mehr Elemente haben als ein solches der Gesamtgruppe.

Ist G eine Gruppe und H eine Untergruppe, so ist für jedes $a \in G$ auch die Menge aHa^{-1} eine Untergruppe. Sie heißt *konjugiert* zu H.

H ist genau dann ein Normalteiler, wenn alle zu H konjugierten Untergruppen zusammenfallen.

BEISPIEL. In $\mathfrak{S}_3$ ist $\langle(123)\rangle = \mathfrak{A}_3$ ein Normalteiler. Die Untergruppen $\langle(12)\rangle$,$\langle(13)\rangle$ und $\langle(23)\rangle$ sind zueinander konjugiert.

(5.14) In der $\mathfrak{S}_4$ ist $N = \{\varepsilon, (12)(34), (13)(24), (14)(23)\} \cong (\mathbb{Z}/2\mathbb{Z}) \times (\mathbb{Z}/2\mathbb{Z})$ die sogenannte *Vierergruppe*, ein Normalteiler, weil sie mit jedem $(ab)(cd)$ auch alle konjugierten Elemente enthält.

Dagegen ist K_4, die Menge aller Permutationen, die das Element 4 festlassen, eine Untergruppe, die nicht normal ist. Die konjugierten Untergruppen sind die Gruppen $K_i, 1 \leq i \leq 4$, die das Element i festlassen. Es gilt natürlich $K_i \cong \mathfrak{S}_3$.
Es ist klar, daß $K_i \cap N = \{\varepsilon\}$ ist und $K_iN = \mathfrak{S}_4$, weil K_iN alle Transpositionen enthält.

Nach dem ersten Isomorphiesatz gilt

$$\mathfrak{S}_4/N = K_iN/N \cong K_i/K_i \cap N \cong K_i/\{\varepsilon\} = K_i \cong \mathfrak{S}_3.$$

Da $N \leq \mathfrak{A}_4$ ist N auch Normalteiler in $\mathfrak{A}_4$ und es gilt analog

$$\mathfrak{A}_4/N = (K_i \cap \mathfrak{A}_4)N/N \cong K_i \cap \mathfrak{A}_4/\{\varepsilon\} \cong \mathfrak{A}_3 \cong (\mathbb{Z}/3\mathbb{Z}).$$

(5.15) DEFINITION. Eine Gruppe G heißt *einfach*, wenn die einzigen Normalteiler von G die trivialen Normalteiler $\{e\}$ und G sind.

Hier besteht eine gewisse Analogie zu Körpern, wo (0) und K die einzigen Ideale sind.

Eine abelsche Gruppe ist genau dann einfach, wenn sie keine nichttriviale Untergruppe hat, also isomorph zu $\mathbb{Z}/p\mathbb{Z}$ ist, wobei p eine Primzahl ist.

Für nicht–kommutative Gruppen ist die Situation wesentlich komplizierter.
Wir zeigen hier nur ein Resultat:

(5.16) Satz. *Für $n \geq 5$ ist die alternierende Gruppe $\mathfrak{A}_n$ einfach.*

BEWEIS. Sei $N \neq \{\varepsilon\}$ ein Normalteiler von $\mathfrak{A}_n$ für $n \geq 5$. Es genügt zu zeigen, daß N einen Dreierzyklus enthält. Da jeder Dreierzyklus zu diesem konjugiert ist und N Normalteiler ist, enthält N alle Dreierzyklen und fällt daher mit $\mathfrak{A}_n$ zusammen.

Sei also $\pi \neq \varepsilon$ ein Element von N. Da $\pi \in \mathfrak{A}_n$, kann es keine Transposition sein.

Ist π ein Dreierzyklus, ist nichts mehr zu zeigen.

Daher können wir annehmen, daß π mindestens 4 Elemente a, b, c, d permutiert.
π muß also eine der folgenden Formen haben: $(abcd\dots), (abc)(de\dots)$ oder $(ab)(cd)\dots$.

Im ersten Fall sei $\varrho = (abc)$.
Dann ist $\pi\varrho\pi^{-1} = (bcd)$, $\varrho^{-1} = (acb)$ und

$$\pi(\varrho\pi^{-1}\varrho^{-1}) = (bcd)(acb) = (adb) \in N.$$

Im zweiten Fall sei $\varrho = (abd)$. Dann ist $\pi\varrho\pi^{-1} = (bce)$, $\varrho^{-1} = (dba)$ und daher

$$\pi(\varrho\pi^{-1}\varrho^{-1}) = (bce)(dba) = (adceb) \in N.$$

Jetzt sind wir wieder beim ersten Fall angelangt und erhalten einen Dreierzyklus in N.

Sei nun $\pi = (ab)(cd)\cdots$ und e ein weiteres Element. Sei $\varrho = (ace)$. Dann ist $\pi\varrho\pi^{-1} = (bd\pi(e))$, $\varrho^{-1} = (eca)$. Ist $\pi(e) = e$, also $\pi\varrho\pi^{-1}\varrho^{-1} = (abdec)$, so kommt man wieder auf den ersten Fall zurück.

Ist $\pi(e) \neq e$, dann ist $\pi\varrho\pi^{-1}\varrho^{-1} = (bd\pi(e))(eca)$ und wir sind beim zweiten Fall.

Man kennt heute alle endlichen einfachen Gruppen. Ihre Bestimmung stellte eines der aufwendigsten mathematischen Projekte aller Zeiten dar und umfaßt über 10000 Druckseiten.

VI. Endliche Körper und zyklische Codes

Jetzt sind wir in der Lage, die wichtige Klasse der endlichen Körper, die nach ihrem Entdecker auch Galoisfelder genannt werden, vollständig zu überblicken. Es existiert genau dann ein Körper $\mathbb{F}_q$ mit q Elementen, wenn $q = p^s$ eine Primzahlpotenz ist. Dieser ist überdies bis auf Isomorphie eindeutig bestimmt.

Um einen kleinen Einblick in die Anwendungsmöglichkeiten endlicher Körper zu geben, skizzieren wir auch einige Grundtatsachen aus der Theorie der zyklischen Codes.

1. Endliche Körper.

In diesem Kapitel wollen wir einen Überblick über alle endlichen Körper gewinnen.

Wir wissen bereits (III. (2.4)), daß der Restklassenring $\mathbb{Z}/p\mathbb{Z}$ genau dann ein (endlicher) Körper ist, wenn p eine Primzahl ist. Diesen Körper bezeichnen wir mit $\mathbb{F}_p$.

Außerdem wissen wir, daß der Restklassenring $K[X]/(f(X))$ genau dann ein Körper ist, wenn $f(X)$ irreduzibel ist (III. (2.12)). Ist $K = \mathbb{F}_p$, so ist dieser Körper ebenfalls endlich.

Es stellt sich heraus, daß damit bereits alle endlichen Körper erfaßt sind.

Um das zu zeigen, wollen wir zuerst einige notwendige Bedingungen, die ein endlicher Körper erfüllen muß, ableiten bzw. wieder in Erinnerung rufen.

(1.1) Satz. *Die Anzahl $|K|$ der Elemente eines endlichen Körpers K kann nur eine Primzahlpotenz p^n sein.*

Das wurde in III. (3.26) bewiesen.

Der Beweis beruht darauf, daß der eindeutig bestimmte Ringhomomorphismus $\rho : \mathbb{Z} \to K$ (vgl. III. (3.21)) als Bild $\operatorname{Im}\rho$ den Körper $\mathbb{F}_p$ aller Restklassen modulo einer Primzahl p besitzt. Der Körper K kann daher als Vektorraum über dem Primkörper $\mathbb{F}_p$ interpretiert werden. Man nennt dann p die Charakteristik char (K) von K. Da K endlich viele Elemente hat, muß K als Vektorraum über $\mathbb{F}_p$ endliche Dimension n besitzen. Dann ist aber $|K| = p^n$.

Von fundamentaler Bedeutung ist die folgende Bemerkung.

(1.2) Satz. *Für jeden endlichen Körper K ist die multiplikative Gruppe $K^\times = K\backslash\{0\}$ zyklisch.*

BEWEIS. Das folgt sofort aus IV.(1.53), weil die Gleichung $X^d - 1 = 0$ in einem Körper höchstens d Lösungen besitzen kann.

Ist $q = p^n = |K|$, so ist also $K^\times \cong C_{q-1}$.

(1.3) DEFINITION. Ein erzeugendes Element α der Gruppe $K^\times$ des endlichen Körpers K heißt *primitives Element* von K oder *Primitivwurzel* von K.

Z. B. ist 3 Primitivwurzel von $\mathbb{F}_7$, weil die Potenzen von 3, d.h. $3^1 = 3$, $3^2 = 9 = 2$, $3^3 = 2 \cdot 3 = 6$, $3^4 = 6 \cdot 3 = 4$, $3^5 = 4 \cdot 3 = 12 = 5$ und $3^6 = 5 \cdot 3 = 15 = 1$ alle Elemente $\neq 0$ von $\mathbb{F}_7$ durchlaufen.

Analog ist 2 eine Primitivwurzel von $\mathbb{F}_{11}$.
Das folgt aus $2^1 = 2$, $2^2 = 4$, $2^3 = 8$, $2^4 = 16 = 5$, $2^5 = 10$, $2^6 = 10 \cdot 2 = 20 = 9$, $2^7 = 9 \cdot 2 = 18 = 7$, $2^8 = 2 \cdot 7 = 14 = 3$, $2^9 = 2 \cdot 3 = 6$ und $2^{10} = 6 \cdot 2 = 12 = 1$.

Nach IV.(1.52) ist die Anzahl der erzeugenden Elemente der zyklischen Gruppe C_{q-1} gleich der Anzahl $\varphi(q-1)$ der zu $q-1$ teilerfremden ganzen Zahlen k mit $0 < k < q$.

Z. B. hat $\mathbb{F}_7$ genau $\varphi(6) = 6(1 - \frac{1}{2})(1 - \frac{1}{3}) = 2$ Primitivwurzeln, nämlich $3^1 = 3$ und $3^5 = 5$, während $\mathbb{F}_{11}$ genau $\varphi(10) = 10(1 - \frac{1}{2})(1 - \frac{1}{5}) = 4$ Primitivwurzeln besitzt. Es sind dies die Potenzen $2^1 = 2$, $2^3 = 8$, $2^7 = 7$ und $2^9 = 6$, deren Exponent zu 10 teilerfremd ist.

Während durch (1.2) die Existenz von Primitivwurzeln gesichert ist, gibt es bis jetzt keine allgemeine Methode, um Primitivwurzeln explizit zu konstruieren. Man ist weitgehend auf Probieren angewiesen.

(1.4) Satz. *Jeder endliche Körper K der Charakteristik p ist isomorph zu einem Restklassenkörper von $\mathbb{F}_p[X]$ modulo einem irreduziblen Polynom $f(X)$:*

$$K \cong \mathbb{F}_p[X]/(f(X)).$$

Es gibt also genau dann einen Körper mit p^n Elementen, wenn es ein irreduzibles Polynom $f(X) \in \mathbb{F}_p[X]$ vom Grad n gibt.

BEWEIS. Da K eine Primitivwurzel α besitzt, sind alle Körperelemente gegeben durch $0, \alpha, \alpha^2, \ldots, \alpha^{q-1}$ mit $|K| = q = p^n$.

Daher ist die Abbildung $\varphi : \mathbb{F}_p[X] \to K$, die durch

$$\varphi\left(\sum a_i X^i\right) = \sum a_i \alpha^i$$

definiert ist, ein surjektiver Ringhomomorphismus von $\mathbb{F}_p[X]$ auf K.

Da jedes Ideal in $\mathbb{F}_p[X]$ ein Hauptideal ist, hat Ker φ die Gestalt Ker $\varphi = (f(X))$ mit einem eindeutig bestimmten normierten Polynom $f(X) \in \mathbb{F}_p[X]$. Da $K = \mathrm{Im}\varphi \cong \mathbb{F}_p[X] /$ Ker φ ein Körper ist, ist Ker $\varphi = (f(X))$ nach III.(5.2) ein maximales Ideal und nach III.(5.5) ist daher $f(X)$ ein (nicht konstantes) irreduzibles Polynom.

Man könnte nun direkt zeigen, daß es für jedes n ein irreduzibles Polynom $f(X)$ vom Grad n in $\mathbb{F}_p[X]$ gibt und damit die Existenz eines Körpers $\mathbb{F}_{p^n}$ mit p^n Elementen beweisen. Es gibt aber eine wesentlich einfachere Methode, um das abzuleiten.

(1.5) Satz. *Sei K ein endlicher Körper mit $|K| = p^n$ Elementen. Dann genügt jedes der p^n Elemente von K der Gleichung*

$$X^{p^n} - X = 0.$$

BEWEIS. Da $|K^\times| = p^n - 1$ ist und $K^\times$ eine Gruppe ist, folgt aus IV.(1.36), daß die Ordnung jedes Elementes $\alpha \in K^\times$ ein Teiler von $p^n - 1$ ist.

Speziell ist also $\alpha^{p^n-1} = 1$ für alle $\alpha \in K^\times$. Multipliziert man beide Seiten mit α, so folgt also $\alpha^{p^n} = \alpha$. Ist $\alpha = 0$, so gilt trivialerweise $0^{p^n} = 0$. Somit gilt für jedes $\alpha \in K$ die Gleichung $\alpha^{p^n} - \alpha = 0$.

Dieser Satz ist eine Verallgemeinerung des kleinen Fermat'schen Satzes II. (3.10). Ist also K ein endlicher Körper mit p^n Elementen, dann kann K als Zerfällungskörper des Polynoms $X^{p^n} - X$ interpretiert werden.

Es liegt nahe, daß davon auch die Umkehrung gilt. Das ist tatsächlich der Fall.

(1.6) Satz. *Sei K ein Zerfällungskörper des Polynoms $X^{p^n} - X \in \mathbb{F}_p[X]$. Dann hat K p^n Elemente und fällt mit der Menge aller Nullstellen von $X^{p^n} - X$ in K zusammen.*

BEWEIS. Im Zerfällungskörper K von $X^{p^n} - X$ zerfällt dieses Polynom in Linearfaktoren:

$$X^{p^n} - X = \prod_{i=1}^{p^n} (X - \alpha_i).$$

Wir behaupten, daß alle Nullstellen α_i einfach sind und mit den Elementen von K zusammenfallen.

Nach II.(4.15) ist α_i einfach genau dann, wenn $f'(\alpha_i) \neq 0$ ist. Nun ist für $f(X) = X^{p^n} - X$ die Ableitung

$$f'(X) = p^n X^{p^n - 1} - 1 = -1, \text{ weil } p^n = 0 \text{ in } K \text{ ist.}$$

Speziell ist also jedes $f'(\alpha_i) = -1 \neq 0$.

Die Einfachheit der Nullstellen läßt sich in diesem Fall aber auch direkt einsehen. Wegen

$$X^{p^n} - X = X\left(X^{p^n - 1} - 1\right)$$

ist $\alpha = 0$ eine einfache Nullstelle.

Sei nun $\alpha \neq 0$ und

$$g(X) = \frac{X^{p^n - 1} - 1}{X - \alpha} = X^{p^n - 2} + \alpha X^{p^n - 3} + \cdots + \alpha^{p^n - 2}.$$

Dann ist $g(\alpha) = (p^n - 1)\alpha^{p^n - 2} = -\alpha^{p^n - 2} = -\frac{\alpha^{p^n - 1}}{\alpha} = \frac{-1}{\alpha} \neq 0$.

Somit ist die Nullstelle α einfach.

Es gibt also im Zerfällungskörper K von $X^{p^n} - X$ genau p^n verschiedene Nullstellen α. Wir behaupten, daß die Menge dieser Nullstellen bereits selbst einen Körper bildet, der $\mathbb{F}_p$ enthält und daher mit dem Zerfällungskörper K, der ja definitionsgemäß der kleinste Körper K ist, der alle Nullstellen enthält, übereinstimmen muß.

Seien also $\alpha \neq 0, \beta \neq 0$ Nullstellen von $X^{p^n} - X$. Dann ist $\alpha^{p^n} = \alpha$ und $\beta^{p^n} = \beta$. Wir müssen zeigen, daß $\frac{1}{\alpha}$, $\alpha\beta$ und $\alpha \pm \beta$ ebenfalls dieser Gleichung genügen.

Für $\frac{1}{\alpha}$ und $\alpha\beta$ ist das selbstverständlich.

Für $\alpha \pm \beta$ beachten wir, daß in einem Körper der Charakteristik p die Gleichung

$$(\alpha \pm \beta)^p = \alpha^p \pm \beta^p$$

gilt (vgl. III. (3.10)). Wendet man diese Formel n-mal an, so erhält man

$$(\alpha \pm \beta)^{p^n} = \alpha^{p^n} \pm \beta^{p^n} = \alpha \pm \beta.$$

Damit ist bereits alles gezeigt.

Es gibt also für jede Primzahlpotenz p^n tatsächlich einen Körper mit p^n Elementen. Die notwendige Bedingung (1.1) ist also auch hinreichend.

Es zeigt sich, daß dieser Körper (bis auf Isomorphie) sogar eindeutig bestimmt ist.

(1.7) Satz. *Für jede Primzahlpotenz $q = p^n$ gibt es bis auf Isomorphie genau einen Körper mit q Elementen, das sogenannte Galoisfeld $\mathbb{F}_q$. Es fällt mit dem Zerfällungskörper des Polynoms $X^q - X \in \mathbb{F}_p[X]$ zusammen. Insbesondere gibt es in $\mathbb{F}_p[X]$ für jedes $n = 1, 2, 3, \ldots$ mindestens ein irreduzibles Polynom vom Grad n.*

BEWEIS. Aus (1.6) folgt die Existenz eines solchen Körpers und aus (1.5) und der Isomorphie je zweier Zerfällungskörper (III. (4.21)) folgt die Eindeutigkeit.

(1.8) BEMERKUNG. Die Eindeutigkeit läßt sich auch ganz elementar ohne Kenntnisse über Zerfällungskörper beweisen.

Zu diesem Zweck nehmen wir an, daß K und L zwei Körper mit jeweils p^n Elementen seien.

Wir wissen, daß K eine Primitivwurzel α enthält. Nach (1.4) existiert ein irreduzibles normiertes Polynom $f(X) \in \mathbb{F}_p[X]$ vom Grad n, welches α als Nullstelle besitzt. Wir betrachten nun den größten gemeinsamen Teiler $d(X)$ von $f(X)$ und $X^{p^n} - X$. Da α gemeinsame Nullstelle dieser beiden Polynome ist, ist auch $d(\alpha) = 0$. Nach III.(1.26) folgt daraus, daß $f(X)$ ein Teiler von $d(X)$ ist. Da auch $d(X)$ nach Definition ein Teiler von $f(X)$ ist und beide Polynome normiert sind, gilt $d(X) = f(X)$. Somit ist $f(X)$ ein Teiler von $X^{p^n} - X$.

Da $X^{p^n} - X$ nach (1.5) über L in Linearfaktoren zerfällt, gibt es ein Element $\beta \in L$ mit $f(\beta) = 0$.

Dann ist die Zuordnung

$$\sum c_i \alpha^i \to \sum c_i \beta^i$$

nach III.(4.17) der gesuchte Isomorphismus von K mit L.

(1.9) Korollar. *Sei K ein Körper mit p^n Elementen und seien $f(X)$ und $g(X)$ zwei irreduzible Polynome aus $\mathbb{F}_p[X]$ vom Grad n. Dann existiert ein Isomorphismus von $\mathbb{F}_p[X]/(f(X))$ auf $\mathbb{F}_p[X]/(g(X))$.*

Sei z. B. $f(X) = X^2 + X + 2 \in \mathbb{F}_3[X]$ und $g(X) = X^2 + 1 \in \mathbb{F}_3[X]$.

Ist $K = \mathbb{F}_9$, so gibt es $\alpha \in \mathbb{F}_9$ mit $\alpha^2 + \alpha + 2 = 0$, d.h. $\alpha^2 = -\alpha - 2 = 2\alpha + 1$, so daß die Elemente von $\mathbb{F}_9$ die Gestalt

$$\mathbb{F}_9 = \{0, 1, 2, \alpha, \alpha + 1, \alpha + 2, 2\alpha, 2\alpha + 1, 2\alpha + 2\}$$

haben.

Es gibt aber auch ein Element $i \in \mathbb{F}_9$ mit $i^2 + 1 = 0$, d.h. $i^2 = -1$. Dann kann man die Elemente von $\mathbb{F}_9$ auch in der Form

$$\mathbb{F}_9 = \{0, 1, 2, i, i + 1, i + 2, 2i, 2i + 1, 2i + 2\}$$

schreiben.

Aus $0 = \alpha^2 + \alpha + 2 = (\alpha + 2)^2 + 1$ folgt, daß $\alpha + 2 = \pm i$ ist. Nehmen wir an, α und i seien so gewählt, daß $\alpha + 2 = i$, d.h. $\alpha = 1 + i$ ist.

Dann ist die Zuordnung

$$\sum c_k \alpha^k \to \sum c_k (1+i)^k$$

die identische Abbildung auf $\mathbb{F}_9 = \mathbb{F}_3[\alpha] = \mathbb{F}_3[i]$. Sie induziert daher einen Isomorphismus von $\mathbb{F}_3[X]/(f(X))$ auf $\mathbb{F}_3[X]/(g(X))$.

Wir wissen bereits, daß $f(X) = X^2 + X + 2$ und $g(X) = X^2 + 1$ Teiler von $X^9 - X$ sein müssen.

Betrachten wir nun die Zerlegung von $X^9 - X$ in normierte irreduzible Faktoren:

$$\begin{aligned} X^9 - X &= X(X-1)(X+1)(X-i)(X+i)(X-i+1)(X+i+1) \\ &\quad (X+i-1)(X-i-1) = \\ &= X(X-1)(X+1)(X^2+1)(X^2+2X+2)(X^2+X+2). \end{aligned}$$

Dann sind die Wurzeln α und α^3 von $X^2 + X + 2$ sowie α^7 und α^5 von $X^2 + 2X + 2$ Primitvwurzeln von $\mathbb{F}_9$.

Denn die Potenzen von α sind

$$\begin{aligned} \alpha^1 &= \alpha = 1 + i \\ \alpha^2 &= 2\alpha + 1 = -i \\ \alpha^3 &= 2\alpha^2 + \alpha = 4\alpha + 2 + \alpha = 2\alpha + 2 = 1 - i \\ \alpha^4 &= 2\alpha^2 + 2\alpha = 2 = -1 \\ \alpha^5 &= -\alpha = 2\alpha = -1 - i \\ \alpha^6 &= -2\alpha - 1 = \alpha + 2 = i \\ \alpha^7 &= -2\alpha - 2 = \alpha + 1 = -1 + i \\ \alpha^8 &= 1 \end{aligned}$$

Dagegen ist $i = \alpha + 2$ keine Primitivwurzel, weil $i^2 = -1$ und daher $i^4 = 1$ gilt.

Für die folgenden Polynome $f(X) \in \mathbb{F}_2[X]$ ist die Restklasse $\overline{X}$ mod $f(X)$ eine Primitivwurzel:

$$\begin{gathered} 1 + X + X^2, 1 + X + X^3, 1 + X + X^4, 1 + X^2 + X^5, 1 + X + X^6, \\ 1 + X^3 + X^7, 1 + X^2 + X^3 + X^4 + X^8. \end{gathered}$$

Dagegen ist $f(X) = \frac{X^5 - 1}{X - 1} = 1 + X + X^2 + X^3 + X^4 \in \mathbb{F}_2[X]$ irreduzibel, hat jedoch keine Primitivwurzel von $\mathbb{F}_{2^4}$ als Nullstelle:

Da weder 0 noch 1 Nullstellen von $f(X)$ sind, enthält $f(X)$ keinen Linearfaktor in $\mathbb{F}_2[X]$. Das einzige irreduzible quadratische Polynom über $\mathbb{F}_2$ ist X^2+X+1. Dieses ist kein Teiler von $f(X)$, weil

$$f(X) = X^2\left(X^2+X+1\right) + X + 1 \equiv X + 1 \not\equiv 0 \mod \left(X^2+X+1\right)$$

ist.

Da $f(X)$ also irreduzibel ist, ist $\mathbb{F}_2[X]/(f(X)) \cong \mathbb{F}_{2^4} = \mathbb{F}_{16}$.

Sei $\alpha = \overline{X}$ eine Nullstelle von $f(X)$ in $\mathbb{F}_{16}$. Dann ist α wegen $\alpha \neq 1$ und $\alpha^5 - 1 = (\alpha - 1)f(\alpha) = 0$ ein Element der Ordnung 5 in $\mathbb{F}_{16}^\times \cong C_{15}$ und daher keine Primitivwurzel.

Wir haben in II.4 versucht, die Gleichung $X^2 + X + 1$ über $\mathbb{F}_2$ zu lösen. Das bedeutet, einen Oberkörper von $\mathbb{F}_2$ zu finden, in welchem X^2+X+1 in Linearfaktoren zufällt.

Ein solcher Oberkörper ist nach unseren Überlegungen

$$\mathbb{F}_4 = \mathbb{F}_2[X] / \left(X^2+X+1\right).$$

Ist $\alpha = \overline{X}$, dann besteht $\mathbb{F}_4$ aus den Elementen $\mathbb{F}_4 = \{0, 1, \alpha, \alpha+1\}$. Dabei ist $\alpha + 1 = \alpha^2$. Dieser Körper ist außerdem bis auf Isomorphie eindeutig bestimmt.

Wie kommt man nun zu der in II.4 gegebenen ad–hoc–Lösung durch Matrizen ?

Das haben wir uns schon allgemein in III.(2.17) überlegt:

Wir fassen $\mathbb{F}_4$ als (zweidimensionalen) Vektorraum über $\mathbb{F}_2$ auf. Wählen wir als Basis die Menge $\{1, \alpha\}$, so können wir jedes Element von $\mathbb{F}_4$ eindeutig in der Form $x_1 + x_2\alpha$ mit $x_i \in \mathbb{F}_2$ darstellen.

Ordnen wir nun jedem Element $\beta \in \mathbb{F}_4$ den Multiplikationsoperator M_β, der durch $M_\beta(x_1 + x_2\alpha) = \beta \cdot (x_1 + x_2\alpha)$ definiert ist, zu, dann ist $\mathbb{F}_4$ offenbar isomorph mit der Menge dieser Multiplikationsoperatoren.

Die Elemente von $\mathbb{F}_4$ können also mit den Matrizen $A = M_\alpha = \left(\begin{smallmatrix}0&1\\1&1\end{smallmatrix}\right)$, $A^2 = M_{\alpha^2} = \left(\begin{smallmatrix}1&1\\1&0\end{smallmatrix}\right)$, $I = M_1 = \left(\begin{smallmatrix}1&0\\0&1\end{smallmatrix}\right)$ und $0 = M_0 = \left(\begin{smallmatrix}0&0\\0&0\end{smallmatrix}\right)$ identifiziert werden.

Denn wegen $\alpha(x_1 + x_2\alpha) = \alpha x_1 + \alpha^2 x_2 = \alpha x_1 + (1+\alpha)x_2 = x_2 + \alpha(x_1 + x_2)$ ist $M_\alpha = \left(\begin{smallmatrix}0&1\\1&1\end{smallmatrix}\right)$ und analog in den anderen Fällen.

Als nächstens wollen wir KRE–Homomorphismen $\varphi : K \to K$ eines endlichen Körpers in sich untersuchen.

Nach III. (3.16) muß φ injektiv sein und daher verschiedene Elemente wieder in verschiedene Elemente überführen. Es muß also Imφ genau so viele Elemente wie K selbst enthalten und daher mit K übereinstimmen. Jeder solche Homomorphismus φ ist also sogar ein Automorphismus des Körpers K.

Ist $K = \mathbb{F}_{p^n}$ ein endlicher Körper der Charakteristik p, so gilt $(\alpha \pm \beta)^p = \alpha^p \pm \beta^p$ und $(\alpha\beta)^p = \alpha^p\beta^p$, weil alle Binomialkoeffizienten $\binom{p}{i}$ mit $1 \le i \le p-1$ durch p teilbar und daher als Elemente von F_{p^n} gleich 0 sind (vgl. III. (3.10)).

Daher definiert $\varphi_p(x) = x^p$ einen KRE–Homomorphismus von $\mathbb{F}_{p^n}$ in sich, der nach den obigen Bemerkungen sogar ein Automorphismus von $\mathbb{F}_{p^n}$ ist.

Es ist dann $\varphi_p^i(x) = x^{p^i}$. Wir schreiben dafür auch kurz $\varphi_{p^i}(x)$.

(1.10) DEFINITION. Der durch $\varphi_p(x) = x^p$ definierte Automorphismus φ_p von $\mathbb{F}_{p^n}$ heißt *Frobenius–Automorphismus.*

(1.11) Satz. *Ist $f(X) \in \mathbb{F}_p[X]$ und $\alpha \in \mathbb{F}_{p^n}$ eine Nullstelle von $f(X)$, dann ist α^p ebenfalls Nullstelle von $f(X)$.*

BEWEIS. Aus dem kleinen Fermat'schen Satz (III. (3.10)) folgt $\varphi_p(a) = a$ für alle a aus dem Primkörper $\mathbb{F}_p$. Bezeichnen wir die Fortsetzung von φ_p auf den Polynomring $\mathbb{F}_p[X]$ ebenfalls mit φ_p, so ist dort φ_p die Identität, $\varphi_p(f) = f$.

Daher ist wegen $f(\alpha) = 0$ auch

$$0 = \varphi_p(f(\alpha)) = \varphi_p(f)(\varphi_p(\alpha)) = f(\varphi_p(\alpha)) = f(\alpha^p)$$

für jede Nullstelle α von $f(X)$.

(1.12) Satz. *Ist $f(X) \in \mathbb{F}_p[X]$ ein normiertes irreduzibles Polynom n–ten Grades und α eine Nullstelle in einem endlichen Oberkörper K von $\mathbb{F}_p$, so sind alle Nullstellen von $f(X)$ gegeben durch die Menge $\{\alpha, \alpha^p, \alpha^{p^2}, \ldots, \alpha^{p^{n-1}}\}$ und es gilt in $K[X]$*

$$f(X) = (X - \alpha)(X - \alpha^p) \cdots (X - \alpha^{p^{n-1}}).$$

BEWEIS. Nach (1.11) ist mit α auch α^p eine Nullstelle von $f(X)$. Wir wollen nun zeigen, daß unter den gemachten Voraussetzungen die Elemente
$\alpha^{p^i} = \varphi_{p^i}(\alpha) = (\varphi_p)^i(\alpha)$, $0 \leq i < n$, alle verschieden sind.

Wäre das nicht der Fall, dann gäbe es i und k mit $0 \leq i < k < n$ mit $\alpha^{p^i} = \alpha^{p^k}$, d.h. $\varphi_p^i(\alpha) = \varphi_p^k(\alpha)$ und somit $\varphi_p^{k-i}(\alpha) = \alpha$, wenn man auf beide Seiten φ_p^{-i} anwendet.

Es gäbe also $1 \leq j < n$ mit $\alpha^{p^j} = \alpha$.

Dann wäre

$$g(X) := (X - \alpha)(X - \alpha^p) \cdots (X - \alpha^{p^{j-1}}) \in \mathbb{F}_p[X],$$

weil

$$\varphi_p(g(X)) = (X - \alpha^p)(X - \alpha^{p^2}) \cdots (X - \alpha^{p^j}) = g(X)$$

wäre und somit $\varphi_p(c) = c$ für jeden Koeffizienten c von $g(X)$ gelten müßte.

Da die Gleichung $X^p - X = 0$ höchstens p Lösungen haben kann und jedes der p Elemente des Primkörpers $\mathbb{F}_p$ eine Lösung ist, folgt aus $\varphi_p(c) = c$, daß $c \in \mathbb{F}_p$ ist.

Es wäre also $f(\alpha) = g(\alpha) = 0$ und daher $g(X)$ ein Vielfaches des irreduziblen Polynoms $f(X)$. Insbesondere müßte also $j \geq n$ sein. Das ist ein Widerspruch.

Daher ist die kleinste Potenz j mit $\alpha^{p^j} = \alpha$ gegeben durch $j = n$.

Das Polynom

$$(X - \alpha)(X - \alpha^p) \cdots (X - \alpha^{p^{n-1}})$$

liegt in $\mathbb{F}_p[X]$, ist normiert und vom Grad n und hat mit dem irreduziblen Polynom $f(X)$ die Nullstelle α gemeinsam. Das ist nur möglich, wenn es mit $f(X)$ zusammenfällt.

(1.13) Satz. *Jeder Automorphismus φ von $\mathbb{F}_{p^n}$ ist eine Potenz $\varphi = \varphi_p^k$ des Frobeniusautomorphismus φ_p.*

Beweis. Sei α eine Primitivwurzel von $\mathbb{F}_{p^n}$ und $f(X) \in \mathbb{F}_p[X]$ das Minimalpolynom von α. Bezeichnen wir die Erweiterung von φ auf $\mathbb{F}_{p^n}[X]$ wieder mit φ, so ist $\varphi(f(X)) = f(X)$, weil $\varphi(1) = 1$ und daher $\varphi(a) = a$ für alle $a \in \mathbb{F}_p$ gilt. Da φ ein Automorphismus ist, gilt

$$f(\varphi(\alpha)) = \varphi(f(\alpha)) = \varphi(0) = 0,$$

d.h. $\varphi(\alpha)$ ist ebenfalls Nullstelle von $f(X)$.

Nach (1.12) ist daher $\varphi(\alpha) = \alpha^{p^k}$ für ein gewisses k. Es ist also $\varphi(\alpha) = \varphi_p^k(\alpha)$. Daher ist auch

$$\varphi(\alpha^i) = \varphi(\alpha)^i = \left(\varphi_p^k(\alpha)\right)^i = \varphi_p^k\left(\alpha^i\right)$$

für alle i und da $\varphi(0) = \varphi_p^k(0) = 0$ ist, ist somit $\varphi = \varphi_p^k$ auf ganz $\mathbb{F}_{p^n}$.

(1.14) Korollar. *Die Gruppe aller Automorphismen von $\mathbb{F}_{p^n}$ ist zyklisch von der Ordnung n und wird vom Frobeniusautomorphismus φ_p erzeugt.*

(1.15) Satz. *$\mathbb{F}_{p^n}$ enthält einen zu $\mathbb{F}_{p^s}$ isomorphen Teilkörper genau dann, wenn s ein Teiler von n ist. Dieser Teilkörper ist eindeutig bestimmt und besteht aus allen Elementen $\alpha \in \mathbb{F}_{p^n}$, die der Gleichung $X^{p^s} - X = 0$ genügen.*

Beweis. Wenn ein Teilkörper mit p^s Elementen existiert, so müssen seine Elemente nach (1.5) Nullstellen von $X^{p^s} - X = 0$ sein. Dieses Polynom hat genau p^s Nullstellen. Es kann daher nur einen solchen Teilkörper geben.

Ist $\mathbb{F}_{p^s} \subseteq \mathbb{F}_{p^n}$, dann ist $\mathbb{F}_{p^n}$ ein Vektorraum über $\mathbb{F}_{p^s}$ und somit $p^n = (p^s)^k = p^{sk}$; es gilt also $s|n$.

Sei umgekehrt s ein Teiler von n, $n = ks$.

Dann ist

$$\frac{p^n - 1}{p^s - 1} = \frac{p^{ks} - 1}{p^s - 1} = p^{s(k-1)} + p^{s(k-2)} + \cdots + p^s + 1,$$

d.h. $p^s - 1$ ist ein Teiler von $p^n - 1$.

Also ist auch $X^{p^s-1}-1$ ein Teiler von $X^{p^n-1}-1$ und somit $X^{p^s}-X$ ein Teiler von $X^{p^n}-X$. Die Elemente von $\mathbb{F}_{p^n}$, welche $\alpha^{p^s}=\alpha$ erfüllen, bilden daher einen Teilkörper $\mathbb{F}_{p^s}$ von $\mathbb{F}_{p^n}$.

(1.16) BEISPIEL. Das Polynom $1+X+X^3 \in \mathbb{F}_2[X]$ ist irreduzibel über $\mathbb{F}_2$, weil es keine Nullstelle in $\mathbb{F}_2$ besitzt.

Sei $\alpha=\overline{X}$ die Restklasse von X modulo $(1+X+X^3)$ in $\mathbb{F}_2[X]$. Dann sind die Elemente von $\mathbb{F}_8 \cong \mathbb{F}_2[\alpha]$ gegeben durch 0, $\alpha^1=\alpha$, $\alpha^2=\alpha^2$, $\alpha^3=1+\alpha$, $\alpha^4=\alpha+\alpha^2$, $\alpha^5=1+\alpha+\alpha^2$, $\alpha^6=1+\alpha^2$ und $\alpha^7=\alpha^0=1$.

Die Wirkung der Potenzen φ_2, $\varphi_2^2=\varphi_4$, $\varphi_2^3=\varphi_8$ des Frobeniusautomorphismus wird durch die folgende Tabelle gegeben.

α^i	α	α^2	α^3	α^4	α^5	α^6	$\alpha^7=1$
$\varphi_2(\alpha^i)$	α^2	α^4	α^6	α	α^3	α^5	1
$\varphi_4(\alpha^i)$	α^4	α	α^5	α^2	α^6	α^3	1
$\varphi_8(\alpha^i)$	α	α^2	α^3	α^4	α^5	α^6	1

Der einzige echte Teilkörper von $\mathbb{F}_8$ ist $\mathbb{F}_2$.

Nun wollen wir die obigen Überlegungen etwas verallgemeinern.

Sei $k=\mathbb{F}_{p^s}$ ein beliebiger endlicher Körper der Charakteristik $\text{char}(k)=p$ und $f(X)\in k[X]$ ein irreduzibles Polynom vom Grad $\deg f=n$. Dann fällt der Zerfällungskörper K von $f(X)$ mit dem Restklassenkörper

$$K=k[X]/(f(X))\cong \mathbb{F}_{p^{ns}}$$

zusammen.

Denn nach Konstruktion ist $\alpha=\overline{X}$ sicher eine Nullstelle. Der Frobeniusautomorphismus φ_p von K hat die Ordnung ns nach (1.14).

Weiters gilt nach (1.15), daß $c\in k=\mathbb{F}_{p^s}$ genau dann gilt, wenn $c^{p^s}=c$, d.h. $\varphi_p^s(c)=c$ ist.

Ist also β eine Nullstelle von $f(X)$, d.h. $f(\beta)=0$, dann ist $\varphi_p(f(\beta))=0$ und auch $\varphi_p^s(f(\beta))=0$. Da φ_p^s alle Koeffizienten von f elementweise festhält, ist $f\left(\beta^{p^s}\right)=\varphi_p^s(f(\beta))=0$.

Somit ist β^{p^s} eine weitere Nullstelle von $f(X)$. Wendet man dieses Resultat sukzessive auf $\alpha, \alpha^{p^s}, \ldots,$ an, so erhält man wegen $\alpha^{p^{ns}} = \alpha$, daß die Menge der Nullstellen von $f(X)$ gegeben ist durch

$$\left\{\alpha, \alpha^{p^s}, \alpha^{p^{2s}}, \ldots \alpha^{p^{(n-1)s}}\right\}.$$

Nun sieht man genauso wie oben, daß

$$g(X) = (X - \alpha)\left(X - \varphi_p^s(\alpha)\right) \cdots \left(X - \varphi_p^{(n-1)s}(\alpha)\right) \in k\,[X]$$

ist, $\deg g(X) = n$ und $g(\alpha) = 0$ erfüllt. Es muß daher mit dem irreduziblen normierten Polynom $f(X)$ übereinstimmen.

Somit ist $K = k(\alpha)$ der Zerfällungskörper von $f(X)$.

Eine besondere Rolle spielt dabei die Gruppe $G = G(K/k)$ der von φ_p^s erzeugten Automorphismen von K.

Nach (1.15) besteht $G = \langle\varphi_p^s\rangle$ aus allen jenen Automorphismen von K, welche den Teilkörper k elementweise festhalten. Sie wird auch als die *Galoisgruppe $G(K/k)$ der Körpererweiterung K/k* bezeichnet.

Sie ist in unserem Fall zyklisch von der Ordnung n. Insbesondere gilt $|G(K/k)| = [K : k]$. Außerdem besteht — wie wir gesehen haben — die Menge aller Nullstellen von $f(X)$ aus der Bahn einer einzigen Wurzel α unter der Galoisgruppe G.

Die Kenntnis der Gruppe $G(K/k)$ liefert uns auch einen Überblick über alle Zwischenkörper L mit $k \subseteq L \subseteq K$.

Denn nach (1.15) ist die Zuordnung, die jeder Untergruppe $H \leq G(K/k)$ den sogenannten Fixkörper $K^H = \{x \in K : \varphi(x) = x$ für alle $\varphi \in H\}$ zuordnet, eine Bijektion von der Menge aller Untergruppen $H \leq G$ auf die Menge aller Zwischenkörper L von K/k.

In der Galoistheorie wird dieser Zusammenhang auf eine allgemeinere Klasse von Körpererweiterungen verallgemeinert.

Aus den bisherigen Überlegungen ergibt sich u. a. der folgende wichtige Satz.

(1.17) Satz. *Das Polynom $X^{p^n} - X \in \mathbb{F}_p\,[X]$ ist das Produkt aller irreduziblen normierten Polynome über $\mathbb{F}_p$, deren Grad ein Teiler von n ist.*

Beweis. Sei $p(X) \neq X$ irreduzibel mit $\deg p(X) = d$, wobei $d|n$ gilt. Dann wissen wir schon, daß $p(X)$ ein Teiler von $X^{p^d} - X$ ist. Da nach (1.15) $(p^d - 1)|(p^r - 1)$ gilt, ist auch $p(X)|(X^{p^n} - X)$.

Ist umgekehrt $p(X)$ ein Teiler von $X^{p^n} - X$, dann erzeugen die Nullstellen von $p(X)$ einen Teilkörper von $\mathbb{F}_{p^n}$ und daher muß $d = \deg p(X)$ ein Teiler von n sein (vgl. 1.15).

(1.18) Beispiel. In $\mathbb{F}_2[X]$ gilt

$$\begin{aligned} X^2 - X &= X(X-1) \\ X^4 - X &= X(X-1)(X^2+X+1) \\ X^8 - X &= X(X-1)(X^3+X^2+1)(X^3+X+1) \\ X^{16} - X &= X(X-1)(X^2+X+1)(X^4+X+1) \\ &\quad (X^4+X^3+1)(X^4+X^3+X^2+X+1). \end{aligned}$$

Es ist sehr leicht, sich zu überlegen, wie viele irreduzible Polynome eines bestimmten Grades dabei auftreten.

Dazu wählen wir eine Primitivwurzel α von $\mathbb{F}_{p^n}$ und ordnen jeder Potenz α^s die Menge

$$C_s = \left\{\alpha^s, \alpha^{ps}, \alpha^{p^2 s}, \dots\right\}$$

aller jener Potenzen von α^s zu, die im Minimalpolynom von α^s auftreten. Wir nennen C_s eine *zyklotomische Menge.*

Im Fall von $\mathbb{F}_8$ erhalten wir wegen $\alpha^7 = 1$ die folgenden zyklotomischen Mengen:

$$C_1 = \{\alpha, \alpha^2, \alpha^4\}, \quad C_3 = \{\alpha^3, \alpha^6, \alpha^5\}, \quad C_0 = \{1\}.$$

Es gibt also 2 irreduzible normierte Polynome dritten Grades.

Im Fall von $\mathbb{F}_{16}$ ist $\alpha^{15} = 1$ und wir erhalten die zyklotomischen Mengen

$$\begin{aligned} C_1 &= \{\alpha, \alpha^2, \alpha^4, \alpha^8\} \\ C_3 &= \{\alpha^3, \alpha^6, \alpha^{12}, \alpha^9\} \\ C_5 &= \{\alpha^5, \alpha^{10}\} \\ C_7 &= \{\alpha^7, \alpha^{14}, \alpha^{13}, \alpha^{11}\} \\ C_0 &= \{1\}. \end{aligned}$$

Es gibt also 3 irreduzible Polynome vierten Grades.

Als Spezialfall ergibt sich, daß $X^p - X \in \mathbb{F}_p[X]$ das Produkt über alle Linearfaktoren $X - a$ mit $a \in \mathbb{F}_p$ ist.

(1.19) Korollar. *In $\mathbb{F}_p[X]$ gilt*

$$X^p - X = X(X-1)(X-2)\cdots(X-(p-1)).$$

Speziell ergibt sich durch Koeffizientenvergleich bei X der **Satz von Wilson***:* $(p-1)! \equiv -1 \pmod p$.

Vergleicht man in (1.17) die Grade, so ergibt sich

(1.20) Satz. *Sei N_d die Anzahl der normierten irreduziblen Polynome vom Grad d in $\mathbb{F}_{p^n}[X]$. Dann gilt*

$$\sum_{d|n} dN_d = p^n.$$

Ist z. B. $p = 2$ und $n = 6$, so ergibt sich

$$2^6 = N_1 + 2N_2 + 3N_3 + 6N_6.$$

Nun wissen wir bereits, daß $N_1 = 2$, $N_2 = 1$, $N_3 = 2$ ist.
Daher ist

$$6N_6 = 64 - 2 - 2.1 - 3.2 = 54$$

und daher $N_6 = 9$.

Die explizite Konstruktion dieser 9 Polynome ist natürlich viel komplizierter.

Für $p = 3$ und $n = 2$ ergibt sich $N_1 + 2N_2 = 3^2 = 9$.
Da $N_1 = 3$ ist, gilt $N_2 = 3$.

Es sind das die Polynome

$$X^2 + X + 2, \quad X^2 + 2X + 2 \text{ und } X^2 + 1 \in \mathbb{F}_3[X].$$

Nützliche Beispiele irreduzibler Polynome gibt

(1.21) Satz. *Das Artin-Schreier-Polynom $f(X) = X^p - X - a \in \mathbb{F}_p[X]$ ist für $a \neq 0$ irreduzibel. Ist ξ eine Nullstelle, so ist*

$$f(X) = (X - \xi)(X - \xi - 1) \cdots (X - \xi - p + 1).$$

Beweis. Sei K ein Zerfällungskörper und $\xi \in K$ eine Nullstelle. Dann ist

$$0 = f(\xi) = \xi^p - \xi - a, \quad \text{d.h.}$$
$$\xi^p = \xi + a.$$

Daher ist auch $\xi^{p^2} = (\xi + a)^p = \xi^p + a = \xi + 2a$ und allgemein $\xi^{p^i} = \xi + ia$ eine Nullstelle.
Wegen (1.12) ist daher $f(X)$ irreduzibel.

2. Zyklische Codes.

Endliche Körper finden eine wichtige Anwendung in der Codierungstheorie.
Ich möchte nur ganz kurz andeuten, worum es dabei geht:

Eine Nachricht soll von einem Sender A zu einem Empfänger B übermittelt werden. Bei der Übermittlung können Fehler auftreten. Wie kann der Empfänger die gesendete Nachricht rekonstruieren ?

Wir können der Einfachheit halber annehmen, daß die Nachricht aus k–tupeln $\varepsilon_1\varepsilon_2\dots\varepsilon_k$ von Binärsymbolen $\varepsilon_i = 0$ oder 1 besteht.

Wir wollen vorerst überdies annehmen, daß die Wahrscheinlichkeit von 2 oder mehr Fehlern so klein ist, daß sie vernachlässigt werden kann.

Dann stellt sich folgendes Problem: *Ist es möglich, die Nachricht $\varepsilon_1\dots\varepsilon_k$ durch $r = n-k$ „Testsymbole“ $\varepsilon_{k+1},\dots\varepsilon_n$ so zu ergänzen, daß beim Auftreten von höchstens einem Fehler die ursprüngliche Nachricht rekonstruiert werden kann ?*

Wir wollen uns die Situation an einem einfachen Beispiel klar machen:

Wir wählen $k = 4$ und als Nachricht 0101.
Um sicher zu gehen, daß die Nachricht richtig ankommt, senden wir sie dreimal hintereinander, also als 12–tupel 010101010101.

Wenn bei der Übertragung ein Fehler auftritt, z. B. $01\underline{0}1\ 01\underline{1}1\ 01\underline{0}1$, so steht an den entsprechenden Stellen zweimal das richtige und einmal das falsche Symbol. Wir wissen also, welches Symbol tatsächlich gesendet wurde.

Allgemein ersetzen wir ein k–tupel durch ein n–tupel mit $n = 3k$.

Es erhebt sich nun die Frage, ob man nicht mit wesentlich kleineren $n's$ dasselbe erreichen kann.

Wählt man $n = k+1$ und setzt $\varepsilon_{k+1} \equiv \varepsilon_1+\dots+\varepsilon_k \pmod 2$, so kann man feststellen, ob ein Fehler aufgetreten ist, weiß jedoch nicht, an welcher Stelle er aufgetreten ist.

Ist nämlich $\varepsilon'_1\dots\varepsilon'_{k+1}$ das beim Empfänger eingelangte $(k+1)$–tupel, so gibt es bei einem Fehler ein i, so daß $\varepsilon'_i \equiv \varepsilon_i + 1 \pmod 2$ ist.

Somit gilt $\varepsilon'_{k+1} \equiv \varepsilon'_1 + \dots + \varepsilon'_k + 1 \pmod 2$ und zwar gleichgültig, an welcher Stelle i der Fehler aufgetreten ist.

Z. B. wird die Nachricht 0101 durch 01010 ersetzt, weil $0 + 1 + 0 + 1 \equiv 0 \pmod 2$ ist. Wenn ein Fehler auftritt, kommt beim Empfänger eines der folgenden 5–tupel an:

$$11010, \quad 00010, \quad 01110, \quad 01000, \quad 01011.$$

Er weiß somit, daß tatsächlich ein Fehler vorliegt, kann aber nicht entscheiden, wie die gesendete Nachricht lautete.

Man nennt die obige Wahl von ε_{k+1} einen *Paritätstest.* Dieser Paritätstest zeigt also an, ob ein Fehler vorliegt, kann ihn aber nicht korrigieren.

Es erhebt sich also das Problem, wie groß $r = n - k$ mindestens sein muß, damit bei geeigneter Wahl der r Testsymbole $\varepsilon_{k+1}, \ldots, \varepsilon_n$ ein Fehler korrigiert werden kann.

Da entweder kein Fehler vorliegt oder genau ein Fehler, der an jeder der n Stellen $1, 2, \ldots, n$ auftreten kann, gibt es insgesamt $n + 1$ verschiedene Möglichkeiten, welche durch die r Testsymbole voneinander unterschieden werden müssen. Da durch r Testsymbole genau 2^r verschiedene r–tupel gebildet werden können, muß also $2^r \geq n + 1$, d.h. $2^{n-k} \geq n + 1$ erfüllt sein.

Für $k = 4$ ist das kleinste n mit dieser Eigenschaft $n = 7$, weil $2^{7-4} = 2^3 = 8 \geq 7+1$ und $2^{6-4} = 4 < 6 + 1$ gilt.

Es stellt sich heraus, daß es für $n = 7$ tatsächlich möglich ist, die Testsymbole so zu wählen, daß ein eventuell auftretender Fehler korrigiert werden kann.

Dazu gehen wir folgendermaßen vor:

Wir betrachten den Vektorraum $\mathbb{F}_2^7$ aller (7×1)–Spaltenvektoren mit Komponenten $\varepsilon_i \in \mathbb{F}_2$.

Sei H die Matrix

$$H = \begin{pmatrix} 1 & 0 & 0 & 1 & 1 & 0 & 1 \\ 0 & 1 & 0 & 1 & 0 & 1 & 1 \\ 0 & 0 & 1 & 0 & 1 & 1 & 1 \end{pmatrix},$$

deren Spalten alle Vektoren $y \neq 0$ aus $\mathbb{F}_2^3$ sind.

Sei C der Teilraum von $\mathbb{F}_2^7$, der aus allen $x \in \mathbb{F}_2^7$ mit $Hx = 0$ besteht.

Jedes $x = (\varepsilon_1, \ldots, \varepsilon_7)^t \in C$ erfüllt also drei l.u.a. Paritätstests

$$\varepsilon_1 + \varepsilon_4 + \varepsilon_5 + \varepsilon_7 \equiv 0 \pmod 2$$
$$\varepsilon_2 + \varepsilon_4 + \varepsilon_6 + \varepsilon_7 \equiv 0 \pmod 2$$
$$\varepsilon_3 + \varepsilon_5 + \varepsilon_6 + \varepsilon_7 \equiv 0 \pmod 2.$$

Die Matrix H heißt daher auch *Paritätstestmatrix*.

Da H drei l.u.a. Zeilen hat, bildet C einen 4–dimensionalen Teilraum von $\mathbb{F}_2^7$.

Wir wählen nun $\varepsilon_4\varepsilon_5\varepsilon_6\varepsilon_7$ als unsere Nachricht und $\varepsilon_1\varepsilon_2\varepsilon_3$ als Testsymbole. Ist die Nachricht wie oben 0101, so folgt

$$\begin{aligned} &\varepsilon_1 \equiv 0+1+1 \equiv 0, \qquad && \varepsilon_2 \equiv 0+0+1 \equiv 1, \\ &\varepsilon_3 \equiv 1+0+1 \equiv 0, && \text{d.h.} \\ &(\varepsilon_1, \varepsilon_2, \dots, \varepsilon_7) = (0,1,0,0,1,0,1). \end{aligned}$$

Man bezeichnet den Teilraum C als den *Hamming–Code* oder genauer als *(7,4)–Hamming–Code*, um anzudeuten, daß die Codewörter $\varepsilon_1\varepsilon_2\dots\varepsilon_7$ die Länge 7 haben und daß C ein 4–dimensionaler Teilraum von $\mathbb{F}_2^7$ ist.

Dieser Hamming–Code kann *einen* Fehler korrigieren.

Denn bezeichnet man die Spalten von H mit $h_1, \dots, h_7$, d.h. $H = (h_1, \dots, h_7)$, so ist $Hx = 0$ gleichbedeutend mit

$$h_1\varepsilon_1 + \cdots + h_7\varepsilon_7 = 0.$$

Tritt also ein Fehler auf, d.h. ist das empfangene Wort $\varepsilon_1' \dots \varepsilon_7'$ mit $\varepsilon_i' = \varepsilon_i + 1$ (mod 2) für genau ein i, so ist

$$h_1\varepsilon_1' + \cdots + h_7\varepsilon_7' = h_i.$$

Damit ist die Stelle i, wo der Fehler aufgetreten ist, lokalisiert und kann daher korrigiert werden.

Wird also in unserem Beispiel statt $x = 0100101$ das Wort $y = 0101101$ empfangen, so ist

$$Hy = \begin{pmatrix} 1 & 0 & 0 & 1 & 1 & 0 & 1 \\ 0 & 1 & 0 & 1 & 0 & 1 & 1 \\ 0 & 0 & 1 & 0 & 1 & 1 & 1 \end{pmatrix} \begin{pmatrix} 0 \\ 1 \\ 0 \\ 1 \\ 1 \\ 0 \\ 1 \end{pmatrix} = \begin{pmatrix} 1 \\ 1 \\ 0 \end{pmatrix} = h_4.$$

Der Fehler tritt also an der 4. Stelle auf. Dort steht $\varepsilon_4' = 1$. Daher ist $\varepsilon_4 = 0$. Somit ist die übermittelte Nachricht $\varepsilon_4\varepsilon_5\varepsilon_6\varepsilon_7 = 0101$.

Der Hamming–Code besteht aus $2^4 = 16$ Elementen. Um ihn eindeutig festzulegen, genügt es 4 Basiselemente anzugeben. Wir können dabei von 4 Basiselementen $\varepsilon_4\varepsilon_5\varepsilon_6\varepsilon_7 \in \mathbb{F}_2^4$ ausgehen, z. B. von 1000, 0100, 0010, und 0001.

Das liefert 4 Basiselemente von C:

$$1101000, \quad 1010100, \quad 0110010, \quad 1110001.$$

Um mehr Einsicht in den Hamming–Code C zu gewinnen, wollen wir unsere Kenntnisse über endliche Körper benützen.

Die Matrix $H = (h_1, \ldots, h_7)$ besteht aus *allen* Spaltenvektoren $h_i \neq 0$ von $\mathbb{F}_2^3$. Nun gibt es bis auf Isomorphie genau einen Körper, nämlich $\mathbb{F}_8 = \mathbb{F}_{2^3}$, der als Vektorraum isomorph zu $\mathbb{F}_2^3$ ist.

Da $\mathbb{F}_8 \cong \mathbb{F}_2[X] / (1+X+X^3)$ ist und $1+X+X^3$ eine Primitivwurzel als Nullstelle hat, ist auch $\alpha = \overline{X}$ eine Primitivwurzel von $\mathbb{F}_8$.

Die Potenzen von α sind

$$\begin{aligned}
\alpha^1 &= \alpha \\
\alpha^2 &= \alpha^2 \\
\alpha^3 &= 1+\alpha \\
\alpha^4 &= \alpha+\alpha^2 \\
\alpha^5 &= 1+\alpha+\alpha^2 \\
\alpha^6 &= 1+\alpha^2 \\
\alpha^0 &= \alpha^7 = 1.
\end{aligned}$$

Identifizieren wir das Element $\begin{pmatrix} c_0 \\ c_1 \\ c_2 \end{pmatrix} \in \mathbb{F}_2^3$ mit $c_0 + c_1\alpha + c_2\alpha^2 \in \mathbb{F}_8$, so ergibt sich $h_1 = \alpha^0, h_2 = \alpha^1, h_3 = \alpha^2, h_4 = \alpha^3$, $h_5 = \alpha^6, h_6 = \alpha^4, h_7 = \alpha^5$ und daher statt der Gleichung $h_1\varepsilon_1 + \cdots + h_7\varepsilon_7 = 0$ in $\mathbb{F}_2^3$ die neue Gleichung $\alpha^0\varepsilon_1 + \alpha\varepsilon_2 + \alpha^2\varepsilon_3 + \alpha^3\varepsilon_4 + \alpha^6\varepsilon_5 + \alpha^4\varepsilon_6 + \alpha^5\varepsilon_7 = 0$ in $\mathbb{F}_8$.

Setzt man also $\varepsilon_1 = c_0$, $\varepsilon_2 = c_1$, $\varepsilon_3 = c_2$, $\varepsilon_4 = c_3$, $\varepsilon_5 = c_6$, $\varepsilon_6 = c_4$, $\varepsilon_7 = c_5$, so besteht C aus allen Elementen $c_0c_1c_2c_3c_4c_5c_6 \in \mathbb{F}_2^7$ mit

$$c_0 + c_1\alpha + c_2\alpha^2 + \cdots + c_6\alpha^6 = 0.$$

Wir haben dabei bloß die Reihenfolge einiger Koordinaten vertauscht und sie anders bezeichnet.

Wir erhalten somit einen zu C isomorphen Vektorraum von 7–tupeln $c_0c_1 \ldots c_6$, den wir wieder mit C bezeichnen wollen.

Diese Notation hat den Vorteil, daß mit $c_0c_1 \ldots c_6 \in C$ auch jedes „verschobene" Wort $c_6c_0 \ldots c_5$, $c_5c_6c_0 \ldots c_4$, ... in C liegt, weil

$$c_6 + c_0\alpha + \cdots + c_5\alpha^6 = \alpha\left(c_0 + c_1\alpha + \cdots + c_6\alpha^6\right) = 0 \text{ ist, usw.}$$

Wir sagen, der neue Code C sei *zyklisch*.

Wegen $1+\alpha+\alpha^3=0$ enthält C speziell das Element 1101000 und daher auch alle zyklischen Verschiebungen 0110100, 0011010, 0001101, 1000110, 0100011, 1010001. Wegen $1+\alpha+\cdots+\alpha^6=\frac{\alpha^7-1}{\alpha-1}=0$ enthält C auch das Element 1111111.

Da C ein Vektorraum ist, enthält C auch die 7 Elemente, die sich durch zyklische Verschiebungen von

$$0010111 = 1101000 + 1111111$$

ergeben, sowie 0000000 und 1111111. Das sind insgesamt $7+7+1+1=16=2^4$ verschiedene Elemente und daher alle Elemente von C.

Diese Ergebnisse legen es nahe, das Element $a_0a_1\ldots a_6 \in \mathbb{F}_2^7$ mit dem Element

$$a_0 + a_1\overline{X} + \cdots + a_6\overline{X}^6 \in \mathbb{F}_2[X]/(X^7-1)$$

zu identifizieren.

Jedem Element $c_0\cdots c_6 \in C$ entspricht dabei ein Element $c_0 + c_1\overline{X} + \cdots + c_6\overline{X}^6$.

Wegen $c_6 + c_0\overline{X} + \cdots + c_5\overline{X}^6 = \overline{X}\left(c_0 + c_1\overline{X} + \cdots + c_6\overline{X}^6\right)$ liegt mit jedem $c(\overline{X}) \in C$ auch

$$f\left(\overline{X}\right)c\left(\overline{X}\right) \in C.$$

Das Bild von C bildet daher ein Ideal in $\mathbb{F}_2[X]/\left(X^7-1\right)$.

Umgekehrt entspricht auch jedem Ideal ein zyklischer Code.

Diese Überlegungen führen uns zu der folgenden Definition, wobei wir statt $\mathbb{F}_2$ gleich beliebige endliche Körper zulassen, wie es auch in der Codierungstheorie üblich ist.

(2.1) DEFINITION. Unter einem (n,k)–*Code* C über $\mathbb{F}_q$ versteht man einen Teilraum $C \subseteq \mathbb{F}_q^n$ der Dimension k. Der Code C heißt *zyklisch*, wenn er mit jedem Element $(c_0, c_1, \ldots, c_{n-1}) \in C$ auch das zyklisch verschobene Element $(c_{n-1}, c_0, \ldots, c_{n-2})$ enthält.

(2.2) Satz. *Der Teilraum $C \subseteq \mathbb{F}_q^n$ ist genau dann ein zyklischer Code, wenn die Menge $J(C)$ aller Elemente $c_0 + c_1\overline{X} + \cdots + c_{n-1}\overline{X}^{n-1} \in R_n := \mathbb{F}_q[X]/(X^n-1)$ mit $(c_0, \ldots, c_{n-1}) \in C$ ein Ideal in R_n ist.*

BEWEIS. Wegen $\overline{X}^n = 1$ in R_n ist der Code C genau dann zyklisch, wenn aus $c(\overline{X}) \in J(C)$ auch $\overline{X}c(\overline{X}) \in J(C)$ folgt.

Ist $J(C)$ ein Ideal, dann ist das natürlich erfüllt. Ist umgekehrt mit $c(\overline{X})$ auch $\overline{X}c(\overline{X})$ in $J(C)$, dann ist auch $\overline{X}^i c(\overline{X}) \in J(C)$ für alle i und somit auch $f(\overline{X})c(\overline{X})$ für jedes $f(\overline{X}) \in R_n$. Daher ist $J(C)$ ein Ideal.

(2.3) Satz. *Jedes Ideal I in R_n hat die Gestalt $I = (g(\overline{X}))$ mit $g(X)|(X^n - 1)$.*

Beweis. Nach III. (2.6). sind die Ideale von R_n die Bilder von Idealen $(g(X))$ in $\mathbb{F}_q[X]$ mit $(g(X)) \supseteq (X^n - 1)$. Das bedeutet aber $g(X)|(X^n - 1)$.

(2.4) Korollar. *Sei $I = (g(\overline{X}))$ wie in (2.3). Dann hat der zugehörige zyklische Code C die Dimension $k = \dim C = n - \deg g$.*

Beweis. Sei $\deg g = n - k$. Dann sind $g(\overline{X}), \overline{X}g(\overline{X}), \dots, \overline{X}^{k-1}g(\overline{X})$ l.u.a. Denn sonst gäbe es ein Polynom $a(X)$ mit $\deg a(X) < k$ und $a(\overline{X})g(\overline{X}) = 0$ in R_n, d.h. $(X^n - 1)|a(X)g(X)$. Das geht nicht, weil $\deg a(X)g(X) < n$ ist.

Andererseits ist jedes Element von $(g(\overline{X}))$ von der Form $a(\overline{X})g(\overline{X})$ mit $\deg a < k$. Daher bilden die k Elemente, die den Restklassen $\overline{X}^i g(\overline{X})$, $0 \le i \le k-1$ entsprechen, eine Basis von C.

(2.5) Beispiel. Der allgemeine $(2^r - 1, 2^r - r - 1)$-*Hamming-Code* H_r.

Sei $f(X)$ ein Polynom r-ten Grades in $\mathbb{F}_2[X]$, welches eine Primitivwurzel als Nullstelle besitzt. Dann ist $f(X)$ ein Teiler von $(X^n - 1)$ mit $n = 2^r - 1$.

Sei H_r der Binärcode in $\mathbb{F}_2^n$, der dem Ideal $(f(\overline{X})) \subseteq R_n$ entspricht. Er heißt allgemeiner Hamming-Code.

H_r kann einen Fehler korrigieren. Denn ist $(c_0, \dots, c_{n-1}) \in H_r$ und $\alpha \in \mathbb{F}_{2^r}$ eine Nullstelle von $f(X)$, so ist $c_0 + c_1\alpha + \dots + c_{n-1}\alpha^{n-1} = 0$. Unterscheidet sich $(c'_0, \dots, c'_{n-1})$ von $(c_0, \dots, c_{n-1})$ an genau einer Stelle i, so ist $c'_0 + c'_1\alpha + \dots + c'_{n-1}\alpha^{n-1} = \alpha^i$. Daher kann der Fehler lokalisiert und korrigiert werden.

Wir wollen uns hier nicht mit dem Problem des Codierens und Decodierens beschäftigen. Vom theoretischen Standpunkt aus ist das alles sehr einfach.

Ist C ein (n,k)-Code, so gibt es k Basiselemente $c_1, \dots, c_k \in C$.

Man nennt dann die Matrix

$$G = \begin{pmatrix} c_{10} & , \dots , & c_{1,n-1} \\ \vdots & & \\ c_{k0} & , \dots , & c_{k,n-1} \end{pmatrix},$$

deren Zeilen $c_1, \ldots, c_k$ sind, eine *Generatormatrix*. Diese besitzt k l.u.a. Spalten $g_{j_1}, \ldots, g_{j_k}$, Wir nennen $j_1, \ldots, j_k$ *Informationspositionen.*

Es existiert dann ein eindeutig bestimmtes Codewort $d \in C$, das an diesen Stellen beliebig vorgegebene Werte annimmt: $d_{j_1} = a_1, \ldots, d_{j_k} = a_k$.

Die Nachricht $a_1 \ldots a_k$ kann daher durch d verschlüsselt werden.

Nehmen wir nun an, daß bei der Übermittlung eines Wortes aus $\mathbb{F}_2^n$ höchstens t Fehler auftreten können.

Sei c das gesendete Wort und $c + y$ das empfangene. Dann sind in y höchstens t Koordinaten von 0 verschieden. Sind nun für alle solchen y die Restklassen $y + C$ ebenfalls verschieden, so kann man y rekonstruieren und daher auch c und damit auch die gesendete Nachricht.

Wir sagen dann, *C kann t Fehler korrigieren.*

Wir wollen uns im Folgenden der Einfachheit halber auf zyklische Binärcodes beschränken und überdies annehmen, daß die Länge n des Codes ungerade ist. Dann hat $X^n - 1$ wegen $(X^n - 1)' = nX^{n-1} \neq 0$ lauter einfache Nullstellen und somit auch paarweise relativ prime irreduzible Faktoren.

Sei $X^n - 1 = (X - 1)f_1(X) \cdots f_s(X)$ die Zerlegung von $X^n - 1$ in irreduzible Faktoren.

Dann gilt genauso wie beim chinesischen Restsatz

$$\begin{aligned} R_n &\cong \mathbb{F}_2[X]/(X-1) \times \mathbb{F}_2[X]/(f_1(X)) \times \cdots \times \mathbb{F}_2[X]/(f_s(X)) \\ &\cong \mathbb{F}_2 \times \mathbb{F}_{2^{k_1}} \times \cdots \times \mathbb{F}_{2^{k_s}}, \end{aligned}$$

wobei $k_i = \deg f_i(X)$ ist.

Der Ring R_n ist also isomorph zu einem kartesischen Produkt von Körpern. Da es in einem Körper nur die trivialen Ideale gibt, sind die Ideale auf der rechten Seite sehr einfach zu beschreiben. Sie bestehen aus allen Elementen, für die bestimmte feste Koordinaten 0 sind.

Ist also wie oben R_n das kartesische Produkt von $s + 1$ Körpern, so gibt es genau 2^{s+1} verschiedene Ideale, also genauso viele, wie es Teiler von $X^n - 1$ gibt.

(2.6) Beispiel. Wir wollen alle Ideale von $R_7 = \mathbb{F}_2[X]/(X^7 - 1)$ finden.

Da $(X^7 - 1) = (X + 1)(X^3 + X + 1)(X^3 + X^2 + 1)$ ist, gibt es 2^3 Teiler von $X^7 - 1$ und daher 8 Ideale.

Sei α eine Wurzel von $X^3 + X + 1 = 0$. Dann sind $\alpha, \alpha^2, \alpha^4$ alle Wurzeln dieser Gleichung. Ebenso sind $\alpha^3, \alpha^6, \alpha^5$ die Wurzeln von $X^3 + X^2 + 1$.

Wir wissen ferner, daß

$$\mathbb{F}_2[X]/(X^3 + X + 1) \cong \mathbb{F}_2[\alpha]$$
$$\text{und } \mathbb{F}_2[X]/(X^3 + X^2 + 1) \cong \mathbb{F}_2[\alpha^3]$$

ist.

Daher ist die Zuordnung, die jedem $f(\overline{X}) = c_0 + c_1\overline{X} + \cdots + c_6\overline{X}^6$ aus R_7 das Tripel $\big(f(1), f(\alpha), f(\alpha^3)\big)$ zuordnet, ein Isomorphismus

$$\begin{aligned} R_7 &\cong \mathbb{F}_2 \times \mathbb{F}_2[\alpha] \times \mathbb{F}_2[\alpha^3] \\ &\cong \mathbb{F}_2 \times \mathbb{F}_8 \times \mathbb{F}_8 \,. \end{aligned}$$

Der (7,4)–Hamming–Code besteht aus allen $f(X) \in R_7$ mit $f(\alpha) = 0$. Er ist also isomorph zu

$$\mathbb{F}_2 \times (0) \times \mathbb{F}_8 .$$

Er wird erzeugt von $g(X) = X^3 + X + 1$. Diesem Element entspricht das Tripel

$$\big(g(1), 0, g(\alpha^3)\big) = \big(1, 0, \alpha + \alpha^2\big)\,.$$

Dasselbe Ideal kann aber auch durch das Tripel $e = (1, 0, 1)$ erzeugt werden. Dieses hat überdies den Vorteil, daß es *idempotent* ist, d.h. $e^2 = e$ erfüllt.

Es ist klar, daß es genau 8 Idempotente gibt, nämlich (0,0,0), (1,0,0), (0,1,0), (0,0,1), (1,1,0), (1,0,1), (0,1,1), (1,1,1) und daß jedes Idempotent genau ein Ideal erzeugt.

Wir wollen daher untersuchen, ob man die Idempotente $e(\overline{X}) \in R_n$ auch direkt finden kann.

Ist $e(\overline{X}) = e_0 + e_1\overline{X} + \cdots + e_{n-1}\overline{X}^{n-1}$, so ist $e(\overline{X})^2 = e_0^2 + e_1^2\overline{X}^2 \cdots + e_{n-1}^2\overline{X}^{2(n-1)}$.

Da $\overline{X}^n = 1$ und $e_i = 0, 1$, enthält $e(\overline{X})$ mit jeder Potenz $\overline{X}^i$ auch die gesamte zyklotomische Menge $C_i = \{\overline{X}^i, \overline{X}^{2i}, \overline{X}^{4i}, \dots\}$, d.h. jede dieser Potenzen tritt in $e(\overline{X})$ mit dem Koeffizienten 1 auf. Das ist auch hinreichend.

Für $n = 7$ gilt es drei zyklotomische Mengen

$$C_0 = \{1\},\ C_1 = \left\{\overline{X}, \overline{X}^2, \overline{X}^4\right\} \text{ und}$$
$$C_3 = \left\{\overline{X}^3, \overline{X}^6, \overline{X}^5\right\}.$$

Es ist klar, daß jedes Ideal $(g(\overline{X}))$ genau ein Idempotent $e(\overline{X})$ enthält und von $e(\overline{X})$ erzeugt wird, d.h. $(e(\overline{X})) = (g(\overline{X}))$.

Um $e(\overline{X})$ explizit zu finden, sei $X^n - 1 = g(X)h(X)$.

Da $X^n - 1$ lauter verschiedene irreduzible Faktoren hat, gilt $g(X) \perp h(X)$. Daher gibt es $a(X)$ und $b(X)$ mit $a(X)g(X) + b(X)h(X) = 1$.

Sei nun $e(\overline{X}) = a(\overline{X})g(\overline{X})$.

Dann ist $e(\overline{X}) \in (g(\overline{X}))$ und erfüllt

$$\begin{aligned} e(\overline{X})e(\overline{X}) &= a(\overline{X})g(\overline{X})(1 - b(\overline{X})h(\overline{X})) \\ &= a(\overline{X})g(\overline{X}) - a(\overline{X})b(\overline{X})(\overline{X}^n - 1) \\ &= a(\overline{X})g(\overline{X}) = e(\overline{X}) \text{ in } R_n . \end{aligned}$$

Im Fall $g(X) = X^3 + X + 1$ ergibt sich

$$e(\overline{X}) = \overline{X}\left(\overline{X}^3 + \overline{X} + 1\right) = \overline{X}^4 + \overline{X}^2 + \overline{X}.$$

(2.7) Satz. *Für jedes $m \geq 2$ und $t \leq 2^{m-1} - 1$ gibt es einen zyklischen Code C der Länge $n = 2^m - 1$ und Dimension $k \geq n - mt$, der t Fehler korrigieren kann.*

Beweis. Sei α eine Primitivwurzel von $\mathbb{F}_{2^m}$.
Sei $m_i(X)$ das Minimalpolynom von α^i, $i = 1, 2, \ldots, 2t - 1$.
Sei $g(X)$ das kleinste gemeinsame Vielfache von $m_1(X)$, $m_2(X)$ $, \ldots, m_{2t-1}(X)$.

Dann gilt $g(X) | (X^{2^m} - X)$. Außerdem ist $g(X)$ ein Polynom mit den Nullstellen $\alpha^i, 1 \leq i \leq 2t$. Denn für $i \leq 2t - 1$ ist das klar. Für $i = 2t$ folgt es aus $m_t(\alpha^{2t}) = 0$.

Sei $I = (g(\overline{X}))$ und C der entsprechende zyklische Code.

Da α^i und α^{2i} dasselbe Minimalpolynom haben, ist $g(X)$ ein Teiler von $m_1(X)m_3(X) \cdots m_{2t-1}(X)$.

Da $\deg m_i(X) \leq m$ ist, ist $\deg g(X) \leq mt$ und daher nach (2.4) $\dim C \geq n - mt$.

Es bleibt noch zu zeigen, daß C t Fehler korrigieren kann. Dazu beachten wir, daß C aus genau jenen Elementen $(c_0, c_1, \ldots, c_{n-1})$ besteht, für welche

$$\begin{pmatrix} 1 & \alpha & \alpha^2 & \ldots & \alpha^{n-1} \\ 1 & \alpha^2 & \alpha^4 & \ldots & \alpha^{2(n-1)} \\ \vdots & & & & \\ 1 & \alpha^{2t-1} & \alpha^{2(2t-1)} & \ldots & \alpha^{(2t-1)(n-1)} \\ 1 & \alpha^{2t} & \alpha^{4t} & \ldots & \alpha^{2t(n-1)} \end{pmatrix} \begin{pmatrix} c_0 \\ c_1 \\ \vdots \\ c_{n-1} \end{pmatrix} = \begin{pmatrix} 0 \\ 0 \\ \vdots \\ 0 \end{pmatrix}$$

ist.

Je $2t$ Spalten dieser Matrix sind l.u.a, weil die von ihnen gebildete Determinante ein Vielfaches der Vandermonde–Determinante und daher $\neq 0$ ist.

Jedes Element $x = (c_0, c_1, \ldots, c_{n-1}) \in C$ mit $x \neq 0$ hat also mindestens $2t+1$ c_i's, die von 0 verschieden sind.

Daher sind für $s \leq t$ alle Restklassen $\overline{X}^{i_1} + \overline{X}^{i_2} + \cdots + \overline{X}^{i_s} \mod g(\overline{X}))$ für $i_1 < i_2 < \cdots < i_s$ verschieden und somit können die Positionen $i_1, \ldots$ $_s$, wo ein Fehler aufgetreten ist, rekonstruiert und die Fehler korrigiert werden.

Denn wären zwei derartige Restklassen $\mod (g(\overline{X}))$ gleich, so läge ihre Differenz in C und hätte höchstens $2t$ Stellen $\neq 0$, ein Widerspruch.

(2.8) Beispiel. Sei $m = 4$, d.h. $n = 2^4 - 1 = 15$ und $t = 2$. Wir suchen $g(X)$ mit $g(\alpha) = g(\alpha^2) = g(\alpha^3) = g(\alpha^4) = 0$ für eine Primitivwurzel α.

Ein irreduzibles Polynom mit Nullstelle α ist $f(X) = 1 + X^3 + X^4$.

Seine Wurzeln sind $\alpha, \alpha^2, \alpha^4, \alpha^8$.

Da $(\alpha^3)^5 = 1$ ist, erfüllt $\beta = \alpha^3$ die Gleichung $\beta^5 - 1 = 0$, d.h. $(\beta - 1)(1 + \beta + \beta^2 + \beta^3 + \beta^4) = 0$

Somit ist $g(X) = (1 + X^3 + X^4)(1 + X + X^2 + X^3 + X^4)$. Da $\deg g(X) = 8$ ist, ist $\dim C = 7$.

Das Ideal $(g(X))$ definiert also einen (15,7)-Code, der 2 Fehler korrigieren kann.

(2.9) Beispiel. Sei α eine Primitivwurzel von $\mathbb{F}_{2^{11}}$.

Wegen $2^{11} - 1 = 89 \cdot 23$ erfüllt $\beta = \alpha^{89}$ die Gleichung $X^{23} - 1 = 0$.

Die zyklotomische Menge C_1 ist hier $C_1 = \{1, 2, 4, 8, 16, 9, 18, 13, 3, 6, 12\}$ und hat 11 Elemente. Die zweite ist C_{-1} mit genauso vielen Elementen. Somit ist

$$X^{23} - 1 = (X - 1) g(X) h(X)$$

mit $\deg g(X) = \deg h(X) = 11$.

Es gilt somit $g(\beta) = g(\beta^2) = g(\beta^3) = g(\beta^4) = 0$.

Daher kann C sicher 2 Fehler korrigieren.

Man kann aber zeigen, daß dieser sogenannte *Golay-Code* sogar 3 Fehler korrigiert.

Die explizite Faktorisierung ist

$$X^{23} - 1 = (X-1)\,(X^{11} + X^{10} + X^6 + X^5 + X^4 + X^2 + 1) \cdot (X^{11} + X^9 + X^7 + X^6 + X^5 + X + 1)\,.$$

VII. Teilbarkeit in Integritätsbereichen

In diesem Kapitel wird die Teilbarkeit in Integritätsbereichen von einem abstrakten Standpunkt aus untersucht. Nennt man einen Integritätsbereich faktoriell, wenn er eine eindeutige Primfaktorzerlegung besitzt, so wird als Hauptresultat gezeigt, daß mit dem Integritätsbereich R auch der Polynomring $R[X]$ faktoriell ist. Speziell gilt das für $\mathbb{Z}[X]$ und $k[X_1, \ldots, X_n]$.

Außerdem leiten wir verschiedene Irreduzibilitätskriterien her und beweisen, daß die Kreisteilungspolynome $\Phi_n(X)$ über $\mathbb{Q}$ irreduzibel sind.

Schließlich wird die Frage untersucht, unter welchen Bedingungen irreduzible Polynome separabel sind, d.h. lauter einfache Nullstellen besitzen.

1. Faktorielle Ringe.

Wir wollen zunächst ein paar Begriffsbildungen in Erinnerung rufen:

(1.1) Ein Element $a \neq 0$ eines *KRE* R heißt *Nullteiler*, wenn ein $b \neq 0$ aus R existiert mit $ab = 0$.

(1.2) Ein *KRE* $R \neq (0)$ heißt *Integritätsbereich*, wenn R keine Nullteiler besitzt.

(1.3) In einem Integritätsbereich R gilt die *Kürzungsregel*: Aus $ac = bc$ und $c \neq 0$ folgt $a = b$.

Denn $ac = bc$ ist gleichbedeutend mit $(a - b)c = 0$. Da $c \neq 0$ ist und R keine Nullteiler enthält, muß $a - b = 0$, d.h. $a = b$ sein.

(1.4) Ein Element $u \in R$ heißt *invertierbar* oder eine *Einheit* in R, wenn ein Element $v \in R$ existiert mit $uv = 1$.

(1.5) Das Element u ist genau dann eine Einheit, wenn $(u) = (1) = R$ gilt.

(1.6) Ein Element a eines *KRE* R heißt Teiler von b, $a \mid b$, wenn es ein $c \in R$ gibt mit $b = ac$.

(1.7) Satz. *In einem KRE R gilt $a \mid b$ genau dann, wenn $(b) \subseteq (a)$ ist.*

Beweis. $a \mid b \Leftrightarrow \exists c$, sodaß $b = ac \Leftrightarrow b \in (a) \Leftrightarrow (b) \subseteq (a)$.

(1.8) Die Elemente a und b eines KRE R heißen *assoziiert*, wenn $a \mid b$ und $b \mid a$ gilt; wenn also jedes das andere teilt. Wir schreiben dann $a \sim b$.

(1.9) Satz. *In einem Integritätsbereich R sind a und b genau dann assoziiert, wenn es eine Einheit u gibt mit $a = ub$.*

Beweis. Sind a und b assoziiert, dann ist $(a) = (b)$ nach (1.7). Es gibt also Elemente $u, v \in R$ mit $a = ub$, $b = va$.
Dann ist $a = ub = u(va) = (uv)a$.
Aus der Kürzungsregel folgt wegen $1 \cdot a = a$, daß $uv = 1$ ist.
Die Elemente u und v sind also Einheiten.
Sei umgekehrt $a = ub$ mit einer Einheit u.
Dann ist $b = u^{-1}a$ und es gilt sowohl $b \mid a$ als auch $a \mid b$.

(1.10) Bemerkung. In (1.9) ist die Voraussetzung, daß R ein Integritätsbereich ist, wesentlich. Für beliebige KRE R gilt (1.9) nicht.

Denn sei $R = \mathbb{Z}[\mathbb{Z}/p\mathbb{Z}]$, die Menge aller (2×2)-Matrizen

$$\begin{pmatrix} k & a \\ 0 & k \end{pmatrix}$$

mit $k \in \mathbb{Z}$ und $a \in \mathbb{Z}/p\mathbb{Z}$, wobei $p \geq 5$ eine Primzahl sei (vgl. IV. (2.6) und IV. (2.7)).

R ist ein KRE mit der üblichen Matrixmultiplikation

$$\begin{pmatrix} k & a \\ 0 & k \end{pmatrix}\begin{pmatrix} l & b \\ 0 & l \end{pmatrix} = \begin{pmatrix} kl & kb + la \\ 0 & kl \end{pmatrix},$$

weil $kb + la$ wieder in $\mathbb{Z}/p\mathbb{Z}$ liegt.

Das von $\begin{pmatrix} 0 & a \\ 0 & 0 \end{pmatrix}$ erzeugte Hauptideal besteht aus allen Elementen $\begin{pmatrix} 0 & c \\ 0 & 0 \end{pmatrix}$ mit $c \in \mathbb{Z}/p\mathbb{Z}$, wenn $a \neq 0$ ist, weil dann ka alle Elemente von $\mathbb{Z}/p\mathbb{Z}$ durchläuft.

Ein Element $\begin{pmatrix} k & a \\ 0 & k \end{pmatrix}$ ist genau dann eine Einheit in R, wenn $k = \pm 1$ ist.

Denn ist $\begin{pmatrix} k & a \\ 0 & k \end{pmatrix}\begin{pmatrix} l & b \\ 0 & l \end{pmatrix} = \begin{pmatrix} 1 & 0 \\ 0 & 1 \end{pmatrix}$, dann muß $kl = 1$ sein und $k = \pm 1$.
Umgekehrt ist

$$\begin{pmatrix} 1 & a \\ 0 & 1 \end{pmatrix}\begin{pmatrix} 1 & -a \\ 0 & 1 \end{pmatrix} = \begin{pmatrix} -1 & a \\ 0 & -1 \end{pmatrix}\begin{pmatrix} -1 & -a \\ 0 & -1 \end{pmatrix} = \begin{pmatrix} 1 & 0 \\ 0 & 1 \end{pmatrix}$$

und daher jedes solche Element invertierbar.

Wegen $\begin{pmatrix} \pm 1 & b \\ 0 & \pm 1 \end{pmatrix}\begin{pmatrix} 0 & a \\ 0 & 0 \end{pmatrix} = \begin{pmatrix} 0 & \pm a \\ 0 & 0 \end{pmatrix}$ gilt $\begin{pmatrix} 0 & a \\ 0 & 0 \end{pmatrix} = u\begin{pmatrix} 0 & b \\ 0 & 0 \end{pmatrix}$ mit einer Einheit u genau dann, wenn $a = \pm b$ ist.

Ist also $p = 5$, so sind die Elemente $r = \begin{pmatrix} 0 & 1 \\ 0 & 0 \end{pmatrix}$ und $s = \begin{pmatrix} 0 & 2 \\ 0 & 0 \end{pmatrix}$ assoziiert, weil $r = 3s$ und $s = 2r$ ist, es gibt aber keine Einheit u mit $r = us$.

(1.11) Ein Element a eines KRE R heißt *echter Teiler* von b, in Zeichen $a \| b$, wenn a weder eine Einheit noch zu b assoziiert ist.

Wir möchten wissen, ob es für einen gegebenen Integritätsbereich R Analoga zur eindeutigen Primfaktorzerlegung gibt.

(1.12) DEFINITION. Ein Element $p \neq 0$ eines Integritätsbereichs, das keine Einheit ist, heißt *Atom* (= *unzerlegbar* oder *irreduzibel*), wenn p keinen echten Teiler besitzt.

Wir sind daran interessiert, festzustellen, wann jedes Element $a \neq 0$, das keine Einheit ist, als Produkt von Atomen darstellbar ist.

(1.13) DEFINITION. Ein Integritätsbereich R heißt *atomar*, wenn jedes Element $a \neq 0$, das keine Einheit ist, als Produkt von Atomen darstellbar ist.

Will man eine Zerlegung eines Elements a in ein Produkt von Atomen erhalten, so könnte man folgendermaßen vorgehen: Entweder ist a selbst ein Atom. Dann ist $a = a$ die gewünschte Darstellung. Oder es gibt einen echten Teiler a_1 mit $a = a_1 b_1$. Sind beide Faktoren Atome, so ist man fertig. Andernfalls wiederhole man den Prozeß. Man kommt so zu einer Kette

$$a_0 = a, a_1, a_2, \ldots$$

mit $a_{n+1} \| a_n$. Wenn jede solche Kette von echten Teilern nach endlich vielen Schritten abbricht, werden wir erwarten, daß R atomar ist. Das ist auch tatsächlich der Fall.

(1.14) DEFINITION. Eine *Teilerkette* in R ist eine Folge $(a_n)_{n=0}^{\infty}$ von Elementen $a_n \in R$ mit $a_{n+1} \mid a_n$ für alle $n \in \mathbb{N}$. Man sagt, in R gilt der *Teilerkettensatz* für Elemente, wenn jede Teilerkette schließlich stationär ist, d.h. wenn sie $a_{n+1} \sim a_n$ für alle genügend großen n erfüllt.

(1.15) Satz. *Sei R ein Integritätsbereich. Gilt in R der Teilerkettensatz, dann ist R atomar.*

BEWEIS. Aus dem Teilerkettensatz folgt, daß es in jeder nichtleeren Teilmenge M von R ein minimales Element $a \in M$ gibt. Dabei soll minimal bedeuten, daß kein Element von M echter Teiler von a ist. Denn gäbe es kein solches minimales Element, so könnte man eine Folge a_n mit $a_{n+1} \| a_n$ aus M finden, die nicht abbricht.

Um den Satz zu beweisen, nehmen wir an, R wäre nicht atomar. Dann wäre die Menge M aller Elemente $a \neq 0$ aus R, die keine Einheit sind und nicht als Produkt von Atomen geschrieben werden können, nicht leer. Sie enthält also ein minimales Element a. Wäre a ein Atom, so wäre $a = a$ eine Darstellung als Produkt von Atomen und daher $a \notin M$. Es gibt also eine Darstellung $a = a_1 \cdot a_2$, wobei a_1, a_2 echte Teiler von a sind. Da a minimal war, gehören a_1 und a_2 nicht zu M, sind also endliche

Produkte von Atomen. Dann ist aber auch a ein solches. Wir erhalten wieder einen Widerspruch. Also muß $M = \emptyset$ sein und der Satz ist bewiesen.

(1.16) Beispiel. Sei $R_n = \mathbb{Z}[\sqrt[2^n]{2}]$. Dann ist R_n als Teilring von $\mathbb{R}$ ein Integritätsbereich. Es gilt

$$R_1 \subseteq R_2 \subseteq R_3 \subseteq \ldots .$$

Die Vereinigung $R = \bigcup_{n=1}^{\infty} R_n$ ist wegen $R \subseteq \mathbb{R}$ wieder ein Integritätsbereich. In R gilt der Teilerkettensatz nicht, denn für jedes n gilt $\sqrt[2^{n+1}]{2} \| \sqrt[2^n]{2}$.

(1.17) Definition. Ein Integritätsbereich R heißt *faktoriell* (oder *ZPE-Ring*), wenn folgende Bedingungen erfüllt sind:

1) R ist atomar.
2) Die Primfaktorzerlegung ist eindeutig: Sind $a = p_1 \cdots p_n$ und $a = q_1 \cdots q_m$ zwei Zerlegungen eines Elements $a \neq 0$, das keine Einheit ist, als Produkt von Atomen, so ist $m = n$ und man kann die Numerierung so wählen, daß $p_i \sim q_i$ gilt für alle i.

Wenn die Primfaktorzerlegung eindeutig ist und p ein Atom ist, welches ein Produkt ab teilt, dann muß p entweder in der Faktorzerlegung von a oder der von b vorkommen. Es gilt also: $p \mid ab \Rightarrow p \mid a$ oder $p \mid b$.

Das führt zur Definition

(1.18) Definition. Ein Element $p \neq 0$, das keine Einheit ist, heißt *Primelement*, wenn aus $p \mid ab$ folgt $p \mid a$ oder $p \mid b$.

(1.19) Bemerkung. Ein Element $p \neq 0$ ist genau dann prim, wenn das Hauptideal (p) ein Primideal ist (vgl. III. (5.13)).

Jedes Primelement ist ein Atom: Denn sei $p = ab$. Da p prim ist, gilt $p \mid a$ oder $p \mid b$. Angenommen $p \mid a$. Dann gilt $a = pq$ und $p = ab = pqb$. Da R ein Integritätsbereich ist, folgt $1 = qb$, d.h. b ist eine Einheit und $a \sim p$. Daher hat p keinen echten Teiler, ist also ein Atom.

Die Umkehrung gilt i. a. nicht, wie wir gleich an Beispielen sehen werden. Der Zusammenhang zwischen Atom und Primelement wird durch den folgenden Satz beschrieben.

(1.20) Satz. *Ein atomarer Integritätsbereich ist genau dann faktoriell, wenn jedes Atom ein Primelement ist.*

Beweis. Sei R faktoriell und p ein Atom.
Gilt $p \mid ab$, so gibt es c mit $ab = pc$.
Wegen der Eindeutigkeit der Primfaktorzerlegung muß p — wie bereits oben erwähnt — in der Zerlegung von a oder der von b vorkommen.
Es gilt also $p \mid a$ oder $p \mid b$, d.h. p ist prim.

Sei umgekehrt R atomar und jedes Atom prim.
Wir wollen zeigen, daß dann die Primfaktorzerlegung eindeutig ist.
Sei also $p_1 \cdots p_n = q_1 \cdots q_m$, wobei p_i und q_j prim sind und o.B.d.A. $m \leq n$ ist.
Da p_1 ein Teiler von $q_1 \cdots q_m$ ist, muß es ein q_i geben mit $p_1 \mid q_i$. Denn nach Definition gilt $p_1 \mid q_1(q_2 \cdots q_m)$, also $p_1 \mid q_1$ oder $p_1 \mid q_2 \cdots q_m$. Nach endlich vielen Schritten ergibt sich ein q_i mit der gesuchten Eigenschaft.

Bei geeigneter Umnumerierung kann man annehmen, daß $i = 1$ ist, daß also $p_1 \mid q_1$ gilt. Da q_1 ebenfalls ein Atom ist, sind p_1 und q_1 assoziiert. Dividiert man auf beiden Seiten durch p_1 (vgl. (1.3)), so erhält man eine analoge Darstellung mit weniger Elementen. Nach endlich vielen Schritten ergibt sich $p_{m+1} \cdots p_n = u$, wobei u eine Einheit ist, falls $n > m$ wäre. Das geht nicht, da alle p_i Atome (und daher keine Einheiten) sind.

Somit ist $m = n$ und $p_i \sim q_i$ für alle i.

Wir haben in III. (5.20) gezeigt, daß jeder nullteilerfreie Hauptidealring faktoriell ist.

Der entscheidende Schritt ist dabei nach (1.20) die Tatsache, daß in einem nullteilerfreien Hauptidealring jedes Atom p prim ist.

Die Tatsache, daß p ein Atom ist, impliziert in einem Hauptidealring, daß das Ideal (p) maximal ist. Daher ist (p) auch prim und das bedeutet wieder, daß p ein Primelement ist.

(1.21) Es gibt jedoch Ringe — und das ist die große Mehrheit — die nicht faktoriell sind.

Sei etwa $R = \mathbb{Q}[X_1, X_2, X_3, X_4]/(X_1X_2 - X_3X_4)$.
In R gilt $X_1X_2 = X_3X_4$ und X_1 ist ein Atom.
X_1 ist jedoch kein Primelement. Denn $X_1 \mid X_3X_4$, teilt aber keinen Faktor.

(1.22) Für die Zahlentheorie ist das folgende Beispiel wichtig:

Sei $R = \mathbb{Z}[\sqrt{-5}]$, die Menge aller Zahlen der Gestalt

$$a + b\sqrt{-5} \text{ mit } a, b \in \mathbb{Z}.$$

Dann ist $R \subseteq \mathbb{C}$ und daher nullteilerfrei.

Außerdem ist R atomar. Denn ordnet man jeder Zahl $\alpha = a + b\sqrt{-5}$ die natürliche Zahl

$$N(\alpha) = \alpha\overline{\alpha} = (a + b\sqrt{-5})(a - b\sqrt{-5}) = a^2 + 5b^2$$

zu, dann gilt

$$N(\alpha\beta) = (\alpha\overline{\alpha})(\beta\overline{\beta}) = N(\alpha)N(\beta) \text{ und } N(1) = 1.$$

Daher ist zunächst α genau dann invertierbar, wenn $N(\alpha) = 1$, d.h. $\alpha = \pm 1$ ist.

Da für jedes α die Norm $N(\alpha)$ nur endlich viele Zerlegungen in $\mathbb{N}$ besitzt und für jedes $m \in \mathbb{N}$ nur endlich viele α mit $N(\alpha) = m$ existieren, ergibt sich nach endlich vielen Schritten eine Zerlegung in Atome.

In R gilt

$$6 = 2 \cdot 3 = (1 + \sqrt{-5})(1 - \sqrt{-5}),$$

wobei $2, 3,\ 1 + \sqrt{-5},\ 1 - \sqrt{-5}$ Atome sind.

Die Primfaktorzerlegung ist also nicht eindeutig.

Um zu zeigen, daß jede der Zahlen $\alpha = 2, 3,\ 1 \pm \sqrt{-5}$ ein Atom ist, nehme man an, daß $\alpha = \beta\gamma$ wäre. Dann wäre auch

$$N(\alpha) = N(\beta)N(\gamma).$$

Nun ist $N(2) = 4$, $N(3) = 9$ und $N(1 \pm \sqrt{-5}) = 6$.

Es müßte also ein Element $\beta \in R$ mit $N(\beta) = 2$ oder ein $\gamma \in R$ mit $N(\gamma) = 3$ geben, wenn β oder γ echte Teiler wären.

Die Gleichungen $2 = N(\beta) = a^2 + 5b^2$ und $3 = N(\gamma) = c^2 + 5d^2$ sind aber offensichtlich in $\mathbb{Z}$ unlösbar.

Aus der obigen Gleichung folgt auch, daß 2 ein Teiler von $(1 + \sqrt{-5})(1 - \sqrt{-5}) = 6$ ist, aber keinen Faktor teilt. Denn es gibt kein $a + b\sqrt{-5} \in R$ mit

$$2(a + b\sqrt{-5}) = 2a + 2b\sqrt{-5} = 1 \pm \sqrt{-5},$$

weil dann $2a = 1$ und $2b = \pm 1$ gelten müßte, was für $a, b \in \mathbb{Z}$ unmöglich ist.

Wir wollen nun zeigen, daß mit R auch der Polynomring $R[X]$ faktoriell ist.

Wir wollen die zugrundeliegende Idee zunächst im Spezialfall $R = \mathbb{Z}$ erläutern.

Wir werden erwarten, daß die Teilbarkeitseigenschaften von $\mathbb{Z}[X]$ relativ eng mit jenen von $\mathbb{Q}[X]$ zusammenhängen. Von $\mathbb{Q}[X]$ wissen wir aber bereits, daß es als Hauptidealring auch faktoriell ist. Die größeren Schwierigkeiten bei $\mathbb{Z}[X]$ beruhen auf der Tatsache, daß hier die Elemente $a \neq 0$, $a \in \mathbb{Z}$, i. a. keine Einheiten sind.

Zunächst kann man jedes Polynom $f(X) \in \mathbb{Q}[X]$ in der Gestalt $f(X) = cf_0(X)$ mit $c \in \mathbb{Q}$ und $f_0(X) \in \mathbb{Z}[X]$ schreiben. Man braucht ja bloß den gemeinsamen Nenner der Koeffizienten herauszuheben. Wenn man zusätzlich fordert, daß der höchste Koeffizient von $f_0(X)$ nicht negativ ist und der größte gemeinsame Teiler aller Koeffizienten $= 1$ ist, so ist $f_0(X)$ sogar eindeutig festgelegt.

Es zeigt sich nun, daß aus der Gleichung $f(X) = g(X)h(X)$ für Polynome aus $\mathbb{Q}[X]$ bei geeigneter Wahl der rationalen Zahlen a und b folgt $f_0(X) = abf(X) = (ag(X))(bh(X)) = g_0(X)h_0(X)$.

Somit ist $f(X) = cf_0(X) \in \mathbb{Z}[X]$ genau dann ein Atom in $\mathbb{Z}[X]$, wenn entweder $f_0(X) = 1$ und $c = p$ eine Primzahl in $\mathbb{Z}$ ist oder wenn $c = \pm 1$ und $f_0(X)$ irreduzibel in $\mathbb{Q}[X]$ ist.

Nun braucht man bloß noch zu zeigen, daß jedes Atom in $\mathbb{Z}[X]$ auch prim in $\mathbb{Z}[X]$ ist. Für Primzahlen p folgt das aus Teilbarkeitseigenschaften von $\mathbb{Z}$. Wenn nun $f_0(X) \in \mathbb{Z}[X]$ irreduzibel in $\mathbb{Q}[X]$ ist und in $\mathbb{Q}[X]$ ein Produkt von zwei Polynomen aus $\mathbb{Z}[X]$ teilt, dann teilt es dort auch einen Faktor. Nach den obigen Überlegungen teilt es diesen Faktor auch in $\mathbb{Z}[X]$. Somit ist $f_0(X)$ tatsächlich prim in $\mathbb{Z}[X]$. Das heißt aber, daß $\mathbb{Z}[X]$ faktoriell ist.

Wir wollen nun diese Ideen exakt formulieren und gleich für beliebige faktorielle Ringe R beweisen.

Dazu benötigen wir einige Hilfsresultate.

(1.23) Satz. *Ist R ein faktorieller Integritätsbereich, dann ist $R[X]$ atomar.*

BEWEIS. Es genügt nach (1.15) zu zeigen, daß $R[X]$ ein Integritätsbereich ist, in welchem der Teilerkettensatz gilt. Die Tatsache daß $R[X]$ ein Integritätsbereich ist, ist klar. Denn sei $f(X) = a_0+a_1X+\cdots+a_nX^n$ und $g(X) = b_0+b_1X+\cdots+b_mX^m$. Dann ist $f(X)g(X) = a_0b_0+(a_0b_1+a_1b_0)X+\cdots+a_nb_mX^{n+m}$. Da R ein Integritätsbereich ist, ist $a_nb_m \neq 0$, wenn $a_n \neq 0$ und $b_m \neq 0$ sind. Daher ist $f(X)g(X) \neq 0$, falls $f(X)$, $g(X) \neq 0$ sind. Genauer gilt $\deg(f(X)g(X)) = \deg f(X) + \deg g(X)$.

Ist $h(X) = f(X)g(X) = c_0 + c_1X + \cdots + c_{n+m}X^{n+m}$, so ist wegen $c_{n+m} = a_nb_m$ der höchste Koeffizient von $f(X)$ ein Teiler des höchsten Koeffizienten von $h(X)$. Außerdem ist $\deg f \leq \deg h$.

Ist $f(X)$ ein echter Teiler von $h(X)$, so ist entweder der höchste Koeffizient von $f(X)$ ein echter Teiler des höchsten Koeffizienten von $h(X)$ oder $\deg f < \deg h$. Daraus ist klar, daß eine Teilerkette schließlich stationär werden muß.

Jedes Element $f(X) \in R[X]$ besitzt also eine Zerlegung in Atome. Ein Atom $f(X)$ mit $\deg f > 0$ nennen wir *irreduzibles Polynom.*

(1.24) Satz. *In einem faktoriellen Integritätsbereich R besitzen je zwei Elemente a, b einen größten gemeinsamen Teiler $d = \operatorname{ggT}(a, b)$.*

BEWEIS. Ein Element d heißt *größter gemeinsamer Teiler* von a und b, wenn gilt:

1) $d|a$, $d|b$
2) Aus $c \mid a$, $c \mid b$ folgt $c \mid d$.

Es ist klar, daß d nur bis auf Assoziierte eindeutig festgelegt ist.

Um die Existenz von d zu zeigen, betrachten wir die Menge $\{p_1, \ldots, p_s\}$ aller Primfaktoren von ab.

Da Primfaktoren nicht eindeutig festgelegt sind, wählen wir dabei aus jeder Klasse assoziierter Elemente einen Repräsentanten.

Dann gilt $a = up_1^{k_1} \cdots p_s^{k_s}$ und $b = vp_1^{l_1} \cdots p_s^{l_s}$, wobei u, v geeignete Einheiten sind und alle $k_i \geqslant 0$, $l_i \geqslant 0$ sind. Setzt man $m_i = \min(k_i, l_i)$, so ist

$$d = p_1^{m_1} \cdots p_s^{m_s}$$

ein $\operatorname{ggT}(a, b)$. Jeder andere ist dazu assoziiert.

Nun kann man mit Induktion die Existenz eines größten gemeinsamen Teilers für endlich viele Elemente $a_1, \ldots, a_n$ beweisen.

Denn ist $d_{n-1} = \operatorname{ggT}(a_1, \ldots, a_{n-1})$ bereits gefunden, so ist $d_n = \operatorname{ggT}(d_{n-1}, a_n)$ ein ggT von $a_1, \ldots, a_n$. Denn wegen $d_n \mid d_{n-1}$ und $d_n \mid a_n$ gilt nach Induktionsvoraussetzung, daß $d_n \mid a_i$ für alle i. Umgekehrt teilt jeder gemeinsame Teiler c aller a_i sowohl d_{n-1} als auch a_n und daher auch d_n.

(1.25) BEMERKUNG. In $\mathbb{Z}[\sqrt{-5}]$ besitzen die Elemente $2(1+\sqrt{-5})$ und 3 keinen größten gemeinsamen Teiler.

Denn ein solcher müßte von der Form $2(a+b\sqrt{-5})$ mit $b \neq 0$ sein, weil 2 ein gemeinsamer Teiler, aber nicht größter gemeinsamer Teiler ist. Denn $1+\sqrt{-5}$ teilt beide Zahlen, jedoch nicht die Zahl 2.
Seine Norm $N(2(a+b\sqrt{-5})) = 4(a^2+5b^2)$ müßte $N(2(1+\sqrt{-5})) = 4(1+5) = 24$ teilen.

Es müßte also a^2+5b^2 ein Teiler von 6 sein, d.h. $a^2 = b^2 = 1$. Aber $2(1 \pm \sqrt{-5})$ ist kein Teiler von 6, weil $1 \pm \sqrt{-5}$ und 3 Atome sind.

(1.26) Satz. *Ist p ein Primelement des Integritätsbereiches R, dann ist p auch prim in $R[X]$.*

BEWEIS. Ein Primelement $p \in R$ kann keine Einheit in $R[X]$ sein. Denn ist $f(X)g(X) = 1$, so ist $\deg f + \deg g = 0$, d.h. $f(X) = a_0$, $g(X) = b_0$ und $a_0 b_0 = 1$.

Die Einheiten in $R[X]$ sind also dieselben wie die Einheiten in R.

Weiters gilt $p \mid f(X)$ genau dann, wenn $p \mid a_i$ für alle Koeffizienten a_i gilt.

Seien nun $f(X) = a_0 + a_1 X + \cdots + a_n X^n$ und $g(X) = b_0 + \cdots + b_m X^m$ Polynome, die nicht durch das Primelement $p \in R$ teilbar sind.
Dann gibt es $i \leq n$ mit $p \mid a_0, \ldots, p \mid a_{i-1}$ und $p \nmid a_i$, sowie $j \leq m$ mit $p \mid b_0, \ldots,$ $p \mid b_{j-1}$ und $p \nmid b_j$.

Der Koeffizient von X^{i+j} in $f(X)g(X)$ ist dann

$$a_i b_j + a_{i-1} b_{j+1} + \cdots + a_0 b_{i+j} + a_{i+1} b_{j-1} + \cdots + a_{i+j} b_0.$$

Da hier alle Terme bis auf den ersten $a_i b_j$ durch p teilbar sind, ist p kein Teiler der Summe und es folgt $p \nmid f(X)g(X)$.

Wir hätten dieses Resultat auch folgendermaßen beweisen können:

Nach (1.19) genügt es zu zeigen, daß $pR[X]$ ein Primideal in $R[X]$ ist, d.h. daß $R[X]/pR[X]$ ein Integritätsbereich ist.

Nun ist aber $R[X]/pR[X] \cong (R/pR)[X]$, wie sofort aus der Definition der beiden Restklassenringe folgt.

Da R/pR ein Integritätsbereich ist, weil p nach Voraussetzung prim in R ist, ist auch $(R/pR)[X]$ ein Integritätsbereich und daher $pR[X]$ ein Primideal in $R[X]$, d.h. p selbst ein Primelement in $R[X]$.

(1.27) DEFINITION. Sei R ein faktorieller Integritätsbereich. Ein Polynom $f(X) = a_0 + a_1 X + \cdots + a_n X^n \in R[X]$ heißt *primitiv*, wenn $\mathrm{ggT}(a_0, a_1, \ldots, a_n) = 1$ ist.

BEMERKUNG. Bei $R = \mathbb{Z}$ kann man durch die zusätzliche Forderung $a_r \geqslant 0$ die folgenden Resultate einfacher formulieren. Da es im allgemeinen Fall kein Analogon dazu gibt, können wir dort primitive Polynome nicht eindeutig festlegen.

(1.28) Satz. *Sei R ein faktorieller Integritätsbereich und K der Quotientenkörper von R. Dann besitzt jedes $f(X) \in K[X]$ eine Darstellung der Form $f(X) = cf_0(X)$, wobei $c \in K$ und $f_0(X)$ ein primitives Polynom in $R[X]$ ist.*

Ist $f(X) = c'f_0'(X)$ eine weitere solche Darstellung, dann sind $f_0(X)$ und $f_0'(X)$ assoziiert und $\frac{c'}{c}$ ist eine Einheit in R. Wir nennen $f_0(X)$ einen primitiven Anteil von $f(X)$.

BEWEIS. Ist $f(X) = a_0 + a_1X + \cdots + a_nX^n \in R[X]$ und $c = \mathrm{ggT}(a_0, \ldots, a_n)$, so ist

$$f(X) = c\left(\frac{a_0}{c} + \frac{a_1}{c}X + \cdots + \frac{a_n}{c}X^n\right) = cf_0(X)$$

eine solche Darstellung, weil $\mathrm{ggT}(\frac{a_0}{c}, \ldots, \frac{a_n}{c}) = 1$ ist.

Für $f(X) = \frac{a_0}{b_0} + \frac{a_1}{b_1}X + \cdots + \frac{a_n}{b_n}X^n \in K[X]$ ist $b_0b_1\cdots b_nf(X) \in R[X]$ und hat somit eine Darstellung $df_0(X)$. Daher ist

$$f(X) = \frac{d}{b_0\cdots b_n}f_0(X) = cf_0(X) \text{ mit } c \in K.$$

Seien $f(X) = cf_0(X) = c'f_0'(X)$ zwei derartige Darstellungen. Multipliziert man mit den Nennern von c und c', so erhält man eine Gleichung

$$df(X) = af_0(X) = a'f_0'(X) \text{ mit } a, a' \in R.$$

Dann sind sowohl a als auch a' größter gemeinsamer Teiler der Koeffizienten von $df(X) \in R[X]$ und daher assoziiert. Daher ist $\frac{c'}{c} = \frac{c'd}{cd} = \frac{a'}{a}$ eine Einheit in R.

Die Aussage von (1.26) wird meistens folgendermaßen formuliert:

(1.29) Gauß'sches Lemma. *Sei R ein faktorieller Integritätsbereich. Sind $f(X)$ und $g(X)$ primitiv in $R[X]$, dann auch ihr Produkt $f(X)g(X)$.*

BEWEIS. Wäre $f(X)g(X)$ nicht primitiv, so gäbe es ein Primelement $p \in R$, welches alle Koeffizienten teilt. Nach (1.26) müßte p einen Faktor $f(X)$ oder $g(X)$ teilen. Das ist aber nicht möglich, weil beide Faktoren primitiv sind.

(1.30) Korollar. *Sei R ein faktorieller Integritätsbereich mit Quotientenkörper K. Seien $f(X)$ und $g(X)$ aus $R[X]$, wobei $f(X)$ primitiv sei. Ist $f(X)$ ein Teiler von $g(X)$ in $K[X]$, d. h. ist $g(X) = f(X)h(X)$ mit $h(X) \in K[X]$, dann liegt $h(X)$ bereits in $R[X]$, d. h. $f(X)$ ist auch ein Teiler von $g(X)$ in $R[X]$.*

BEWEIS. Nach Voraussetzung existiert $h(X) \in K[X]$ mit $g(X) = f(X)h(X)$. Wir schreiben $h(X)$ nach (1.28) in der Form $h(X) = ch_0(X)$, wobei $c \in K$ und $h_0(X) \in R[X]$ primitiv ist. Dann gilt also

$$g(X) = cf(X)h_0(X).$$

Nach dem Gauß'schen Lemma ist $f(X)h_0(X)$ wieder primitiv und ist daher ein primitiver Anteil $g_0(X)$ von $g(X)$.

Es ist also $g(X) = cg_0(X)$.

Da $g(X) \in R[X]$ ist, ist $g(X) = c'g_0'(X)$, wobei c' der ggT der Koeffizienten von $g(X)$ ist und $g_0'(X)$ primitiv ist. Nach (1.28) ist dann $c = uc'$ mit einer Einheit $u \in R$ und daher $c = uc' \in R$.

Somit ist $h(X) = ch_0(X) \in R[X]$.

Insgesamt ergibt sich
$g(X) = f(X)h(X)$ mit $h(X) \in R[X]$, d.h. $f(X)$ ist ein Teiler von $g(X)$ in $R[X]$.

(1.31) Korollar. *Sei R ein faktorieller Integritätsbereich mit Quotientenkörper K. Ist $f(X) \in R[X]$ irreduzibel in $R[X]$, dann ist es auch irreduzibel in $K[X]$.*

BEWEIS. Gäbe es einen Teiler $h(X)$ in $K[X]$, so wäre auch jeder primitive Anteil $h_0(X) \in R[X]$ ein Teiler von $f(X)$ in $K[X]$. Er müßte also auch Teiler von $f(X)$ in $R[X]$ sein.

Die Umkehrung gilt nicht. Beispielsweise ist $2X+4 = 2(X+2)$ in $\mathbb{Q}[X]$ irreduzibel, weil 2 dort invertierbar ist.

In $\mathbb{Z}[X]$ ist 2 dagegen ein Atom und $2(X+2)$ eine nichttriviale Zerlegung.

Analog ist $YX^2+Y = Y(X^2+1)$ in $(\mathbb{R}(Y))[X]$ irreduzibel, während es in $\mathbb{R}[X,Y]$ zerlegbar ist.

(1.32) Korollar. *Sei R ein faktorieller Integritätsbereich mit Quotientenkörper K. Besitzt $f(X) \in R[X]$ eine Zerlegung $f(X) = g(X)h(X)$ in echte Teiler $g(X)$, $h(X)$ in $K[X]$, dann gibt es $a \in K^\times$, so daß $f(X) = (ag(X))(\frac{1}{a}h(X))$ eine Zerlegung in echte Teiler in $R[X]$ ist.*

BEWEIS. Sei $g(X) = \frac{1}{a}g_0(X)$, nach (1.28).

Dann ist $f(X) = (ag(X))(\frac{1}{a}h(X)) = g_0(X)\cdot(\frac{1}{a}h(X))$ in $K[X]$. Nach (1.30) ist daher $\frac{1}{a}h(X)$ in $R[X]$.

(1.33) BEMERKUNG. Ist R nicht faktoriell, so braucht das nicht zu gelten. Denn sei $R = \mathbb{Z}[\sqrt{-5}]$ und $f(X) = 3X^2+2X+7$. Dann ist

$$f(X) = \left(X + \frac{1+2i\sqrt{5}}{3}\right)(3X+1-2i\sqrt{5})$$

zerlegbar in $\mathbb{Q}(\sqrt{-5})[X]$.

Es gibt jedoch keine Zerlegung in $(\mathbb{Z}[\sqrt{-5}])[X]$.

Denn wäre

$$(aX+b)(cX+d)=3X^2+2X+7,$$

so wäre wegen $acX^2+(ad+bc)X+bd=3X^2+2X+7$ speziell $ac=3$. Da 3 ein Atom in $\mathbb{Z}[\sqrt{-5}]$ ist, müßte ein Faktor, z. B. a eine Einheit, d.h. ± 1 sein. Es gäbe also einen normierten Faktor $X+b$.

Wegen $bd=7$ müßte b eine der Zahlen $1,-1,7,-7$ sein, da auch 7 ein Atom in $\mathbb{Z}[\sqrt{-5}]$ ist.

D.h. eine dieser Zahlen müßte Nullstelle von $3X^2+2X+7$ sein, was nicht der Fall ist.

Ein anderes Beispiel liefert der Ring R aller Polynome $a_0+a_2X^2+\cdots+a_nX^n$, wo der Koeffizient von X verschwindet. Sind die $a_i\in\mathbb{Q}$, so ist der Quotientenkörper $\mathbb{Q}(X)$.

R ist nicht faktoriell, weil X^2 und X^3 Atome in R sind und z. B. $X^6=X^2\cdot X^2\cdot X^2=X^3\cdot X^3$ zwei verschiedene Darstellungen als Produkt von Atomen besitzt.

In R ist X^2 ein Atom, in $\mathbb{Q}(X)$ ist $X^2=X\cdot X$ zerlegbar.

(1.34) Korollar. *Sind $f(X)$ und $g(X)$ normierte Polynome in $\mathbb{Q}[X]$, deren Produkt $f(X)g(X)$ in $\mathbb{Z}[X]$ liegt, so liegen $f(X)$ und $g(X)$ selbst in $\mathbb{Z}[X]$.*

Beweis. Sei $f(X)=cf_0(X)$ und $g(X)=dg_0(X)$.

Dann sind die höchsten Koeffizienten von f_0 bzw. g_0 die Zahlen $\frac{1}{c}$ bzw. $\frac{1}{d}$. Diese müssen also in $\mathbb{Z}$ liegen. Da auch cd als größter gemeinsamer Teiler der Koeffizienten von $f(X)g(X)$ in $\mathbb{Z}$ liegt, muß $c=d=1$ sein, d.h. $f(X)=f_0(X)\in\mathbb{Z}[X]$ und $g(X)=g_0(X)\in\mathbb{Z}[X]$.

(1.35) Satz. *Sei R ein faktorieller Integritätsbereich mit Quotientenkörper K. Ein Element $f(X)\in R[X]$ ist genau dann ein Atom in $R[X]$, wenn einer der folgenden Fälle vorliegt:*

1) *$f=p$ ist ein Primelement von R.*
2) *$f(X)$ ist ein nichtkonstantes primitives Polynom, welches in $K[X]$ irreduzibel ist.*

Beweis. Wenn f konstant ist, muß f ein Atom in R, also ein Primelement von R sein.

Sei also $\deg f>0$ und $f(X)=cf_0(X)$, wobei f_0 primitiv ist. Da f ein Atom ist, ist einer der Faktoren invertierbar in $R[X]$. Wegen $\deg f_0>0$ muß das c sein.

Also ist $f(X)=cf_0(X)$ primitiv und nach (1.31) irreduzibel in $K[X]$.

(1.36) Satz. *Sei R ein faktorieller Integritätsbereich. Dann ist jedes Atom von $R[X]$ prim.*

Beweis. Sei $f(X)$ ein Atom in $R[X]$, welches ein Produkt $g(X)h(X)$ von Elementen $g(X)$, $h(X) \in R[X]$ teilt.

Es ist zu zeigen, daß $f(X)$ mindestens einen Faktor teilt.

Ist $f(X) = p$ ein Primelement von R, so ist das schon in (1.26) gezeigt worden.

Sei also $\deg f > 0$. Dann ist $f(X)$ ein primitives Polynom aus $R[X]$, welches in $K[X]$ irreduzibel ist.

Da $K[X]$ als Hauptidealring faktoriell ist, ist $f(X)$ prim in $K[X]$. Also teilt $f(X)$ einen Faktor $g(X)$ oder $h(X)$ in $K[X]$. Nach (1.30) teilt $f(X)$ diesen Faktor auch in $R[X]$. Und das bedeutet, daß $f(X)$ prim in $R[X]$ ist.

(1.37) Korollar. *Ist der Integritätsbereich R faktoriell, dann auch der Polynomring $R[X]$.*

(1.38) Korollar. *$\mathbb{Z}[X]$ ist faktoriell.*

(1.39) Korollar. *Ist R ein faktorieller Integritätsbereich, dann auch $R[X_1, \ldots, X_n]$.*

Das folgt mit Induktion aus (1.37), weil $R[X_1, \ldots, X_n] = (R[X_1, \ldots, X_{n-1}])[X_n]$ ist.

Bemerkung. In $\mathbb{Z}[X]$ sind die Elemente 2 und X prim. Daher ist $\mathrm{ggT}(2, X) = 1$. Es gibt jedoch keine Darstellung der Form

$$2p(X) + Xq(X) = 1.$$

Denn der konstante Term der linken Seite ist eine gerade Zahl.

Das beruht auf der Tatsache, daß $\mathbb{Z}[X]$ kein Hauptidealring ist.

Man kann jedoch stattdessen das folgende Resultat beweisen.

(1.40) Satz. *Sei R ein faktorieller Integritätsbereich. Sind $f(X)$ und $g(X)$ teilerfremd in $R[X]$, dann gibt es Polynome $c(X)$, $d(X) \in R[X]$ und ein Element $r \neq 0$ aus R, so daß gilt*

$$c(X)f(X) + d(X)g(X) = r.$$

Beweis. $f(X)$ und $g(X)$ sind auch teilerfremd in $K[X]$, wenn K der Quotientenkörper von R ist. Denn gäbe es einen gemeinsamen Teiler $h(X) = ch_0(X) \in K[X]$ mit $\deg h > 0$, so wäre $h_0(X) \in R[X]$ ein Teiler von $f(X)$ und von $g(X)$ in $R[X]$ nach (1.30).

In $K[X]$ gibt es Polynome $a(X)$ und $b(X)$ mit $a(X)f(X) + b(X)g(X) = 1$.

Multipliziert man mit dem gemeinsamen Nenner $r \neq 0$ der Koeffizienten von a und b, so ergibt sich die Aussage des Satzes.

(1.41) Korollar. *Sei K ein Körper. Besitzen $f(X,Y)$ und $g(X,Y)$ aus $K[X,Y]$ keinen nichtkonstanten gemeinsamen Faktor, dann haben sie höchstens endlich viele gemeinsame Nullstellen $(x,y) \in K \times K$.*

BEWEIS. Faßt man $K[X,Y]$ als $(K[X])[Y]$ auf, so gibt es nach (1.40) $c_1(X,Y)$ und $d_1(X,Y)$ sowie $r_1(X) \in K[X]$ mit

$$c_1(X,Y)f(X,Y) + d_1(X,Y)g(X,Y) = r_1(X) \neq 0.$$

Analog gibt es $c_2(X,Y)$, $d_2(X,Y)$ und $r_2(Y)$ mit

$$c_2(X,Y)f(X,Y) + d_2(X,Y)g(X,Y) = r_2(Y) \neq 0.$$

Ist $(x,y) \in K \times K$ eine gemeinsame Nullstelle von $f(X,Y)$ und $g(X,Y)$, so folgt $r_1(x) = 0$ und $r_2(y) = 0$. Es gibt also genau $l_1 \cdot l_2$ solche, wenn l_i die Anzahl der Nullstellen von r_i in K ist.

(1.42) BEMERKUNG. Dieser Satz wirft auch neues Licht auf unser Beispiel III. (4.35).

Wir haben dort gesehen, daß die Funktionen der Gestalt $\frac{a(x,y)}{b(x,y)}$ auf dem Kreis $C := \{(x,y) \in \mathbb{R}^2 : x^2 + y^2 = 1\}$, wobei $b(X,Y)$ nicht im Ideal $(X^2 + Y^2 - 1)$ liegt, einen Funktionenkörper bilden.
Das wird jetzt völlig klar, weil $b(X,Y)$ und $X^2 + Y^2 - 1$ keinen nichtkonstanten gemeinsamen Faktor in $\mathbb{R}[X,Y]$ besitzen. Dazu braucht man bloß zu zeigen, daß $X^2 + Y^2 - 1$ irreduzibel in $\mathbb{R}[X,Y]$ ist.
Angenommen es gäbe eine Zerlegung in $\mathbb{R}[X,Y] = (\mathbb{R}[Y])[X]$. Dann muß jeder Faktor den Grad 1 haben. Denn wäre

$$X^2 + Y^2 - 1 = (a(Y) + b(Y)X + c(Y)X^2)d(Y),$$

so wäre $c(Y)d(Y) = 1$ und daher $d(Y) = \pm 1$, also keine echte Zerlegung.

Es könnte also höchstens eine Zerlegung der Gestalt

$$X^2 + Y^2 - 1 = (aX + bY + c)(dX + eY + f)$$

mit $a, b, c, d, e, f \in \mathbb{R}$ geben.

Dann wäre aber

$$X^2 + Y^2 - 1 = adX^2 + beY^2 + (af + cd)X + (bf + ce)Y + (ae + bd)XY + cf,$$

d.h. $ad = 1$, $be = 1$ und daher $d = \frac{1}{a}$, $e = \frac{1}{b}$. Aus $0 = ae + bd = \frac{a}{b} + \frac{b}{a}$ folgt dann $a^2 = -b^2$, was im Reellen unmöglich ist.

Somit ist $X^2 + Y^2 - 1$ ein Atom in $\mathbb{R}[X,Y]$ und daher prim in $\mathbb{R}[X,Y]$.

Daraus folgt auch sofort, daß

$$\mathbb{R}[X,Y]/(X^2 + Y^2 - 1)$$

ein Integritätsbereich ist.

Da $b(x,y)$ und $x^2 + y^2 - 1$ nur endlich viele gemeinsame Nullstellen haben, ist $\frac{1}{b(x,y)}$ bis auf diese endlich vielen Punkte eine wohldefinierte Funktion auf dem Kreis C.

(1.43) BEMERKUNG. Wir können nun auch einige Resultate aus dem 1. Kapitel von einem neuen Gesichtspunkt aus betrachten.

In I. (2.1) wurde gezeigt, daß die Gleichung $X^3 - 2 = 0$ in $\mathbb{Q}$ keine Lösung besitzt.

Das kann nun auch folgendermaßen gezeigt werden: Angenommen es gäbe eine Lösung $r \in \mathbb{Q}$. Dann gäbe es eine Zerlegung $X^3 - 2 = (X - r)f(X)$ in $\mathbb{Q}[X]$ in normierte Polynome. Nach (1.34) wäre dann $X - r \in \mathbb{Z}[X]$, d.h. $r \in \mathbb{Z}$. Da das unmöglich ist, gibt es auch keine Lösung in $\mathbb{Q}$.

Analog läßt sich für $\rho = e^{\frac{2\pi i}{3}}$ zeigen, daß $X^3 - \rho = 0$ keine Lösung in $\mathbb{Q}(\rho)$ besitzt (I. (2.4)).

Denn nach IV. (2.24) ist $\mathbb{Z}[\rho]$ die Menge aller ganzen Zahlen von $\mathbb{Q}(\rho)$. Man zeigt nun genauso wie für $\mathbb{Q}[i]$, daß $\mathbb{Z}[\rho]$ euklidisch ist (III. (5.18), 3)).

Wenn die Gleichung $X^3 - \rho$ eine Lösung in $\mathbb{Q}(\rho)$ besäße, so hätte sie auch eine in $\mathbb{Z}[\rho]$.
Das ist aber nicht möglich. Denn dann gäbe es $a, b \in \mathbb{Z}$ mit

$$(a + b\rho)^3 = a^3 - 3ab^2 + b^3 + (3ab)(a - b)\rho = \rho,$$

d.h. $3ab(a - b) = 1$, was nicht möglich ist.

(1.44) Der Ring $K[[X]]$ der *formalen Potenzreihen* über einem Körper K.

Die Elemente dieses Ringes sind die formalen Potenzreihen
$f(X) = a_0 + a_1X + a_2X^2 + \dots$ mit $a_i \in K$.

Formal bedeutet dabei, daß $f(X)$ nur ein geeignetes Symbol für die Folge $(a_0, a_1, a_2, \dots)$ der Koeffizienten $a_i \in K$ ist, wobei beliebige Folgen zulässig sind und keinerlei Konvergenzaussagen gemacht werden.

Addition und Multiplikation werden wie im Fall von Polynomen definiert, sodaß also $K[X]$ ein Teilring von $K[[X]]$ wird. Es ist klar, daß $K[[X]]$ keine Nullteiler enthält. Denn jedes $f(X) \neq 0$ läßt sich in der Form $f(X) = X^k(a_k + a_{k+1}X + \dots)$ mit $a_k \neq 0$ schreiben.
Ist $f(X) = X^k(a_k + a_{k+1}X + \dots)$ und $g(X) = X^l(b_l + b_{l+1}X + \dots)$ mit $a_k \neq 0$, $b_l \neq 0$, so ist

$$f(X)g(X) = X^{k+l}(a_kb_l + (a_{k+1}b_l + a_kb_{l+1})X + \dots)$$

mit $a_kb_l \neq 0$.
Daher ist $K[[X]]$ ein Integritätsbereich.

In $K[X]$ sind die einzigen invertierbaren Elemente die konstanten Polynome $a_0 \neq 0$.

In $K[[X]]$ ist dagegen z. B. $(1+X)(1-X+X^2-+\dots)=1$.

Es gibt also mehr Einheiten als in $K[X]$.

Genauer gilt:

Ein Element $f(X) = a_0 + a_1X + a_2X^2 + \dots$ ist genau dann eine Einheit in $K[[X]]$, wenn $a_0 \neq 0$ ist.

Die Bedingung ist notwendig, weil aus

$$(a_0 + a_1X + a_2X^2 + \dots)(b_0 + b_1X + b_2X^2 + \dots) = 1$$

für den konstanten Term $a_0b_0 = 1$ und daher $a_0 \neq 0$ folgt.

Ist umgekehrt $a_0 \neq 0$, so ist diese Bedingung für die Invertierbarkeit gleichbedeutend mit den Gleichungen

$$\begin{aligned} &a_0b_0 = 1 \\ &a_0b_1 + a_1b_0 = 0 \\ &a_0b_2 + a_1b_1 + a_2b_0 = 0 \\ &\quad \dots \end{aligned}$$

Daraus lassen sich wegen $a_0 \neq 0$ die Koeffizienten $b_0, b_1, b_2, \dots$ der Reihe nach eindeutig berechnen. Die so entstehende formale Potenzreihe $b_0 + b_1X + b_2X^2 + \dots$ ist dann die Inverse zu $(a_0 + a_1X + a_2X^2 + \dots)$.

Ist also $f(X) = X^k(a_k + a_{k+1}X + \dots)$ mit $a_k \neq 0$, so ist $f(X) = X^ku(X)$, wobei $u(X)$ eine Einheit ist. Somit ist X (zusammen mit allen assoziierten Elementen $Xu(X)$) das einzige Atom in $K[[X]]$. Die einzigen Ideale in $K[[X]]$ sind die Hauptideale (X^k), $k = 0, 1, 2, \dots$ sowie (0).

Insbesondere ist $K[[X]]$ also ein Hauptidealring mit einem einzigen maximalen Ideal (X).

Das Atom X ist daher prim.

Dieses Beispiel zeigt auch, daß sich der Euklidische Beweis für die Existenz von unendlich vielen Primzahlen nicht auf beliebige Integritätsbereiche übertragen läßt. Es kann nämlich sein, daß $p_1p_2\cdots p_n + 1$ eine Einheit ist, so wie im Fall $K[[X]]$, wo sich das auf die invertierbare formale Potenzreihe $1 + X^n$ reduziert.

2. Faktorisierung von Polynomen.

Wenn ein Polynom $f(X) \in K[X]$ gegeben ist, ist es i. a. sehr schwer, die Zerlegung von $f(X)$ in irreduzible Faktoren explizit anzugeben.

Beim analogen Problem der Zerlegung einer natürlichen Zahl in Primfaktoren hat man wenigstens für kleine Zahlen eine einfache Methode, um zum Ziel zu kommen: Man konstruiert sich die Folge $2, 3, 5, 7, 11, \ldots$ der Primzahlen mit Hilfe des sogenannten Siebes des Eratosthenes. Man schreibt dazu die natürlichen Zahlen der Reihe nach auf, notiert 2 als erste Primzahl und streicht dann alle Vielfachen $2k$ mit $k > 1$. Die kleinste verbleibende Zahl ist die nächste Primzahl 3. Diese notiert man wieder und streicht alle Vielfachen $3k, k > 1$, usw.

Hat man die ersten Primzahlen $2, 3, 5, \ldots$ bereits gefunden, so kann man bei einer gegebenen Zahl n nachschauen, ob sie durch diese Primzahlen teilbar ist, indem man dividiert und den Rest betrachtet. Man kann sich dabei natürlich auf Primzahlen p mit $p \leq \sqrt{n}$ beschränken. Ist n durch p teilbar, so gewinnt man eine Zerlegung $n = p \cdot \frac{n}{p}$. Danach kann dasselbe Verfahren auf $\frac{n}{p}$ angewendet werden. Nach endlich vielen Schritten gelangt man zur gewünschten Faktorzerlegung.

Ist n durch keine Primzahl $p \leq \sqrt{n}$ teilbar, so ist n selbst eine Primzahl. Z. B. ist 101 eine Primzahl, weil es nicht durch $2, 3, 5, 7$ teilbar ist.

Dieselbe Methode läßt sich auch im Fall $\mathbb{F}_q[X]$ verwenden.
Ist $f(X) = a_0 + a_1 X + \cdots + a_n X^n \in \mathbb{F}_q[X]$, so gibt es nur endlich viele Polynome kleineren Grades. Diese kann man der Reihe nach aufschreiben und mit Hilfe der Siebmethode die irreduziblen Polynome bestimmen. Dabei kann man sich auf Polynome m-ten Grades mit $2m \leq n$ beschränken.

Ist z. B. $f(X) = X^5 + X^4 + X^3 - X - 1 \in \mathbb{F}_3[X]$ gegeben, so braucht man nur Polynome 1. und 2. Grades betrachten, da jede Faktorisierung ein solches Polynom enthalten muß.

Für die Polynome 1. Grades $X - a$ ist ja $X - a$ genau dann ein Teiler von $f(X)$, wenn $f(a) = 0$ ist.

Man braucht hier also nur $f(0) = -1, f(1) = 1$ und $f(-1) = -1$ zu berechnen. Da diese $\neq 0$ sind, gibt es keinen Teiler 1. Grades.

Die irreduziblen Polynome 2. Grades sind $X^2 + 1$, $X^2 + X - 1$ und $X^2 - X - 1$.

Das findet man etwa durch die Siebmethode, indem man alle 9 normierten Polynome 2. Grades über $\mathbb{F}_3$ aufschreibt und jene aussondert, die durch X, $X - 1$ oder $X + 1$ teilbar sind.

Man kann sich aber auch direkt überlegen, wie die irreduziblen Polynome ausschauen müssen. Da sie in $\mathbb{F}_{3^2} = \mathbb{F}_9$ in Linearfaktoren zerfallen, haben sie die Gestalt $(X - \alpha)(X - \alpha^3)$ mit einem $\alpha \in \mathbb{F}_9 \backslash \mathbb{F}_3$, welches also $\alpha^3 \neq \alpha$, d.h. $\alpha^2 \neq 1$ erfüllt.

Wegen $\alpha^8 = 1$ ist $\alpha^4 = \pm 1$. Daher gibt es nur die folgenden Fälle:

1) $\alpha^4 = 1$. Dann ist $\alpha^2 = -1$, $\alpha^3 = \alpha^2 \cdot \alpha = -\alpha$ und
$(X - \alpha)(X - \alpha^3) = X^2 - (\alpha + \alpha^3)X + \alpha^4 = X^2 - (\alpha - \alpha)X + 1 = X^2 + 1.$

Da dieses Polynom weder $0, 1$, noch -1 als Nullstelle hat, ist es irreduzibel.

2) $\alpha^4 = -1$. Dann ist $(X - \alpha)(X - \alpha^3) = X^2 - (\alpha + \alpha^3)X - 1$.
Wäre $\alpha + \alpha^3 = 0$, so wäre das gesuchte Polynom $X^2 - 1$ und dieses ist zerlegbar. Daher kann $\alpha + \alpha^3$ nur $= \pm 1$ sein. Beide Fälle liefern irreduzible Polynome.

Man sieht nun leicht, daß $f(X)$ durch $X^2 + X - 1$ teilbar ist und daß $f(X) = (X^2 + X - 1)(X^3 - X + 1)$ ist.

Im Fall $\mathbb{Q}[X]$ versagt die Siebmethode, da es für jeden Grad n unendlich viele irreduzible Polynome n-ten Grades gibt.

L. Kronecker hat jedoch gezeigt, daß man durch einen kleinen Trick zu einer endlichen Menge von Polynomen gelangen kann, die einen eventuellen Faktor enthalten muß.

Aufgrund des Gauß'schen Lemmas kann man sich dabei auf Polynome in $\mathbb{Z}[X]$ beschränken, wenn man $f(X)$ von vornherein primitiv wählt.

Sei also $f(X) = a_0 + a_1 X + \cdots + a_n X^n \in \mathbb{Z}[X]$. Eventuelle Linearfaktoren $b_0 + b_1 X$ findet man, indem man beachtet, daß aus

$$(b_0 + b_1 X)(c_0 + c_1 X + \cdots + c_{n-1} X^{n-1}) = a_0 + \cdots + a_n X^n$$

folgt $b_0 c_0 = a_0$ und $b_1 c_{n-1} = a_n$.

Es muß also $b_0 \mid a_0$ und $b_1 \mid a_n$ gelten. Die Anzahl dieser Teiler ist endlich, weil man $a_0 \neq 0$ und $a_n > 0$ voraussetzen kann. Probiert man alle diese Fälle durch, so kann man feststellen, ob ein Linearfaktor vorhanden ist.

Wir können uns daher von vornherein auf den Fall beschränken, daß $f(X)$ keine rationale Nullstelle, d.h. keinen ganzzahligen Linearfaktor besitzt.

Wir wollen untersuchen, ob es ein Polynom $g(X) \in \mathbb{Z}[X]$ mit $\deg g(X) \leq m$ gibt, welches $f(X)$ teilt.

Wie oben genügt es $m = [\frac{n}{2}]$ zu wählen.

Nach der Lagrange'schen Interpolationsformel ist $g(X)$ durch seine Werte in $m+1$ Stellen $k_0, k_1, \ldots, k_m \in \mathbb{Z}$ eindeutig bestimmt.

Aus $f(X) = g(X)h(X)$ folgt aber $f(k_i) = g(k_i)h(k_i)$. Wegen $k_i \in \mathbb{Z}$ und $f, g, h \in \mathbb{Z}[X]$, treten dabei nur ganze Zahlen auf.

Da $f(k_i) \neq 0$ ist, hat es nur endlich viele Teiler in $\mathbb{Z}$. Betrachtet man also alle $(m+1)$-Tupel $(l_0, l_1, \ldots, l_m) \in \mathbb{Z}^{m+1}$ mit $l_i \mid k_i$ für alle i, so gäbe es zu jedem dieser endlich vielen $(m+1)$-Tupel ein Polynom $g(X)$. Und man braucht jeweils nur durch Division zu prüfen, ob eines davon ein Teiler von $f(X)$ ist.

Ist das der Fall, so erhält man eine Faktorisierung in Polynome $g(X)$, $h(X)$ kleineren Grades und kann auf diese dasselbe Verfahren verwenden.

Gibt es kein solches Polynom $g(X)$, so ist $f(X)$ irreduzibel.

Dieses Verfahren hat natürlich den Nachteil, daß es sehr rechenaufwendig ist. Im Zeitalter des Computers ist das aber von untergeordneter Bedeutung.

Im Fall der natürlichen Zahlen ist es oft leichter festzustellen, ob eine Faktorisierung existiert, als diese explizit anzugeben.

Die Zahlentheoretiker haben eine Reihe notwendiger Bedingungen dafür gefunden, daß eine Zahl p Primzahl ist.

Eine davon ist der Satz von Fermat (III. (3.10)):
Ist p eine Primzahl und $a \not\equiv 0 \pmod p$, so ist $a^{p-1} \equiv 1 \mod p$.
Wenn es also eine Zahl $a \not\equiv 0 \pmod p$ gibt mit $a^{p-1} \not\equiv 1 \pmod p$, so weiß man, daß p sicher keine Primzahl, d.h. also zerlegbar ist.

So hat Fermat vermutet, daß die Zahl $F_n = 2^{2^n} + 1$ für jedes $n = 0, 1, 2, \ldots$ eine Primzahl ist. Er konnte das für $F_0 = 2^1 + 1 = 3$, $F_1 = 2^{2^1} + 1 = 5$, $F_2 = 2^{2^2} + 1 = 17$, $F_3 = 2^8 + 1 = 257$ und $F_4 = 2^{16} + 1 = 65537$ auch beweisen.
Für $F_5 = 2^{32} + 1 = 4294967297$ konnte erst Euler den Teiler 641 finden. Mit Hilfe seines eben zitierten Satzes hätte aber Fermat zeigen können, daß F_5 keine Primzahl ist.
Denn sonst müßte

$$3^{F_5 - 1} = 3^{2^{32}} \equiv 1 \mod (2^{32} + 1) \text{ sein.}$$

Beginnt man jedoch mit 3 und quadriert 32-mal, wobei man jedesmal (mod F_5) reduziert, so überzeugt man sich leicht, daß $3^{F_5 - 1} \not\equiv 1 \pmod{F_5}$ ist.

Eine Primzahl der Form F_n heißt *Fermat'sche Primzahl.*

In analoger Weise wollen wir nun versuchen, Kriterien dafür zu finden, daß ein Polynom $f(X) \in \mathbb{Z}[X]$ irreduzibel über $\mathbb{Q}$ ist.

Die einfachste Methode besteht darin, Polynome $a(X) \in \mathbb{Z}[X]$ modulo einer Primzahl p zu betrachten, also Homomorphismen $\varphi_p : \mathbb{Z}[X] \to \mathbb{F}_p[X]$ anzuwenden.

Ist $a_0 + a_1 X + \cdots + a_n X^n = (b_0 + \cdots + b_k X^k)(c_0 + \cdots + c_l X^l)$ eine Faktorisierung von $a(X) \in \mathbb{Z}[X]$ in ein Produkt $b(X)c(X)$ in $\mathbb{Z}[X]$, so liefert das Bild modulo p eine Faktorisierung

$$\varphi_p(a) = \varphi_p(b)\varphi_p(c)$$

in $\mathbb{F}_p[X]$.

Wir fragen uns, unter welchen Bedingungen aus der Irreduzibilität von $\varphi_p(a(X))$ jene von $a(X)$ selbst abgeleitet werden kann.

Es kann nämlich vorkommen, daß $\varphi_p(a(X))$ irreduzibel in $\mathbb{F}_p[X]$ ist, $a(X)$ jedoch zerlegbar in $\mathbb{Z}[X]$ ist.
Z. B. ist $4(X + 2)$ in $\mathbb{Z}[X]$ zerlegbar, aber $\varphi_3(4(X + 2)) = 1 \cdot (X + 2) = X + 2$ irreduzibel in $\mathbb{F}_3[X]$.
Oder

$$\varphi_3((X^2 + 1)(3X^7 + 1)) = X^2 + 1 \in \mathbb{F}_3[X].$$

In diesen Beispielen ist $\varphi_p(b(X))$ eine Einheit für einen nicht invertierbaren Faktor $b(X) \in \mathbb{Z}[X]$.

Schließt man diese Möglichkeit aus, so ergibt sich

(2.1) Satz. *Sei $a(X) = a_0 + a_1X + \cdots + a_nX^n$ ein primitives Polynom aus $\mathbb{Z}[X]$. Ist $a_n \not\equiv 0 \pmod p$ und $\varphi_p(a(X))$ irreduzibel in $\mathbb{F}_p[X]$ für eine geeignete Primzahl p, dann ist $a(X)$ irreduzibel in $\mathbb{Q}[X]$.*

Beweis. Gäbe es eine nichttriviale Faktorisierung

$$a_0 + a_1X + \cdots + a_nX^n = (b_0 + \cdots + b_kX^k)(c_0 + \cdots + c_lX^l) \text{ in } \mathbb{Z}[X],$$

so wäre $k > 0$ und $l > 0$, weil $a(X)$ primitiv ist und daher keinen nichttrivialen Teiler aus $\mathbb{Z}$ besitzt.

Es wäre also $a_n = b_kc_l$ und daher $\varphi_p(b_k) \cdot \varphi_p(c_l) = \varphi_p(a_n) \not\equiv 0 \pmod p$.

Also wäre auch $\deg \varphi_p(b(X)) > 0$ und $\deg \varphi_p(c(X)) > 0$, d.h. $\varphi_p(a) = \varphi_p(b)\varphi_p(c)$ eine nichttriviale Faktorisierung in $\mathbb{F}_p[X]$. Das widerspricht jedoch der Voraussetzung, daß $\varphi_p(a(X))$ irreduzibel in $\mathbb{F}_p[X]$ ist. Der Rest folgt aus (1.32).

(2.2) Beispiele.

1) Jedes der Polynome $X^5 - X - 1$, $X^5 + 9X + 4$, $11X^5 + 4X - 1$ ist irreduzibel in $\mathbb{Z}[X]$, weil jedes dieser Polynome primitiv ist und modulo 5 mit dem irreduziblen Artin–Schreier-Polynom $X^5 - X - 1$ zusammenfällt (VI. (1.21)).

2) Sei $f(X) = 2X^5 - 5X^4 + 5$. Dann ist $f(X) \equiv -X^5 + X^4 - 1 \pmod 3$. Dieses Polynom ist irreduzibel in $\mathbb{F}_3[X]$, weil es nicht durch die irreduziblen Polynome X, $X+1$, $X-1$, X^2+1, X^2+X-1 und X^2-X-1 teilbar ist.
   Daher ist $f(X)$ irreduzibel in $\mathbb{Z}[X]$ und daher auch in $\mathbb{Q}[X]$.

3) $X^4 - 10X^2 + 1$ ist irreduzibel in $\mathbb{Z}[X]$, weil $X^4 - X^2 + 1$ irreduzibel in $\mathbb{F}_3[X]$ ist, was man so wie in 2) zeigt.

Besonders nützlich ist

(2.3) Satz. Kriterium von Eisenstein. *Sei R ein faktorieller Integritätsbereich und $f(X) = a_0 + a_1X + \cdots + a_nX^n$ primitiv in $R[X]$. Gibt es ein Primelement p mit $p \mid a_i$ für $i = 0, 1, \ldots, n-1$, $p \nmid a_n$ und $p^2 \nmid a_0$, dann ist $f(X)$ irreduzibel in $R[X]$.*

Beweis. Angenommen es wäre

$$f(X) = (b_0 + \cdots + b_kX^k)(c_0 + \cdots + c_lX^l)$$

mit $k > 0$ und $l > 0$.

Nach Voraussetzung ist $\varphi_p(f(X)) = \varphi_p(a_n)X^n$.

Da die einzigen Teiler von X^n Potenzen von X sind, muß

$$\varphi_p(f) = \varphi_p(b_k)X^k \cdot \varphi_p(c_l)X^l$$

gelten. Speziell ist also $b_0 = c_0 = 0$ in $R/(p)$.

Dann ist aber b_0 und c_0 durch p teilbar und daher $a_0 = b_0 c_0$ durch p^2 teilbar, in Widerspruch zur Voraussetzung.

(2.4) BEISPIELE.

1) $X^n - 2$ ist für jedes $n \geqslant 1$ irreduzibel über $\mathbb{Q}$.
Man wähle $p = 2$. Dann sind alle Voraussetzungen des Eisenstein'schen Kriteriums erfüllt.
Es gibt also für jedes $n \geqslant 1$ irreduzible Polynome n-ten Grades in $\mathbb{Q}[X]$.

2) $5X^7 + 2X^4 + 10X^3 - 6X + 14$ ist irreduzibel über $\mathbb{Q}$.
Man wähle ebenfalls $p = 2$.

3) $2X^5 - 5X^4 + 5$ ist irreduzibel über $\mathbb{Q}$.
Man wähle $p = 5$. Man vergleiche auch (2.2) 2).

4) Sei K ein Körper mit $\mathrm{char}(K) \neq 2$. Dann ist $X^2 + Y^2 - 1 \in K[X, Y]$ irreduzibel.
Denn $p = Y - 1$ ist prim in $K[Y]$ und $p^2 \nmid (Y^2 - 1) = (Y - 1)(Y + 1)$.
Dieser Beweis ist wieder wesentlich einfacher als der direkte von (1.42).
Im Fall der Charakteristik 2 ist dagegen $X^2 + Y^2 - 1 = (X - Y + 1)^2$ zerlegbar.

Sehr einfach aber nützlich ist

(2.5) Satz. *Sei R ein faktorieller Integritätsbereich und $\varphi : R[X] \to R[X]$ ein Isomorphismus. Dann ist $f(X)$ genau dann irreduzibel, wenn $\varphi(f(X))$ es ist.*

Das ist klar, weil aus $\varphi(fg) = \varphi(f)\varphi(g)$ folgt, daß $h = fg$ gleichbedeutend mit $\varphi(h) = \varphi(f)\varphi(g)$ ist.

Das einfachste Beispiel ist $\varphi(f(X)) = f(X + a)$ für $a \in R$.
Damit können wir das folgende wichtige Resultat beweisen.

(2.6) Satz. *Sei p eine Primzahl. Dann ist*

$$f(X) = \frac{X^p - 1}{X - 1} = X^{p-1} + \cdots + X + 1$$

irreduzibel über $\mathbb{Q}$.

BEWEIS. Hier läßt sich das Eisenstein'sche Kriterium nicht direkt anwenden. Betrachten wir jedoch $f(X+1)$, so ist das nach (2.5) genau dann irreduzibel, wenn $f(X)$ es ist. Und hier ist wegen

$$f(X+1) = \frac{(X+1)^p - 1}{(X+1)-1} = X^{p-1} + \binom{p}{1} X^{p-2} + \cdots + \binom{p}{p-1}$$

die Voraussetzung des Eisenstein'schen Kriteriums erfüllt.

Da p prim ist, ist $\binom{p}{i}$ für $1 \leq i \leq p-1$ durch p teilbar.

Weiters ist $\binom{p}{p-1} = p$, also nicht durch p^2 teilbar.

(2.7) BEMERKUNG. Die Nullstellen von $\frac{X^p-1}{X-1}$ sind für eine Primzahl p gerade die primitiven p-ten Einheitswurzeln $\zeta^k = e^{\frac{2\pi i k}{p}}$, $1 \leq k \leq p-1$.

Da $f(X)$ irreduzibel ist, ist $[\mathbb{Q}(\zeta) : \mathbb{Q}] = p - 1$.

Nach III. (4.13) ist $\zeta = e^{\frac{2\pi i}{p}}$ höchstens dann mit Zirkel und Lineal konstruierbar, wenn $p-1$ eine Potenz von 2 ist, d.h. $p = 2^m + 1$ ist. Eine solche Zahl kann aber höchstens dann eine Primzahl sein, wenn auch $m = 2^n$ eine Potenz von 2 ist. Es ist dann $p = F_n = 2^{2^n} + 1$ eine Fermat'sche Primzahl.

Denn für ungerades b gilt $(X+1) \mid (X^b + 1)$, weil $(-1)^b = -1$ ist. Ist also $m = ab$ mit b ungerade und $x = 2^a$, so ist $2^a + 1$ ein Teiler von $2^m + 1$.

Die einzigen bisher bekannten Fermat'schen Primzahlen sind die bereits erwähnten F_0, F_1, F_2, F_3 und F_4.

Wenn also p keine Fermat'sche Primzahl ist, also z. B. $p = 7, 11, 13, 19, \ldots$, so ist das regelmäßige p-Eck nicht mit Zirkel und Lineal konstruierbar. Für $p = 7$ haben wir in I. (2.6) einen elementaren, jedoch komplizierteren Beweis gegeben.

Wir wollen uns nun überlegen, welche Folgerungen sich daraus für die Konstruierbarkeit des regelmäßigen n-Eckes für beliebiges n ergeben. Zunächst ist klar, daß das regelmäßige n-Eck genau dann mit Zirkel und Lineal konstruierbar ist, wenn die primitive n-te Einheitswurzel $\zeta_n = e^{\frac{2\pi i}{n}}$ mit Zirkel und Lineal konstruierbar ist. Ist $n = mk$ und ζ_n konstruierbar, dann natürlich auch $\zeta_k = \zeta_n^m$ und $\zeta_m = \zeta_n^k$.

Sind umgekehrt ζ_m und ζ_k konstruierbar und ist überdies $m \perp k$, so gibt es $s, t \in \mathbb{Z}$ mit $sm + tk = 1$, d.h. $\frac{1}{mk} = \frac{s}{k} + \frac{t}{m}$. Daher ist

$$\zeta_n = e^{\frac{2\pi i}{mk}} = e^{\frac{2\pi i s}{k} + \frac{2\pi i t}{m}} = \zeta_k^s \zeta_m^t$$

ebenfalls konstruierbar.

Damit reduziert sich die Frage der Konstruierbarkeit auf den Fall, daß $n = p^i$ eine Primzahlpotenz ist.

Wir zeigen nun, daß das regelmäßige p^2-Eck für keine ungerade Primzahl p konstruierbar ist. Dazu genügt es zu zeigen, daß keine primitive p^2-te Einheitswurzel konstruierbar ist.

Eine p^2-te Einheitswurzel ζ ist genau dann primitiv, wenn $\zeta^p \neq 1$ ist, d.h. wenn sie keine p-te Einheitswurzel ist. Sie genügt also der Gleichung

$$f(X) = \frac{X^{p^2} - 1}{X^p - 1} = (X^p)^{p-1} + (X^p)^{p-2} + \cdots + X^p + 1 = 0.$$

Wenn wir zeigen, daß $f(X)$ irreduzibel ist, so folgt für eine primitive p^2-te Einheitswurzel ζ, daß $[\mathbb{Q}(\zeta) : \mathbb{Q}] = p(p-1)$ also sicher keine Potenz von 2 ist, wenn $p \geqslant 3$ ist.

(2.8) Satz. *Sei p eine Primzahl. Dann ist*

$$f(X) = \frac{X^{p^2} - 1}{X^p - 1} = \sum_{k=1}^{p} X^{p(p-k)}$$

irreduzibel über $\mathbb{Z}$.

Beweis. Das gelingt mit demselben Trick wie oben.

$$f(X+1) = \sum_{k=1}^{p} (X+1)^{p(p-k)} \equiv \sum_{k=1}^{p} (X^p + 1)^{p-k} \pmod{p}.$$

Die rechte Seite ist $\frac{(X^p+1)^p - 1}{X^p} \equiv X^{p(p-1)} \pmod{p}$.
Somit sind alle Koeffizienten von $f(X+1)$, außer dem höchsten, durch p teilbar.
Da der konstante Term von $(X+1)^{p(p-k)}$ immer $= 1$ ist, ist der konstante Term von $f(X+1)$ genau p und also nicht durch p^2 teilbar.

(2.9) Korollar. *Das regelmäßige n-Eck ist höchstens dann mit Zirkel und Lineal konstruierbar, wenn n die Gestalt $n = 2^k p_1 \cdots p_m$ hat, wobei die p_i verschiedene Fermat'sche Primzahlen sind.*

Beweis. Sei $n = 2^k p_1^{k_1} \cdots p_m^{k_m}$. Wäre ein $k_i \geqslant 2$, so wäre das regelmäßige p_i^2-Eck konstruierbar, wenn das regelmäßige n-Eck konstruierbar ist.
Also muß n von der Gestalt $n = 2^k p_1 \cdots p_m$ mit verschiedenen p_i's sein. Da aber mit dem regelmäßigen n-Eck auch das regelmäßige p_i-Eck konstruierbar ist, muß p_i eine Fermat'sche Primzahl sein nach (2.7).

Wie wir im nächsten Kapitel sehen werden, ist jedes solche n-Eck tatsächlich konstruierbar.

Die n-ten Einheitswurzeln sind Lösungen der Gleichung $X^n - 1 = 0$. Sie bilden bezüglich der Multiplikation eine zyklische Gruppe der Ordnung n, die zu $\mathbb{Z}/n\mathbb{Z}$ isomorph ist.

Die erzeugenden Elemente dieser Gruppe sind die Elemente ζ_n^k mit $k \perp n$, wobei $\zeta_n = e^{\frac{2\pi i}{n}}$ ist.

Wir wollen nun das irreduzible normierte Polynom in $\mathbb{Z}[X]$ bestimmen, welches die primitiven n-ten Einheitswurzeln als Nullstellen besitzt.

(2.10) DEFINITION. Sei U_n die Menge aller primitiven n-ten Einheitswurzeln. Dann heißt das Polynom

$$\Phi_n(X) = \prod_{\zeta \in U_n} (X - \zeta)$$

das n-te *Kreisteilungspolynom*.

(2.11) Satz. *Alle Kreisteilungspolynome $\Phi_n(X)$ sind normierte Polynome in $\mathbb{Z}[X]$.*

BEWEIS. Es ist klar, daß $\prod_{d|n} \Phi_d(X) = X^n - 1$ ist.

Außerdem ist $\deg \Phi_n(X) = \varphi(n)$, weil es genau $\varphi(n)$ zu n teilerfremde Zahlen k mit $1 \leq k \leq n$ gibt.

Speziell ist

$$\begin{aligned}
X - 1 &= \Phi_1(X) \\
X^2 - 1 &= \Phi_1(X)\Phi_2(X) \\
X^3 - 1 &= \Phi_1(X)\Phi_3(X) \\
X^4 - 1 &= \Phi_1(X)\Phi_2(X)\Phi_4(X) \\
&\dots
\end{aligned}$$

Daraus ergibt sich der Reihe nach

$$\begin{aligned}
\Phi_1(X) &= X - 1 \\
\Phi_2(X) &= X + 1 \\
\Phi_3(X) &= X^2 + X + 1 \\
\Phi_4(X) &= X^2 + 1 \\
\Phi_5(X) &= X^4 + X^3 + X^2 + X + 1 \\
\Phi_6(X) &= X^2 - X + 1 \\
&\dots
\end{aligned}$$

Für $1 \leq n \leq 104$ treten als Koeffizienten nur die Zahlen $0, 1, -1$ auf. Später können dann die Koeffizienten beliebig groß werden.

Um zu zeigen, daß $\Phi_n(X)$ ein normiertes Polynom aus $\mathbb{Z}[X]$ ist, verwenden wir Induktion.

Für $n = 1$ stimmt das.

Ist es für alle $k < n$ bereits gezeigt, so ist also

$$f(X) = \prod_{\substack{d|n \\ d<n}} \Phi_d(X) \in \mathbb{Z}[X] \text{ und normiert.}$$

Daher ist $\Phi_n(X) = \frac{X^n-1}{f(X)}$ nach dem Divisionsalgorithmus (III. (1.4)) wieder in $\mathbb{Z}[X]$ und normiert.

(2.12) Satz. *Alle Kreisteilungspolynome $\Phi_n(X)$ sind irreduzibel in $\mathbb{Z}[X]$.*

BEWEIS. Es genügt zu zeigen, daß ein irreduzibles Polynom $f(X) \in \mathbb{Z}[X]$, welches eine primitive n-te Einheitswurzel als Nullstelle hat, auch alle anderen primitiven Einheitswurzeln als Nullstelle hat. Denn dann gilt $\Phi_n(X) \mid f(X)$ und daher muß $\Phi_n(X) = \pm f(X)$ irreduzibel sein.

Da jede primitive n-te Einheitswurzel von der Form ζ_n^k mit $k \perp n$ ist und $k = p_1 p_2 \cdots p_s$ mit $p_i \perp n$ ist, genügt es zu zeigen, daß für jede Nullstelle ζ von $f(X)$ auch ζ^p eine Nullstelle ist, falls p eine Primzahl ist, die n nicht teilt.

Sei also $f(\zeta) = 0$ und $p \perp n$ eine Primzahl.
Angenommen, $f(\zeta^p) \neq 0$.
Es gilt $X^n - 1 = f(X)g(X)$ mit $f(X)$, $g(X) \in \mathbb{Z}[X]$.
Da $X^n - 1$ normiert ist, sind es auch $f(X)$ und $g(X)$.
Nun ist $0 = (\zeta^p)^n - 1 = f(\zeta^p)g(\zeta^p)$.
Wegen $f(\zeta^p) \neq 0$ muß $g(\zeta^p) = 0$ sein.
Dann haben die Polynome $f(X)$ und $g(X^p)$ die gemeinsame Nullstelle ζ.
Daher ist $\operatorname{ggT}(f(X), g(X^p)) \neq 1$.
Da $f(X)$ irreduzibel ist, ist

$$\operatorname{ggT}(f(X), g(X^p)) = f(X).$$

Somit gilt $f(X) \mid g(X^p)$.
Daher ist $g(X^p) = f(X)h(X)$, wobei $h(X) \in \mathbb{Z}[X]$ und normiert ist.
Nun betrachten wir alle Gleichungen modulo p.
Dann ist

$$X^n - 1 \equiv f(X)g(X) \pmod p$$
$$\text{und} \quad g(X)^p \equiv g(X^p) \equiv f(X)h(X) \pmod p .$$

Sei $m(X)$ ein irreduzibler Faktor von $f(X)$ in $\mathbb{F}_p[X]$.

Dann gilt

$$m(X) \mid g(X)^p$$

und somit $m(X) \mid g(X)$ in $\mathbb{F}_p[X]$.

Wir haben also $m(X) \mid g(X)$ und $m(X) \mid f(X)$ und daher auch $m(X)^2 \mid f(X)g(X)$ in $\mathbb{F}_p[X]$.

Wegen $f(X)g(X) = X^n - 1$ ist also $m(X)^2$ auch ein Faktor von $X^n - 1$ in $\mathbb{F}_p[X]$.

Da $p \nmid n$ ist $(X^n - 1)' = nX^{n-1} \neq 0$ in $\mathbb{F}_p[X]$. Daher hat $X^n - 1$ nur einfache Nullstellen und kann somit nicht durch ein Quadrat teilbar sein. Dieser Widerspruch zeigt, daß $f(\zeta^p) = 0$ sein muß. Damit ist alles bewiesen.

(2.13) BEMERKUNG. Betrachtet man $\Phi_n(X)$ modulo einer Primzahl, so braucht es keineswegs irreduzibel sein. Ist z. B. $p \equiv 1 \pmod n$, dann zerfällt $\Phi_n(X)$ in $\mathbb{F}_p[X]$ in Linearfaktoren. Denn ist α eine Nullstelle von $\Phi_n(X)$ in $\mathbb{F}_{p^n}$, so ist $\alpha^n = 1$, weil $\Phi_n(X) \mid (X^n - 1)$.

Wegen $p \equiv 1 \pmod n$ ist dann $\alpha^p = \alpha^1 = \alpha$ und daher $\alpha \in \mathbb{F}_p$.

Z. B. ist in $\mathbb{F}_{17} : \Phi_8(X) = X^4 + 1 = (X-2)(X+2)(X-8)(X+8)$.

Oder in $\mathbb{F}_7 : \Phi_6(X) = X^2 - X + 1 = (X+2)(X-3)$.

(2.14) BEMERKUNG. Aus (2.12) folgt ein weiterer Beweis von (2.9): Eine primitive n-te Einheitswurzel ist nach III. (4.13) höchstens dann mit Zirkel und Lineal konstruierbar, wenn ihr Grad $\varphi(n) = 2^k$ eine Potenz von 2 ist. Ist $n = 2^{k_0} p_1^{k_1} \cdots p_s^{k_s}$, so ist nach IV. (1.52) $\varphi(n) = 2^{k_0 - 1} p_1^{k_1 - 1}(p_1 - 1) \cdots p_s^{k_s - 1}(p_s - 1)$. Das ist nur dann von der Form 2^k, wenn alle $k_i = 1$ sind und jedes $p_i - 1$ eine Potenz von 2 ist, d.h. die p_i Fermat'sche Primzahlen sind.

3. Separabilität.

Nun wollen wir uns überlegen, unter welchen Voraussetzungen ein irreduzibles Polynom $f(X) \in k[X]$, wobei k ein Körper ist, in einem Erweiterungskörper K lauter *einfache* Nullstellen besitzt.

(3.1) DEFINITION. Sei k ein Körper. Ein irreduzibles Polynom $f(X) \in k[X]$ heißt *separabel*, wenn es im Zerfällungskörper K lauter einfache Nullstellen besitzt. Ein beliebiges Polynom heißt separabel, wenn alle irreduziblen Faktoren separabel sind.

(3.2) Satz. *Ein irreduzibles Polynom $f(X) \in k[X]$ ist genau dann separabel, wenn $d(X) := \mathrm{ggT}(f(X), f'(X)) = 1$ ist.*

BEWEIS. Nach II. (4.15) ist die Nullstelle $\alpha \in K$ genau dann mehrfach, wenn $f(\alpha) = f'(\alpha) = 0$ ist.

Ist $d(X) \neq 1$, so ist jede Nullstelle von $d(X)$ auch gemeinsame Nullstelle von $f(X)$ und $f'(X)$.

Ist $d(X) = 1$, so können wegen $1 = d(X) = a(X)f(X) + b(X)f'(X)$ keine gemeinsamen Nullstellen von $f(X)$ und $f'(X)$ existieren.

(3.3) Korollar. *In einem Körper der Charakteristik 0 ist jedes irreduzible Polynom separabel.*

Beweis. Es gilt $\deg f'(X) = \deg f(X) - 1$.

Wäre $d(X) = \mathrm{ggT}(f(X), f'(X)) \neq 1$, so wäre $d(X) = f(X)$, weil $f(X)$ irreduzibel ist (III. (1.26)). Da $f'(X) \neq 0$ ist und einen kleineren Grad als $f(X)$ hat, ist das unmöglich.

(3.4) Korollar. *In einem Körper k der Charakteristik p hat ein irreduzibles Polynom $f(X)$ genau dann mehrfache Nullstellen, wenn $f'(X) = 0$ ist. Es existiert dann ein irreduzibles separables Polynom $g(X) \in k[X]$ und eine natürliche Zahl $e \geqslant 1$, so daß $f(X) = g(X^{p^e})$ ist.*

Beweis. Da für $f(X) = \sum a_i X^i$ gilt $f'(X) = \sum i a_i X^{i-1}$, wobei entweder $f'(X) = 0$ oder $\deg f'(X) < \deg f(X)$ ist, kann $f(X)$ nur dann ein Teiler von $f'(X)$ sein, wenn $f'(X) = 0$ ist. Das ist genau dann der Fall, wenn $i a_i = 0$ für alle i gilt, d.h. entweder $a_i = 0$ ist oder $i = 0$ in k ist.

Letzteres ist genau dann der Fall, wenn i ein Vielfaches von p ist.

Es ist dann $f(X) = \sum a_{pk}(X^p)^k = f_1(X^p)$. Die Abbildung $\sum c_k X^{kp} - \sum c_k X^k$ ist offenbar ein Isomorphismus von $k[X^p]$ auf $k[X]$. Daher ist mit f auch f_1 irreduzibel.

Ist f_1 separabel, dann ist alles gezeigt. Wenn nicht, existiert $f_2(X) \in k[X]$ mit $f_1(X) = f_2(X^p)$, d.h. $f(X) = f_2(X^{p^2})$. Dabei ist $\deg f_2 < \deg f_1 < \deg f$. Nach endlich vielen Schritten ist daher $f(X) = g(X^{p^e})$, wobei $g(X)$ separabel ist.

(3.5) Korollar. *In einem endlichen Körper hat jedes irreduzible Polynom $f(X)$ lauter einfache Nullstellen.*

Beweis. Das folgt schon aus (VI. (1.12)) .

Aus (3.4) ergibt es sich folgendermaßen: Wäre $f(X)$ nicht separabel, so wäre $f(X) = g(X^p)$ für ein $g \in k[X]$.

Sei etwa $f(X) = a_0 + a_1 X^p + \cdots + a_m X^{mp}$. Da die Frobeniusabbildung ein Automorphismus von k ist (VI. (1.10)), existieren Elemente $b_i \in k$ mit $b_i^p = a_i$.

Daher ist $f(X) = (b_0 + b_1 X + \cdots + b_m X^m)^p$.

Das Polynom $f(X)$ hätte also den echten Teiler $b_0 + b_1 X + \cdots + b_m X^m$ und könnte daher nicht irreduzibel sein.

(3.6) Bemerkung. Ist $k = \mathbb{F}_p(Y)$ der Körper der rationalen Ausdrücke über $\mathbb{F}_p$ in einer Unbestimmten Y, so ist $f(X) = X^p - Y \in k[X]$ ein irreduzibles Polynom mit einer p-fachen Nullstelle.

Beweis. Nach (1.31) genügt es zu zeigen, daß $X^p - Y \in (\mathbb{F}_p[Y])[X]$ irreduzibel ist. Nach dem Kriterium von Eisenstein ist das der Fall, weil $q = Y$ prim in $\mathbb{F}_p[Y]$ ist. Ist α eine Nullstelle in einem Erweiterungskörper, so ist $\alpha^p = Y$ und daher

$$X^p - Y = X^p - \alpha^p = (X - \alpha)^p .$$

(3.7) Definition. Ein Körper k heißt *vollkommen*, wenn jedes Polynom aus $k[X]$ separabel ist.

(3.8) Satz. *Ein Körper k ist genau dann vollkommen, wenn er entweder die Charakteristik 0 hat oder die Charakteristik p und außerdem die Eigenschaft, daß die Frobeniusabbildung $\varphi_p : x \to x^p$ ein Automorphismus ist.*

Beweis. Es ist nur der Fall der Charakteristik p zu zeigen. Wenn die Frobeniusabbildung nicht surjektiv ist, gibt es $\alpha \in k \backslash \varphi_p(k)$.

Dann ist $X^p - \alpha$ ein irreduzibles Polynom in $k[X]$ mit einer p-fachen Nullstelle. Denn sei β eine Wurzel in einem Erweiterungskörper. Dann ist $\beta^p = \alpha$ und daher $X^p - \alpha = (X - \beta)^p$.

Gäbe es einen irreduziblen Faktor, so hätte er die Gestalt $(X - \beta)^j$ mit $1 \leq j < p$. Insbesondere wäre $\beta^j \in k$ als konstanter Term dieses Polynoms aus $k[X]$.

Wegen $j \perp p$ existieren m, l mit $1 = jm + lp$.

Dann wäre aber

$$\beta = \beta^{jm+lp} = (\beta^j)^m (\beta^p)^l = (\beta^j)^m \alpha^l \in k.$$

Es wäre also auch

$$\alpha = \beta^p \in \varphi_p(k)$$

in Widerspruch zur Wahl von α.

Somit ist $X^p - \alpha$ irreduzibel in $k[X]$.

Sei umgekehrt k ein Körper der Charakteristik p, so daß in $k[X]$ ein irreduzibles Polynom $f(X)$ mit mehrfachen Nullstellen existiert. Dann ist $f'(X) = 0$ und $f(X) = g(X^p)$.

Wäre die Frobeniusabbildung ein Automorphismus, so könnte man $g(X^p) = h(X)^p$ mit geeignetem $h(X) \in k[X]$ schreiben. Wegen $f(X) = h(X)^p$ wäre dann aber $f(X)$ nicht irreduzibel.

(3.9) Definition. Ein Element α heißt *separabel* über k, wenn das Minimalpolynom von α separabel über k ist. Eine endliche Körpererweiterung K/k heißt *separabel*, wenn jedes Element $\alpha \in K$ separabel über k ist.

(3.10) Lemma. *Sei K/k eine separable endliche Erweiterung und L ein Zwischenkörper, d.h. $k \subseteq L \subseteq K$. Dann sind auch die Erweiterungen L/k und K/L separabel.*

Beweis. L/k ist trivialerweise separabel.
Sei $\alpha \in K$ und seien p_k bzw. p_L die Minimalpolynome von α in $k[X]$ bzw. $L[X]$.

Dann gilt $p_L \mid p_k$ in $L[X]$, weil p_L das Polynom minimalen Grades in $L[X]$ mit $p_L(\alpha) = 0$ ist und p_k auch ein Polynom in $L[X]$ mit $p(\alpha) = 0$ ist.

Da α separabel über k ist, d.h. $p_k(X)$ separabel ist, muß es auch $p_L(X)$ sein.

Aus dieser Definition ist in keiner Weise ersichtlich, wie separable Erweiterungen konkret aussehen.

Wir werden erwarten, daß folgendes gilt: Ist $f(X) \in k[X]$ separabel und α eine Nullstelle von $f(X)$ in einem Oberkörper K, so ist auch die ganze Körpererweiterung $k[\alpha]/k$ separabel.

Das gilt tatsächlich, läßt sich aber am einfachsten über einen kleinen Umweg beweisen.

(3.11) Satz. *Sei K/k eine endliche Körpererweiterung mit $[K : k] = n$ und L ein Oberkörper von k.*

Dann gibt es höchstens n verschiedene Monomorphismen von K in L, die k elementweise festhalten.

BEWEIS. Sei $\alpha_1, \ldots, \alpha_s$ eine endliche Menge von Elementen aus K, so daß $K = k[\alpha_1, \ldots, \alpha_s]$ ist. Sei $k_0 = k$ und $k_i = k[\alpha_1, \ldots, \alpha_i]$, $K = k_s$. Sei $[k_i : k_{i-1}] = n_i$.

Dann ist nach (III. (4.6)) $n = n_1 n_2 \cdots n_s$.

Nach (III. (4.17)) gibt es höchstens n_1 verschiedene Monomorphismen von $k[\alpha_1]$ in L, die k elementweise festhalten. Denn das Minimalpolynom von α_1 über k hat den Grad $= [k(\alpha_1) : k] = n_1$. Es kann daher in L höchstens n_1 Nullstellen haben.

Sei nun $\sigma : k[\alpha_1] \to L$ einer dieser Monomorphismen. Dann gibt es wieder nach (III. (4.17)) höchstens n_2 Monomorphismen von $k[\alpha_1, \alpha_2] = k_2$ in L, die σ fortsetzen. Also gibt es höchsten $n_1 n_2$ Monomorphismen von $k[\alpha_1, \alpha_2]$ in L, die k elementweise festlassen. Iteriert man diese Überlegung, so gelangt man nach s Schritten zur Aussage des Satzes.

(3.12) Satz. *Die endliche Körpererweiterung K/k vom Grad n ist genau dann separabel, wenn es einen Oberkörper L von k gibt, für welchen genau n verschiedene Monomorphismen von K in L existieren, welche k elementweise festhalten. Ist $K = k[\alpha_1, \ldots, \alpha_s]$, so kann man für L den Zerfällungskörper L_0 von $p_1(X) \cdots p_s(X)$ nehmen, wobei $p_i(X)$ das Minimalpolynom von α_i über k ist.*

BEWEIS. Wir verwenden die Notation von (3.11).

Wenn K/k separabel ist, dann auch k_i/k_{i-1} für alle i (3.10). Das Minimalpolynom von α_i über k_{i-1} hat dann n_i verschiedene Nullstellen in L_0. Der Beweis von (3.11) liefert dann genau $n = n_1 \cdots n_s$ Monomorphismen von K in L, die k elementweise festhalten.

Wenn K/k nicht separabel ist, dann gibt es mindestens ein α, dessen Minimalpolynom über k nicht separabel ist. Wir können o.B.d.A. annehmen, daß α_1 so gewählt wurde.

Es gibt daher weniger als n_1 verschiedene Nullstellen dieses Minimalpolynoms und daher gibt es weniger als n_1 Monomorphismen von $k[\alpha_1]$ in irgendeinen Oberkörper L von k. Dieser Rückstand ist beim Übergang von k_1 zu K nicht mehr aufzuholen. Es gibt also weniger als n Homomorphismen von K in jeden Oberkörper L von k, welche k festlassen.

(3.13) Korollar. *Sei $K = k[\alpha_1, \ldots, \alpha_s]$, wobei die α_i separabel über $k[\alpha_1, \ldots, \alpha_{i-1}]$ sind. Dann ist K/k ebenfalls separabel.*

Beweis. Folgt unmittelbar aus dem Beweis von (3.12).

(3.14) Korollar. *Sind L/K und K/k separabel, dann auch L/k.*

Beweis. Sei $\alpha \in L$ und $X^n + a_{n-1}X^{n-1} + \cdots + a_0 \in K[X]$ das Minimalpolynom von α über K. Dann ist α auch über $M = k[a_0, \ldots, a_{n-1}]$ separabel und wegen $k \subseteq M \subseteq K$ ist auch M/k separabel. Aus (3.13) folgt, daß $M[\alpha]$ über k separabel ist, weil $M[\alpha] = k[a_0, \ldots, a_{n-1}, \alpha]$ ist, die a_i separabel über k und daher auch über $k[a_0, \ldots, a_{i-1}]$ sind und α separabel über $k[a_0, \ldots, a_{n-1}]$ ist.
Daher ist auch das Minimalpolynom von α über k separabel.

(3.15) Korollar. *Sei K/k eine Körpererweiterung. Die Menge K_0 aller über k separablen Elemente $\alpha \in K$ ist ein Teilkörper von K.*

Beweis. α ist separabel über k, wenn das Minimalpolynom von α separabel über k ist.
Sind α, β separabel über k, dann ist auch $k[\alpha, \beta]/k$ separabel. Daher sind auch $\alpha + \beta$, $\alpha - \beta$, $\alpha\beta$ und für $\alpha \neq 0$ auch $\frac{1}{\alpha}$ separabel über k.

VIII. Galois–Theorie

Jetzt sind wir in der Lage, die Hauptresultate der Galoistheorie abzuleiten. Wir zeigen, daß für Galoiserweiterungen, d.h. endliche normale und separable Körpererweiterungen K/k, eine umkehrbar eindeutige Zuordnung zwischen den Untergruppen H der Galoisgruppe $G(K/k)$ aller k–Automorphismen von K und den Zwischenkörpern L mit $k \subseteq L \subseteq K$ existiert. Diese Zuordnung wird an einigen konkreten Beispielen illustriert, wobei wir uns vor allem auf den Fall der Charakteristik 0 beschränken.

Anschließend zeigen wir das fundamentale Resultat von E. Galois, daß eine Gleichung $f(X) = 0$ genau dann durch Radikale auflösbar ist, wenn ihre Galoisgruppe eine auflösbare Gruppe ist. Außerdem werden einige interessante konkrete Resultate bewiesen, insbesondere die Bestimmung aller regelmäßigen n–Ecke, die mit Zirkel und Lineal konstruierbar sind.

1. Der Hauptsatz der Galois–Theorie.

Wir wissen bereits, daß von einem rein algebraischen Standpunkt aus das Problem der Auflösung einer Gleichung $f(X) = 0$ mit Koeffizienten aus einem Körper k identisch ist mit der Konstruktion eines Erweiterungskörpers F von k, in welchem $f(X)$ in Linearfaktoren zerfällt. Der kleinste Teilkörper
$K = k(\alpha_1, \ldots, \alpha_n) = k[\alpha_1, \ldots, \alpha_n] \subseteq F$, der alle Wurzeln $\alpha_1, \ldots, \alpha_n$ von $f(X)$ enthält, ist bis auf Isomorphie eindeutig bestimmt und wird Zerfällungskörper von $f(X)$ über k genannt.

Um einen Einblick in die gegenseitigen Beziehungen der Wurzeln α_i zu erhalten, ist es notwendig, die Struktur der Körpererweiterung K/k genauer zu untersuchen.

Besonders einfach ist die Situation im Fall einer endlichen Körpererweiterung K/k eines endlichen Körpers k der Charakteristik p. Jede solche Körpererweiterung ist einfach und separabel, also von der Gestalt $K = k[\alpha]$ mit einem Element $\alpha \in K$, dessen Minimalpolynom über k separabel ist und welches überdies in $K[X]$ in Linearfaktoren zerfällt.

Eine wichtige Rolle spielt die Gruppe $G(K/k)$ aller Automorphismen von K, die k elementweise festhalten. Diese ist zyklisch und hat die Ordnung $|G(K/k)| = [K : k]$. Sie wird vom Frobeniusautomorphismus φ_p erzeugt.

Für jedes $\beta \in K$ zerfällt das Minimalpolynom $m_\beta(X) \in k[X]$ in $K[X]$ in Linearfaktoren. Die Menge der Wurzeln fällt dabei mit der Bahn von β unter der Gruppe $G(K/k)$ zusammen. Die Kenntnis der Gruppe $G(K/k)$ liefert uns auch einen Überblick über alle Zwischenkörper L mit $k \subseteq L \subseteq K$. Denn die Zuordnung, die jeder

Untergruppe $H \leq G(K/k)$ den Fixkörper $K^H := \{x \in K : \varphi(x) = x$ für alle $\varphi \in H\}$ zuordnet, ist eine Bijektion von der Menge aller Untergruppen $H \leq G$ auf die Menge aller Zwischenkörper L von K/k.

Unser Ziel ist es, die hier vorliegende Situation auf geeignete Körpererweiterungen K/k beliebiger Körper k zu übertragen. Obwohl wir in erster Linie an Körpern k der Charakteristik 0 interessiert sind, wollen wir alle Resultate so formulieren, daß sie auch im allgemeinen Fall gelten. Wir führen die Beweise aber so, daß sie für Charakteristik 0 besonders einfach und durchschaubar werden. Der Leser braucht dann nur alle dabei überflüssigen Voraussetzungen wie Separabilität und dergleichen weglassen.

Unser erstes Ziel besteht darin, jene endlichen Körpererweiterungen K/k zu charakterisieren, welche als Zerfällungskörper eines separablen Polynoms darstellbar sind.

Folgende Eigenschaft erweist sich als charakteristisch für Zerfällungskörper K/k:

(1.1) Satz. *Sei K Zerfällungskörper eines Polynoms $f(X) \in k[X]$. Dann gibt es für jedes $\beta \in K$ ein Polynom $g(X) \in k[X]$ mit $g(\beta) = 0$, welches in $K[X]$ in Linearfaktoren zerfällt.*

BEWEIS. Sei $f(X) = \prod_{i=1}^{n} (X - \alpha_i)$ mit $\alpha_i \in K$. Dann ist $K = k[\alpha_1, \ldots, \alpha_n]$.

Jedes $\beta \in K$ hat daher die Gestalt $\beta = p(\alpha_1, \ldots, \alpha_n)$ mit einem passenden Polynom $p(X_1, \ldots, X_n) \in k[X_1, \ldots, X_n]$.

Wir bilden nun das Polynom

$$q(X, X_1, \ldots, X_n) = \prod_{\pi \in \mathfrak{S}_n} \left(X - p(X_{\pi(1)}, X_{\pi(2)}, \ldots, X_{\pi(n)})\right).$$

Dieses ist offensichtlich symmetrisch in $X_1, \ldots, X_n$. Aus dem Hauptsatz über symmetrische Funktionen ergibt sich daher, daß die Koeffizienten von $q(X, \alpha_1, \ldots, \alpha_n)$ Polynome in den elementarsymmetrischen Funktionen von $\alpha_1, \ldots, \alpha_n$ sind, d.h. also wegen $f(X) \in k[X]$ Elemente von k sind.

Somit ist $g(X) := q(X, \alpha_1, \ldots, \alpha_n) \in k[X]$.

Nach Konstruktion zerfällt $g(X)$ über K in Linearfaktoren und enthält speziell den Faktor $X - p(\alpha_1, \ldots, \alpha_n) = X - \beta$. Es erfüllt also $g(\beta) = 0$.

Diese Methode wurde bereits von Lagrange bei der Bildung der Resolventengleichung (II.(5.14)) verwendet.

Um uns einfacher ausdrücken zu können, führen wir die folgende Definition ein.

(1.2) DEFINITION. Eine endliche Körpererweiterung K/k heißt *normal*, wenn das Minimalpolynom aus $k[X]$ eines jeden Elementes $\beta \in K$ in $K[X]$ in Linearfaktoren zerfällt. Anders ausgedrückt: K/k heißt normal, wenn jedes irreduzible Polynom aus $k[X]$, das eine Nullstelle in K hat, bereits alle Nullstellen in K hat

(1.3) Satz. *Eine endliche Körpererweiterung K/k ist genau dann normal, wenn K der Zerfällungskörper eines Polynoms aus $k[X]$ ist.*

BEWEIS. Ist $\{\alpha_1, \ldots, \alpha_n\}$ eine Basis von K über k, so gilt $K = k[\alpha_1, \ldots, \alpha_n]$.

Sei $p_i(X)$ das Minimalpolynom von α_i über k und $f(X) = p_1(X) \cdots p_n(X)$.

Ist K/k normal, so zerfällt jedes p_i und daher auch f über K in Linearfaktoren. Es ist klar, daß K der Zerfällungskörper von f über k ist, da die Nullstellen von $f(X)$ ganz K erzeugen.

Sei umgekehrt K der Zerfällungskörper eines Polynoms über k. Ist $\beta \in K$, dann existiert nach (1.1) ein Polynom $g(X) \in k[X]$ mit $g(\beta) = 0$, welches in $K[X]$ zerfällt.

Für das Minimalpolynom $p(X)$ von β gilt dann $p(X)|g(X)$. Es zerfällt daher ebenfalls.

(1.4) BEMERKUNG. Die Tatsache, daß jeder Zerfällungskörper normal ist, kann auch ohne Verwendung des Hauptsatzes über symmetrische Funktionen bewiesen werden. Wir wollen nun einen solchen Beweis skizzieren:

Sei K Zerfällungskörper eines Polynoms $g(X) \in k[X]$ und $f(X) \in k[X]$ ein irreduzibles Polynom aus $k[X]$, welches eine Nullstelle $\alpha \in K$ besitzt. Wir müssen zeigen, daß alle Nullstellen in K liegen.

Die Nullstellen von $f(X)$ liegen jedenfalls in einem Zerfällungskörper $L \supseteq K$ von $f(X)g(X)$.

Es genügt nun zu zeigen, daß für je zwei verschiedene Nullstellen α_1, α_2 von $f(X)$ in L die Grade $[K(\alpha_1) : K]$ und $[K(\alpha_2) : K]$ übereinstimmen. Denn für $\alpha \in K$ ist dann $[K(\alpha) : K] = [K : K] = 1$. Also ist für jede andere Nullstelle β von $f(X)$ ebenfalls $[K(\beta) : K] = 1$.

Das bedeutet aber wegen $K(\beta) \supseteq K$, daß $K(\beta) = K$ ist und daher $\beta \in K$ liegt. Somit liegen alle Nullstellen von $f(X)$ in K, wie behauptet.

Nun gilt jedenfalls $[k(\alpha_1) : k] = [k(\alpha_2) : k] = \deg f$ nach (III.(4.2)).

Weiters ist $K(\alpha_i)$ ein Zerfällungskörper von $g(X)$ über $k(\alpha_i)$.

Da es einen Isomorphismus $\sigma : k(\alpha_1) \to k(\alpha_2)$ gibt, der sich nach III.(4.21) zu einem Isomorphismus $\hat{\sigma} : K(\alpha_1) \to K(\alpha_2)$ erweitern läßt, ist insbesondere $[K(\alpha_1) : k(\alpha_1)] = [K(\alpha_2) : k(\alpha_2)]$.

Daher ist auch

$$[K(\alpha_1) : k] = [K(\alpha_1) : k(\alpha_1)] \cdot [k(\alpha_1) : k] = [K(\alpha_2) : k(\alpha_2)] \cdot [k(\alpha_2) : k] = [K(\alpha_2) : k].$$

Wegen $[K(\alpha_i) : k] = [K(\alpha_i) : K] \cdot [K : k]$ folgt daraus die gesuchte Gleichheit $[K(\alpha_1) : K] = [K(\alpha_2) : K]$.

Der Begriff der Normalität ist vor allem deshalb wichtig, weil er einfacher zu handhaben ist als der Begriff des Zerfällungskörpers. So ist klar, daß $\mathbb{Q}(\sqrt[3]{2})/\mathbb{Q}$ nicht normal ist, weil das Minimalpolynom $X^3 - 2$ von $\sqrt[3]{2}$ in $\mathbb{Q}(\sqrt[3]{2})$ nicht zerfällt. Denn die beiden anderen Wurzeln $\rho\sqrt[3]{2}$ und $\rho^2\sqrt[3]{2}$ liegen als komplexe Zahlen sicher nicht in $\mathbb{Q}(\sqrt[3]{2}) \subseteq \mathbb{R}$.

Es ist klar, daß jede quadratische Erweiterung normal ist. Dagegen ist der Begriff der Normalität nicht transitiv. So ist z. B. $\mathbb{Q}(\sqrt[4]{2})/\mathbb{Q}(\sqrt{2})$ als quadratische Erweiterung normal und ebenso $\mathbb{Q}(\sqrt{2})/\mathbb{Q}$. Dagegen ist $\mathbb{Q}(\sqrt[4]{2})/\mathbb{Q}$ nicht normal. Denn das Minimalpolynom $X^4 - 2$ hat die Nullstellen $\sqrt[4]{2}, i\sqrt[4]{2}, -\sqrt[4]{2}, -i\sqrt[4]{2}$. Die Elemente $\pm i\sqrt[4]{2}$ liegen nicht in $\mathbb{Q}(\sqrt[4]{2})$, weil sie nicht reell sind.

Sehr nützlich ist

(1.5) Satz. *Sei $k \subseteq L \subseteq K$. Ist K/k normal, dann ist auch K/L normal.*

BEWEIS. Sei $\beta \in K$. Das Minimalpolynom $m_L(X)$ von β in $L[X]$ teilt jedes Polynom in $L[X]$, welches β als Nullstelle hat. Ein solches Polynom ist das Minimalpolynom $m_k(X)$ von β in $k[X] \subseteq L[X]$. Da dieses nach Voraussetzung in $K[X]$ zerfällt, tut es auch jenes.

BEMERKUNG. Die Erweiterung L/k braucht unter den Voraussetzungen von (1.5) nicht normal sein. Denn sei $L = \mathbb{Q}(\sqrt[3]{2})$, $k = \mathbb{Q}$ und K der Zerfällungskörper von $X^3 - 2$. Dann ist K/k normal, L/k jedoch nicht.

Da wir vor allem an endlichen Körpererweiterungen interessiert sind, die gleichzeitig normal und separabel sind, fassen wir die diesbezüglichen Ergebnisse zu folgendem Satz zusammen.

(1.6) Satz. *Eine endliche Körpererweiterung K/k ist genau dann normal und separabel, wenn K der Zerfällungskörper eines separablen Polynoms aus $k[X]$ ist. Ist K/k normal und separabel und $k \subseteq L \subseteq K$, dann ist auch K/L normal und separabel.*

BEWEIS. Die Aussagen über Normalität wurden eben bewiesen.
Jene über Separabilität folgen aus VII.(3.10) und VII.(3.13).

Für Körper k der Charakteristik 0 sind die Aussagen über Separabilität von selbst erfüllt.

Als nächstes wollen wir zeigen, daß jede endliche separable Körpererweiterung K/k einfach ist. Es gibt also Elemente $\alpha \in K$, sogenannte *primitive Elemente*, so daß $K = k(\alpha) = k[\alpha]$ ist.

(1.7) Satz vom primitiven Element. *Jede endliche separable Körpererweiterung K/k ist einfach.*

BEWEIS. Es genügt zu zeigen, daß jede von zwei separablen algebraischen Elementen β und γ erzeugte Körpererweiterung $K = k(\beta, \gamma)$ einfach ist, also in der Form $K = k(\alpha)$ geschrieben werden kann. Dazu betrachten wir die Minimalpolynome

$$f(X) = (X - \beta_1) \cdots (X - \beta_l) \in k\,[X] \text{ von } \beta = \beta_1 \text{ und}$$
$$g(X) = (X - \gamma_1) \cdots (X - \gamma_m) \in k\,[X] \text{ von } \gamma = \gamma_1.$$

Da β und γ separabel sind, sind alle Nullstellen einfach. Wir brauchen hier nur den Fall zu betrachten, daß k unendlich viele Elemente besitzt. Denn für endliche Körper k wurde der Satz ja bereits gezeigt. (Jede Primitivwurzel von K ist auch primitives Element).

Wir behaupten, daß es dann ein $c \in k$ gibt, so daß $\alpha = \beta + c\gamma$ primitives Element von $k(\beta, \gamma)$ ist.

Betrachten wir zunächst irgendein $c \neq 0$ aus k und setzen $\alpha = \beta + c\gamma$. Dann liegen die Polynome $g(X)$ und $f(\alpha - cX)$ in $(k(\alpha))\,[X]$ und haben die gemeinsame Nullstelle γ.

Daher liegt auch der größte gemeinsame Teiler $d(X) = \mathrm{ggT}(g(X), f(\alpha - cX))$ in $(k(\alpha))\,[X]$ und hat ebenfalls γ als Nullstelle.

Wenn wir nun c so wählen können, daß γ die einzige Nullstelle von $d(X)$ ist, ergibt sich $d(X) = X - \gamma$. Also ist $X - \gamma \in (k(\alpha))\,[X]$ und daher $\gamma \in k(\alpha)$.

Dann ist aber

$$k(\alpha) = k(\beta + c\gamma) \subseteq k(\beta, \gamma) = k(\alpha - c\gamma, \gamma) \subseteq k(\alpha),$$

d.h. $k(\beta, \gamma) = k(\alpha)$ und α ist primitives Element von $k(\beta, \gamma)$.

So eine Wahl von c ist tatsächlich möglich: Wir brauchen bloß darauf zu achten, daß alle Elemente $\alpha - c\gamma_j$, $j \geq 2$, verschieden von den Nullstellen β_i von $f(X)$ sind, d.h. daß

$$\beta_i + c\gamma_j \neq \alpha = \beta_1 + c\gamma_1$$

ist. Da die $l(m-1)$ Gleichungen

$$\beta_i + \gamma_j X = \beta_1 + \gamma_1 X\ , \quad 1 \leq i \leq l, \quad 2 \leq j \leq m,$$

jeweils genau eine Lösung x_{ij} besitzen und k unendlich viele Elemente hat, existiert sicher ein $c \in k$, das von allen x_{ij} verschieden ist. Jedes solche c liefert ein primitives Element von K.

Nach VII.(3.13) ist α auch separabel.

Zum Beispiel ist $\sqrt{2}+\sqrt{3}$ primitives Element von $\mathbb{Q}(\sqrt{2}, \sqrt{3})$ oder $\rho + \sqrt[3]{2}$ primitives Element von $\mathbb{Q}(\rho, \sqrt[3]{2})$.

Bemerkung. Die Voraussetzung der Separabilität braucht man im Beweis nur, um zu garantieren, daß $d(X) = X - \gamma$ ist. Ohne diese Voraussetzung hätten wir nur schließen können, daß $d(X) = (X - \gamma)^i$ für ein $i \geq 1$ ist. Es hätte aber genügt, eine der Wurzeln β, γ als separabel vorauszusetzen. Denn dann hätte sich ebenfalls $d(X) = X - \gamma$ ergeben.

(1.8) Korollar. *Hat k die Charakteristik 0, dann ist jede endliche Körpererweiterung K/k einfach.*

(1.9) Bemerkung. Im Fall der Charakteristik $p > 0$ gibt es endliche Erweiterungen, die nicht einfach sind.

Denn seien z. B. ξ und η Unbestimmte über dem Körper $\mathbb{F}_2$.

Sei $K = \mathbb{F}_2(\xi, \eta)$ der Körper aller rationalen Ausdrücke in ξ und η über $\mathbb{F}_2$ und k der Teilkörper $k = \mathbb{F}_2(\xi^2, \eta^2)$.

Dann hat jedes Polynom $p(\xi, \eta) \in \mathbb{F}_2\,[\xi, \eta]$ die Gestalt

$$p(\xi, \eta) = a_0 + a_1\xi + a_2\eta + a_3\xi\eta$$

mit $a_i \in \mathbb{F}_2\left[\xi^2, \eta^2\right]$.

Somit sind die Elemente von $\mathbb{F}_2(\xi, \eta)$ von der Gestalt

$$\frac{a_0 + a_1\xi + a_2\eta + a_3\xi\eta}{b_0 + b_1\xi + b_2\eta + b_3\xi\eta}.$$

Multipliziert man Zähler und Nenner mit $(b_0 + b_1\xi + b_2\eta + b_3\xi\eta)$, so ergibt sich wegen

$$(b_0 + b_1\xi + b_2\eta + b_3\xi\eta)^2 = b_0^2 + b_1^2\xi^2 + b_2^2\eta^2 + b_3^2\xi^2\eta^2 \in k,$$

daß jedes Element $\alpha \in K$ die Gestalt

$$\alpha = c_0 + c_1\xi + c_2\eta + c_3\xi\eta \text{ mit } c_i \in k$$

besitzt. Somit ist $[K : k] = 4$.

K ist also eine endliche Erweiterung von k.

$$K = \mathbb{F}_2(\xi, \eta) = k(\xi, \eta).$$

Über $\mathbb{F}_2$ sind ξ und η transzendent, über k sind sie algebraisch.

Die Erweiterung K/k kann nicht einfach sein.

Denn wäre $K = k(\alpha)$, so wäre α von der Form $\alpha = c_0 + c_1\xi + c_2\eta + c_3\xi\eta$ und daher $\alpha^2 \in k$. Dann wäre $[k(\alpha) : k] \leq 2$ in Widerspruch zu $[K : k] = 4$.

Übrigens ist K/k sogar normal. Denn K ist der Zerfällungskörper von $\left(X^2 - \xi^2\right)\left(X^2 - \eta^2\right) = (X - \xi)^2(X - \eta)^2 \in k[X]$. Es ist klar, daß $(X - \xi)^2$ und $(X - \eta)^2$ irreduzibel sind und daher K/k nicht separabel ist.

K/k ist auch ein Beispiel einer endlichen Erweiterung mit unendlich vielen Zwischenkörpern.

Denn die Körper $L_c = k(\xi + c\eta)$ mit $c \in k$ sind alle verschieden und k hat unendlich viele Elemente. Wäre nämlich $L = L_c = L_d$ für $c \neq d$, so wäre $L \subseteq k(\xi, \eta)$.

Es wäre $\xi + c\eta \in L$, $\xi + d\eta \in L$ und daher auch $(c-d)\eta = (\xi + c\eta) - (\xi + d\eta) \in L$ und somit $\eta \in L$. Analog ist $\xi \in L$.

Es wäre also

$$K = k(\xi, \eta) \subseteq L,$$

d.h. $L = k(\xi + c\eta) = K$.

Nun ist jedoch $[L : k] = 2$ und $[K : k] = 4$. Das ist ein Widerspruch.

Diese Situation ist typisch. Denn es zeigt sich, daß K/k genau dann einfach ist, wenn es nur endlich viele Zwischenkörper gibt.

(1.10) Satz. *Eine endliche Körpererweiterung K/k ist genau dann einfach, wenn es nur endlich viele Zwischenkörper gibt.*

BEWEIS. Sei K/k einfach, $K = k(\alpha)$. Sei $f(X) \in k[X]$ das Minimalpolynom von α.

Ist L ein Zwischenkörper und $g(X) \in L[X]$ das Minimalpolynom von α über L, so ist $g(X)$ ein Teiler von $f(X)$. Da es nur endlich viele Teiler von $f(X)$ gibt, gibt es auch nur endlich viele Zwischenkörper, wenn wir zeigen können, daß es für verschiedene Zwischenkörper L verschiedene Minimalpolynome gibt.

Angenommen $g(X)$ wäre das Minimalpolynom von α über L_1 und über L_2. Dann wäre $g(X) \in L_1[X] \cap L_2[X]$.

Sei $L_{12} = L_1 \cap L_2$. Dann wäre $g(X)$ auch in $L_{12}[X]$.

Da $g(X)$ irreduzibel über L_1 ist, ist es auch irreduzibel über dem Teilkörper L_{12}.

$$[K : L_{12}] = [K : L_1] = [K : L_2] = \deg g.$$

Das heißt $L_1 = L_{12} = L_2$.

Sei umgekehrt K/k eine endliche Erweiterung, für die es nur endlich viele Zwischenkörper gibt. Wir können voraussetzen, daß k unendlich viele Elemente besitzt, da der Satz für endliche Körper gilt.

Seien $\alpha, \beta \in K$. Für jedes $c \in k$ sei $\gamma_c = \alpha + c\beta$. Dann sind alle $L_c = k(\gamma_c)$ Zwischenkörper. Da es nur endlich viele gibt, existieren $c \neq d$ mit $L_c = L_d$. Wie oben folgt daraus $k(\alpha, \beta) = L_c = k(\gamma_c)$. Die Adjunktion von 2 Elementen kann also durch die Adjunktion eines Elementes ersetzt werden. Da K/k endlich ist, folgt die Behauptung des Satzes mit Induktion.

(1.11) Korollar. *Ist K/k eine endliche einfache Erweiterung und $k \subseteq L \subseteq K$, dann ist auch L/k einfach.*

Um die Struktur einer Körpererweiterung zu studieren, erweist sich wie im Fall endlicher Körper die Gruppe $G(K/k)$ aller k–Automorphismen von K von grundlegender Bedeutung.

(1.12) DEFINITION. Sei k ein Teilkörper der Körper K und M. Unter einem *k–Homomorphismus* $\sigma : K \to M$ versteht man einen Ringhomomorphismus, der die Elemente von k elementweise festhält, d.h. $\sigma(a) = a$ für alle $a \in k$ erfüllt.

(1.13) Satz. *Jeder k–Homomorphismus $\sigma : K \to K$ einer endlichen Körpererweiterung K/k ist ein k–Automorphismus, d.h. injektiv und surjektiv.*

BEWEIS. Sei $\{\alpha_1, \ldots, \alpha_n\}$ eine Basis des Vektorraumes K über dem Körper k und σ ein k–Homomorphismus.
Nach III.(3.16) ist σ injektiv, weil Ker σ ein Ideal in K ist, welches wegen $\sigma(1) = 1$ nur das Nullideal sein kann.
Da σ injektiv ist, besteht die Bildmenge $\{\sigma(\alpha_1), \ldots, \sigma(\alpha_n)\}$ wieder aus n linear unabhängigen Elementen über k. Diese spannen daher ganz K auf. Daher ist σ auch surjektiv.

(1.14) DEFINITION. Sei K/k eine Körpererweiterung. Dann heißt die Gruppe $G(K/k)$ aller k–Automorphismen von K die *Galoisgruppe* $G(K/k)$ von K/k.

Da für Automorphismen σ und τ auch $\sigma\tau$ und σ^{-1} Automorphismen sind, ist klar, daß $G(K/k)$ wirklich eine Gruppe ist. Bevor wir diese Gruppe genauer studieren, wollen wir uns überlegen, wie sich dieser abstrakte Begriff eines Automorphismus einer Körpererweiterung K/k konkreter fassen läßt.
Einen ersten Hinweis liefern die folgenden Sätze.

(1.15) Satz. *Sei K/k eine Körpererweiterung, $f(X) \in k[X]$ und $\sigma \in G(K/k)$. Ist $\alpha \in K$ eine Nullstelle von $f(X)$, dann ist auch $\sigma(\alpha)$ eine Nullstelle von $f(X)$.*

BEWEIS. Sei $f(X) = a_0 + a_1 X + \cdots + a_n X^n$ mit $a_i \in k$. Dann ist

$$\begin{aligned} f(\sigma(\alpha)) &= a_0 + a_1\sigma(\alpha) + \cdots + a_n(\sigma(\alpha))^n = \\ &= \sigma(a_0 + a_1\alpha + \cdots + a_n\alpha^n) = \sigma(f(\alpha)) = \sigma(0) = 0 \ , \end{aligned}$$

weil σ die Koeffizienten $a_i \in k$ elementweise festhält.

(1.16) Satz. *Sei $f(X) \in k[X]$ ein Polynom mit lauter einfachen Nullstellen $\alpha_1, \ldots, \alpha_n$ und $K = k(\alpha_1, \ldots, \alpha_n) = k[\alpha_1, \ldots, \alpha_n]$ der Zerfällungskörper von $f(X)$ über k. Dann induziert jeder k–Automorphismus $\sigma \in G(K/k)$ eine Permutation der Nullstellenmenge $\{\alpha_1, \ldots, \alpha_n\}$ und ist durch diese bereits eindeutig festgelegt. Die Galoisgruppe $G(K/k)$ kann also als Untergruppe der Gruppe $\mathfrak{S}_n$ aller Permutationen von $\{\alpha_1, \ldots, \alpha_n\}$ interpretiert werden.*

BEWEIS. Da σ injektiv ist und $\sigma(\alpha_i) \in \{\alpha_1, \ldots, \alpha_n\}$ ist, gibt es eine Permutation π von $\{1, 2, \ldots, n\}$ mit $\sigma(\alpha_i) = \alpha_{\pi(i)}$.
Ist $\sigma \neq \varepsilon$, so existiert mindestens ein α_i mit $\sigma(\alpha_i) \neq \alpha_i$. Daher ist auch $\pi \neq \varepsilon$.
Die Abbildung $\varphi : G(K/k) \to \mathfrak{S}_n$, die jedem Automorphismus σ die Permutation $\varphi(\sigma) = \pi$ zuordnet, ist offenbar ein injektiver Homomorphismus. Denn sei $\rho(\alpha_i) = \alpha_{\mu(i)}$. Denn ist $(\rho\sigma)(\alpha_i) = \rho(\alpha_{\pi(i)}) = \alpha_{\mu(\pi(i))}$, d.h. $\varphi(\rho\sigma) = \varphi(\rho)\varphi(\sigma)$.

Wir wollen uns nun an einigen konkreten Beispielen ein anschauliches Bild der Situation verschaffen.

(1.17) Sei $f(X) = X^2 + 1 \in \mathbb{R}[X]$ mit den Nullstellen $\pm i$ im Zerfällungskörper $\mathbb{R}[i] = \mathbb{C}$. Jeder $\mathbb{R}$–Homomorphismus σ induziert eine Permutation der beiden Nullstellen. Beide möglichen Permutationen liefern tatsächlich Automorphismen der Körpererweiterung $\mathbb{C}/\mathbb{R}$. Das ist die Identität ε mit $\varepsilon(a + ib) = a + ib$ und der Übergang σ zur konjugiert komplexen Zahl $\sigma(a + ib) = a - ib = \overline{a + ib}$.
Folglich ist $G(\mathbb{C}/\mathbb{R}) = \{\varepsilon, \sigma\} \cong C_2$.
(1.15) bedeutet in diesem Fall, daß jedes reelle Polynom mit $\alpha = a + ib$ auch die konjugiert komplexe Zahl $\overline{\alpha} = \overline{a + ib}$ als Nullstelle besitzt.

Analog ist die Galoisgruppe jeder quadratischen Erweiterung $\mathbb{Q}(\sqrt{d})/\mathbb{Q}$ mit $\sqrt{d} \notin \mathbb{Q}$ isomorph zu C_2.
Die Abbildung σ, die jedem Element $a + b\sqrt{d}$ das Element $a - b\sqrt{d}$ zuordnet, ist dann ein nicht trivialer Automorphismus der Körpererweiterung $\mathbb{Q}(\sqrt{d})/\mathbb{Q}$. Die Existenz von σ drückt die Tatsache aus, daß man vom abstrakten Standpunkt aus die beiden Wurzeln $\pm\sqrt{d}$ der Gleichung $X^2 - d = 0$ nicht unterscheiden kann.

Aus (1.15) folgt hier, daß jedes Polynom $f(X) \in \mathbb{Q}[X]$, das eine Wurzel der Gestalt $a + b\sqrt{d}$ hat, auch $a - b\sqrt{d}$ als Nullstelle besitzt.

Eine ganz analoge Situation liegt nach III.(4.15) bei quadratischen Erweiterungen $k(\delta)/k$ vor, wenn char $k \neq 2$ ist.

(1.18) Als nächstens wollen wir die Galoisgruppe von $\mathbb{Q}(\sqrt{2},\sqrt{3})/\mathbb{Q}$ bestimmen.

$\mathbb{Q}(\sqrt{2},\sqrt{3})$ kann als Zerfällungskörper des Polynoms $f(X)=(X^2-2)(X^2-3)$ aus $\mathbb{Q}[X]$ interpretiert werden. Jedes σ der Galoisgruppe G induziert also eine Permutation der Nullstellenmenge $\{\sqrt{2},-\sqrt{2},\sqrt{3},-\sqrt{3}\}$.

Aus $(\sqrt{2})^2 = 2$ folgt $(\sigma(\sqrt{2}))^2 = \sigma(2) = 2$, d.h. $\sigma(\sqrt{2}) = \pm\sqrt{2}$ und analog $\sigma(\sqrt{3}) = \pm\sqrt{3}$. Die entsprechende Permutation kann also nur $\{\sqrt{2},-\sqrt{2}\}$ und $\{\sqrt{3},-\sqrt{3}\}$ untereinander permutieren.

Nun ist $\mathbb{Q}(\sqrt{2},\sqrt{3}) = (\mathbb{Q}[\sqrt{2}])[\sqrt{3}]$, d.h. jedes $\alpha\in\mathbb{Q}(\sqrt{2},\sqrt{3})$ hat eine eindeutige Darstellung

$$\alpha=\left(a_1+b_1\sqrt{2}\right)+\left(a_2+b_2\sqrt{2}\right)\sqrt{3}$$

und nach obiger Überlegung induziert $\tau(\sqrt{3}) = -\sqrt{3}$ einen Automorphismus von $\left(\mathbb{Q}(\sqrt{2})\right)(\sqrt{3})$, der $\mathbb{Q}(\sqrt{2})$ festhält. Kombiniert man diesen mit σ, der durch $\sigma(\sqrt{2}) = -\sqrt{2}$ auf $\mathbb{Q}(\sqrt{2})$ definiert ist, so erhält man vier verschiedene Automorphismen ε,σ,τ und $\sigma\tau$, die auf $\sqrt{2}$ und $\sqrt{3}$ im Sinne der folgenden Tabelle wirken:

	$\sqrt{2}$	$\sqrt{3}$
ε	$\sqrt{2}$	$\sqrt{3}$
σ	$-\sqrt{2}$	$\sqrt{3}$
τ	$\sqrt{2}$	$-\sqrt{3}$
$\sigma\tau$	$-\sqrt{2}$	$-\sqrt{3}$

Da dadurch alle Möglichkeiten ausgeschöpft sind, ist die Galoisgruppe $G=\{\varepsilon,\sigma,\tau,\sigma\tau=\tau\sigma\}\cong C_2\times C_2$.

Bemerkung. Da wir bereits wissen, daß $\mathbb{Q}(\sqrt{2},\sqrt{3})$ eine einfache Erweiterung ist und $\alpha=\sqrt{2}+\sqrt{3}$ als primitives Element gewählt werden kann (1.7), hätten wir auch folgendermaßen schließen können: Das Minimalpolynom von α ist

$$\begin{aligned} f(X) &= (X-\sqrt{2}-\sqrt{3})(X-\sqrt{2}+\sqrt{3})(X+\sqrt{2}-\sqrt{3})(X+\sqrt{2}+\sqrt{3}) = \\ &= \left[(X-\sqrt{2})^2-3\right]\left[(X+\sqrt{2})^2-3\right] = (X^2-1-2\sqrt{2}X)(X^2-1+2\sqrt{2}X) = \\ &= (X^2-1)^2-8X^2 = X^4-10X^2+1\,. \end{aligned}$$

Denn $f(X)$ muß mit $X-\sqrt{2}-\sqrt{3}$ nach (1.15) auch alle $X\pm\sqrt{2}\pm\sqrt{3}$ als Faktoren enthalten und das so erhaltene Polynom liegt in $\mathbb{Q}[X]$.

Wie aus dem folgenden Satz sofort folgen wird, gibt es genau 4 $\mathbb{Q}$–Automorphismen, die durch

$$\begin{aligned} \varepsilon(\sqrt{2}+\sqrt{3}) &= \sqrt{2}+\sqrt{3} \\ \sigma(\sqrt{2}+\sqrt{3}) &= -\sqrt{2}+\sqrt{3} \\ \tau(\sqrt{2}+\sqrt{3}) &= \sqrt{2}-\sqrt{3} \\ \sigma\tau(\sqrt{2}+\sqrt{3}) &= -\sqrt{2}-\sqrt{3} \end{aligned}$$

eindeutig festgelegt sind und mit den bereits gefundenen Automorphismen übereinstimmen.

(1.19) Satz. *Sei K/k eine endliche einfache Erweiterung mit primitivem Element $\alpha = \alpha_1$. Sei $S = \{\alpha_1, \alpha_2, \ldots, \alpha_r\}$ die Menge aller jener Wurzeln α_i des Minimalpolynoms $f(X) \in k[X]$ von α, die im Körper $K = k(\alpha)$ enthalten sind. Dann gibt es genau r k–Automorphismen σ_i von K. Sie sind durch $\sigma_i(\alpha) = \alpha_i$, $1 \leq i \leq r$, eindeutig festgelegt.*

BEWEIS. Für $\sigma \in G(K/k)$ ist $\sigma(\alpha) = \alpha_i \in S$ nach (1.15), weil $\sigma(\alpha)$ sowohl Nullstelle von $f(X)$ sein muß als auch in $K = k(\alpha)$ liegen muß.

Sei umgekehrt $\beta \in S$ gegeben. Dann ist die Abbildung σ, die $\sum c_k\alpha^k$ in $\sum c_k\beta^k$ überführt, nach III.(4.17) ein k–Automorphismus von K.

(1.20) BEISPIEL. $G\left(\mathbb{Q}(\sqrt[3]{2})/\mathbb{Q}\right) = \{\varepsilon\}$.

Die Nullstellen von $X^3 - 2$ sind $\sqrt[3]{2}$, $\rho\sqrt[3]{2}$, $\rho^2\sqrt[3]{2}$.

Da $\rho \notin \mathbb{R}$ ist, gibt es nur eine einzige Nullstelle, die in $\mathbb{Q}\left(\sqrt[3]{2}\right)$ enthalten ist, nämlich $\sqrt[3]{2}$ selbst. Die Galoisgruppe besteht daher nur aus der identischen Abbildung ε.

(1.21) BEISPIEL. Sei ζ eine primitive 5. Einheitswurzel. Dann ist $G(\mathbb{Q}(\zeta)/\mathbb{Q}) \cong C_4$.

BEWEIS. Das Minimalpolynom von ζ ist

$$(X-\zeta)(X-\zeta^2)(X-\zeta^3)(X-\zeta^4) = X^4 + X^3 + X^2 + X + 1.$$

Da alle Nullstellen Potenzen von ζ sind und daher in $\mathbb{Q}(\zeta)$ liegen, gibt es genau vier Automorphismen.

Sei $\sigma(\zeta) = \zeta^2$. Dann ist $\sigma^2(\zeta) = \sigma(\sigma(\zeta)) = \sigma(\zeta^2) = \sigma(\zeta)^2 = \zeta^4$, $\sigma^3(\zeta) = \sigma(\sigma^2(\zeta)) = \sigma(\zeta^4) = \zeta^8 = \zeta^3$ und $\sigma^4(\zeta) = \sigma(\sigma^3(\zeta)) = \sigma(\zeta^3) = \zeta^6 = \zeta$.

Somit wird $G(\mathbb{Q}(\zeta)/\mathbb{Q})$ von σ erzeugt und ist daher zyklisch von der Ordnung 4.

Im Fall normaler Körpererweiterungen können wir k–Homomorphismen von Teilkörpern zu k–Automorphismen erweitern.

(1.22) Satz. *Sei $k \subseteq L \subseteq K$ und K/k eine normale endliche Erweiterung. Dann kann jeder k–Homomorphismus von L in K zu einem k–Automorphismus von K erweitert werden.*

BEWEIS. K ist nach (1.3) Zerfällungskörper eines Polynoms $f(X) \in k[X]$. Sei $\sigma : L \to \sigma(L) \subseteq K$ ein k–Homomorphismus.

Dann ist $f(X) \in L[X]$ und K ein Zerfällungskörper von f über L.

Wegen $f \in k[X]$ ist $\sigma f = f$ und daher ist K auch Zerfällungskörper von $(\sigma f)(X)$ über $\sigma(L)$.

Nach III.(4.21) existiert ein Isomorphismus $\hat{\sigma} : K \to K$, der auf L mit σ übereinstimmt.

Dann ist $\hat{\sigma} \in G(K/k)$ mit $\hat{\sigma}|_L = \sigma$.

(1.23) Korollar. *Sei K/k eine endliche normale Erweiterung und $f(X) \in k[X]$ irreduzibel. Sind $\alpha, \beta \in K$ Nullstellen von $f(X)$, dann existiert ein $\sigma \in G(K/k)$ mit $\sigma(\alpha) = \beta$.*

BEWEIS. Es existiert ein k–Isomorphismus $\tau : k(\alpha) \to k(\beta)$ mit $\tau(\alpha) = \beta$ nach III.(4.17). Nach (1.22) kann τ zu einem k–Automorphismus σ von K erweitert werden.

Wir können nun mittels der Galoisgruppe $G(K/k)$ einer normalen Körpererweiterung K/k feststellen, ob ein Zwischenkörper L normal über k ist. (Man vergleiche (1.5)).

(1.24) Satz. *Sei K/k eine endliche normale Körpererweiterung und L ein Zwischenkörper, $k \subseteq L \subseteq K$. Dieser ist genau dann normal über k, wenn er von jedem Automorphismus von K/k in sich übergeführt wird, d.h. wenn für jedes $\sigma \in G(K/k)$ gilt $\sigma(L) \subseteq L$.*

BEWEIS. Sei L/k normal, $\alpha \in L$ und $f(X) \in k[X]$ das Minimalpolynom von α. Dann zerfällt $f(X)$ in $L[X]$ in Linearfaktoren. Ist $\sigma \in G(K/k)$, so führt σ die Wurzel α in eine weitere Wurzel $\sigma(\alpha)$ von $f(X)$ über. Da diese in L liegt, gilt $\sigma(\alpha) \in L$ für alle $\alpha \in L$.

Sei umgekehrt $\sigma(L) \subseteq L$ für jedes $\sigma \in G(K/k)$.

Für $\alpha \in L$ sei wieder $f(X) \in k[X]$ das Minimalpolynom von α. Für jede weitere Wurzel β von $f(X)$ gibt es nach (1.23) ein $\sigma \in G(K/k)$ mit $\beta = \sigma(\alpha) \in L$.

Daher zerfällt $f(X)$ bereits in $L[X]$ in Linearfaktoren und das heißt, daß L/k eine normale Körpererweiterung ist.

Ist z. B. K der Zerfällungskörper von $X^3 - 2$ über $\mathbb{Q}$, dann ist $K = \mathbb{Q}(\rho, \sqrt[3]{2})$ nach III. (4.22). Nach (1.23) existiert $\sigma \in G(K/\mathbb{Q})$ mit $\sigma\left(\sqrt[3]{2}\right) = \rho\sqrt[3]{2}$.

Für den Zwischenkörper $L = \mathbb{Q}\left(\sqrt[3]{2}\right)$ ist $\sigma(L)$ nicht in L enthalten. Wir erhalten daher wieder, daß $\mathbb{Q}\left(\sqrt[3]{2}\right)/\mathbb{Q}$ nicht normal ist.

Wir wollen nun zeigen, daß es im Falle einer normalen separablen endlichen Erweiterung K/k immer „genügend viele" Automorphismen gibt. Das wird durch den folgenden Satz präzisiert.

(1.25) Satz. *Sei K/k eine endliche Körpererweiterung, die normal und separabel ist. Dann existiert für jedes $\alpha \in K\backslash k$ ein $\sigma \in G(K/k)$ mit $\sigma(\alpha) \neq \alpha$.*

BEWEIS. Sei $\alpha \in K\backslash k$ und $f(X)$ das Minimalpolynom von α über k. Da $\alpha \notin k$ ist, ist $\deg f > 1$. Daher existiert wegen der Separabilität eine weitere Wurzel $\beta \neq \alpha$, die wegen der Normalität von K/k wieder in K liegt. Dann gibt es nach (1.23) ein $\sigma \in G(K/k)$ mit $\sigma(\alpha) = \beta \neq \alpha$.

(1.26) DEFINITION. Sei G eine Gruppe von Automorphismen eines Körpers K. Dann nennt man die Menge

$$K^G := \{a \in K : \sigma(a) = a \text{ für alle } \sigma \in G\},$$

die offenbar einen Teilkörper von K bildet, den *Fixkörper* K^G unter G.

(1.27) DEFINITION. Eine endliche Körpererweiterung K/k heißt *Galoiserweiterung*, wenn k der Fixkörper ihrer Galoisgruppe $G(K/k)$ ist.

(1.28) Satz. *Sei K ein Körper und G eine endliche Gruppe von Automorphismen von K. Sei $k = K^G$ der Fixkörper von G. Für jedes $\alpha \in K$ sei $G\alpha = \{\alpha_1 = \alpha, \alpha_2, \dots, \alpha_n\}$ die Bahn des Elements α unter G, d.h. die Menge aller verschiedenen Elemente der Gestalt $\sigma(\alpha)$ mit $\sigma \in G$. Dann ist das separable normierte Polynom*

$$f(X) = \prod_{i=1}^{n}(X - \alpha_i)$$

das Minimalpolynom von α über k.

BEWEIS. Sei $f(X) = \prod_{i=1}^{n}(X - \alpha_i) = c_0 + c_1X + \cdots + c_{n-1}X^{n-1} + X^n$.
Jedes $\tau \in G$ führt das Polynom $g(X) = \sum b_iX^i \in K[X]$ in das Polynom $(\tau g)(X) = \sum \tau(b_i)X^i$ über.
Dabei ist $(\tau f)(X) = \prod_{i=1}^{n}(X - \tau(\alpha_i))$.
Wegen $\tau(\sigma(\alpha)) = (\tau\sigma)(\alpha)$ führt τ die Menge $G\alpha$ in sich über und da τ injektiv ist, induziert es eine Permutation von $G\alpha$. Daher ist $(\tau f)(X) = f(X)$.

Daher sind die Koeffizienten von $f(X)$ invariant unter allen $\tau \in G$, liegen also im Fixkörper $k = K^G$. Somit ist $f(X) \in k[X]$ und hat α als Nullstelle. Ist $g(X) \in k[X]$ das Minimalpolynom von α, so muß $g(X)$ mit α auch alle $\sigma(\alpha)$, $\sigma \in G$, als Nullstellen haben, weil $g(\sigma(\alpha)) = \sigma(g(\alpha)) = \sigma(0) = 0$ ist. Somit gilt $f(X)|g(X)$. Da aber andererseits das Minimalpolynom $g(X)$ jedes Polynom teilt, das α als Nullstelle hat, gilt auch $g(X)|f(X)$. Da beide Polynome normiert sind, stimmen sie überein.

(1.29) Satz. *Eine endliche Körpererweiterung K/k ist genau dann eine Galoiserweiterung, wenn sie normal und separabel ist.*

BEWEIS. Die eine Richtung wurde bereits in (1.25) gezeigt.

Denn jedes $\alpha \in k$ wird von allen $\sigma \in G(K/k)$ festgelassen, während es für jedes $\alpha \notin k$ ein $\sigma \in G(K/k)$ gibt mit $\sigma(\alpha) \neq \alpha$. Somit ist $K^{G(K/k)} = k$.

Sei andererseits K/k eine Galoiserweiterung und $\alpha \in K$. Nach (1.28) hat das Minimalpolynom $f(X)$ von α die Gestalt

$$f(X) = \prod_{i=1}^{n}(X - \alpha_i),$$

wobei $\{\alpha_1, \dots, \alpha_n\}$ die Bahn von α unter $G(K/k)$ ist. Daher ist $f(X)$ separabel und zerfällt in $K[X]$ in Linearfaktoren.

(1.30) DEFINITION. Sei K/k eine Galoiserweiterung und $\alpha \in K$. Dann bezeichnet man die Elemente der Gestalt $\sigma(\alpha)$ mit $\sigma \in G(K/k)$ als *Konjugierte* von α.

BEMERKUNG. Das ist eine Erinnerung an die Tatsache, daß im Fall $\mathbb{C}/\mathbb{R}$ die Zahlen $\alpha = x + iy$ und $\sigma(\alpha) = x - iy$ konjugiert komplexe Zahlen sind.

(1.31) Satz. *Sei K/k eine Galoiserweiterung und $|G(K/k)| = n$. Dann ist jedes $\alpha \in K$ algebraisch von einem Grad r mit $r|n$ und das Minimalpolynom von α ist gegeben durch $f(X) = \prod_{i=1}^{r}(X - \alpha_i)$, wobei $\{\alpha_1, \dots, \alpha_r\}$ die Menge aller Konjugierten von α ist.*

BEWEIS. Das folgt aus (1.29) und V. (4.5).

BEMERKUNG. Dieser Satz verallgemeinert VI. (1.12).

Nur ist im Fall endlicher Körper alles viel einfacher, weil die Automorphismen dort ganz konkret als Potenzen des Frobeniusautomorphismus $\varphi_p(\alpha) = \alpha^p$ darstellbar sind. Daher schreibt man auch oft $\sigma(\alpha) = \alpha^\sigma$, um diese Analogie zum Ausdruck zu bringen.

(1.32) Satz. *Sei K/k eine endliche Erweiterung, die normal und separabel ist. Dann gilt $|G(K/k)| = [K : k]$.*

BEWEIS. Nach dem Satz vom primitiven Element gilt $K = k(\alpha)$ für ein $\alpha \in K$. Das Minimalpolynom f von α zerfällt in $K[X]$ in lauter verschiedene Linearfaktoren und es gilt $\deg f = [K : k]$.

Nach (1.19) ist daher $|G(K/k)| = [K : k]$.

(1.33) Satz. *Sei G eine endliche Gruppe von Automorphismen des Körpers K, $|G| = n$, und $k = K^G$ der Fixkörper unter G. Dann gilt $[K : k] = n = |G|$.*

BEWEIS. Nach (1.28) ist jedes $\alpha \in K$ separabel und es gilt $[k(\alpha) : k] \leq n$.

Es gibt also ein $\alpha \in K$ mit maximalem Grad $[k(\alpha) : k] = r \leq n$.

Wir behaupten, daß dann bereits $K = k(\alpha)$ ist.

Denn sei $\beta \in K$ ein beliebiges Element von K.

Dann ist $k(\alpha, \beta)$ eine separable endliche Erweiterung von k und nach dem Satz vom primitiven Element wieder einfach, $k(\alpha, \beta) = k(\gamma)$. Dann ist aber $k(\alpha) \subseteq k(\gamma)$. Nach Wahl von α gilt $[k(\gamma) : k] \leq [k(\alpha) : k]$.

Das ist nur möglich, wenn die Grade gleich sind und $k(\gamma) = k(\alpha)$ ist. Dann ist aber $\beta \in k(\gamma) = k(\alpha)$, d.h. jedes $\beta \in K$ liegt in $k(\alpha)$ oder $K = k(\alpha)$.

Daher ist K/k eine endliche Erweiterung.

Es gilt $[K : k] = [k(\alpha) : k] = r \leq n = |G|$.

Andererseits ist $G \subseteq G(K/k)$, weil die Galoisgruppe die Menge aller Automorphismen von K ist, die k elementweise festhalten.

Daher ist $|G| \leq |G(K/k)| \leq [K : k]$ nach (1.19).

Insgesamt ist also

$$[K : k] \leq n = |G| \leq [K : k],$$

d.h. $[K : k] = n = |G|$.

(1.34) Korollar. *Sei G eine endliche Gruppe von Automorphismen eines Körpers K und $k = K^G$ der Fixkörper unter G. Dann ist K/k eine Galoiserweiterung und $G = G(K/k)$.*

Beweis. Nach obigem ist $G \subseteq G(K/k)$ und $|G| = |G(K/k)|$.

Somit ist $G = G(K/k)$.

(1.35) Bemerkung. Von (1.32) gilt auch die Umkehrung:
Für jede endliche Körpererweiterung K/k gilt $|G(K/k)| \leq [K : k]$.

Das Gleichheitszeichen gilt genau dann, wenn K/k eine Galoiserweiterung ist.

Beweis. Nach VII.(3.11) ist $|G(K/k)| \leq [K : k]$.

Nach VII.(3.12) ist $|G(K/k)| < [K : k]$ wenn K/k nicht separabel ist.

Sei also K/k eine endliche separable Erweiterung. Dann ist sie einfach (1.7), d.h. $K = k(\alpha)$.

Nach (1.19) ist $[K : k] = |G(K/k)|$ genau dann, wenn alle Nullstellen des Minimalpolynoms von α in K liegen, d.h. wenn K normal ist. Damit ist alles gezeigt.

(1.36) Beispiel. Sei F ein Körper und $K = F(X_1, \ldots, X_n)$ der Körper aller rationalen Ausdrücke über F.

Dann ist für jedes $\pi \in \mathfrak{S}_n$ durch

$$\pi\left(\frac{p(X_1, \ldots, X_n)}{q(X_1, \ldots, X_n)}\right) = \frac{p(X_{\pi(1)}, \ldots, X_{\pi(n)})}{q(X_{\pi(1)}, \ldots, X_{\pi(n)})}$$

ein Automorphismus von K definiert.

Sei k der Fixkörper unter allen $\pi \in \mathfrak{S}_n$. Dann besteht k aus allen symmetrischen Funktionen aus K.

Nach (1.33) ist $[K : k] = |\mathfrak{S}_n| = n!$.

Der Körper k enthält unter anderem die elementarsymmetrischen Funktionen $s_1, s_2, \ldots, s_n$. Daher gilt auch $k \supseteq F(s_1, s_2, \ldots, s_n)$.

Wir behaupten, daß diese beiden Körper zusammenfallen, daß also $k = F(s_1, \ldots, s_n)$ ist. Das folgt natürlich sofort aus dem Hauptsatz über symmetrische Funktionen. Wir wollen aber jetzt einen davon unabhängigen Beweis geben. Aus

$$f(Y) = (Y - X_1)(Y - X_2)\cdots(Y - X_n) = Y^n - s_1 Y^{n-1} + \cdots + (-1)^n s_n$$

folgt, daß $F(X_1, X_2, \ldots, X_n)$ ein Zerfällungskörper des Polynoms $Y^n - s_1 Y^{n-1} + \cdots + (-1)^n s_n \in F(s_1, \ldots, s_n)[Y]$ ist.
Daraus folgt $[K : F(s_1, \ldots, s_n)] \leq n!$.

Denn X_n ist eine Nullstelle von $f(Y)$. Daher ist

$$[F(s_1, \ldots, s_n, X_n) : F(s_1, \ldots, s_n)] \leq \deg f = n.$$

Setzt man $s_i'(X_1, \ldots, X_{n-1}) = s_i(X_1, \ldots, X_{n-1}, 0)$, so ist $s_i(X_1, \ldots, X_n) = X_n s_{i-1}'(X_1, \ldots, X_{n-1}) + s_i'(X_1, \ldots, X_{n-1})$ und daher $F(s_1, \ldots, s_n, X_n) = F(X_n, s_1' \ldots, s_{n-1}')$, da $s_n' = 0$ ist.

Nun können wir nach Induktion annehmen, daß $\left[F(X_1, \ldots, X_{n-1}) : F(s_1', \ldots, s_{n-1}')\right] \leq (n-1)!$ für beliebige Körper F bereits bewiesen ist.

Daraus ergibt sich dann

$$\begin{aligned}[F(X_1, \ldots, X_n) &: F(s_1, \ldots, s_n, X_n)] = \\ &= \left[F(X_n)(X_1, \ldots, X_{n-1}) : F(X_n)(s_1', \ldots, s_{n-1}')\right] \leq (n-1)!\end{aligned}$$

und daher

$$\begin{aligned}[F(X_1, \ldots, X_n) : F(s_1, \ldots, s_n)] &= [F(X_1, \ldots, X_n) : F(s_1, \ldots, s_n, X_n)] \cdot \\ &\cdot [F(s_1, \ldots, s_n, X_n) : F(s_1, \ldots, s_n)] \leq (n-1)! n = n!.\end{aligned}$$

Der Induktionsanfang $n = 1$ ist trivial.

Aus $K \supseteq k \supseteq F(s_1, \ldots, s_n)$ ergibt sich nun schließlich

$$\begin{aligned}n! \geq [K : F(s_1, \ldots, s_n)] &= [K : k] \cdot [k : F(s_1, \ldots, s_n)] = \\ &n!\,[k : F(s_1, \ldots, s_n)]\end{aligned}$$

d.h. $[k : F(s_1, \ldots, s_n)] \leq 1$.

Das ist nur möglich, wenn $k = F(s_1, \ldots, s_n)$ ist.

Bemerkung. Damit sich kein Zirkelschluß ergibt, müssen wir uns überlegen, ob wir nicht irgendwo den Hauptsatz über symmetrische Funktionen schon früher verwendet haben. Das war nur bei (1.1) der Fall. Verwendet man statt dessen (1.4), so haben wir einen neuen einfachen Beweis für die Darstellung beliebiger rationaler symmetrischer Funktionen durch die elementarsymmetrischen Funktionen gewonnen.

(1.37) Hauptsatz der Galois–Theorie.
Sei K/k eine Galoiserweiterung vom Grad $[K : k] = n$ und $G = G(K/k)$ die zugehörige Galoisgruppe. Dann gilt:

1) $|G(K/k)| = [K : k] = n$.
2) *Die Abbildung $H \to K^H$ ist eine Bijektion der Menge aller Untergruppen $H \leq G$ der Galoisgruppe auf die Menge aller Zwischenkörper L, $k \subseteq L \subseteq K$, der Erweiterung K/k. Die dazu inverse Abbildung ist durch $L \to G(K/L)$ gegeben.*
Diese Abbildung kehrt Inklusionen um: Ist $H_1 \subseteq H_2$ und sind $L_1 = K^{H_1}$ und $L_2 = K^{H_2}$ die entsprechenden Fixkörper, so gilt $L_1 \supseteq L_2$.
3) *Entsprechen H und L einander bei dieser Bijektion,*
so gilt $[K : L] = |H| = |G(K/L)|$ *und*
$[L : k] = (G : H) = |G|/|H|$.
4) *Sei $\sigma \in G$. Entsprechen H und L einander, so entsprechen einander auch die konjugierte Untergruppe $\sigma H \sigma^{-1}$ und der konjugierte Teilkörper σL, d.h. es gilt*
$$G(K/\sigma L) = \sigma H \sigma^{-1} \text{ und } K^{\sigma H \sigma^{-1}} = \sigma L.$$
5) *Ein Zwischenkörper L von K/k ist genau dann normal über k, wenn die entsprechende Untergruppe $H = G(K/L)$ ein Normalteiler von G ist.*
Ist das der Fall, dann ist die Abbildung von $G(K/k)$ auf $G(L/k)$, die jedem Automorphismus $\sigma \in G$ die Restriktion $\sigma|_L$ auf den Teilkörper L zuordnet, ein surjektiver Homomorphismus mit Kern $G(K/L) = H$. Daher ist
$$G(L/k) \cong G/H = G(K/k)/G(K/L).$$

Beweis. 1) folgt aus (1.29) und (1.32).
Nun zu 2): Wir müssen zeigen, daß die Abbildungen
$$H \to K^H = L \text{ und } L \to G(K/L) = H$$
zueinander invers sind und die Mengen der Untergruppen und Zwischenkörper bijektiv aufeinander abbilden.

Wir wissen, daß K/k nach dem Satz vom primitiven Element einfach ist. Es gilt also $K = k(\alpha)$ für ein $\alpha \in K$. Sei $H \leq G$. Bildet man $h(X) := \prod_{\sigma \in H} (X - \sigma(\alpha))$, dann ist $h(X) \in L[X]$, wenn $L = K^H$ gesetzt wurde, weil die Koeffizienten von $h(X)$ unter jedem $\sigma \in H$ fest bleiben. Da $h(\alpha) = 0$ und $L(\alpha) = k(\alpha) = K$ ist, ist also
$$[K : L] = [L(\alpha) : L] \leq \deg h(X) = |H|.$$

Andererseits gilt $H \subseteq G(K/L)$, weil H den Körper L festläßt. Daher ist $|H| \leq |G(K/L)| \leq [K : L]$. Insgesamt ergibt sich $|H| = [K : L]$ und daher $|H| = |G(K/L)|$, d.h. $H = G(K/L)$. Ist also der Untergruppe H der Körper L zugeordnet, so ist diesem wieder die Untergruppe H zugeordnet.

Sei nun umgekehrt L ein Zwischenkörper von K/k und $H = G(K/L)$ die zugeordnete Untergruppe.

Da nach (1.6) K/L normal und separabel ist, ist L der Fixkörper unter $H = G(K/L)$ nach (1.29). Der Untergruppe H wird also wieder der Ausgangskörper $K^H = L$ zugeordnet.

Ist $H_1 \subseteq H_2$, dann wird jedes Element von $L_2 = K^{H_2}$ von allen $\sigma \in H_2$ und daher umso mehr von allen $\sigma \in H_1$ festgelassen, liegt also in L_1. Somit ist $L_2 \subseteq L_1$.

Da K/L eine Galoiserweiterung ist, folgt aus 1) daß $|G(K/L)| = [K : L]$ ist. Folglich ist $|H| = |G(K/L)| = [K : L]$, d.h. der erste Teil von 3) gilt.

Aus $|G| = [K : k] = [K : L] \cdot [L : k] = |H| \cdot [L : k]$ ergibt sich sofort die zweite Behauptung von 3).

Aus $[K : L] = |H| = \deg h(X)$ ergibt sich auch, daß $h(X) = \prod_{\sigma \in H} (X - \sigma(\alpha))$ das Minimalpolynom von α über $L = K^H$ ist.

Da auch L/k separabel und daher einfach ist, gilt $L = k(\beta)$ für ein geeignetes primitives Element $\beta \in L$.

Sind $\beta_1 = \beta, \beta_2, \ldots, \beta_l$ die verschiedenen Konjugierten von β, so gibt es $\sigma_i \in G$ mit $\sigma_i(\beta) = \beta_i$. Dann gilt $\sigma(\beta) = \beta_i$ genau dann, wenn $\sigma \in \sigma_i H$ ist. Die Abbildung $\beta_i \leftrightarrow \sigma_i H$ ist dann eine Bijektion von G/H auf die Bahn von β unter G. Das folgt auch aus V. (4.4), weil H der Stabilisator von β ist.

Da die Anzahl der Konjugierten von β gleich dem Grad $[L : k]$ ist, ergibt sich nocheinmal $[L : k] = (G : H)$.

Nun zu Punkt 4): Sei $L = k(\beta)$ ein Zwischenkörper und $\sigma \in G(K/k)$. Dann ist $\sigma L = k(\sigma(\beta))$ ebenfalls ein Zwischenkörper von K/k. Die Untergruppe H ist dem Körper $L = k(\beta)$ genau dann zugeordnet, wenn H den Körper L elementweise festhält, d.h. wenn H das primitive Element β festhält.

Es gilt also $\tau \in H$ genau dann, wenn $\tau(\beta) = \beta$ ist. Nun ist $\tau(\beta) = \beta$ gleichbedeutend mit $\sigma\tau\sigma^{-1}(\sigma(\beta)) = \sigma(\beta)$. Die Elemente $\sigma\tau\sigma^{-1}$ durchlaufen die konjugierte Untergruppe $\sigma H \sigma^{-1}$. Diese besteht also aus genau jenen Elementen von G, welche den Zwischenkörper $\sigma(L) = k(\sigma(\beta))$ elementweise festhalten.

Daher entsprechen also auch $\sigma H \sigma^{-1}$ und σL einander bei der Galoiszuordnung. Man nennt σL konjugiert zu L.

Ist nun H ein Normalteiler von G, so fallen alle konjugierten Untergruppen $\sigma H \sigma^{-1}$ mit H zusammen, folglich gilt auch $\sigma(L) = L$ für alle $\sigma \in G$. Nach (1.24) ist daher L/k normal.

Ist umgekehrt L/k normal, dann ist wieder nach (1.24) $\sigma(L) = L$ und daher auch

$$H = G(K/L) = G(K/\sigma L) = \sigma H \sigma^{-1} \text{ für alle } \sigma \in G,$$

d.h. H ist Normalteiler von G.

Nun bleibt noch die letzte Behauptung zu beweisen. Wir betrachten die Abbildung $\varphi : G(K/k) \to G(L/k)$, die jedem $\sigma \in G(K/k)$ die Restriktion $\sigma|_L$ auf den Teilkörper L zuordnet. Diese ist klarerweise ein Gruppenhomomorphismus. Wegen $\sigma(L) = L$ liegt $\sigma|_L$ auch wirklich in $G(L/k)$. Nach (1.22) kann jeder k–Homomorphismus von L in sich, der natürlich auch als k–Homomorphismus von L in K aufgefaßt werden kann, zu einem k–Automorphismus von K erweitert werden. Das bedeutet, daß φ surjektiv ist.

Der Kern von φ besteht aus allen $\sigma \in G$ mit $\sigma\,|_L = \varepsilon$, die also L elementweise festhalten. Das ist die Gruppe $G(K/L)$.

Somit ist schließlich

$$G(L/k) = \operatorname{Im}\varphi \cong G/\operatorname{Ker}\varphi = G/G(K/L),$$

wie behauptet.

Ist $L = k(\beta)$ und sind $\beta_1 = \beta, \beta_2, \ldots, \beta_l$ die verschiedenen Konjugierten von β, so ist jedes $\tau_i \in G(L/k)$ eindeutig festgelegt durch $\tau_i(\beta) = \beta_i$. Ist $\sigma_i \in G$ mit $\sigma_i(\beta) = \beta_i$, so entspricht bei der obigen Zuordnung jedem τ_i die Restklasse $\sigma_i H$ von G/H.

Der Hauptsatz besagt grob gesagt folgendes: Wenn die endliche Körpererweiterung K/k die maximal mögliche Anzahl von Automorphismen besitzt, dann entsprechen die Untergruppen der Galoisgruppe und die Zwischenkörper der Erweiterung einander bijektiv. Bei dieser Zuordnung wird die Inklusion umgekehrt.

Eine solche Zuordnung, bei der also dem Körper k die gesamte Gruppe G und dieser wieder der Körper k als Fixkörper zugeordnet wird, ist nur möglich, wenn $K^G = k$, d.h. K/k eine Galoiserweiterung ist. In diesem Sinne ist die Voraussetzung, daß K/k eine Galoiserweiterung sein muß, auch notwendig für die Aussagen des Hauptsatzes.

(1.38) BEISPIEL. Wir haben in (1.18) die Galoisgruppe der Körpererweiterung $\mathbb{Q}(\sqrt{2}, \sqrt{3})/\mathbb{Q}$ berechnet. Sie besteht aus 4 Elementen $\varepsilon, \sigma, \tau$ und $\sigma\tau$ mit $\sigma^2 = \tau^2 = \varepsilon$. Sie hat genau 3 echte Untergruppen $\{\varepsilon, \sigma\}$, $\{\varepsilon, \tau\}$, $\{\varepsilon, \sigma\tau\}$. Diesen entsprechen genau 3 echte Zwischenkörper, nämlich die entsprechenden Fixkörper $\mathbb{Q}(\sqrt{2})$, $\mathbb{Q}(\sqrt{3})$ und $\mathbb{Q}(\sqrt{6})$.

(1.39) DEFINITION. Unter der ***Galoisgruppe eines Polynoms*** $f(X) \in k[X]$ versteht man die Galoisgruppe des Zerfällungskörpers K von $f(X)$ über k.

Wir wissen aus (1.16), daß die Galoisgruppe eines Polynoms $f(X) \in k[X]$ mit lauter einfachen Nullstellen als Permutationsgruppe der Nullstellen interpretiert werden kann. Nach (1.31) bilden die Nullstellen eines irreduziblen Polynoms eine einzige Bahn unter der Galoisgruppe des Zerfällungskörpers. Ist $f(X)$ zerlegbar, so bilden die Nullstellen der irreduziblen Faktoren jeweils für sich eine Bahn.

(1.40) Satz. *Nennt man eine Permutationgruppe transitiv, wenn für alle i, j ein π existiert mit $\pi(i) = j$, so operiert die Galoisgruppe eines Polynoms $f(X) \in k[X]$ mit einfachen Nullstellen genau dann transitiv auf den Wurzeln, wenn $f(X)$ irreduzibel über k ist.*

Für viele Anwendungen ist auch die folgende Bemerkung nützlich.

(1.41) BEMERKUNG. Sei K/k eine endliche Erweiterung, die normal und separabel ist. Sei α ein primitives Element von K über k und $f(X)$ das Minimalpolynom von α. Dann gilt $f(X) = \prod_{\sigma \in G} (X - \sigma(\alpha))$, wenn $G = G(K/k)$ die Galoisgruppe bedeutet.

Ist H eine Untergruppe von G und sind $H_1 = H$, $H_2 = \sigma_2 H \sigma_2^{-1}, \ldots, H_l = \sigma_l H \sigma_l^{-1}$ alle zu H konjugierten Untergruppen, dann gilt $f(X) = f_1(X) f_2(X) \cdots f_l(X)$, wobei $f_i(X) = \prod_{\sigma \in H} (X - \sigma_i \sigma(\alpha))$ das Minimalpolynom von $\sigma_i(\alpha)$ über $\sigma_i(L) = K^{H_i}$ ist, wenn man $\sigma_1 = \varepsilon$ setzt.
Ist H Normalteiler von G, d.h. L/k normal, so liegt jedes $f_i(X)$ in $L[X]$ und daher ist $f(X) = f_1(X) \cdots f_l(X)$ die Zerlegung von $f(X)$ in irreduzible Faktoren über L.

BEWEIS. Das Minimalpolynom von $\sigma_i(\alpha)$ über $\sigma_i(L) = K^{H_i}$ ist

$$\prod_{\tau \in H_i} (X - \tau(\sigma_i(\alpha))) = \prod_{\sigma \in H} (X - \sigma_i \sigma \sigma_i^{-1} \sigma_i(\alpha)) = \\ = \prod_{\sigma \in H} (X - \sigma_i \sigma(\alpha)).$$

Alles andere ist klar.

(1.42) BEMERKUNG. Ist $g(X) \in k[X]$ irreduzibel, K der Zerfällungskörper von $g(X)$, α ein primitives Element von K und $f(X)$ das Minimalpolynom von α über k, so nennt man $f(X)$ auch eine *Galois'sche Resolvente* für $g(X)$. Die Idee dahinter ist so ähnlich wie die in II. (5.14) beschriebene Idee der Lagrange'schen Resolvente. Man möchte das Problem der Auflösung einer Gleichung $g(X) = 0$ auf das — zumindest theoretisch — einfachere Problem der Auflösung einer Resolventengleichung $f(X) = 0$ zurückführen. Aus (1.41) ist ersichtlich, wie man dabei vorgehen kann.

Ist H eine Untergruppe der Galoisgruppe $G = G(K/k)$, so wird die Galoisgruppe auf H reduziert, wenn man statt k den Fixkörper $L = K^H$ zugrunde legt. Da L/k einfach ist, ist L von der Gestalt $L = k(\beta)$.
Adjungiert man also β zu k, so zerfällt $f(X)$ nach (1.41) in Faktoren gleichen Grades, wovon einer α als Nullstelle besitzt.

Wir wollen nun ein paar konkrete Beispiele untersuchen.

(1.43) Die Galoisgruppe G von $X^3 - 2$ über $k = \mathbb{Q}$.

Der Zerfällungskörper ist $K = \mathbb{Q}(\rho, \sqrt[3]{2}) = \mathbb{Q}(\sqrt[3]{2}\sqrt{-3})$ nach III. (4.22) und III. (4.24). Das Minimalpolynom von $\alpha = \sqrt[3]{2}\sqrt{-3}$ ist $X^6 + 108$. Da $[K : k] = 6$ ist, hat $G(K/k)$ genau 6 Elemente. Diese sind durch ihre Wirkungen auf ρ und $\sqrt[3]{2}$ eindeutig festgelegt.

Sei $\sigma(\sqrt[3]{2}) = \rho\sqrt[3]{2}$, $\sigma(\rho) = \rho$ und $\tau(\sqrt[3]{2}) = \sqrt[3]{2}$, $\tau(\rho) = \rho^2$.

Dann definieren σ und τ k–Automorphismen von K, welche $\sigma^3 = \varepsilon$, $\tau^2 = \varepsilon$ und $\tau\sigma = \sigma^{-1}\tau$ erfüllen. Nach V. (2.18) folgt daraus $G \cong D_3 \cong \mathfrak{S}_3$, was sich natürlich auch sofort direkt verifizieren läßt.

Alle Untergruppen von G sind $G, \{\varepsilon\}, \langle\sigma\rangle, \langle\tau\rangle, \langle\sigma\tau\rangle$ und $\langle\sigma^2\tau\rangle$.

Der Fixkörper der Untergruppe $\langle\tau\rangle$ ist $\mathbb{Q}(\sqrt[3]{2})$. Daher sind die Fixkörper der konjugierten Untergruppen $\langle\sigma\tau\rangle = \sigma^2\langle\tau\rangle\sigma^{-2}$ und $\sigma\langle\tau\rangle\sigma^{-1} = \langle\sigma^2\tau\rangle$ gegeben durch

$$\sigma^2\mathbb{Q}(\sqrt[3]{2}) = \mathbb{Q}(\rho^2\sqrt[3]{2}) \text{ und } \sigma\mathbb{Q}(\sqrt[3]{2}) = \mathbb{Q}(\rho\sqrt[3]{2}).$$

Der Fixkörper unter dem Normalteiler $\langle\sigma\rangle$ ist der Körper $\mathbb{Q}(\rho) = \mathbb{Q}(\sqrt{-3})$ der als quadratische Erweiterung von $\mathbb{Q}$ normal ist.

Für das Minimalpolynom $X^6 + 108$ von $\alpha = \sqrt[3]{2}\sqrt{-3}$ ergibt sich

$$X^6 + 108 = (X - \alpha)(X - \sigma(\alpha))(X - \sigma^2(\alpha))(X - \tau(\alpha))(X - \sigma\tau(\alpha))(X - \sigma^2\tau(\alpha)).$$

Daher ist die Zerlegung über dem Fixkörper $\mathbb{Q}(\sqrt{-3})$ von $\langle\sigma\rangle$ gegeben durch

$$\begin{aligned} X^6 + 108 = \; & [(X - \sqrt[3]{2}\sqrt{-3})(X - \rho\sqrt[3]{2}\sqrt{-3})(X - \rho^2\sqrt[3]{2}\sqrt{-3})]\cdot \\ \cdot \; & [(X + \sqrt[3]{2}\sqrt{-3})(X + \rho\sqrt[3]{2}\sqrt{-3})(X + \rho^2\sqrt[3]{2}\sqrt{-3})] = \\ = \; & (X^3 + 6\sqrt{-3})(X^3 - 6\sqrt{-3}). \end{aligned}$$

Dagegen entspricht der Untergruppe $\langle\tau\rangle$ die Zerlegung

$$\begin{aligned} X^6 + 108 = \; & [(X - \alpha)(X - \tau(\alpha))] \cdot [(X - \sigma(\alpha))(X - \sigma\tau(\alpha))]\cdot \\ \cdot \; & [(X - \sigma^2(\alpha))(X - \sigma^2\tau(\alpha))] = \\ = \; & (X^2 + 3\sqrt[3]{4})(X^2 + 3\rho^2\sqrt[3]{4})(X^2 + 3\rho\sqrt[3]{4}). \end{aligned}$$

Dabei liegen die einzelnen Faktoren in $\mathbb{Q}(\sqrt[3]{2})$, $\mathbb{Q}(\rho\sqrt[3]{2})$ und $\mathbb{Q}(\rho^2\sqrt[3]{2})$.

(1.44) Die Galoisgruppe des Polynoms $X^4 - 2$ über $k = \mathbb{Q}$.

Es gilt $X^4 - 2 = (X - \vartheta)(X + \vartheta)(X - i\vartheta)(X + i\vartheta)$ mit $\vartheta = \sqrt[4]{2}$. Die Menge der Wurzeln ist $\{\vartheta, -\vartheta, i\vartheta, -i\vartheta\}$. Da $X^4 - 2$ nach dem Eisenstein'schen Kriterium mit $p = 2$ irreduzibel ist, ist die Galoisgruppe G des Zerfällungskörpers $K = \mathbb{Q}(\sqrt[4]{2}, i)$ eine transitive Untergruppe der $\mathfrak{S}_4$.

Wegen

$$[\mathbb{Q}(\sqrt[4]{2}, i) : \mathbb{Q}] = [\mathbb{Q}(\sqrt[4]{2}, i) : \mathbb{Q}(\sqrt[4]{2})] \cdot [\mathbb{Q}(\sqrt[4]{2}) : \mathbb{Q}] = 8$$

ist $|G(K/k)| = 8$.

Jeder Automorphismus von K/k muß die Lösungen von $X^2 + 1 = 0$ und $X^4 - 2 = 0$ jeweils wieder in solche Lösungen überführen, d.h. i in $\pm i$ und ϑ in $\pm\vartheta$ oder $\pm i\vartheta$. Da das insgesamt 8 verschiedene Möglichkeiten ergibt und $|G| = 8$ ist, liefert jede Möglichkeit tatsächlich einen Automorphismus. Wir zeichnen zwei Automorphismen durch eine besondere Notation aus, nämlich σ und τ, die durch $\sigma(i) = i$, $\sigma(\vartheta) = i\vartheta$ bzw. $\tau(i) = -i$, $\tau(\vartheta) = \vartheta$ festgelegt sind.

Dann sind alle Elemente der Galoisgruppe durch die folgende Tabelle eindeutig bestimmt.

φ	σ	σ^2	σ^3	ε	τ	$\sigma\tau$	$\sigma^2\tau$	$\sigma^3\tau$
$\varphi(\vartheta)$	$i\vartheta$	$-\vartheta$	$-i\vartheta$	ϑ	ϑ	$i\vartheta$	$-\vartheta$	$-i\vartheta$
$\varphi(i)$	i	i	i	i	$-i$	$-i$	$-i$	$-i$

Es gilt also $\sigma^4 = \varepsilon$, $\tau^2 = \varepsilon$ und $\tau\sigma^j = \sigma^{-j}\tau$. Daher ist

$$G(K/k) \cong D_4 \text{ nach V. (2.18).}$$

In V. (3.22) wurden bereits alle Untergruppen der D_4 berechnet. Es gibt 3 Untergruppen der Ordnung 4 von G, nämlich

$$Q = \langle\sigma\rangle \cong C_4, R = \langle\sigma^2, \tau\rangle \cong C_2 \times C_2,$$
$$\text{und } S = \langle\sigma^2, \sigma\tau\rangle \cong C_2 \times C_2.$$

Diese Gruppen sind als Untergruppen vom Index $(G : H) = 2$ natürlich Normalteiler. Die entsprechenden Fixkörper müssen den Grad 2 über k haben, also quadratische Erweiterungen von $\mathbb{Q}$ sein.

Wegen $\sigma(i) = i$ ist $K^Q = \mathbb{Q}(i)$.

Da $\sqrt{2}$ von σ^2 und τ festgehalten wird, ist der entsprechende Fixkörper $K^R = \mathbb{Q}(\sqrt{2})$.

Wegen $\sigma\tau(i\sqrt{2}) = \sigma(-i\sqrt{2}) = \sigma(-i\vartheta^2) = -i\sigma(\vartheta)^2 = i\sqrt{2}$ und $\sigma^2(i\sqrt{2}) = i\sqrt{2}$ ist schließlich $K^S = \mathbb{Q}(i\sqrt{2})$.

Weiters gibt es einen Normalteiler $P = \langle\sigma^2\rangle$ der Ordnung 2.
Da $P \subseteq \langle\sigma^2, \tau\rangle \cap \langle\sigma^2, \sigma\tau\rangle = R \cap S$ ist, muß der Fixkörper K^P sowohl den Fixkörper K^R als auch den Fixkörper K^S umfassen, d.h. $K^P \supseteq \mathbb{Q}(\sqrt{2}) \cup \mathbb{Q}(i\sqrt{2})$. Da K^P ein Körper ist, ist sogar $K^P \supseteq \mathbb{Q}(\sqrt{2}, i\sqrt{2})$. Wegen $[\mathbb{Q}(i, \sqrt{2}) : \mathbb{Q}] = 4$ und $[K^P : \mathbb{Q}] = 4$, muß also $K^P = \mathbb{Q}(i, \sqrt{2})$ sein.
Alle diese Körper sind normal über $\mathbb{Q}$, wie es auch der allgemeinen Theorie entspricht. Weiters gibt es noch die Untergruppen $A = \langle\tau\rangle$, $\sigma A\sigma^{-1} = \langle\sigma^2\tau\rangle$, $C = \langle\sigma\tau\rangle$ und $\sigma C\sigma^{-1} = \langle\sigma^3\tau\rangle$. Wegen $\tau(\vartheta) = \vartheta$ ist $\mathbb{Q}(\vartheta) = K^A$ der Fixkörper unter τ.
Daher ist $K^{\langle\sigma^2\tau\rangle} = K^{\sigma A\sigma^{-1}} = \sigma K^A = \mathbb{Q}(\sigma(\vartheta)) = \mathbb{Q}(i\vartheta)$.

Nun müssen wir noch den Fixkörper K^C berechnen. Jedes Element $\alpha \in K$ hat eine eindeutige Darstellung der Form

$$\alpha = a_0 + a_1\vartheta + a_2\vartheta^2 + a_3\vartheta^3 + a_4 i + a_5 i\vartheta + a_6 i\vartheta^2 + a_7 i\vartheta^3.$$

Das Element α ist genau dann fix unter $\langle\sigma\tau\rangle$, wenn $\sigma\tau(\alpha) = \alpha$ ist. Nun rechnet man leicht nach, daß gilt:

$$\sigma\tau(\alpha) = a_0 + a_1 i\vartheta - a_2\vartheta^2 - a_3 i\vartheta^3 - a_4 i + a_5\vartheta + a_6 i\vartheta^2 - a_7\vartheta^3.$$

Koeffizientenvergleich liefert

$$a_1 = a_5, a_2 = -a_2, a_3 = -a_7, a_4 = -a_4.$$

Daher müssen $a_2 = a_4 = 0$ sein und $a_1 = a_5$, $a_7 = -a_3$. Für a_0 und a_6 ergibt sich keine einschränkende Bedingung.
Daher ist

$$\begin{aligned}\alpha &= a_0 + a_1(1+i)\vartheta + a_6 i\vartheta^2 + a_3(1-i)\vartheta^3 = \\ &= a_0 + a_1(1+i)\vartheta + \frac{a_6}{2}((1+i)\vartheta)^2 - \frac{a_3}{2}((1+i)\vartheta)^3.\end{aligned}$$

Das heißt, daß $\alpha \in \mathbb{Q}((1+i)\vartheta)$ ist.
Wegen $[\mathbb{Q}((1+i)\vartheta) : \mathbb{Q}] = 4$ ist das der gesuchte Fixkörper.
Aus $\sigma(\mathbb{Q}((1+i)\vartheta)) = \mathbb{Q}((1-i)\vartheta)$ ergibt sich insgesamt

$$K^C = \mathbb{Q}((1+i)\vartheta) \text{ und } K^{\sigma C \sigma^{-1}} = \mathbb{Q}((1-i)\vartheta).$$

Schreibt man die Wurzeln von $X^4 - 2$ in der Reihenfolge

$$\alpha_1 = \sqrt[4]{2},\ \alpha_2 = i\sqrt[4]{2},\ \alpha_3 = -\sqrt[4]{2},\ \alpha_4 = -i\sqrt[4]{2},$$

so entspricht σ der Permutation (1234) und τ der Permutation (24). Das ergibt die folgende Darstellung als Permutationsgruppe:

ε	ε
σ	(1234)
σ^2	(13)(24)
σ^3	(1432)
τ	(24)
$\sigma\tau$	(12)(34)
$\sigma^2\tau$	(13)
$\sigma^3\tau$	(14)(23)

Für einige Anwendungen ist der folgende Satz recht nützlich.

(1.45) Satz. *Sei K der Zerfällungskörper des irreduziblen separablen Polynoms $f(X) \in k[X]$ mit den Nullstellen $\alpha_1, \ldots, \alpha_n$. Sei $\delta = \prod_{i<j} (\alpha_j - \alpha_i)$. Dann gilt*

1) *$\delta \in k$ genau dann, wenn die Galoisgruppe $G(K/k)$ eine Untergruppe der alternierenden Gruppe $\mathfrak{A}_n$ ist.*
2) *$G(K/k(\delta)) \leq \mathfrak{A}_n$.*

Beweis. Nach Voraussetzung sind alle α_i verschieden und daher $\delta \neq 0$. Wenn $\delta \in k$ ist, bleibt δ bei jeder Permutation der Wurzeln, die durch $\sigma \in G(K/k)$ induziert wird, fest. Eine ungerade Permutation führt jedoch δ in $-\delta$ über. Daher besteht G nur aus geraden Permutationen, d.h. $G \leq \mathfrak{A}_n$. Ist $\delta \notin k$, dann gibt es wegen $K^G = k$ ein Element aus G, welches δ nicht festläßt. Das muß eine ungerade Permutation sein. Daher ist $G \not\leq \mathfrak{A}_n$.
Die zweite Aussage folgt aus der ersten, wenn man in diesem Argument k durch $k(\delta)$ ersetzt.

Für $f(X) = X^4 - 2$ ergibt sich $\delta = 32i\sqrt{2}$.
Ersetzt man daher $k = \mathbb{Q}$ durch $k(\delta) = \mathbb{Q}(i\sqrt{2})$, so muß $G(K/k(\delta)) \leq \mathfrak{A}_4$ sein.
In der Notation von (1.44) ist $G(K/k(\delta)) = S = \langle \sigma^2, \sigma\tau \rangle$, d.h. $S = \{\varepsilon, \sigma^2, \sigma\tau, \sigma^3\tau\}$.
Das entspricht den Permutationen $\{\varepsilon, (13)(24), (12)(34), (14)(23)\}$, die sämtlich gerade sind.

(1.46) Die kubische Gleichung $f(X) = X^3 + pX + q = 0$.

Sei $f(X) = X^3 + pX + q \in k[X]$ irreduzibel über $k \supseteq \mathbb{Q}$. Sei K der Zerfällungskörper und seien x_1, x_2, x_3 die Nullstellen von $f(X)$ in K.
Da der Koeffizient von X^2 gleich 0 ist, ist $x_1 + x_2 + x_3 = 0$ und es gilt

$$k \subset k(x_1) \subseteq k(x_1, x_2) = K.$$

Die Galoisgruppe $G(K/k)$ ist eine Untergruppe der Gruppe $\mathfrak{S}_3$ aller Permutationen der Nullstellen, die auf diesen transitiv wirkt. Sie ist also entweder die $\mathfrak{S}_3$ oder die $\mathfrak{A}_3 \cong C_3$. Nach (1.45) liegt der zweite Fall genau dann vor, wenn $\delta \in k$ ist. Da die Diskriminante $d = D(0, p, q)$ mit δ^2 identisch ist, ist $\delta \in k$ genau dann, wenn $d = -4p^3 - 27q^2$ ein Quadrat in k ist (vgl. II. (5.11)).

Eine andere Charakterisierung ergibt sich aus der Tatsache, daß $G = C_3$ genau dann gilt, wenn $[K : k] = |G(K/k)| = 3$ ist. Wegen $[K : k] = [k(x_1, x_2) : k(x_1)] \cdot [k(x_1) : k]$ und $[k(x_1) : k] = 3$ ist das genau dann der Fall, wenn $k(x_1, x_2) = k(x_1)$ ist, d.h. $K = k(x_1)$ ist.

Für eine irreduzible Gleichung $f(X) = X^3 + pX + q = 0$ sind also die folgenden Aussagen äquivalent:

1) $K = k(x_1)$
2) $G(K/k) \cong C_3$
3) $d = -4p^3 - 27q^2$ ist ein Quadrat in k.

Adjungiert man δ zu k, so ist in $k(\delta)$ die Aussage 3) trivialerweise richtig. Daher fällt der Zerfällungskörper K von $f(X)$ nach 1) immer mit $k(\delta)(x_1) = k(\delta, x_1)$ zusammen.

BEISPIELE.

1) Für $X^3 - 2$ gilt $d = -27 \cdot 4$. Das ist als negative Zahl kein Quadrat in $\mathbb{Q}$. Daher ist $G(K/\mathbb{Q}) = \mathfrak{S}_3$, wie wir bereits wissen.
   Dagegen ist in
   $\mathbb{Q}(\rho) = \mathbb{Q}(\sqrt{-3}) = \mathbb{Q}(\sqrt{-27 \cdot 4}) = \mathbb{Q}(\delta)$ die Zahl $-27 \cdot 4 = 6^2(-3) = 6^2(\sqrt{-3})^2$
   ein Quadrat und daher $G(K/\mathbb{Q}(\rho)) = C_3$.

2) Für die Winkeldreiteilungsgleichung $X^3 - 3X - 1 = 0$ über $\mathbb{Q}$ ist die Diskriminante $d = 81 = 9^2$ ein Quadrat in $\mathbb{Q}$.
   Die Nullstellen sind $x_1 = 2\cos\frac{\pi}{9}$, $x_2 = 2\cos\frac{7\pi}{9}$, $x_3 = 2\cos\frac{5\pi}{9}$. Setzt man $\zeta = e^{\frac{i\pi}{9}} = e^{\frac{2i\pi}{18}}$, so ist ζ eine primitive 18. Einheitswurzel und es gilt

$$x_1 = \zeta + \zeta^{-1}, x_2 = \zeta^7 + \zeta^{-7}, x_3 = \zeta^5 + \zeta^{-5}.$$

   Daraus ergibt sich $x_2 = 2 - x_1^2$.
   Denn wegen $\zeta^9 = -1$ gilt

$$2 - (\zeta + \zeta^{-1})^2 = 2 - \zeta^2 - 2 - \zeta^{-2} = -(\zeta^2 + \zeta^{-2}) =$$
$$= \zeta^9(\zeta^2 + \zeta^{-2}) = \zeta^{11} + \zeta^7 = \zeta^{-7} + \zeta^7 = x_2.$$

Somit ist $x_2 \in \mathbb{Q}(x_1)$ und wegen $x_3 = -x_1 - x_2$ auch $x_3 \in \mathbb{Q}(x_1)$.
Der Zerfällungskörper K ist also identisch mit $\mathbb{Q}\left(\cos \frac{\pi}{9}\right) = \mathbb{Q}(x_1)$.

3) Wählt man $k = \mathbb{R}$, so hat $f(X) \in \mathbb{R}[X]$ mindestens eine Nullstelle in $\mathbb{R}$. Aus 1) folgt, daß die beiden anderen Nullstellen x_2, x_3 genau dann reell sind, wenn $d = -4p^3 - 27q^2$ ein Quadrat in $\mathbb{R}$, also positiv ist, $d > 0$. (Vgl. II.(5.12)). Die Galoisgruppe ist dann zyklisch.

Wie bereits erwähnt, ist die Galoisgruppe $G(K/k(\delta))$ immer zyklisch von der Ordnung 3.

Betrachten wir $f(X)$ über $L = k(\delta, \rho)$, so bleibt $f(X)$ irreduzibel, weil L als Erweiterung 2. oder 4. Grades über k kein Element 3. Grades enthalten kann.

Daher ist $G(K/L) = C_3$.

Bilden wir nun das Element $x_1 + \rho x_2 + \rho^2 x_3$, das wir in Einklang mit II. 3.1) mit $3a$ bezeichnen wollen, so ist a bei geeigneter Numerierung der Wurzeln x_i sicher $\neq 0$. Denn sonst hätte das Gleichungssystem

$$\begin{aligned} x_1 + x_2 + x_3 &= 0 \\ x_1 + \rho x_2 + \rho^2 x_3 &= 0 \\ x_1 + \rho^2 x_2 + \rho x_3 &= 0 \end{aligned}$$

eine nichttriviale Lösung x_1, x_2, x_3. Das ist nur möglich, wenn die Determinante

$$\det \begin{pmatrix} 1 & 1 & 1 \\ 1 & \rho & \rho^2 \\ 1 & \rho^2 & \rho \end{pmatrix} = 0$$

ist. Das ist aber die Vandermonde–Determinante, die $\neq 0$ ist. Sei nun σ ein erzeugendes Element der Galoisgruppe $G(K/L)$. Da σ eine zyklische Vertauschung der Wurzeln bewirkt, können wir o.B.d.A. annehmen, daß

$$\sigma(x_1) = x_2, \sigma(x_2) = x_3 \text{ und } \sigma(x_3) = x_1$$

ist. Dann ist

$$\sigma(a) = \sigma\left(\frac{x_1 + \rho x_2 + \rho^2 x_3}{3}\right) = \frac{x_2 + \rho x_3 + \rho^2 x_1}{3} = \rho^2 a.$$

Daher ist $\sigma(a^3) = \sigma(a)^3 = \rho^6 a^3 = a^3$.

Das Element a^3 bleibt also unter σ und σ^2 fest, liegt also im Grundkörper L.

Setzt man analog $x_1 + \rho^2 x_2 + \rho x_3 = 3b$, so rechnet man sofort nach, daß

$$3a \cdot 3b = x_1^2 + x_2^2 + x_3^2 - x_1x_2 - x_1x_3 - x_2x_3 = p_2 - s_2 = s_1^2 - 3s_2 = -3p$$

ist (vgl. II. (5.4)).

Genauso wie in II. (3.2) zeigt man nun, daß $a^3 + b^3 = -q$ und somit $a^3 = -\frac{q}{2} + \sqrt{\left(\frac{q}{2}\right)^2 + \left(\frac{p}{3}\right)^3}$ gilt, d.h. daß die Cardano'sche Formel gilt.

(1.47) Die allgemeine Gleichung n-ten Grades.

Aus (1.36) wissen wir folgendes: Sei F ein Körper und $K = F(X_1, \dots, X_n)$ der Körper aller rationalen Ausdrücke in den Unbestimmten $X_1, \dots, X_n$.

Sei $k = F(S_1, \dots, S_n)$ der Teilkörper der symmetrischen Funktionen in K. Dabei sind $S_1 = s_1(X_1, \dots, X_n), \dots, S_n = s_n(X_1, \dots, X_n)$ die elementarsymmetrischen Funktionen in den X_i. Aus dem Hauptsatz über symmetrische Funktionen folgt, daß die Abbildung, die jedem Polynom $p(Y_1, \dots, Y_n)$ in den Unbestimmten $Y_1, \dots, Y_n$ über F das Polynom $p(S_1, \dots, S_n)$ zuordnet, eine Bijektion von $F(Y_1, \dots, Y_n)$ auf $F(S_1, \dots, S_n) = k$ ist. Wir können daher die S_i als Unbestimmte interpretieren. Wir nennen dann das Polynom

$$f(X) = X^n - S_1 X^{n-1} + S_2 X^{n-2} \cdots + \cdots + (-1)^n S_n \in k[X]$$

das *allgemeine Polynom n-ten Grades über F* und die Gleichung $f(X) = 0$ die allgemeine Gleichung n-ten Grades über F.

Jedes spezielle normierte Polynom n-ten Grades über F entsteht dadurch, daß man die Unbestimmte S_i durch spezielle Werte aus F ersetzt.

Aus (1.36) folgt, daß die Galoisgruppe von $f(X)$ über k die symmetrische Gruppe $\mathfrak{S}_n$ ist.

Von theoretischem Interesse ist auch der folgende Satz.

(1.48) Satz. *Die Galoisgruppe G eines separablen irreduziblen Polynoms $f(X) \in k[X]$ besteht aus allen jenen Permutationen π der Wurzeln $\alpha_1, \alpha_2, \dots, \alpha_n$, die alle Relationen zwischen den Wurzeln invariant lassen.*
Das soll heißen: Genau dann ist $\pi \in G$, wenn aus $F(\alpha_1, \dots, \alpha_n) = 0$ folgt $F(\alpha_{\pi(1)}, \dots, \alpha_{\pi(n)}) = 0$ für jedes $F(X_1, \dots, X_n) \in k[X_1, \dots, X_n]$.

BEWEIS. Sei $\sigma \in G$ und $F(\alpha_1, \dots, \alpha_n) = 0$. Dann ist

$$\begin{aligned} F(\alpha_{\pi(1)}, \dots, \alpha_{\pi(n)}) &= F(\sigma(\alpha_1), \dots, \sigma(\alpha_n)) = \\ &= \sigma(F(\alpha_1, \dots, \alpha_n)) = \sigma(0) = 0. \end{aligned}$$

Nun zur Umkehrung: Sei $K = k(\beta)$ der Zerfällungskörper von $f(X)$ und $g(X) = (X - \beta_1) \cdots (X - \beta_N)$ das Minimalpolynom von $\beta = \beta_1$, also eine Galois'sche Resolvente von $f(X)$.
Jedes α_i ist als Polynom $p_i(\beta)$ mit $p_i(X) \in k[X]$ darstellbar.
Andererseits ist $\beta = h(\alpha_1, \dots, \alpha_n)$ als Polynom in den α_i's darstellbar mit $h(X_1, \dots, X_n) \in k[X_1, \dots, X_n]$.

Die Galoisgruppe $G(K/k)$ besteht aus allen durch $\sigma(\beta) = \beta_i$ definierten Automorphismen.

Sei nun $\pi \in \mathfrak{S}_n$ so, daß jede Relation $F(\alpha_1, \dots, \alpha_n) = 0$ unter π richtig bleibt. Dann bleiben speziell die Relationen

$$\alpha_i - p_i(h(\alpha_1, \dots, \alpha_n)) = 0, \quad i = 1, 2, \dots, n$$

und $g(h(\alpha_1, \dots, \alpha_n)) = 0$ richtig, d.h. es gilt $\alpha_{\pi(i)} = p_i(h(\alpha_{\pi(1)}, \dots, \alpha_{\pi(n)}))$ und $g(h(\alpha_{\pi(1)}, \dots, \alpha_{\pi(n)})) = 0$.

Dann ist $h(\alpha_{\pi(1)}, \dots, \alpha_{\pi(n)}) = \beta_j$ für ein geeignetes j.

$$\Rightarrow \alpha_{\pi(i)} = p_i(\beta_j) = \sigma_j(p_i(\beta)) = \sigma_j(\alpha_i)$$

für alle i mit $\sigma_j \in G$. Die Permutation π wird also von einem $\sigma_j \in G$ induziert.

Betrachten wir als Beispiel das Polynom $X^4 - 2 \in \mathbb{Q}[X]$ mit den Wurzeln $\alpha_1 = \sqrt[4]{2}$, $\alpha_2 = i\sqrt[4]{2}$, $\alpha_3 = -\sqrt[4]{2}$, $\alpha_4 = -i\sqrt[4]{2}$. Wir haben in (1.44) die Galoisgruppe als Permutationsgruppe dargestellt. Sie besteht aus

$$\varepsilon, (1234), (13)(24), (1432), (24), (12)(34), (13) \text{ und } (14)(23).$$

Die Wurzeln erfüllen die folgenden Relationen:
$\alpha_1 + \alpha_3 = 0$, $\alpha_2 + \alpha_4 = 0$, $\alpha_1^2 + \alpha_2^2 = 0$, $\alpha_2^2 + \alpha_3^2 = 0$,
$\alpha_3^2 + \alpha_4^2 = 0$, $\alpha_4^2 + \alpha_1^2 = 0$, $\alpha_1^4 - 2 = 0$, $\alpha_2^4 - 2 = 0, \dots$

Diese werden durch G ineinander übergeführt. Vom rein algebraischen Standpunkt aus sind also α_1 und α_3 bzw. α_2 und α_4 nicht voneinander unterscheidbar.

Die Galoisgruppe ist also ein Maß für die Symmetrie der Wurzeln in bezug auf den Grundkörper.

2. Kreisteilungskörper und zyklische Erweiterungen.

Wir wollen uns in diesem Abschnitt auf Körper der Charakteristik 0 beschränken.

(2.1) DEFINITION. Unter dem *Kreisteilungskörper* K der Ordnung n über k verstehen wir den Zerfällungskörper von $X^n - 1$ über k.

Es ist dann $K = k(\zeta_n)$, wobei ζ_n eine primitive n–te Einheitswurzel ist.

(2.2) Satz. *Die Galoisgruppe $G(k(\zeta_n)/k)$ ist isomorph zu einer Untergruppe von $(\mathbb{Z}/n\mathbb{Z})^\times$.*

BEWEIS. Sei $\sigma \in G = G(k(\zeta_n)/k)$. Dann ist $\sigma(\zeta_n)$ ebenfalls eine primitive n–te Einheitswurzel und daher von der Form $\sigma(\zeta_n) = \zeta_n^{k_\sigma}$ mit $k_\sigma \perp n$, d.h. $k_\sigma \in (\mathbb{Z}/n\mathbb{Z})^\times$. Sind $\sigma, \tau \in G$, dann ist

$$\begin{aligned}\zeta_n^{k_{\sigma\tau}} &= (\sigma\tau)(\zeta_n) = \sigma(\tau(\zeta_n)) = \sigma(\zeta_n^{k_\tau}) = \sigma(\zeta_n)^{k_\tau} = \\ &= (\zeta_n^{k_\sigma})^{k_\tau} = \zeta_n^{k_\sigma k_\tau}.\end{aligned}$$

Somit ist $k_{\sigma\tau} = k_\sigma k_\tau$ in $(\mathbb{Z}/n\mathbb{Z})^\times$.

Die Abbildung $\varphi : G \to (\mathbb{Z}/n\mathbb{Z})^\times$, die durch $\varphi(\sigma) = k_\sigma$ definiert ist, ist also ein Homomorphismus.

Sei $\sigma \in \operatorname{Ker}\varphi$. Dann ist $k_\sigma = 1$ und daher $\sigma(\zeta_n) = \zeta_n$, d.h. σ ist die identische Abbildung ε.

Daher ist φ injektiv und alles bewiesen.

(2.3) Satz. *Für den Kreisteilungskörper $\mathbb{Q}(\zeta_n)$ der Ordnung n über $\mathbb{Q}$ ist die Galoisgruppe $G(\mathbb{Q}(\zeta_n)/\mathbb{Q}) \cong (\mathbb{Z}/n\mathbb{Z})^\times$.*

BEWEIS. Nach VII. (2.12) ist das n–te Kreisteilungspolynom $\Phi_n(X)$ irreduzibel über $\mathbb{Q}$ und das Minimalpolynom von ζ_n.

Daher ist

$$|G| = [\mathbb{Q}(\zeta_n) : \mathbb{Q}] = \varphi(n) = |(\mathbb{Z}/n\mathbb{Z})^\times|.$$

Da G eine Untergruppe von $(\mathbb{Z}/n\mathbb{Z})^\times$ ist und gleich viele Elemente hat, muß sie mit $(\mathbb{Z}/n\mathbb{Z})^\times$ übereinstimmen.

(2.4) BEISPIEL. Sei $\zeta = \zeta_{12}$ eine primitive 12–te Einheitswurzel. Dann ist

$$G(\mathbb{Q}(\zeta)/\mathbb{Q}) \cong (\mathbb{Z}/12\mathbb{Z})^\times = \{1, 5, 7, 11\} \pmod{12}.$$

Daher ist

$$\Phi_{12}(X) = (X - \zeta)(X - \zeta^5)(X - \zeta^7)(X - \zeta^{11}).$$

Die Automorphismen sind durch

$$\varepsilon(\zeta) = \zeta, \sigma(\zeta) = \zeta^5, \tau(\zeta) = \zeta^7 \text{ und } \sigma\tau(\zeta) = \zeta^{11}$$

eindeutig festgelegt.

G ist daher die Gruppe $\{\varepsilon, \sigma, \tau, \sigma\tau\} \cong C_2 \times C_2$ mit $\sigma^2 = \tau^2 = \varepsilon$ und $\sigma\tau = \tau\sigma$.

G hat genau drei echte Untergruppen $\langle\sigma\rangle$, $\langle\tau\rangle$, $\langle\sigma\tau\rangle$, die alle vom Index 2 sind. Die entsprechenden Zwischenkörper sind daher quadratische Erweiterungen von $\mathbb{Q}$.

Gruppe	Zwischenkörper
$\langle\sigma\rangle$	$\mathbb{Q}(i)$
$\langle\tau\rangle$	$\mathbb{Q}(i\sqrt{3})$
$\langle\sigma\tau\rangle$	$\mathbb{Q}(\sqrt{3})$

Dazu beachten wir, daß $\sigma(\zeta^3) = \sigma(\zeta)^3 = \zeta^{15} = \zeta^3$ und $\tau(\zeta^4) = \tau(\zeta)^4 = \zeta^{28} = \zeta^4$ ist. Nun ist $\zeta^3 = i$ und $\zeta^4 = \rho$. Daher erzeugen beide eine quadratische Erweiterung von $\mathbb{Q}$. Daher ist der Fixkörper unter $\langle\sigma\rangle$ der Körper $\mathbb{Q}(\zeta^3) = \mathbb{Q}(i)$ und jener unter τ die quadratische Erweiterung $\mathbb{Q}(\rho) = \mathbb{Q}(i\sqrt{3})$.
Da auch $\sqrt{3} = -i(i\sqrt{3}) \in \mathbb{Q}(\zeta)$ ist, ist $\mathbb{Q}(\sqrt{3})$ ebenfalls ein quadratischer Teilkörper von $\mathbb{Q}(\zeta)$. Er muß daher mit dem Fixkörper unter $\langle\sigma\tau\rangle$ zusammenfallen.

Besonders interessant ist der Fall $n = p$ einer Primzahl.

(2.5) Satz. *Im Fall einer Primzahl p ist die Galoisgruppe*

$$G(\mathbb{Q}(\zeta_p)/\mathbb{Q}) \cong (\mathbb{Z}/p\mathbb{Z})^\times.$$

Das ist eine zyklische Gruppe der Ordnung $p-1$.

Beweis. Das folgt aus (2.3) und VI. (1.2).

Da G zyklisch ist, $G = \langle\sigma\rangle$, hat G für jeden Teiler d von $p-1$ genau eine Untergruppe der Ordnung d, nämlich $\langle\sigma^{\frac{p-1}{d}}\rangle$. Nach dem Hauptsatz der Galoistheorie gibt es also zu jedem Teiler $d \mid (p-1)$ genau einen Zwischenkörper L vom Grad $[L:\mathbb{Q}] = \frac{p-1}{d}$.

Nun können wir das Problem der Konstruierbarkeit regelmäßiger n–Ecke vollständig lösen.

(2.6) Satz. *Das regelmäßige n–Eck ist genau dann mit Zirkel und Lineal konstruierbar, wenn n die Gestalt $n = 2^k p_1 \cdots p_m$ hat, wobei die p_i verschiedene Fermat'sche Primzahlen sind.*

Beweis. Nach VII. (2.9) ist nur mehr folgendes zu zeigen:
Ist $p = 2^{2^l} + 1$ eine Primzahl, dann ist eine primitive p–te Einheitswurzel ζ_p konstruierbar.
Nun ist aber $G(\mathbb{Q}(\zeta_p)/\mathbb{Q})$ nach (2.5) zyklisch von der Ordnung $p - 1 = 2^{2^l}$. Daher enthält G eine Kette $\{1\} < H_2 < H_4 < \cdots < H_{2^{2^l}}$ von zyklischen Untergruppen der Ordnungen $1, 2, 2^2, 2^3, \ldots$.

Die entsprechenden Fixkörper bilden in umgekehrter Reihenfolge eine Kette

$$\mathbb{Q} \subset F_1 \subset F_2 \subset F_3 \subset \cdots \subset \mathbb{Q}(\zeta_p),$$

wobei jedes F_{i+1} eine quadratische Erweiterung von F_i ist. Daher ist ζ_p mit Zirkel und Lineal konstruierbar nach I. (1.11).

(2.7) Satz. *Sei* $L = \mathbb{Q}(\zeta_p) \cap \mathbb{R}$ *der Teilkörper aller reellen Elemente von* $\mathbb{Q}(\zeta_p) \subseteq \mathbb{C}$. *Dann gilt* $L = \mathbb{Q}(\zeta_p + \zeta_p^{-1})$ *und* $[L : \mathbb{Q}] = \frac{p-1}{2}$ *für die Primzahlen* $p > 2$.

BEWEIS. $(X - \zeta_p)(X - \zeta_p^{-1}) = X^2 - (\zeta_p + \zeta_p^{-1})X + 1$ ist irreduzibel über $\mathbb{Q}(\zeta_p + \zeta_p^{-1}) \subseteq \mathbb{R}$, weil $\zeta_p \notin \mathbb{R}$. Daher ist

$$[\mathbb{Q}(\zeta_p) : \mathbb{Q}(\zeta_p + \zeta_p^{-1})] = 2 \text{ und somit } [\mathbb{Q}(\zeta_p + \zeta_p^{-1}) : \mathbb{Q}] = \frac{p-1}{2}.$$

Im Fall $p = 5$ genügt ζ_5 der Gleichung $X^4 + X^3 + X^2 + X + 1 = 0$ oder

$$X^2 + \frac{1}{X^2} + X + \frac{1}{X} + 1 = 0.$$

Sei $Y = X + \frac{1}{X}$. Dann ergibt sich $Y^2 - 2 + Y + 1 = 0$. Daher genügt $\zeta_5 + \zeta_5^{-1}$ der Gleichung $Y^2 + Y - 1 = 0$. Wir erhalten daher $\zeta_5 + \frac{1}{\zeta_5} = \frac{-1 \pm \sqrt{5}}{2}$.
Der entsprechende Körper ist $\mathbb{Q}(\zeta_5 + \frac{1}{\zeta_5}) = \mathbb{Q}(\sqrt{5})$.

Im Fall $p = 7$ wurde bereits in I. (2.6) gezeigt, daß $\zeta_7 + \frac{1}{\zeta_7}$ der Gleichung $Y^3 + Y^2 - 2Y - 1 = 0$ genügt.
Der reelle Teilraum von $\mathbb{Q}(\zeta_7)$ wird also von einer Wurzel γ dieser Gleichung erzeugt. Aus der Cardano'schen Formel ergibt sich hier

$$\gamma = -\frac{1}{3} + \frac{1}{3}\sqrt[3]{7(1 + 3\sqrt{-3})} + \frac{1}{3}\sqrt[3]{7(1 - 3\sqrt{-3})}.$$

(2.8). *Sei* p *eine ungerade Primzahl. Dann existiert genau ein quadratischer Erweiterungskörper* L *von* $\mathbb{Q}$, *der in* $\mathbb{Q}(\zeta_p)$ *enthalten ist. Für* $p \equiv 1 \pmod 4$ *ist* $L = \mathbb{Q}(\sqrt{p})$ *und für* $p \equiv 3 \pmod 4$ *ist* $L = \mathbb{Q}(i\sqrt{p})$.

BEWEIS. Nach II. (5.13) hat die Diskriminante D von $X^p - 1$ den Wert $D = (-1)^{\frac{p-1}{2}} p^p$.
Sei $\delta = \sqrt{D} = \prod_{i<j} (\zeta_p^j - \zeta_p^i)$.
Dann ist $\mathbb{Q}(\delta) = \mathbb{Q}(i^{\frac{p-1}{2}} \sqrt{p})$.
Wegen $\delta \in \mathbb{Q}(\zeta_p)$ ist $\mathbb{Q}(\delta)$ ein Teilkörper von $\mathbb{Q}(\zeta_p)$. Da es in $G(\mathbb{Q}(\zeta_p)/\mathbb{Q}) \cong C_{p-1}$ genau eine Untergruppe H der Ordnung $\frac{p-1}{2}$ gibt, gibt es in $\mathbb{Q}(\zeta_p)$ genau einen Teilkörper L vom Grad 2 über $\mathbb{Q}$. Dieser muß daher mit $\mathbb{Q}(\delta)$ übereinstimmen.

Z.B. ist

$$\mathbb{Q}(\sqrt{-3}) = \mathbb{Q}(\rho) = \mathbb{Q}(\zeta_3)$$
$$\mathbb{Q}(\sqrt{5}) \subseteq \mathbb{Q}(\zeta_5)$$
$$\mathbb{Q}(i\sqrt{7}) \subseteq \mathbb{Q}(\zeta_7).$$

Wir wollen diese speziellen Resultate noch auf eine andere Weise ableiten: Wir suchen eine quadratische Irrationalität in $\mathbb{Q}(\zeta_p)$. Dazu sei σ ein erzeugendes Element der Galoisgruppe. Dann ist

$$\alpha = \zeta_p + \sigma^2(\zeta_p) + \cdots + \sigma^{p-3}(\zeta_p)$$

ein Element, welches $\sigma^2(\alpha) = \alpha$ erfüllt.

Es genügt daher der quadratischen Gleichung $(X - \alpha)(X - \sigma(\alpha)) = 0$ aus $\mathbb{Q}[X]$.

Nun gilt $\sigma(\zeta_p) = \zeta_p^g$ für eine geeignete Primitivwurzel g mod p.

Für $p = 5$ ist $g = 2$ eine Primitivwurzel, da $2^1 \equiv 2$, $2^2 \equiv -1$, $2^3 \equiv -2$, $2^4 \equiv 1 \pmod 5$ gilt.

Somit können wir $\alpha = \zeta_5 + \sigma^2(\zeta_5) = \zeta_5 + \zeta_5^4 = \zeta_5 + \zeta_5^{-1}$ wählen.

Dann gilt

$$\begin{aligned} &(X - \alpha)(X - \sigma(\alpha)) = X^2 + X - 1, \text{ weil} \\ &\alpha + \sigma(\alpha) = \zeta_5 + \zeta_5^4 + \zeta_5^2 + \zeta_5^8 = \zeta_5 + \zeta_5^2 + \zeta_5^3 + \zeta_5^4 = -1 \\ &\text{und } \alpha\sigma(\alpha) = (\zeta_5 + \zeta_5^4)(\zeta_5^2 + \zeta_5^3) = \zeta_5^3 + \zeta_5 + \zeta_5^4 + \zeta_5^2 = -1 \end{aligned}$$

ist.

Daher ist $\alpha = \frac{-1\pm\sqrt{5}}{2}$ und $\mathbb{Q}(\zeta_5)$ enthält den quadratischen Erweiterungskörper $\mathbb{Q}(\sqrt{5})$ von $\mathbb{Q}$.

Man beachte, daß im Rahmen der Algebra das Symbol $\pm\sqrt{5}$ nur für ein Element β von $\mathbb{Q}(\zeta_p)$ steht, welches $\beta^2 = 5$ erfüllt. Will man dagegen innerhalb $\mathbb{C}$ arbeiten und wählt man $\zeta_5 = e^{\frac{2\pi i}{5}}$, so ist auch das Vorzeichen von $\sqrt{5}$ eindeutig festgelegt. Wegen $\cos\frac{2\pi}{5} > 0$ muß $\alpha = \cos\frac{2\pi}{5} = \frac{-1+\sqrt{5}}{2}$ sein.

Im Fall $p = 7$ ist 3 eine Primitivwurzel, weil $3^1 \equiv 3$, $3^2 \equiv 2$, $3^3 \equiv -1$, $3^4 \equiv -3$, $3^5 \equiv -2$, $3^6 \equiv 1 \pmod 7$ gilt. Wir können daher

$$\alpha = \zeta_7 + \zeta_7^{3^2} + \zeta_7^{3^4} = \zeta_7 + \zeta_7^2 + \zeta_7^4 \text{ wählen.}$$

Dann ergibt sich $(X - \alpha)(X - \sigma(\alpha)) = X^2 + X + 2$.

Daher ist $\alpha = \frac{-1\pm i\sqrt{7}}{2}$ und $\mathbb{Q}(i\sqrt{7}) \subseteq \mathbb{Q}(\zeta_7)$.

(2.9) DEFINITION. Eine endliche Galoiserweiterung K/k mit zyklischer Galoisgruppe $G(K/k)$ heißt *zyklische Erweiterung* von k.

Bei einer zyklischen Erweiterung vom Grad $[K : k] = n$ besteht die Galoisgruppe aus den Potenzen $1, \sigma, \sigma^2, \dots, \sigma^{n-1}$ eines k–Automorphismus σ.

Wir wollen uns zunächst überlegen, daß die σ^i als Abbildungen von der Menge K in den Körper K linear unabhängig sind, d.h. daß aus $\sum \gamma_i \sigma^i(x) = 0$ für alle $x \in K$, wobei die Koeffizienten $\gamma_i \in K$ sind, folgt daß alle $\gamma_i = 0$ sind. Da die Linearkombinationen $\sum \gamma_i \sigma^i$ lineare Abbildungen des k–Vektorraums K in sich sind, können wir uns darauf beschränken, x aus einer Basis von K zu wählen. Da K/k einfach ist, existiert ein primitives Element $\alpha \in K$ mit $K = k(\alpha)$. Als Basis kann man also die Menge $\{1, \alpha, \dots, \alpha^{n-1}\}$ wählen. Bezeichnet man die Konjugierten von α mit α_i, setzt also

$$\alpha_i = \sigma^i(\alpha) \text{ für } i = 0, 1, \dots, n-1, \text{ so ist}$$

$$\sum \gamma_i \sigma^i(x) = 0 \text{ für alle } x \in K$$

gleichbedeutend mit dem linearen Gleichungssystem

$$\sum \gamma_i \sigma^i(\alpha^j) = 0 \quad j = 0, 1, \dots n-1$$

d.h. mit

$$\sum_{i=0}^{n-1} \gamma_i \alpha_i^j = 0 \quad , j = 0, 1, \dots, n-1.$$

Die Determinante ist als Vandermonde–Determinante

$$\det \begin{pmatrix} 1 & 1 & & 1 \\ \alpha_0 & \alpha_1 & & \alpha_{n-1} \\ \alpha_0^2 & \alpha_1^2 & \dots & \alpha_{n-1}^2 \\ \vdots & \vdots & & \vdots \\ \alpha_0^{n-1} & \alpha_1^{n-1} & & \alpha_{n-1}^{n-1} \end{pmatrix} \neq 0.$$

Daher hat das Gleichungssystem nur die triviale Lösung

$$\gamma_0 = \gamma_1 = \dots = \gamma_{n-1} = 0.$$

(2.10) Lemma. *Sei K/k zyklisch vom Grad n mit Galoisgruppe $G = \langle\sigma\rangle$. Dann folgt aus $\sum \gamma_i \sigma^i(x) = 0$ für alle $x \in K$, daß alle $\gamma_i \in K$ gleich 0 sind.*

Es zeigt sich, daß man unter geeigneten Voraussetzungen zyklische Erweiterungen einfach beschreiben kann.

(2.11) Satz. *Sei $K \supseteq \mathbb{Q}(\zeta_n)$ ein Körper der Charakteristik 0, der alle n–ten Einheitswurzeln enthält. Sei K/k eine zyklische Erweiterung von k vom Grad $[K : k] = n \geq 2$. Dann existiert $a \in k^\times$, so daß gilt:*

1) *$X^n - a$ ist irreduzibel über $k[X]$.*
2) *K ist der Zerfällungskörper von $X^n - a$ über k.*
3) *$K = k(\alpha)$ für eine n–te Wurzel α von a in K.*

Beweis. Sei σ ein erzeugendes Element der Galoisgruppe $G(K/k)$. Da die k–Automorphismen $1, \sigma, \ldots, \sigma^{n-1}$ l.u.a. sind, gibt es ein Element $\vartheta \in K$, so daß die „Lagrange'sche Resolvente“

$$\alpha = \sum_{i=0}^{n-1} \zeta_n^{-i} \sigma^i(\vartheta) \neq 0$$

ist.

Dann ist aber $\sigma(\alpha) = \sum \zeta_n^{-i} \sigma^{i+1}(\vartheta) = \zeta_n \alpha$ und daher $\sigma^i(\alpha) = \zeta_n^i \alpha$.

Speziell ist $\alpha^n \in k^\times$, weil $\sigma(\alpha^n) = \sigma(\alpha)^n = \alpha^n$ ist.

Wir behaupten nun, daß $a := \alpha^n$ alle Eigenschaften des Satzes erfüllt.

Da die Nullstellen des Minimalpolynoms von α gerade alle Konjugierten $\sigma^i(\alpha) = \zeta_n^i \alpha$ sind, ist

$$X^n - a = \prod_{i=0}^{n-1} (X - \zeta_n^i \alpha)$$

irreduzibel über k. Alles andere ist klar.

(2.12) Korollar. *Sei $k \supseteq \mathbb{Q}(\zeta_n)$ und $a \in k^\times$. Dann ist der Zerfällungskörper K von $X^n - a$ über k zyklisch über k und $[K : k]$ ein Teiler von n.*

Beweis. Als Zerfällungskörper ist K normal über k. Da k alle n–ten Einheitswurzeln enthält, ist $K = k(\alpha)$ für eine n–te Wurzel α von a.

Für $\sigma \in G(K/k)$ ist $\sigma(\alpha) = \zeta_\sigma \alpha$ mit einer geeigneten n–ten Einheitswurzel ζ_σ. Es ist dann $\zeta_{\sigma\tau} = \zeta_\sigma \zeta_\tau$ und $\zeta_\sigma = 1$ nur für $\sigma = \varepsilon$.

Daher ist die Abbildung $\varphi : G(K/k) \to \langle \zeta \rangle \cong \mathbb{Z}/n\mathbb{Z}$ mit $\varphi(\sigma) = \zeta_\sigma$ ein injektiver Homomorphismus.

Die Galoisgruppe ist also eine Untergruppe der zyklischen Gruppe $\mathbb{Z}/n\mathbb{Z}$ und daher selbst zyklisch. Ihre Ordnung ist dann ein Teiler von n.

(2.13) Korollar. *Sei p prim und k ein Körper, der alle p–ten Einheitswurzeln enthält, $k \supseteq \mathbb{Q}(\zeta_p)$. Sei $a \in k$.*

Dann ist $X^p - a$ entweder irreduzibel oder es zerfällt über k in Linearfaktoren.

Beweis. Nach (2.12) ist $[K : k]$ ein Teiler von p, d.h. 1 oder p.

Bemerkung. In all diesen Sätzen ist die Voraussetzung, daß k die entsprechenden Einheitswurzeln enthält, wesentlich.

Z.B. ist für $X^3 - 2 \in \mathbb{Q}[X]$ der Zerfällungskörper $K = \mathbb{Q}(\sqrt[3]{2}, \rho)$ weder zyklisch noch ist der Grad $[K : \mathbb{Q}] = 6$ ein Teiler von 3.

Analog ist für $X^4 - 2 \in \mathbb{Q}[X]$ der Zerfällungskörper weder zyklisch noch ist der Grad $[K : \mathbb{Q}] = 8$ ein Teiler von 4.

Adjungiert man jedoch im ersten Fall ρ, so ist $K/\mathbb{Q}(\rho)$ zyklisch vom Grad 3. Im zweiten Fall ergibt sich nach Adjunktion von i, daß $[K : \mathbb{Q}(i)] = 4$ ein Teiler von 4 ist.

(2.14) BEISPIEL. Sei $f(X) = X^3 - 3X - 1$ die Winkeldreiteilungsgleichung über $\mathbb{Q}$ und $K = \mathbb{Q}(\cos\frac{\pi}{9})$ ihr Zerfällungskörper. Nach (1.46) ist $K/\mathbb{Q}$ zyklisch vom Grad 3.

Da $K \subseteq \mathbb{R}$ ist, enthält K keine primitive 3. Einheitswurzel. Es gibt dann kein $a \in \mathbb{Q}$, so daß $K = \mathbb{Q}(\sqrt[3]{a})$ wäre. Denn sei $\alpha = \sqrt[3]{a}$. Da K als Zerfällungskörper normal ist, müßte das Minimalpolynom von α, d.h. das Polynom $X^3 - \alpha^3 = (X - \alpha)(X - \rho\alpha)(X - \rho^2\alpha) \in \mathbb{Q}[X]$ in K zerfallen. Es müßte also $\rho\alpha$ und daher auch $\rho = \frac{\rho\alpha}{\alpha}$ in $\mathbb{Q}(\alpha)$ liegen. Da $\mathbb{Q}(\alpha)$ nur reelle Zahlen enthält, ist das unmöglich.

Betrachtet man dagegen $f(X)$ über $k = \mathbb{Q}(\rho)$, dann gibt es

$$\alpha \in K = \mathbb{Q}(\rho, \cos\frac{\pi}{9}) \text{ mit } \alpha^3 \in k, \text{ so daß } K = k(\alpha) \text{ ist.}$$

Das folgt sofort aus der Cardano'schen Formel I. (3.1) oder aus der Tatsache, daß $K = \mathbb{Q}(\zeta_9)$ ist, wobei $\zeta_9^3 = \rho \in \mathbb{Q}(\rho)$ ist.

Denn aus $[\mathbb{Q}(\zeta_9) : \mathbb{Q}(\rho)] = [\mathbb{Q}(\rho, \cos\frac{\pi}{9}) : \mathbb{Q}(\rho)] = 3$ und $\mathbb{Q}(\rho, \cos\frac{\pi}{9}) \subseteq \mathbb{Q}(\zeta_9)$ folgt, daß $K = \mathbb{Q}(\zeta_9)$ ist. Daß $\cos\frac{\pi}{9} \in \mathbb{Q}(\zeta_9)$ ist, folgt sofort aus $e^{\frac{i\pi}{9}} = -\left(e^{\frac{2\pi i}{9}}\right)^5$.

(2.15) DEFINITION. Unter einem *irreduziblen Radikal* γ über k versteht man eine Lösung γ einer irreduziblen Gleichung $X^n - a = 0$ aus $k[X]$. Man schreibt dann $\gamma = \sqrt[n]{a}$.

Eine n-te Einheitswurzel ζ_n ist kein irreduzibles Radikal, weil die Gleichung $X^n - 1 = 0$ nicht irreduzibel ist. Sieht man sich die n-ten Einheitswurzeln für $n = 3, 4, \dots$ an, so vermutet man bald, daß sie durch irreduzible Radikale darstellbar sind.

So ist $\rho = \frac{-1+i\sqrt{3}}{2}$ durch das irreduzible Radikal $i\sqrt{3} = \sqrt{-3}$ darstellbar. Denn dieses genügt der irreduziblen Gleichung $X^2 + 3 = 0$ über $\mathbb{Q}$.

Die primitiven 4. Einheitswurzeln $\pm i$ sind Lösungen der irreduziblen Gleichung $X^2 + 1 = 0$.

Für $p = 5$ ergibt sich die Darstellung

$$\zeta_5 = \frac{\sqrt{5} - 1 + i\sqrt{2\sqrt{5} + 10}}{4}, \text{ u.s.w.}$$

(2.16) DEFINITION. Eine komplexe Zahl α ist durch irreduzible Radikale über k darstellbar, wenn es eine Kette

$$k = F_0 \subseteq F_1 \subseteq \cdots \subseteq F_r$$

von Teilkörpern $F_i \subseteq \mathbb{C}$ gibt, so daß gilt:

1) $\alpha \in F_r$,
2) $F_{i+1} = F_i(\gamma_i)$, wobei γ_i ein irreduzibles Radikal über F_i ist, $i = 0, 1, \ldots, r-1$.

Der Körper F_r heißt dann eine *Radikalerweiterung von k*.

Es gilt dann $F_r = k(\gamma_1, \gamma_2, \ldots, \gamma_{r-1})$, wobei jedes γ_i einer irreduziblen Gleichung $X^{n_i} - \gamma_i^{n_i} \in k(\gamma_1, \ldots, \gamma_{i-1})[X]$ genügt.

Man kann sich dabei auf den Fall beschränken, daß jedes n_i eine Primzahl ist. Denn ist $X^n - \gamma^n \in F[X]$ irreduzibel und $n = lm$, so sind auch die Polynome $X^l - \gamma^{ml} \in F[X]$ und $X^m - \gamma^m \in F(\gamma^m)[X]$ irreduzibel, weil

$$lm = [F(\gamma) : F] = [F(\gamma) : F(\gamma^m)] \cdot [F(\gamma^m) : F] \leq ml$$

nur möglich ist, wenn $[F(\gamma) : F(\gamma^m)] = m$ und $[F(\gamma^m) : F] = l$ ist.
Man kann also zuerst γ^m, also eine l–te Wurzel, und dann erst γ, also eine m–te Wurzel über dem Zwischenkörper, adjungieren. Iteriert man dieses Verfahren, so sieht man, daß man bei jedem Schritt eine irreduzible p–te Wurzel für eine Primzahl p adjungieren kann.

Ist z.B. $\alpha = \sqrt[3]{2}\sqrt{-3}$, dann ist $\alpha^3 = -6\sqrt{-3}$ und
$\mathbb{Q}(\alpha) = \mathbb{Q}(-6\sqrt{-3}, \sqrt[3]{2}\sqrt{-3})$.
Dabei ist $X^3 + 6\sqrt{-3} = (X - \alpha)(X - \rho\alpha)(X - \rho^2\alpha)$ irreduzibel über $\mathbb{Q}(\sqrt{-3})$ und $X^2 + 108 = (X + 6\sqrt{-3})(X - 6\sqrt{-3})$ irreduzibel über $\mathbb{Q}$.
Es ist aber auch $\alpha^2 = -3\sqrt[3]{4}$, wobei $X^2 + 3\sqrt[3]{4} = (X - \alpha)(X + \alpha)$ irreduzibel über $\mathbb{Q}(\sqrt[3]{4})$ und

$$X^3 + 108 = (X + 3\sqrt[3]{4})(X + 3\sqrt[3]{4}\rho)(X + 3\sqrt[3]{4}\rho^2)$$

irreduzibel über $\mathbb{Q}$ ist.

Die Zahl α kann also in endlich vielen Schritten erhalten werden, indem man mit einem Element aus k beginnt und jeder einzelne Schritt entweder in einer Körperoperation mit einem bereits konstruierten Element oder in der Konstruktion einer geeigneten p–ten Wurzel aus einem bereits konstruierten Element besteht.

Ein Vergleich mit I. (1.11) zeigt, daß eine deutliche Analogie zur Konstruierbarkeit mit Zirkel und Lineal vorhanden ist.

(2.17) Satz. *Jede Einheitswurzel ζ ist durch irreduzible Radikale über $\mathbb{Q}$ darstellbar.*

BEWEIS. Es genügt, sich auf primitive p–te Einheitswurzeln ζ_p für Primzahlen p zu beschränken.

Denn sei $n = p_1^{k_1} \cdots p_s^{k_s}$ die Primfaktorzerlegung von n. Ist $\zeta_{p_i^{k_i}}$ jeweils eine primitive $p_i^{k_i}$–te Einheitswurzel, so ist $\zeta_n = \zeta_{p_1^{k_1}} \cdots \zeta_{p_s^{k_s}}$ offenbar eine primitive n–te Einheitswurzel, weil $\zeta_n^n = 1$ und jede kleinere Potenz $\neq 1$ ist.

Wir müssen als ersten Schritt zeigen, daß jede primitive p^k–te Einheitswurzel durch irreduzible Radikale über $\mathbb{Q}(\zeta_p)$ darstellbar ist.

Nun genügt eine primitive p^2–te Einheitswurzel ζ_{p^2} der Gleichung $X^p - \zeta_p = 0$ über $\mathbb{Q}(\zeta_p)$.

Nach (2.13) ist $X^p - \zeta_p$ irreduzibel über $\mathbb{Q}(\zeta_p)$.

Und daher ist jede p^2–te Einheitswurzel durch irreduzible Radikale darstellbar, weil sie eine Potenz von ζ_{p^2} ist.

Der allgemeine Fall einer p^k–ten primitiven Einheitswurzel geht mit Induktion.

Wenn wir schon wissen, daß die primitive p^{k-1}–te Einheitswurzel $\zeta_{p^{k-1}}$ durch irreduzible Radikale darstellbar ist, so ist es auch jede Wurzel von $X^p - \zeta_{p^{k-1}} = 0$ über $\mathbb{Q}(\zeta_p)$. Diese Wurzeln sind aber primitive p^k–te Einheitswurzeln und alle anderen sind Potenzen davon.

Nun beweisen wir den Satz für primitive p–te Einheitswurzeln mit Induktion.

Für $p = 2$ ist nichts zu zeigen, weil ± 1 in $\mathbb{Q}$ sind. Wir können daher annehmen, daß der Satz für alle Primzahlen $q < p$ bereits gezeigt ist.

Sei nun ζ_p eine primitive p–te Einheitswurzel. Dann gilt nach (2.3), daß die Galoisgruppe

$$G(\mathbb{Q}(\zeta_p)/\mathbb{Q}) \cong (\mathbb{Z}/p\mathbb{Z})^\times \cong C_{p-1}$$

zyklisch von der Ordnung $p-1$ ist.

Sei ζ_{p-1} eine primitive $(p-1)$–te Einheitswurzel.

Dann ist die Galoisgruppe $G(\mathbb{Q}(\zeta_p, \zeta_{p-1})/\mathbb{Q}(\zeta_{p-1}))$ eine Untergruppe von C_{p-1} nach (2.2) und daher zyklisch von einer Ordnung d mit $d \mid (p-1)$. Nach (2.11) ist daher ζ_p durch irreduzible Radikale über $\mathbb{Q}(\zeta_{p-1})$ darstellbar.

Ist $p - 1 = p_1^{k_1} \cdots p_s^{k_s}$ die Primfaktorzerlegung von $p-1$, so sind alle $p_i < p$ und wir können daher mit Induktion annehmen, daß die p_i–ten Einheitswurzeln und daher nach den Eingangsüberlegungen auch ζ_{p-1} durch irreduzible Radikale über $\mathbb{Q}$ darstellbar sind. Damit ist alles bewiesen.

(2.18) Bemerkung. Es gilt sogar, daß die Galoisgruppe $G(\mathbb{Q}(\zeta_p, \zeta_{p-1})/\mathbb{Q}(\zeta_{p-1}))$ isomorph zu $(\mathbb{Z}/p\mathbb{Z})^\times$ ist.

Beweis. Setzt man $\zeta = \zeta_p \zeta_{p-1}$, so ist ζ eine primitive $p(p-1)$–te Einheitswurzel. Außerdem ist $\mathbb{Q}(\zeta_p, \zeta_{p-1}) = \mathbb{Q}(\zeta)$.
Die gesuchte Galoisgruppe besteht aus jenen $\sigma \in G(\mathbb{Q}(\zeta)/\mathbb{Q})$, welche ζ_{p-1} festlassen.

Nach (2.3) ist $G(\mathbb{Q}(\zeta)/\mathbb{Q})$ isomorph zu $(\mathbb{Z}/p(p-1)\mathbb{Z})^\times$.
Dabei gilt $\sigma(\zeta) = \zeta^j$ für ein geeignetes $j \perp p(p-1)$.

Die gesuchte Galoisgruppe besteht daher aus jenen j, welche $\zeta_{p-1}^j = \zeta_{p-1}$ erfüllen, für welche also $j \equiv 1 \bmod (p-1)$ ist.

Nach dem chinesischen Restsatz entspricht jeder Restklasse $j \bmod p(p-1)$ das Paar

$$(j \bmod p, j \bmod (p-1)).$$

Wegen $j \perp p(p-1)$ besteht daher die gesuchte Untergruppe aus allen Paaren $(i, 1)$ mit $1 \leq i \leq p-1$. Das sind genau $p-1$ Elemente.

Daher ist $|G(\mathbb{Q}(\zeta_p, \zeta_{p-1})/\mathbb{Q}(\zeta_{p-1}))| = p-1 = |(\mathbb{Z}/p\mathbb{Z})^\times|$. Die im Beweis von (2.17) gefundene Untergruppe von $(\mathbb{Z}/p\mathbb{Z})^\times$ muß also mit der ganzen Gruppe übereinstimmen.

(2.19) BEMERKUNG. Nun können wir (2.16) wesentlich vereinfachen.

Eine Zahl α ist genau dann durch irreduzible Radikale über $k \supseteq \mathbb{Q}$ darstellbar, wenn es $\beta_1, \beta_2, \ldots, \beta_{s-1}$ gibt, so daß $\alpha \in k(\beta_1, \ldots, \beta_{s-1})$ ist und jedes β_i einer Gleichung der Gestalt $X^{n_i} - \beta_i^{n_i} = 0$ über $k(\beta_1, \ldots, \beta_{i-1})$ genügt, die nicht mehr irreduzibel zu sein braucht. Man sagt daher auch, daß α durch Radikale darstellbar ist.

Auch in diesem Fall kann alles durch sukzessive Wurzelbildung auf Radikale vom Primzahlgrad zurückgeführt werden. Nun sind die Elemente von $k(\zeta_p)$ durch irreduzible Radikale darstellbar und ein Polynom $X^p - \beta^p$ über $k(\zeta_p)$ entweder irreduzibel oder es zerfällt in Linearfaktoren nach (2.13). Dann ist β entweder selbst ein irreduzibles Radikal oder es liegt in $k(\zeta_p)$ und ist daher ebenfalls durch irreduzible Radikale darstellbar.

(2.20) Satz. Der Casus irreducibilis.

Sei $f(X) = X^3 + pX + q \in \mathbb{Q}[X]$ irreduzibel mit 3 reellen Nullstellen. Dann läßt sich keine Nullstelle x von $f(X)$ durch reelle Radikale darstellen.

Wir wissen aus (1.46), daß die Diskriminante d der Gleichung positiv ist und $\delta = \sqrt{d}$ daher reell ist. Wir behaupten, daß es keine Wahl von reellen Radikalen $\alpha_1, \ldots, \alpha_n$ geben kann, so daß die Nullstelle x von $f(X)$ in $\mathbb{Q}(\delta, \alpha_1, \ldots, \alpha_n)$ liegt.

Nach den obigen Überlegungen kann dabei o.B.d.A. angenommen werden, daß jedes α_i Primzahlgrad über $\mathbb{Q}(\delta, \alpha_1, \ldots, \alpha_{i-1})$ besitzt. Wir zeigen zuerst folgendes:

Lemma. *Sei F ein Körper mit $\mathbb{Q}(\delta) \subseteq F \subseteq \mathbb{R}$ und $\alpha \in \mathbb{R}$ ein reelles Radikal mit $\alpha^p \in F$ für eine Primzahl p. Ist die Nullstelle x von $f(X)$ in $F(\alpha)$, dann liegt sie bereits in F.*

BEWEIS. Wäre $x \notin F$, so wäre $F(x)$ Zerfällungskörper von $f(X)$ und $[F(x) : F] = 3$ nach (1.46). Aus $x \in F(\alpha)$ folgt

$$F(x) \subseteq F(\alpha) \text{ und } p = [F(\alpha) : F] = [F(\alpha) : F(x)] \cdot [F(x) : F].$$

Daher wäre 3 ein Teiler der Primzahl p und somit $p = 3$.

Dann wäre jedoch $F(x) = F(\alpha)$. Da $F(x)$ als Zerfällungskörper normal ist, muß das Minimalpolynom von α, d.h. $X^3 - \alpha^3$ in $F(x)$ in Linearfaktoren zerfallen. Somit wäre mit α auch $\rho\alpha \in F(x)$. Wegen $\rho\alpha \notin \mathbb{R}$ ist das unmöglich.

Also muß x bereits in F liegen und das Lemma ist bewiesen.

Wäre nun $x \in \mathbb{Q}(\delta, \alpha_1, \ldots, \alpha_n)$, so müßte es nach dem Lemma bereits in $\mathbb{Q}(\delta, \alpha_1, \ldots, \alpha_i)$ für $i = n-1, n-2, \ldots$ liegen und daher in $\mathbb{Q}(\delta)$. Letzteres ist nicht der Fall, weil $f(X)$ irreduzibel über $\mathbb{Q}(\delta)$ ist.

3. Auflösung von Gleichungen durch Radikale.

Wir wollen nun die Definition (2.16) auf beliebige Körper der Charakteristik 0 erweitern.

(3.1) DEFINITION. Eine Erweiterung K/k eines Körpers k der Charakteristik 0 heißt *Radikalerweiterung*, wenn K von der Gestalt $K = k(\gamma_1, \ldots, \gamma_r)$ ist, wobei für alle $i = 1, 2, \ldots, r$ eine natürliche Zahl n_i existiert, so daß $\gamma_i^{n_i} \in k(\gamma_1, \ldots, \gamma_{i-1})$ ist. Man sagt dann, daß die Elemente $\alpha \in K$ durch Radikale über k darstellbar sind.

(3.2) Satz. *Ist $f(X) \in k[X]$ irreduzibel und ist eine Nullstelle α durch Radikale über k darstellbar, dann auch jede andere.*

BEWEIS. Nach Voraussetzung liegt α in einer Radikalerweiterung $K = k(\gamma_1, \ldots, \gamma_r)$. Da $[K : k] < \infty$ ist, besitzt K ein primitives Element β, $K = k(\beta)$.
Sei $g(X)$ das Minimalpolynom von β über k und L der Zerfällungskörper von $f(X)g(X)$. Dann ist L auch der Zerfällungskörper von $f(X)g(X)$ über $k(\alpha)$.
Sei nun α' eine weitere Nullstelle von $f(X)$ und L' der Zerfällungskörper von $f(X)g(X)$ über $k(\alpha')$.
Nach III. (4.21) läßt sich der Isomorphismus von $k(\alpha)$ auf $k(\alpha')$ zu einem Isomorphismus $\varphi : L \to L'$ erweitern.
Der Isomorphismus φ führt K in $\varphi(K) = k(\varphi(\gamma_1), \ldots, \varphi(\gamma_r))$ über. Dabei gilt $\varphi(\gamma_i)^{n_i} \in k(\varphi(\gamma_1), \ldots, \varphi(\gamma_{i-1}))$ und $\alpha' \in \varphi(K)$. Das bedeutet aber, daß α' durch Radikale über k darstellbar ist.

(3.3). Ist $K = k(\alpha)$ eine Radikalerweiterung von k und L der Zerfällungskörper des Minimalpolynoms von α, dann ist auch L eine Radikalerweiterung von k. Jede Radikalerweiterung K/k läßt sich also zu einer normalen Radikalerweiterung L/k erweitern.

BEWEIS. Sei $G = G(L/k)$. Jedem $\sigma_i \in G$ entspricht eine Nullstelle $\alpha_i = \sigma_i(\alpha)$ des Minimalpolynoms von α.
Ist $k(\alpha) = k(\gamma_1, \ldots, \gamma_r)$, so ist $k(\alpha_i) = \sigma_i(k(\alpha)) = k(\sigma_i(\gamma_1), \ldots, \sigma_i(\gamma_r))$.
Nun ist $L = k(\alpha_1, \ldots, \alpha_n) = k(\gamma_1, \ldots, \gamma_r, \sigma_2(\gamma_1), \ldots, \sigma_2(\gamma_r), \ldots \sigma_n(\gamma_1), \ldots \sigma_n(\gamma_r))$ und daher wieder eine Radikalerweiterung.
Beispielsweise ist für die Radikalerweiterung $K = \mathbb{Q}(\sqrt[3]{2})$ über $\mathbb{Q}$ der Zerfällungskörper $L = \mathbb{Q}(\sqrt[6]{-108})$ eine normale Radikalerweiterung.

(3.4) DEFINITION. Sei $f(X) \in k[X]$, wobei k die Charakteristik 0 besitzt. Sei F der Zerfällungskörper von $f(X)$ über k. Wir sagen, daß die Gleichung $f(X) = 0$ *durch Radikale auflösbar* ist, wenn alle Wurzeln durch Radikale darstellbar sind, d.h. wenn eine Radikalerweiterung K/k existiert mit $k \subseteq F \subseteq K$. Nach (3.3) kann dabei angenommen werden, daß K/k normal ist.

Wie der Casus irreducibilis zeigt, braucht der Zerfällungskörper F selbst keine Radikalerweiterung zu sein.

Wir wollen nun die Auflösbarkeit einer Gleichung $f(X) = 0$ über k durch Radikale mit Hilfe des Hauptsatzes der Galoistheorie gruppentheoretisch charakterisieren.

Sei also F der Zerfällungskörper von $f(X)$ über k und K/k eine normale Radikalerweiterung mit $k \subseteq F \subseteq K$.

Sei $K = k(\gamma_1, \gamma_2, \ldots, \gamma_r)$ mit $\gamma_i^{n_i} \in k(\gamma_1, \ldots, \gamma_{i-1})$. Wir möchten nun (2.12) anwenden und schließen, daß $k(\gamma_1, \ldots, \gamma_i)$ zyklisch über $k(\gamma_1, \ldots, \gamma_{i-1})$ ist. Dazu benötigen wir jedoch, daß K alle n_i-ten Einheitswurzeln enthält. Wenn sie nicht in K enthalten sind, so können wir sie zu K adjungieren und erhalten wieder eine Radikalerweiterung. Wir betrachten also $m := n_1 n_2 \cdots n_r$ und adjungieren zu K alle m-ten Einheitswurzeln. Dann enthält $K(\zeta_m)$ sicher alle n_i-ten Einheitswurzeln.

Sei also $L = K(\zeta_m)$ der Kreisteilungskörper der Ordnung m über K. Da K/k normal ist, ist K der Zerfällungskörper eines Polynoms $g(X) \in k[X]$.

Dann ist $L = K(\zeta_m)$ der Zerfällungskörper des Polynoms $(X^m - 1)g(X)$ über k und daher ebenfalls normal über k.

Wir betrachten nun die folgende Kette von Erweiterungskörpern.

$$L_0 = k \subseteq L_1 \subseteq L_2 \subseteq \cdots \subseteq L_{r+1} = L.$$

Dabei sei $L_1 = k(\zeta_m)$ und $L_{i+1} = k(\zeta_m, \gamma_1, \ldots, \gamma_i)$ für $i = 1, 2, \ldots, r$.

Dann ist $L_1/L_0 = k(\zeta_m)/k$ normal als Zerfällungskörper von $X^m - 1$ über k.

Die Galoisgruppe $G(L_1/L_0) = G(k(\zeta_m)/k)$ ist nach (2.2) isomorph zu einer Untergruppe von $(\mathbb{Z}/m\mathbb{Z})^\times$ und daher jedenfalls abelsch.

Weiters ist für $i \geqslant 1$ die Körpererweiterung L_{i+1}/L_i normal, weil $L_{i+1} = L_i(\gamma_i)$ der Zerfällungskörper des Polynoms

$$X^{n_i} - \gamma_i^{n_i} \in L_i[X]$$

ist und L_i alle n_i-ten Einheitswurzeln enthält.

Nach (2.12) ist die Galoisgruppe $G(L_{i+1}/L_i)$ zyklisch.

Da L/k normal ist, ist auch jede Körpererweiterung L/L_i normal.
Sei $G_i = G(L/L_i)$ die entsprechende Galoisgruppe und $G = G_0 = G(L/k)$.

Dann gilt

$$G = G_0 \supseteq G_1 \supseteq G_2 \supseteq \cdots \supseteq G_{r+1} = \{1\}.$$

Nach dem Hauptsatz der Galoistheorie (1.37) 5), angewandt auf die Galoiserweiterung L/L_i ist der Zwischenkörper L_{i+1} genau dann normal über L_i, wenn die entsprechende Galoisgruppe $G(L/L_{i+1})$ ein Normalteiler von $G(L/L_i)$ ist.

Da wir wissen, daß L_{i+1}/L_i normal ist, ist also $G_{i+1} = G(L/L_{i+1})$ ein Normalteiler von $G_i = G(L/L_i)$, $G_{i+1} \lhd G_i$ für alle i.

Außerdem ist $G(L_{i+1}/L_i) \cong G(L/L_i)/G(L/L_{i+1}) = G_i/G_{i+1}$.

Die obige Kette von Untergruppen G_i erfüllt also

$$G_{i+1} \lhd G_i \text{ und } G_i/G_{i+1} \cong G(L_{i+1}/L_i),$$

wobei letztere Gruppe abelsch ist.

Es stellt sich heraus, daß diese Situation typisch für die Auflösbarkeit durch Radikale ist. Sie bedeutet, daß $G(L/k)$ auflösbar im Sinne der folgenden Definition ist.

(3.5) DEFINITION. Eine Gruppe G heißt *auflösbar*, wenn es eine Kette von Untergruppen

$$G = G_0 \supseteq G_1 \supseteq \cdots \supseteq G_s = \{1\}$$

gibt, so daß $G_{i+1} \lhd G_i$ für alle i ist und jede Faktorgruppe G_i/G_{i+1} abelsch ist.

Wie wir sehen werden, ist die Auflösbarkeit der Galoisgruppe eine notwendige und hinreichende Bedingung dafür, daß die Gleichung $f(X) = 0$ durch Radikale auflösbar ist. Wir zeigen zunächst die Notwendigkeit.

(3.6) Satz. *Sei $f(X) \in k[X]$, wobei k ein Körper der Charakteristik 0 ist. Ist die Gleichung $f(X) = 0$ durch Radikale über k auflösbar, dann ist die Galoisgruppe von $f(X)$ über k eine auflösbare Gruppe.*

BEWEIS. Sei F der Zerfällungskörper von $f(X)$ über k. Dann gilt $k \subseteq F \subseteq L$, wobei L die oben konstruierte normale Radikalerweiterung mit genügend vielen Einheitswurzeln ist.

Nach (1.37) ist

$$G(F/k) \cong G(L/k)/G(L/F)$$

eine Faktorgruppe der auflösbaren Gruppe $G(L/k)$. Wir brauchen daher bloß noch zeigen, daß jede Faktorgruppe einer auflösbaren Gruppe wieder auflösbar ist.

(3.7) Lemma. *Ist eine Gruppe G auflösbar, dann auch jede Faktorgruppe G/N.*

BEWEIS. Nach Voraussetzung existiert eine Kette von Untergruppen $G = G_0 \supseteq G_1 \supseteq \cdots \supseteq G_s = \{1\}$, so daß $G_{i+1} \lhd G_i$ und G_i/G_{i+1} abelsch ist.

Dann gilt auch

$$GN = G \supseteq G_1N \supseteq \cdots \supseteq G_sN = N.$$

Dabei ist $G_{i+1}N \lhd G_iN$, weil aus $xg_{i+1}x^{-1} \in G_{i+1}$ für $x \in G_i$ folgt $(xN)(g_{i+1}N)(xN)^{-1} \subseteq G_{i+1}N$.

Ordnet man jeder Restklasse aG_{i+1} von G_i/G_{i+1} die entsprechende Restklasse $aG_{i+1}N$ zu, dann ist diese Abbildung wohldefiniert, weil $b^{-1}a \in G_{i+1}$ impliziert, daß $b^{-1}a \in G_{i+1}N$ ist.

Diese Abbildung ist ein surjektiver Homomorphismus von G_i/G_{i+1} auf $G_iN/G_{i+1}N$.

Da G_i/G_{i+1} abelsch ist, ist es auch jedes homomorphe Bild. Somit gilt

$$G/N = GN/N \supseteq G_1N/N \supseteq \cdots \supseteq G_sN/N = \{1\}$$

und $(G_iN/N)/(G_{i+1}N/N) \cong G_iN/G_{i+1}N$ ist abelsch.

Daher ist G/N auflösbar.

BEMERKUNG. Man hätte diese Überlegung auch folgendermaßen formulieren können: Das Bild der Untergruppenkette

$$G = G_0 \supseteq G_1 \supseteq \cdots \supseteq G_s = \{1\}$$

unter dem kanonischen Epimorphismus π: $G \to G/N$ ist wieder eine Untergruppenkette

$$\pi(G) \supseteq \pi(G_1) \supseteq \cdots \supseteq \pi(G_s) = \{1\}$$

wobei $\pi(G_{i+1}) \lhd \pi(G_i)$ ist.

Betrachtet man den Epimorphismus

$$G_i \to \pi(G_i) \to \pi(G_i)/\pi(G_{i+1}),$$

so ist G_{i+1} im Kern enthalten.

Daher ist $G_i/G_{i+1} \to \pi(G_i)/\pi(G_{i+1})$ surjektiv.

Daher ist $\pi(G_i)/\pi(G_{i+1})$ abelsch.

Der Satz (3.6) gibt uns ein Hilfsmittel in die Hand, um zu zeigen, daß nicht jede Gleichung $f(X) = 0$ durch Radikale auflösbar ist.

Wir brauchen bloß eine Gleichung zu finden, deren Galoisgruppe nicht auflösbar ist.

Es ist so ähnlich wie bei der Konstruierbarkeit mit Zirkel und Lineal. Dort ergab sich als notwendige Bedingung, daß das Minimalpolynom eine Zweierpotenz als Grad besitzt. Hier haben wir als Hilfsmittel die Auflösbarkeit der Galoisgruppe.

Die Menge der auflösbaren Gruppen ist allerdings sehr groß. Jede abelsche Gruppe ist trivialerweise auflösbar.

Ein sehr tiefes Resultat von Feit und Thompson besagt, daß alle endlichen Gruppen ungerader Ordnung auflösbar sind.

Wir wissen bereits, daß jede Faktorgruppe einer auflösbaren Gruppe wieder auflösbar ist.

Analoges gilt für Untergruppen.

(3.8) Lemma. *Jede Untergruppe H einer auflösbaren Gruppe G ist wieder auflösbar.*

Beweis. Sei $G = G_0 \supseteq G_1 \supseteq \cdots \supseteq G_s = \{1\}$ eine Kette von Untergruppen von G mit $G_{i+1} \lhd G_i$ und abelscher Faktorgruppe G_i/G_{i+1} für alle i.

Sei $H_i = G_i \cap H$.

Dann ist $H = H_0 \supseteq H_1 \supseteq \cdots \supseteq H_s = \{1\}$.

Da G_{i+1} Normalteiler in G_i ist, ist $H_{i+1} = H \cap G_{i+1}$ Normalteiler in $H_i = H \cap G_i$ nach V. (3.20).

Dabei gilt ebenfalls nach V. (3.20)

$$H_i/H_{i+1} = H \cap G_i/H \cap G_{i+1} = H \cap G_i/(H \cap G_i) \cap G_{i+1} \cong G_{i+1}(H \cap G_i)/G_{i+1}.$$

Die letzte Gruppe ist eine Untergruppe von G_i/G_{i+1} und daher abelsch.

(3.9) Lemma. *Die symmetrischen Gruppen $\mathfrak{S}_n$ sind für $n \leqslant 4$ auflösbar.*

Beweis. $\mathfrak{S}_1$, $\mathfrak{S}_2$ sind abelsch.

Im Fall $n = 3$ ist $\mathfrak{S}_3 \supset \mathfrak{A}_3 \supset \{1\}$ eine Kette von Untergruppen mit $\mathfrak{S}_3/\mathfrak{A}_3 \cong C_2$ und $\mathfrak{A}_3 \cong C_3$.

Die symmetrische Gruppe $\mathfrak{S}_4$ ist ebenfalls auflösbar.

Denn sei V die Vierergruppe (V. (5.14)). Dann gilt

$$\mathfrak{S}_4 \supset \mathfrak{A}_4 \supset V \supset \{1\}.$$

Für die entsprechenden Faktorgruppen gilt

$$\mathfrak{S}_4/\mathfrak{A}_4 \cong C_2, \ \mathfrak{A}_4/V \cong C_3 \text{ und } V/\{1\} = V.$$

Sie sind daher alle abelsch.

(3.10) Satz. *Die symmetrische Gruppe $\mathfrak{S}_n$ ist für $n \geqslant 5$ nicht auflösbar.*

Beweis. Das folgt sofort aus V. (5.16), da die alternierende Gruppe $\mathfrak{A}_n$ einfach ist. Denn wäre $\mathfrak{S}_n$ auflösbar, so auch die Untergruppe $\mathfrak{A}_n$. Da diese keinen Normalteiler außer $\{1\}$ und $\mathfrak{A}_n$ besitzt, müßte $\mathfrak{A}_n$ abelsch sein, was nicht der Fall ist.

Wir wollen aber auch einen direkten Beweis geben.

Sei U eine Untergruppe der $\mathfrak{S}_n$, die alle Dreierzyklen enthält und $N \lhd U$ mit U/N abelsch. Dann enthält auch N alle Dreierzyklen. Denn sei (abc) ein beliebiger Dreierzyklus und seien d, e zwei weitere davon verschiedene Elemente, die es wegen $n \geqslant 5$ sicher gibt. Sei $x = (dba)$, $y = (aec)$.

Man betrachte

$$x^{-1}y^{-1}xy = (abd)(cea)(dba)(aec) = (abc).$$

Da U/N abelsch ist, ist das Bild von $x^{-1}y^{-1}xy$ unter der kanonischen Projektion das Einselement und daher $(abc) \in N$.

Wäre nun $\mathfrak{S}_n = G_0 \supseteq G_1 \supseteq \cdots \supseteq G_s = \{1\}$ und $G_{i+1} \lhd G_i$ mit G_i/G_{i+1} abelsch, so würde jedes G_i alle Dreierzyklen enthalten, also auch $G_s = \{1\}$, ein Widerspruch.

(3.11) Satz von N. H. Abel. *Für $n \geqslant 5$ ist die allgemeine Gleichung n-ten Grades über einem Körper k der Charakteristik 0 nicht durch Radikale auflösbar.*

Beweis. Nach (1.47) ist die Galoisgruppe die $\mathfrak{S}_n$ und daher nicht auflösbar.

Bemerkung. Dieser Satz kann auch ganz elementar bewiesen werden. Man vgl. J. Stillwell, Galois theory for beginners, Amer. Math. Monthly 101 (1994), 22–27.

Dieses Resultat besagt, daß es keine allgemeine Formel gibt, die für jede Gleichung eine Lösung durch Radikale liefert.

Es schließt jedoch keineswegs aus, daß es solche Darstellungen über einem speziellen Körper gibt.

(3.11) sagt nur, daß es für Gleichungen über dem Körper $k(X_1, \ldots, X_n)$ keine Darstellung durch Radikale gibt. Ersetzt man die Unbestimmte X_i durch konkrete Werte, so könnte sich die Situation grundlegend ändern.

Um die Existenz von Polynomen $f(X) \in \mathbb{Q}[X]$ zu zeigen, die nicht durch Radikale auflösbar sind, genügt es also, solche zu finden, deren Galoisgruppe die $\mathfrak{S}_n$ für $n \geqslant 5$ ist.

(3.12) Satz. *Sei p eine Primzahl und $f(X) \in \mathbb{Q}[X]$ irreduzibel vom Grad p mit genau $p-2$ reellen Nullstellen. Dann ist die Galoisgruppe von $f(X)$ über $\mathbb{Q}$ die $\mathfrak{S}_p$.*

BEWEIS. Seien $\alpha_1, \ldots, \alpha_p$ die Wurzeln von $f(X) = 0$, wobei $\alpha_1, \alpha_2 \notin \mathbb{R}$ seien. Sei $F = \mathbb{Q}(\alpha_1, \ldots, \alpha_p)$ der Zerfällungskörper. Die Galoisgruppe $G = G(F/\mathbb{Q})$ kann als Permutationsgruppe der Wurzeln, also als Untergruppe der symmetrischen Gruppe $\mathfrak{S}_p$, aufgefaßt werden. Da $f(X)$ irreduzibel ist, wirkt sie transitiv auf die Wurzeln ((1.40)). Da mit α_1 auch $\overline{\alpha_1}$ eine Nullstelle von $f(X)$ ist, muß $\alpha_2 = \overline{\alpha_1}$ sein.

Der Automorphismus $z \to \bar{z}$ von $\mathbb{C}$ gibt, wenn man ihn auf F einschränkt, einen Automorphismus von F, der durch die Transposition (12) beschrieben wird.

Da G transitiv auf den Wurzeln operiert, d.h. nur eine Bahn O_α besitzt, ist $|O_\alpha| = p$. Aus V. (4.5) folgt also, daß p ein Teiler von $|G|$ ist. Also muß es nach dem Satz von Cauchy (V. (4.7)) in G ein Element der Ordnung p geben. Die einzigen Elemente der Ordnung p in der $\mathfrak{S}_p$ sind die p-Zyklen.

Die Gruppe G enthält also die Transposition (12) und einen p-Zyklus σ. Eine gewisse Potenz σ^i von σ führt 1 in 2 über und hat daher die Gestalt $(12a_3 \ldots a_p)$. Daher liefert V. (5.13), daß G alle Transpositionen enthält und mit der gesamten Gruppe $\mathfrak{S}_p$ zusammenfällt.

Nun bleibt noch zu zeigen, daß es für jede Primzahl $p \geqslant 5$ ein irreduzibles Polynom $f(X)$ vom Grad p gibt mit $p-2$ reellen Nullstellen.

(3.13). Für jede Primzahl p gibt es Polynome $f(X)$ vom Grad p über $\mathbb{Q}$, deren Galoisgruppe die $\mathfrak{S}_p$ ist.

BEWEIS. Sei $g(X) = (X^2+m)(X-2)(X-4)\cdots(X-2(p-2))$, wobei m eine positive gerade Zahl ist, die später bestimmt wird. Für $x = 1, 3, \ldots, 2p-3$ sind die $(p-1)$ Werte $g(x)$ ganze Zahlen mit $|g(x)| > 2$ und mit abwechselndem Vorzeichen. Daher wechselt $f(X) := g(X) - 2$ ebenfalls die Vorzeichen in diesen Punkten. Also hat $f(X)$ mindestens $p-2$ reelle Wurzeln zwischen 1 und $2p-3$. Nun gilt für die Wurzeln

$$\alpha_1^2 + \cdots + \alpha_p^2 = (\alpha_1 + \cdots + \alpha_p)^2 - 2\sum_{i<j} \alpha_i \alpha_j.$$

Ist also $f(X) = X^p + c_{p-1}X^{p-1} + \cdots + c_0$, dann ist $\sum \alpha_i^2 = c_{p-1}^2 - 2c_{p-2}$. Da sich $f(X)$ und $g(X)$ nur im konstanten Term unterscheiden, ist also

$$\begin{aligned}\sum \alpha_i^2 &= 2^2 + 4^2 + \cdots + (2(p-2))^2 + (i\sqrt{m})^2 + (-i\sqrt{m})^2 = \\ &= 2^2 + 4^2 + \cdots + (2(p-2))^2 - 2m.\end{aligned}$$

Für genügend großes m ist das negativ.

Daher muß mindestens ein α_i komplex sein und daher auch ein zweites $\overline{\alpha}$.

Da $f(X)$ mindestens $p-2$ reelle Nullstellen hat, sind also genau 2 Nullstellen nicht reell.

Nach Eisenstein ist $f(X) = g(X) - 2$ irreduzibel, weil alle Koeffizienten durch 2 teilbar sind, der konstante Term jedoch nicht durch 4 teilbar ist.

Für $p = 5$ kann man

$$f(X) = (X^2 + m)(X - 2)(X - 4)(X - 6) - 2$$

für $m \geqslant 30$ wählen.

Damit erhält man explizit angebbare Polynome 5-ten Grades, die sicher nicht durch Radikale gelöst werden können.

Andere Beispiele sind etwa $X^5 - 6X + 3$ oder $2X^5 - 5X^4 + 5$, die ebenfalls genau 3 reelle Nullstellen besitzen.

Wir wollen nun noch eine zweite Methode angeben, um solche Polynome zu finden.

Sei $f(X) \in k[X]$ ein normiertes irreduzibles Polynom, das lauter verschiedene Nullstellen $\alpha_1, \ldots, \alpha_n$ im Zerfällungskörper K besitzt, d.h. separabel ist.

Wir betrachten nun Linearkombinationen $\beta = Z_1\alpha_1 + \cdots + Z_n\alpha_n$ der α_i mit Unbestimmten Z_i.

Für jede Permutation $\pi \in \mathfrak{S}_n$ sei $\pi(\beta) = Z_1\alpha_{\pi(1)} + \cdots + Z_n\alpha_{\pi(n)}$.

Wir bilden nun das Polynom

$$g(X) := \prod_{\pi \in \mathfrak{S}_n} (X - \pi(\beta)) = \prod_{\pi \in \mathfrak{S}_n} (X - (Z_1\alpha_{\pi(1)} + \cdots + Z_n\alpha_{\pi(n)})).$$

Wegen $\pi g(X) = g(X)$ für alle $\pi \in \mathfrak{S}_n$ ist jeder Koeffizient von $Z_1^{i_1} \ldots Z_n^{i_n} X^j$ eine symmetrische Funktion in den α_i's und liegt daher in k.

Somit ist $g(X) = g(X, Z_1, \ldots, Z_n) \in k[X, Z_1, \ldots, Z_n]$.

Wir zerlegen nun g in $k[X, Z_1, \ldots, Z_n]$ in seine irreduziblen Faktoren und erhalten

$$g = g_1 g_2 \cdots g_s.$$

Sei g_1 jener Faktor, welcher den Linearfaktor $(X - \beta)$ enthält.

Wir können nun für jedes $\pi \in \mathfrak{S}_n$ eine Permutation U_π der Z_i bilden durch $U_\pi Z_i = Z_{\pi(i)}$.

Dann ist

$$U_\pi(\beta) = \sum \alpha_i Z_{\pi(i)} = \sum \alpha_{\pi^{-1}(i)} Z_i = \pi^{-1}(\beta).$$

Da $g(X)$ auch in der Form $g(X) = \prod_{\pi \in \mathfrak{S}_n} (X - U_{\pi^{-1}}\beta)$ geschrieben werden kann, ist

$$g = U_\pi g = (U_\pi g_1) \cdots (U_\pi g_s).$$

Die Abbildung U_π permutiert also die irreduziblen Faktoren g_i. Wir behaupten nun, daß die Galoisgruppe $G = G(K/k)$ isomorph ist zur Untergruppe H aller $\pi \in \mathfrak{S}_n$ mit $U_\pi g_1 = g_1$.

Denn g_1 hat in $K[X, Z_1, \ldots, Z_n]$ die Zerlegung

$$g_1 = \prod_{\pi \in S} (X - U_\pi(\beta))$$

für eine gewisse Teilmenge $S \subseteq \mathfrak{S}_n$.

Diese Menge S stimmt mit H überein:

Denn wegen $U_\pi g_1 = g_1$ muß g_1 den Linearfaktor $(X - U_\pi(\beta))$ für $\pi \in H$ enthalten.

Ist umgekehrt $\pi \in S$, dann enthält $U_\pi^{-1} g_1$ den Linearfaktor $X - \beta$ und muß daher mit g_1 übereinstimmen, d.h. $U_\pi^{-1} = U_{\pi^{-1}}$ muß $\pi^{-1} \in H$ erfüllen.

Da H eine Gruppe ist, ist auch $\pi \in H$.

Sei nun $R(X, Z_1, \ldots, Z_n) = \prod_{\pi \in G} (X - \pi(\beta)) = \prod_{\pi \in G} (X - U_\pi(\beta))$.

Dann liegt R in $k[X, Z_1, \ldots, Z_n]$, weil die Koeffizienten im Fixkörper unter der Galoisgruppe G liegen. Außerdem ist R ein Teiler von g in $K[X, Z_1, \ldots Z_n]$ und daher auch in $k[X, Z_1, \ldots, Z_n]$.

R läßt sich also als Produkt von g_i's schreiben.

Da $X - \beta$ ein Teiler von R in $K[X, Z_1, \ldots, Z_n]$ ist, kommt g_1 unter den Teilern von R vor, d.h. $g_1 \mid R$ in $k[X, Z_1, \ldots, Z_n]$.

Insbesondere ist also H eine Teilmenge von G.

Sei umgekehrt $\rho \in G$. Dann ist $\rho^{-1} g_1 = g_1$, weil $g_1 \in k[X, Z_1, \ldots, Z_n]$ ist und ρ die Koeffizienten festläßt. Daher kommt $X - \rho^{-1}(\beta) = X - U_\rho(\beta)$ als Linearfaktor in g_1 vor. Das bedeutet aber, daß $\rho \in H$ ist. Es ist also $G \subseteq H$. Insgesamt ergibt sich $H = G$.

Wir fassen diese Ergebnisse zu folgendem Satz zusammen:

(3.14) Satz. *Sei $f(X) \in k[X]$ ein normiertes irreduzibles Polynom mit lauter verschiedenen Nullstellen $\alpha_1, \ldots, \alpha_n$. Sei $\beta = \sum Z_i \alpha_i$ mit Unbestimmten Z_i. Dann liegt*

$$g(X, Z_1, \ldots, Z_n) = \prod_{\pi \in \mathfrak{S}_n} (X - (Z_1 \alpha_{\pi(1)} + \cdots + Z_n \alpha_{\pi(n)}))$$

in $k[X, Z_1, \ldots, Z_n]$. Sei g_1 der irreduzible Faktor von g mit $g_1(\beta) = 0$. Dann ist die Gruppe H aller Permutationen $\pi \in \mathfrak{S}_n$, die g_1 in sich überführen, isomorph zur Galoisgruppe $G(K/k)$ des Zerfällungskörpers K von $f(X)$ über k.

(3.15) Korollar. *Sei $f(X) \in \mathbb{Z}[X]$ ein normiertes irreduzibles Polynom mit Wurzeln $\alpha_1, \ldots, \alpha_n$. Sei p eine Primzahl und $\varphi_p(f)$ das Bild von f unter dem kanonischen Homomorphismus von $\mathbb{Z}[X]$ auf $\mathbb{F}_p[X]$. Hat $\varphi_p(f)$ lauter verschiedene Nullstellen, dann ist die Galoisgruppe H von $\varphi_p(f)$ eine Untergruppe der Galoisgruppe G von $f(X)$.*

Beweis. Sei $g = g_1 \cdots g_s$ wie oben.

Beim Homomorphismus φ_p geht das über in $\varphi_p(g) = \varphi_p(g_1) \cdots \varphi_p(g_s) \in \mathbb{F}_p[X]$, weil nach dem Gauß'schen Lemma alle g_i in $\mathbb{Z}[X]$ liegen. Da die Permutationen $\pi \in G$ den Faktor g_1 in sich überführen, führen sie auch $\varphi_p(g_1)$ in sich über. Nun kann aber $\varphi_p(g_1)$ über $\mathbb{F}_p$ noch weiter zerfallen. Die entsprechende Stabilisatorgruppe H ist also eine Untergruppe von G.

(3.16) Satz. *Für jedes $n \geqslant 4$ gibt es ein normiertes irreduzibles Polynom $f(X) \in \mathbb{Z}[X]$, dessen Galoisgruppe die symmetrische Gruppe $\mathfrak{S}_n$ ist.*

BEWEIS. Seien $f_1(X)$, $f_2(X)$, $f_3(X)$ normierte Polynome n-ten Grades aus $\mathbb{Z}[X]$ mit den folgenden Eigenschaften:

1) $f_1(X) \mod 2$ ist irreduzibel in $\mathbb{F}_2[X]$ vom Grad n.
2) $f_2(X) \equiv g_{n-1}(X)g_1(X) \mod 3$, so daß $\deg g_{n-1} = n-1$ und $g_{n-1}(X)$ irreduzibel in $\mathbb{F}_3[X]$ ist und $\deg g_1(X) = 1$ ist.
3) $f_3(X) \equiv h_2(X)\, h_3(X) \mod 5$, wobei $\deg h_2(X) = 2$ ist und $h_2(X)$ irreduzibel in $\mathbb{F}_5[X]$ ist und für $n \equiv 1 \pmod 2$ $h_3(X)$ irreduzibel ungeraden Grades in $\mathbb{F}_5[X]$ ist. Für $n \equiv 0 \pmod 2$ sei $h_3(X)$ das Produkt von 2 irreduziblen Polynomen ungeraden Grades.

Sei schließlich

$$f(X) = -15f_1(X) + 10f_2(X) + 6f_3(X).$$

Dann ist wegen $10 + 6 - 15 = 1$ das Polynom $f(X)$ ein normiertes Polynom aus $\mathbb{Z}[X]$ und es gilt

$$\begin{aligned} f(X) &\equiv f_1(X) \mod 2 \\ &\equiv f_2(X) \mod 3 \\ &\equiv f_3(X) \mod 5. \end{aligned}$$

Da $f_1(X) \mod 2$ irreduzibel ist vom Grad n, ist $f(X)$ ebenfalls irreduzibel. Die Galoisgruppe von $f(X)$ ist daher transitiv.

Da $f(X) \mod 3$ den irreduziblen Faktor $g_{n-1}(X)$ besitzt und die Galoisgruppe daher transitiv und zyklisch von der Ordnung $n-1$ ist, muß ihr erzeugendes Element und daher auch die Galoisgruppe G einen $(n-1)$-Zyklus besitzen.

Da $f(X) \mod 5$ wegen $\deg h_2 = 2$ einen 2-Zyklus und entweder einen oder zwei Zyklen ungerader Ordnung enthält, ist eine geeignet gewählte ungerade Potenz des erzeugenden Elements eine Transposition.

Da also G transitiv ist, eine Transposition und einen $(n-1)$-Zyklus enthält, enthält sie alle Transpositionen und daher die gesamte $\mathfrak{S}_n$. Es ist klar, daß man für $n \geqslant 4$ alle Bedingungen erfüllen kann.

BEMERKUNG. Für $n = 6$ ist

$X^6 + X + 1$ irreduzibel in $\mathbb{F}_2$
$(X^5 + 2X + 1)(X + 1)$ erfüllt die Bedingung $\pmod 3$ und
$(X^2 + X + 2)(X + 1)(X^3 + 3X + 2)$ erfüllt die Bedingung $\mod 5$.

Daher ist

$$\begin{aligned} f(X) &= -15(X^6 + X + 1) + 10(X^6 + X^5 + 2X^2 + 1) + \\ &\quad +6(X^6 + 2X^5 + X^4 + 3X^2 + 2X + 4) \\ &= X^6 + 22X^5 + 6X^4 + 38X^2 - 3X + 19 \end{aligned}$$

ein Polynom 6-ten Grades, dessen Galoisgruppe die $\mathfrak{S}_6$ ist.

Abschließend wollen wir zeigen, daß die Auflösbarkeit der Galoisgruppe nicht nur notwendig sondern auch hinreichend für die Auflösbarkeit durch Radikale ist.

Grundlegend dafür ist Satz (2.11). Er besagt, daß eine zyklische Erweiterung K/k eines Körpers der Charakteristik 0 eine Radikalerweiterung ist, falls k genügend viele Einheitswurzeln enthält.

Wie das Beispiel der Gleichung $X^3 - 3X - 1$ über $\mathbb{Q}$ zeigt, wo der Zerfällungskörper den Grad 3 über $\mathbb{Q}$ hat und daher zyklisch vom Grad 3 ist, jedoch keine Radikalerweiterung ist, ist die Voraussetzung über die Einheitswurzeln dabei wesentlich.

Wir wollen uns daher zunächst überlegen, wie sich eine Adjunktion von Einheitswurzeln auf die Galoisgruppe auswirkt. Dazu beweisen wir einen allgemeinen Satz, der in der Literatur als „Translationssatz" bezeichnet wird. Diese Bezeichnungsweise wird verständlich, wenn man ein Diagramm der gegenseitigen Lage der betrachteten Körper zeichnet.

(3.17) Translationssatz. *Sei $K = k(\alpha)$ eine normale Erweiterung eines Körpers k der Charakteristik 0 und F eine beliebige endliche Erweiterung von k. Dann ist die Galoisgruppe $G(F(\alpha)/F) = H$ isomorph zur Untergruppe U jener Automorphismen der Galoisgruppe $G = G(K/k)$, die $K \cap F$ elementweise festlassen.*

Beweis. Sei $p(X)$ das Minimalpolynom von α über k.

Dann ist $F(\alpha)$ als Zerfällungskörper von $p(X)$ über F ebenfalls normal über F. Das Minimalpolynom $\overline{q}(X)$ von α über F ist ein Teiler von $p(X)$ in $F[X]$. Jedes $\tau \in H = G(F(\alpha)/F)$ ist durch $\tau(\alpha)$ eindeutig festgelegt.

Die Restriktion von τ auf den Teilkörper K führt α ebenfalls in $\tau(\alpha)$ über und ist daher ein Element der Galoisgruppe $G(K/k)$. Die Zuordnung $\tau \to \tau\,|_K$ ist klarerweise ein Homomorphismus. Der Kern dieses Homomorphismus besteht nur aus der Identität, weil dann $\tau(\alpha) = \alpha$ ist.

Der Fixkörper von H ist F. Schränkt man H auf den Teilkörper K ein, so wird genau $K \cap F$ festgelassen.

Sei nun $q(X)$ das Minimalpolynom von α über $K \cap F$. Dann gilt $\overline{q}(X) \mid q(X)$. Da aber $\overline{q}(X) \in (K \cap F)[X]$ ist, ist sogar $\overline{q}(X) = q(X)$. Daher sind H und U isomorph.

Nach diesen Hilfsüberlegungen können wir Satz (2.11) weitgehend verallgemeinern.

(3.18) Satz. *Sei K/k normal mit abelscher Galoisgruppe $G(K/k)$. Dann läßt sich jedes Element von K durch Radikale über k ausdrücken.*

Beweis. Sei $[K : k] = n$ und ζ eine primitive n-te Einheitswurzel.

Nach (3.17) ist dann $K(\zeta)/k(\zeta)$ eine normale Erweiterung und $H = G(K(\zeta)/k(\zeta))$ isomorph zu einer Untergruppe der abelschen Gruppe $G(K/k)$ und daher ebenfalls abelsch.

Nach dem Hauptsatz über endliche abelsche Gruppen läßt sich H als direktes Produkt von zyklischen Gruppen darstellen:

$$H = C_{m_1} \times \cdots \times C_{m_s}.$$

Dann ist

$$H = H_0 \supset H_1 = C_{m_2} \times \cdots \times C_{m_s} \supset H_2 = C_{m_3} \times \cdots \times C_{m_s} \supset \ldots \supset H_{s-1} = C_{m_s} \supset \{1\} = H_s$$

eine Kette von Untergruppen mit $H_{i+1} \lhd H_i$, weil alle Gruppen abelsch sind und

$$H_i/H_{i+1} \cong C_{m_{i+1}}.$$

Sei $F_i = K(\zeta)^{H_i}$ der Fixkörper von H_i.

Dann ist F_{i+1}/F_i normal und $G(F_{i+1}/F_i) \cong C_{m_{i+1}}$, also zyklisch.

Da in $k(\zeta)$ die nötigen Einheitswurzeln vorkommen, folgt aus (2.11), daß sich jedes Element von F_{i+1} durch Radikale über F_i ausdrücken läßt.

Betrachten wir nun die Kette der Teilkörper

$$k \subseteq k(\zeta) \subseteq F_1 \subseteq F_2 \subseteq \cdots \subseteq F_s = K(\zeta),$$

so sehen wir, daß sich jedes Element von $K(\zeta)$ und daher auch jedes Element von $K \subseteq K(\zeta)$ durch Radikale über k darstellen läßt.

Nun können wir das Hauptresultat von E. Galois beweisen.

(3.19) Satz von E. Galois. *Sei k ein Körper der Charakteristik 0. Die Gleichung $f(X) = 0$ aus $k[X]$ ist genau dann durch Radikale über k lösbar, wenn die Galoisgruppe von $f(X)$ auflösbar ist.*

BEWEIS. Es ist bloß noch nachzuweisen, daß aus der Auflösbarkeit der Galoisgruppe die Auflösbarkeit durch Radikale folgt.

Sei also K der Zerfällungskörper von $f(X)$ und die Galoisgruppe $G(K/k)$ auflösbar. Dann gibt es eine Kette von Untergruppen

$$G = G_0 \supseteq G_1 \supseteq \cdots \supseteq G_s = \{1\},$$

so daß $G_{i+1} \lhd G_i$ und G_i/G_{i+1} abelsch ist.

Sei $E_i = K^{G_i}$.

Da $G_i \lhd G_{i-1}$ ist, ist E_i normal über E_{i-1} und $G(E_i/E_{i-1}) \cong G_{i-1}/G_i$.

Nach (3.18) läßt sich jedes Element von E_i durch Radikale über E_{i-1} ausdrücken.

Da die Körperkette

$$k = E_0 \subseteq E_1 \subseteq \cdots \subseteq E_s = K$$

von k nach K führt, läßt sich also jedes Element von K durch Radikale über k ausdrücken. Insbesondere gilt das für die Nullstellen der Gleichung $f(X) = 0$.

Dieser Satz kann als der „tiefere Grund" dafür angesehen werden, daß die Gleichungen 1.–4. Grades über $\mathbb{Q}$ durch Radikale auflösbar sind. Denn nach (3.9) ist die symmetrische Gruppe $\mathfrak{S}_n$ für $n \leq 4$ auflösbar.

(3.20). Die allgemeine Gleichung 4. Grades.

Sei $f(Z) = Z^4 - s_1 Z^3 + s_2 Z^2 - s_3 Z + s_4$ die allgemeine Gleichung 4. Grades über einem Körper F der Charakteristik 0. Seien z_1, z_2, z_3, z_4 ihre Wurzeln. Wir wissen aus (1.47), daß ihre Galoisgruppe die $\mathfrak{S}_4$ ist.

Durch die Substitution $Z = X + \frac{s_1}{4}$ geht $f(Z)$ in

$$X^4 + pX^2 + qX + r$$

über. Wir nennen die Wurzeln x_1, x_2, x_3, x_4.

Nach (3.9) ist $\mathfrak{S}_4 \supset \mathfrak{A}_4 \supset V \supset \{1\}$ eine Kette von Untergruppen der $\mathfrak{S}_4$ mit

$$\mathfrak{S}_4 / \mathfrak{A}_4 \cong C_2$$

und $\mathfrak{A}_4 / V \cong C_3$.

Dieser Kette von Untergruppen entspricht nach dem Hauptsatz der Galoistheorie (1.37) eine Kette von Teilkörpern

$$k \subset k(\delta) \subset L \subset K,$$

wobei $k = F(s_1, s_2, s_3, s_4)$ und $K = F(x_1, x_2, x_3, x_4)$ ist.

Dabei ist $[L : k(\delta)] = (\mathfrak{A}_4 : V) = 3$.

Nach dem Satz vom primitiven Element gibt es $y_1 \in L$, so daß $L = k(\delta)(y_1)$ ist.

Die Elemente von L sind jene Elemente von K, die unter der Vierergruppe $V = \{\varepsilon, (12)(34), (13)(24), (14)(23)\}$ festbleiben, während die Elemente von $k(\delta)$ die Fixpunkte unter der $\mathfrak{A}_4$ sind. Ein Element y_1 ist genau dann primitives Element von L über $k(\delta)$, wenn es durch die Wirkung der $\mathfrak{A}_4$ genau 3 konjugierte Elemente besitzt.

Man verifiziert sofort, daß $(x_1 + x_2)(x_3 + x_4)$ und daher auch

$$y_1 = -(x_1 + x_2)(x_3 + x_4)$$

ein solches Element ist. Die Konjugierten sind

$$\begin{aligned} & y_2 = -(x_1 + x_3)(x_2 + x_4) \\ \text{und} \quad & y_3 = -(x_1 + x_4)(x_2 + x_3). \end{aligned}$$

Sie gehen aus y_1 durch die Permutationen (132)(4) bzw. (123)(4) aus der $\mathfrak{A}_4$ hervor. Da auch die gesamte $\mathfrak{S}_4$ die y_i untereinander permutiert, liegt das Polynom

$$(Y - y_1)(Y - y_2)(Y - y_3) \text{ in } k[Y].$$

Setzt man für die y_i die obigen Ausdrücke ein und drückt das Resultat durch die elementarsymmetrischen Funktionen aus, so ergibt sich nach einiger Rechenarbeit die Gleichung

$$Y^3 + 2pY^2 + (p^2 - 4r)Y - q^2 = 0,$$

die sogenannte kubische Resolvente der Gleichung 4. Grades (vgl. II. (3.8)). Ihre Wurzeln y_1, y_2, y_3 können mittels der Cardano'schen Formeln berechnet werden.

Nun ist

$$k(y_1, y_2, y_3) \subseteq k(\delta)(y_1, y_2, y_3) = k(\delta)(y_1) = L.$$

Die Menge aller $\pi \in \mathfrak{S}_4$, welche y_1, y_2, y_3 elementweise festlassen, ist genau die Vierergruppe V, wie man leicht sieht. Daher ist $k(y_1, y_2, y_3) = L$.

Nun gilt $(x_1 + x_2)(x_3 + x_4) = -y_1$ und $x_1 + x_2 + x_3 + x_4 = 0$.

Somit ist

$$(Z - (x_1 + x_2))(Z - (x_3 + x_4)) = Z^2 - y_1.$$

Daher ist

$$x_1 + x_2 = \sqrt{y_1} \text{ und } x_3 + x_4 = -\sqrt{y_1}.$$

Analog ist

$$x_1 + x_3 = \sqrt{y_2},\ x_2 + x_4 = -\sqrt{y_2}$$
$$x_1 + x_4 = \sqrt{y_3},\ x_2 + x_3 = -\sqrt{y_3}.$$

Wegen

$$\begin{aligned}\sqrt{y_1}\sqrt{y_2}\sqrt{y_3} &= (x_1 + x_2)(x_1 + x_3)(x_1 + x_4) = \\ &= x_1^2(x_1 + x_2 + x_3 + x_4) + \sum_{i<j<k} x_i x_j x_k = \\ &= \sum_{i<j<k} x_i x_j x_k = -q\end{aligned}$$

ist durch die Wahl der Vorzeichen von $\sqrt{y_1}$ und $\sqrt{y_2}$ das von $\sqrt{y_3}$ eindeutig festgelegt.

Es ergibt sich dann

$x_1 = \frac{1}{2}(\sqrt{y_1} + \sqrt{y_2} + \sqrt{y_3})$
$x_2 = \frac{1}{2}(\sqrt{y_1} - \sqrt{y_2} - \sqrt{y_3})$
$x_3 = \frac{1}{2}(-\sqrt{y_1} + \sqrt{y_2} - \sqrt{y_3})$
$x_4 = \frac{1}{2}(-\sqrt{y_1} - \sqrt{y_2} + \sqrt{y_3})$.

Sind die s_i keine Unbestimmten sondern reelle Zahlen, so muß eine Lösung y_1 der kubischen Resolvente reell sein und $y_3 = \overline{y_2}$ gelten. Wegen $-q^2 < 0$ ist dann $y_1 > 0$, d.h. $\sqrt{y_1}$ reell und daher $(X - x_1)(X - x_2) \in \mathbb{R}[X]$. Man erkennt auf diese Weise den theoretischen Hintergrund des Tricks von R. Descartes, den wir in II. (3.7) skizziert hatten.

Literatur

[1] E. Artin, *Galois'sche Theorie*, B. G. Teubner 1959.

[2] M. Artin, *Algebra*, Birkhäuser 1993.

[3] J. R. Bastida, *Field Extensions and Galois Theory*, Addison–Wesley 1984.

[4] Ch. R. Hadlock, *Field Theory and its Classical Problems*, Carus Math. Mon. 19, 1978.

[5] E. Hlawka–J. Schoißengeier, *Zahlentheorie*, Manz-Verlag Wien ²1990.

[6] Th. W. Hungerford, *Algebra*, Springer 1974.

[7] A. I. Kostrikin, *Introduction to Algebra*, Springer 1982.

[8] G. Kowol, *Gleichungen*, Verlag Freies Geistesleben 1990.

[9] G. Kowol–H. Mitsch, *Algebra I*, Prugg 1982.

[10] E. Kunz, *Algebra*, F. Vieweg, Braunschweig 1991.

[11] R. Lidl–H. Niederreiter, *Finite Fields*, Addison-Wesley 1983.

[12] F. Lorenz, *Einführung in die Algebra, Teil 1*, B. I. Mannheim 1987.

[13] R. Mines–F. Richman–W.Ruitenburg, *A Course in Constructive Algebra*, Springer 1988.

[14] V. Pless, *Introduction to the Theory of Error-correcting Codes*, Wiley 1982.

[15] L. Rédei, *Algebra*, Leipzig 1959.

[16] I. R. Shafarevich, *Algebra I*, Springer 1990.

[17] I. Stewart, *Galois Theory*, London ²1989.

[18] B. L. van der Waerden, *Algebra I*, Springer ⁴1955.

Index

abelsche Gruppe 117 ff
    endliche 133
    endlich erzeugte 125, 131 ff
    freie 125
    zyklische 127, 131, 135, 195, 202
Ableitung eines Polynoms 46
Adjunktion 3, 77
algebraisch abgeschlossen 93
algebraische Elemente 90
algebraische Körpererweiterung 91, 146
alternierende Gruppe 189 ff, 268
Artin–Schreier–Polynom 206
assoziativ 149
assoziierte Elemente 67, 218
Atom 67, 70, 219
atomar 219
Auflösung von Gleichungen 37 ff
    durch Radikale 283 ff
Automorphismengruppe 161 ff
Automorphismus, innerer 164
Bahn 178
Basis 126
Bild 83, 122, 168
Binärbaum 149
Cardano'sche Formel 32, 60, 270
Casus irreducibilis 33, 282
Charakteristik 85
Chinesischer Restsatz 88
Code 211
Diskriminante 59 ff, 269
Division mit Rest 62
Einheit 67, 217
Einheitswurzel 24, 100, 237, 280
    primitive 100, 239 ff, 280
Einselement 150
Einsetzen 42
Einsetzungshomomorphismus 79
elementarsymmetrische Funktion 49
Erweiterung von Homomorphismen 80, 95 ff
Euklidischer Algorithmus 66
Euler'sche φ–Funktion 135
Exponent 133
Faktorgruppe 170 ff

faktoriell 220, 228
Faktorisierung 27, 45, 232 ff
Fermat'sche Primzahl 234, 274
Fermat'scher Satz, kleiner 82, 196, 234
Fixkörper 258
Formale Ausdrücke 40
Formel von de Moivre 12
Frobeniusautomorphismus 201
Fundamentalsatz der Algebra 26, 98, 106
Fundamentalsatz der Arithmetik 67
Galoiserweiterung 258
Galoisfeld 198
Galoisgruppe 253 ff
    eines Polynoms 264
Galois'sche Resolvente 265
ganz abgeschlossen 146
ganz über R 143, 146
ganze Zahlen in quadratischen Zahlenkörpern 144
Gauß'sches Lemma 225
Gleichungen
    algebraische 17 ff
    quadratische 29
    3. Grades 29 ff, 60, 269, 282
    4. Grades 35 ff, 294
    allgemeine, n–ten Grades 271, 287
Grad
    eines Polynoms 43,47
    einer Körpererweiterung 91 ff
größter gemeinsamer Teiler 65, 68 ff, 223
Gruppe 117, 155 ff
    alternierende 188, 192, 268
    auflösbare 285 ff
    Diedergruppe 166 ff
    einfache 192
    general linear group $GL(n, K)$ 156
    special linear group $SL(n, K)$ 157
    symmetrische 155 ff, 164, 167, 185 ff, 287
    Vierergruppe 192
Hamming–Code 209
Hauptsatz
    der Galoistheorie 262
    über endlich erzeugte abelsche Gruppen 133
    über symmetrische Funktionen 54 ff
Hilbert'scher Basissatz 109
Hilbert'scher Nullstellensatz 107, 114 ff, 148

Homomorphismen, Isomophismen
für abelsche Gruppen 119 ff
für Gruppen 158 ff, 168 ff
für kommutative Ringe mit Einselement 79 ff
für Körpererweiterungen 95, 253
für Monoide 152
für R–Moduln 138 ff
Ideal 63 ff, 137
Hauptideal 63
maximales 105 ff
Nilradikal 114
Primideal 111 ff
Radikal eines Ideals 114
Verschwindungsideal 114
Index von H in G 176
Integritätsbereich 101, 110, 217
irreduzibel 15, 70, 219, 223, 234, 240
isomorph 81, 158, 120
Isomorphiesätze 173 ff
kanonische Einbettung 82, 121, 172
kanonische Projektion 80, 122, 170
kanonische Zerlegung 84, 123, 172
kanonischer Homomorphismus von $\mathbb{Z}$ in R 84
Kern 82, 122, 168
Koeffizientenvergleich 20
Kommutativer Ring mit Einselement (KRE) 43 ff
assoziierte Elemente 67, 218
Atom 67, 219
atomar 219
Einheiten 67, 219
invertierbare Elemente 67, 74
nilpotente Elemente 113
Nullteiler 73, 101, 217
Euklidischer Ring 112
faktorieller Ring 217 ff
Hauptidealring 109
Integritätsbereich 101, 110, 217
noether'scher Ring 109 ff, 116
Nullring 43
Polynomring 43
Primring 85
Restklassenring 72 ff
konjugierte Elemente 168, 190, 259
konjugierte Teilkörper 262
konjugierte Untergruppen 192

Kongruenzrelation 71, 121, 171
konstruierbare Zahlen 5, 6, 93, 237
Konstruktionen mit Zirkel und Lineal 4, 274
    regelmäßiges n–Eck 16, 237 ff, 241, 274
    5–Eck 16
    7–Eck 15
Körper 2, 64, 73, 76, 101 ff
    endliche 39, 86, 194 ff
    Primkörper 85
Körpererweiterung 90 ff
    algebraische 91, 146
    einfache 100, 250 ff
    endliche 91
    Galois'sche 258
    normale 248 ff
    quadratische 3, 94
    Radikalerweiterung 280, 283
    separable 243
    zyklische 277
Kreisteilungskörper 273 ff
Kreisteilungspolynom 239
Kriterium von Eisenstein 235
Kronecker'scher Wurzelexistenzsatz 77 ff
Kürzungsregel 101, 155, 217
Lagrange'sche Interpolationsformel 21, 26
Lagrange'sche Resolvente 61
Lösung einer Gleichung 35, 38
Minimalpolynom 91
Modul 137 ff
    endlich erzeugter 142 ff
Monoid 150 ff
    freies 151 ff
Monom 47
multiplikativ abgeschlossen 103, 112
Nebenklasse 121, 170
neutrales Element 2, 150
Normalteiler 169 ff
Newton'sche Formeln 49 ff, 58
Nullstelle 18, 45
    einfache 19, 46, 197
    mehrfache 19, 46
Nullstellenmenge eines Ideals 114
Operation 178
Ordnung 123, 127, 176
Partition 55

Permutation 155
gerade 188
ungerade 188
zyklische 186
Polynom 41 ff
homogenes 47
irreduzibles 15, 70, 204, 223, 234 ff
normiertes 43
primitives 224
separables 241
symmetrisches 48
Potenzsumme 49
Primelement 220
Primfaktorzerlegung 27, 67, 70, 89, 113, 219 ff
Primideal 111
primitives Element 100, 249
Primitivwurzel 195
Primzahl 67
Quotientenkörper 101
Quotientenring 103
Radikal 283
irreduzibles 279
Radikalerweiterung 280, 283
relativ prim 66, 70
Restklasse 71
Restklassenring 71 ff
Satz von N.H. Abel 287
Cauchy 181
Cayley–Hamilton 141
E. Galois 293
Wilson 205
Satz vom primitiven Element 250
separabel 241 ff
Signum einer Permutation 187
Stabilisator 178
Substitutionsprinzip 80
Symmetrie 165, 272
Symmetrische Gruppe 185 ff
Symmetrische Funktionen 48 ff, 260
elementarsymmetrische 49
Potenzsummen 49
Teiler 62, 217
Teilerkettensatz 219
Transformation 178
transitiv 178, 264

Translationssatz 292
Transposition 186
transzendent 90
Typ einer Permutation 190
unabhängig 126
Unbestimmte 40
Untergruppe 121, 157
unzerlegbar 28, 67, 219
Vandermonde'sche
  Determinante 47
  Formel 20
Verschwindungsideal 114
Vieta'scher Wurzelsatz 11
vollkommen 243
Waring'sche Formel 51
Winkeldreiteilung 12, 94
Winkeldreiteilungsgleichung 15, 19, 32, 269, 279
Würfelverdoppelung 1, 10, 94, 230
Wurzel 27, 45
Wurzel, n-te 23
Wurzelexistenzsatz 77 ff
Zerfällungskörper 97 ff, 196, 247 ff
Zyklendarstellung von Permutationen 187
zyklische Erweiterung 277
zyklischer Code 211
zyklotomische Menge 205